高等学校应用型特色规划教材

通信原理
(第 2 版)

粟向军 赵 娟 主 编
黄彩云 冯 璐 黄 慧 肖尚辉 副主编

清华大学出版社
北京

内 容 简 介

本书主要介绍现代通信系统的基础理论、技术原理及系统分析方法。本书共 11 章,全书以数字通信系统的一般模型为主线,内容涵盖系统中的各个模块,具体包括概论、信号分析基础、模拟调制系统、数字基带传输系统、数字带通传输系统、信源编码、信道编码、最佳接收技术、同步原理、现代通信系统简介、应用 SystemView 仿真通信系统。

本书集系统性、理论性、工程性于一体,注重内容层次的衔接与递进,突出通信系统的原理与技术思路,将数学原理与物理本质紧密结合、理论分析与工程实际紧密结合,内容全面,条理清晰,重点突出,例题丰富,便于教学与自学。

本书适合用作普通高等院校通信工程、信息工程、电子科学与技术等电子信息类专业通信原理课程的教材,也可供相关领域的科研和工程技术人员参考。

本书封面贴有清华大学出版社防伪标签,无标签者不得销售。
版权所有,侵权必究。举报: 010-62782989, beiqinquan@tup.tsinghua.edu.cn。

图书在版编目(CIP)数据

通信原理/粟向军,赵娟主编. —2 版. —北京: 清华大学出版社,2016(2021.9重印)
(高等学校应用型特色规划教材)
ISBN 978-7-302-42683-7

Ⅰ. ①通… Ⅱ. ①粟… ②赵… Ⅲ. ①通信理论—高等学校—教材 Ⅳ. ①TN911

中国版本图书馆 CIP 数据核字(2016)第 014220 号

责任编辑: 李春明 杨作梅
封面设计: 杨玉兰
责任校对: 周剑云
责任印制: 丛怀宇

出版发行: 清华大学出版社
    网 址: http://www.tup.com.cn, http://www.wqbook.com
    地 址: 北京清华大学学研大厦 A 座   邮 编: 100084
    社 总 机: 010-62770175   邮 购: 010-62786544
    投稿与读者服务: 010-62776969, c-service@tup.tsinghua.edu.cn
    质量反馈: 010-62772015, zhiliang@tup.tsinghua.edu.cn
    课件下载: http://www.tup.com.cn, 010-62791865
印 装 者: 三河市龙大印装有限公司
经 销: 全国新华书店
开 本: 185mm×260mm   印 张: 25   字 数: 602 千字
版 次: 2011 年 9 月第 1 版   2016 年 4 月第 2 版   印 次: 2021 年 9 月第 6 次印刷
定 价: 58.00 元

产品编号: 067071-02

前　言

"通信原理"是通信工程、电信工程、电子科学与技术等电子信息类专业的必修课程，也是一门重要的专业基础理论课程和研究生入学考试课程，旨在培养学生了解和掌握现代通信系统的基础理论、技术原理和系统分析方法。该课程又是普遍公认的比较难学的课程之一，大多数学生在学习中感觉有较大的难度和压力，很多学生在学完之后总感觉思路不清晰，重点不突出，内容很繁杂，难以把握其要领。尤其是对应用型本科院校来说，大多数学生理论基础相对比较薄弱，学习起来难度更大。基于以上考虑，围绕本课程的基本特点和学习规律，在 2011 年 9 月的首版编写过程中，十分注重内容的衔接与递进、知识的广度与深度、表达的通俗与准确。在保持理论体系的严谨性与完整性的同时，按照分散难点和突出重点原则，尽量简化繁复的数学推导，强调概念的传承与深化，注重分析的思路和方法，以使读者最大限度地易于接受。

本书是在第一版的基础上，根据师生们的建议，为使其更加体现工科教材的工程应用型特色，而重新修订的。书中全面系统地介绍了现代通信系统的基本组成、各部分工作原理、技术性能指标分析、实际工程应用及采用的最新技术与发展趋势。为了使读者首先建立通信系统的概貌，本书第 1 章介绍了通信系统的分析模型、涉及的基本概念及应用的基础知识。为帮助读者掌握通信系统的核心分析方法，本书第 2 章介绍了确知信号的时频分析法和随机信号的概率统计分析法。后续各章则对应系统模型的各个模块，重点分析通信系统设计中采用的关键技术，包括模拟调制和数字调制技术、信源编码和信道编码技术、最佳接收和数字同步技术。为了拓宽知识面以适应宽口径人才培养的需要，本书结合当前通信技术的热点，适当介绍了部分响应技术、时域均衡技术、多进制数字调制技术及新型语音编码技术等方面的内容，并在第 10 章中从技术原理的角度介绍了各种技术在移动通信系统中的集成应用，从而使学生建立一个具体的通信系统的连贯而系统的认识。此外，为培养良好的专业素养，提高工程设计和应用能力，本书第 11 章简单介绍了采用通信系统动态仿真软件 SystemView 进行系统设计与仿真的基本原理、步骤和方法，通过案例加深理解和掌握本课程的基本理论和分析方法。

本书由来自多所高等院校的具有丰富教学经验的一线教师分工合作完成，粟向军、赵娟任主编，黄彩云、冯璐、黄慧、肖尚辉任副主编。具体写作分工如下：粟向军编写第 1 章、第 10 章和第 11 章并对全书进行统稿，赵娟编写第 2 章和第 3 章，黄慧编写第 4 章，冯璐编写第 5 章和第 7 章，黄彩云编写第 6 章和第 9 章，肖尚辉编写第 8 章。

本书可作为高等学校信息与通信系统学科各专业学生的本科教材，参考学时数为 64 学时；也可供相关学科及有关专业的工程技术人员参考。

由于作者水平所限，书中难免还存在一些错误和不足之处，敬请广大读者批评指正。

编　者

目 录

第1章 概论 1
1.1 通信的基本概念 1
1.1.1 消息、信息、信号与通信 1
1.1.2 通信方式、传输方式、同步方式和复用方式 2
1.1.3 通信频段 6
1.1.4 通信发展简史 7
1.2 通信系统 9
1.2.1 通信系统的类型 9
1.2.2 通信系统的模型 10
1.2.3 数字通信系统的特点 11
1.2.4 通信系统的主要性能指标 12
1.3 通信网 14
1.3.1 通信网的定义、组成及类型 ... 14
1.3.2 通信网的拓扑结构 16
1.3.3 现代通信网的分层结构 16
1.4 通信信道 17
1.4.1 信道的类型 17
1.4.2 信道的模型 19
1.4.3 信道特性及对信号传输的影响 20
1.4.4 常见信道举例 25
1.5 通信系统中的噪声 28
1.5.1 加性噪声的类型 28
1.5.2 白噪声 29
1.5.3 高斯噪声 30
1.5.4 高斯白噪声和窄带高斯噪声 ... 31
1.6 信息论基础 33
1.6.1 信息量与平均信息量 33
1.6.2 信道容量 35
本章小结 39
思考练习题 40

第2章 信号分析基础 43
2.1 确知信号分析 43
2.1.1 确知信号的分类 43
2.1.2 确知信号的频域特征(傅里叶变换) 46
2.1.3 功率谱密度和能量谱密度 50
2.1.4 卷积和相关 51
2.1.5 确知信号通过线性时不变系统 53
2.2 随机信号分析 54
2.2.1 随机变量和随机过程的基本概念 54
2.2.2 随机过程的统计特征 55
2.2.3 平稳随机过程 60
2.2.4 平稳过程通过线性系统——随机过程变换 63
2.2.5 窄带随机过程 66
本章小结 69
思考练习题 70

第3章 模拟调制系统 72
3.1 调制的功能及分类 72
3.1.1 调制的功能 72
3.1.2 调制的分类 73
3.2 线性调制系统 74
3.2.1 标准调幅 75
3.2.2 抑制载波的双边带调制 77
3.2.3 单边带调制 78
3.2.4 残留边带调制 79
3.2.5 线性调制的解调 80

3.3 角度调制系统 ... 84
    3.3.1 基本概念 ... 85
    3.3.2 窄带角度调制 ... 88
    3.3.3 宽带角度调制 ... 90
    3.3.4 角度调制的解调 ... 93
3.4 模拟调制系统的抗噪声性能 ... 95
    3.4.1 线性调制系统的抗噪声性能 ... 95
    3.4.2 角度调制系统的抗噪声性能 ... 100
    3.4.3 各种模拟调制系统的性能比较 ... 104
3.5 频分复用 ... 106
    3.5.1 频分复用的基本原理 ... 106
    3.5.2 频分复用的特点 ... 108
3.6 复合调制与多级调制 ... 108
    3.6.1 复合调制的原理及实现 ... 108
    3.6.2 多级调制的原理及实现 ... 109
本章小结 ... 110
思考练习题 ... 111

第4章 数字基带传输系统 ... 114

4.1 数字基带信号的码型与波形 ... 114
    4.1.1 数字基带信号的码型 ... 114
    4.1.2 数字基带信号的波形 ... 119
4.2 数字基带信号的功率谱 ... 119
4.3 数字基带传输与码间串扰 ... 122
    4.3.1 数字基带传输系统的组成及工作过程 ... 122
    4.3.2 数字基带传输系统的定量分析——码间串扰 ... 123
4.4 无码间串扰的基带传输特性 ... 124
    4.4.1 无码间串扰的时域条件 ... 124
    4.4.2 无码间串扰的频域条件——奈奎斯特第一准则 ... 125
    4.4.3 无码间串扰的基带传输系统 ... 129
4.5 基带传输系统的抗噪声性能分析 ... 132
    4.5.1 二进制双极性基带传输系统 ... 134
    4.5.2 二进制单极性基带传输系统 ... 135
4.6 部分响应系统 ... 136
    4.6.1 第Ⅰ类部分响应系统 ... 136
    4.6.2 一般形式的部分响应系统 ... 139
4.7 时域均衡技术 ... 140
    4.7.1 时域均衡的基本原理 ... 141
    4.7.2 均衡的准则及实现 ... 143
4.8 眼图 ... 147
本章小结 ... 148
思考练习题 ... 149

第5章 数字带通传输系统 ... 152

5.1 二进制幅移键控系统 ... 152
    5.1.1 二进制幅移键控信号的分析 ... 152
    5.1.2 二进制幅移键控信号的产生 ... 155
    5.1.3 二进制幅移键控信号的解调 ... 155
    5.1.4 二进制幅移键控系统的抗噪声性能 ... 156
5.2 二进制频移键控系统 ... 161
    5.2.1 二进制频移键控信号的分析 ... 161
    5.2.2 二进制频移键控信号的产生 ... 163
    5.2.3 二进制频移键控信号的解调 ... 164
    5.2.4 二进制频移键控系统的抗噪声性能 ... 166
5.3 二进制相移键控系统 ... 170
    5.3.1 二进制相移键控信号的分析 ... 170
    5.3.2 二进制相移键控信号的产生 ... 172

5.3.3　二进制相移键控信号的
　　　　　解调 172
　　5.3.4　二进制相移键控系统的抗噪声
　　　　　性能 173
5.4　二进制差分相移键控系统 175
　　5.4.1　相位模糊问题及二进制差分
　　　　　相移键控信号的分析 175
　　5.4.2　二进制差分相移键控信号的
　　　　　产生 176
　　5.4.3　二进制差分相移键控信号的
　　　　　解调 177
　　5.4.4　二进制差分相移键控系统的
　　　　　抗噪声性能 178
5.5　四进制相移键控系统 183
　　5.5.1　四进制相移键控的产生 183
　　5.5.2　四进制相移键控的解调 186
5.6　最小频移键控和高斯最小频移
　　　键控 187
　　5.6.1　最小频移键控信号的分析 ... 187
　　5.6.2　最小频移键控信号的产生
　　　　　和解调 191
　　5.6.3　最小频移键控信号的功率谱
　　　　　及误码性能 191
　　5.6.4　高斯最小频移键控 192
5.7　多进制正交幅度调制 193
　　5.7.1　多进制正交幅度调制的基本
　　　　　原理 193
　　5.7.2　多进制正交幅度调制信号的
　　　　　产生与解调 195
本章小结 196
思考练习题 196

第6章　信源编码 199

6.1　概述 200
　　6.1.1　信源编码的基本概念 200
　　6.1.2　信源编码的技术类型 201
6.2　语音的波形编码 204

　　6.2.1　脉冲编码调制 204
　　6.2.2　差分脉冲编码调制 218
　　6.2.3　增量调制 220
6.3　图像编码 225
　　6.3.1　图像压缩方法简介 225
　　6.3.2　常见图像压缩标准与算法 ... 226
6.4　时分复用和数字复接 228
　　6.4.1　时分多路复用 228
　　6.4.2　准同步数字系列 230
　　6.4.3　同步数字序列 233
本章小结 234
思考练习题 234

第7章　信道编码 236

7.1　信道编码的基本概念 236
　　7.1.1　差错控制编码的基本方式和
　　　　　类型 236
　　7.1.2　码重、码距与检错、纠错
　　　　　能力 238
　　7.1.3　几种常用的差错控制码 240
7.2　线性分组码 242
　　7.2.1　线性分组码的定义及性质 ... 242
　　7.2.2　生成方程和生成矩阵 G 244
　　7.2.3　监督方程和监督矩阵 H 245
　　7.2.4　线性分组码的译码——
　　　　　伴随式(校正子)S 246
　　7.2.5　汉明码 250
　　7.2.6　线性分组码的实现 252
7.3　循环码 253
　　7.3.1　循环码的含义与特点 253
　　7.3.2　循环码的生成多项式、生成
　　　　　矩阵和监督矩阵 255
　　7.3.3　循环码的编译码方法 258
7.4　卷积码 260
　　7.4.1　卷积码的基本原理 260
　　7.4.2　卷积码的代数表示 261
　　7.4.3　卷积码的图形表示 264

7.4.4　卷积码的译码方法 266
　本章小结 267
　思考练习题 268

第 8 章　最佳接收技术 270

8.1　引言 270
8.2　最大输出信噪比准则和匹配滤波
　　接收机 271
　　8.2.1　最大输出信噪比准则 271
　　8.2.2　匹配滤波接收机 271
　　8.2.3　典型实例分析 274
　　8.2.4　匹配滤波器在最佳接收中的
　　　　　应用 275
8.3　最小差错概率准则和最佳接收机 276
　　8.3.1　数字信号接收的统计模型 276
　　8.3.2　最小差错概率准则 278
　　8.3.3　最佳接收机结构 280
8.4　确知信号的最佳接收机 281
　　8.4.1　二进制确知信号的最佳
　　　　　接收 281
　　8.4.2　二进制确知信号的最佳接收机
　　　　　误码性能 283
8.5　最佳基带传输系统 285
　　8.5.1　最佳基带传输系统的组成 285
　　8.5.2　最佳基带传输系统的误码
　　　　　性能 287
　　8.5.3　典型实例分析 289
　本章小结 291
　思考练习题 292

第 9 章　同步原理 295

9.1　载波同步 295
　　9.1.1　直接法 296
　　9.1.2　插入导频法 298
　　9.1.3　载波同步系统的性能 301
9.2　位同步 303
　　9.2.1　插入导频法 303
　　9.2.2　直接法 304
　　9.2.3　位同步系统的性能 306
9.3　群同步 307
　　9.3.1　连贯式插入法 307
　　9.3.2　间歇式插入法 310
　　9.3.3　群同步的性能分析 312
9.4　网同步 314
　　9.4.1　网同步原理 314
　　9.4.2　数字同步网中的时钟
　　　　　及其应用 315
　本章小结 316
　思考练习题 316

第 10 章　现代通信系统简介 318

10.1　移动通信概述 318
　　10.1.1　移动通信的定义和特点 318
　　10.1.2　移动通信的发展历程 319
　　10.1.3　移动通信的工作频段 320
10.2　GSM 移动通信系统 321
　　10.2.1　GSM 系统的主要性能
　　　　　　参数 321
　　10.2.2　GSM 系统的结构与功能 322
　　10.2.3　GSM 系统的接口与协议 325
　　10.2.4　GSM 系统的技术原理 328
10.3　第三代移动通信系统简介 343
　　10.3.1　IMT-2000 无线接口和无线
　　　　　　传输技术方案 343
　　10.3.2　IMT-2000 标准 344
　　10.3.3　IMT-2000 系统的基本
　　　　　　结构 347
　　10.3.4　3G 的关键技术 348
10.4　第四代移动通信展望 353
　　10.4.1　4G 技术的特点 353
　　10.4.2　4G 中的关键技术 354
　本章小结 356
　思考练习题 357

第 11 章　应用 SystemView 仿真通信系统 359

11.1　SystemView 简介 359
　　11.1.1　SystemView 的功能与特点 359
　　11.1.2　基本库和专业库 361
　　11.1.3　仿真步骤 361
11.2　SystemView 的基本操作与使用 362
　　11.2.1　库选择操作 362
　　11.2.2　系统定时 364
　　11.2.3　在分析窗中观察分析结果 365
11.3　通信系统仿真实例 368
　　11.3.1　PCM 通信系统仿真 368
　　11.3.2　QPSK 调制解调系统仿真 372
　　11.3.3　(7,4)汉明码编译码器仿真 ... 377
本章小结 380
思考练习题 380

附录 A　通信工程常用函数 382

附录 B　希尔伯特变换 386

参考文献 388

第 1 章 概　　论

教学目标

通过本章的学习，初步了解通信的发展、应用和现状，了解通信系统和通信网概况；理解消息、信息和信号的区别；熟悉数字通信系统的模型及各部分功能，掌握系统有效性和可靠性指标的含义及计算；了解信道的分类，建立信道的模型，分析其对信号传输的影响；掌握通信系统中噪声的类型及其特点；掌握信息量、平均信息量和信道容量的定义及计算方法。

"通信原理"课程以各种通信系统共同具备的基本理论为研究对象，内容涉及典型现代通信系统各个组成部分的工作原理及分析设计方法。本章概要介绍通信系统涉及的一般概念及有关术语，以对通信系统的组成、模型、性能指标以及本课程要研究的主要内容及用到的信息论基础有一个初步的了解，如消息、信息、信号的概念，通信、通信系统、通信网的概念，码元速率和信息速率、误码率和误比特率的概念，信息量、平均信息量、信道容量的概念，调制与解调、编码与译码的概念，信道和噪声的概念等。

1.1　通信的基本概念

1.1.1　消息、信息、信号与通信

通信(Communication)是指通过某种媒体把信息从一地有效、可靠地传输到另一地的过程，以实现信息的传输和交换。有效是指传输的快慢，可靠是指传输的质量。在古代，人们通过飞鸽传书、击鼓鸣号、烽火报警等方式进行信息传递，这种通信方式古老而低级，有效性和可靠性都不高；在今天，随着科学技术的飞速发展，相继出现了固定电话、移动电话、互联网、可视电话等多种现代通信手段，通信速度越来越快，通信质量越来越高。

很显然，通信的任务就是传输信息(Information)。那么，如何衡量一个通信系统传输信息的能力呢？这就需要对被传输的信息进行定量的测度。几十年来，人们对信息这个概念一直众说纷纭，定义繁多，理解各异。随着信息科学的发展，这一概念在学术界的共识在逐步增加，在各学科之间逐渐通用起来。为了准确理解信息这一概念的含义，先来了解一个跟信息密切关联的概念——消息(Message)。

1928 年，信息论先驱哈特莱(Hartley)在《信息传输》这篇著名论文中指出：消息是具体的，其中蕴涵着信息，信息是包含在消息中的抽象量。这一概述高度概括了消息与信息之间的关系。我们知道，Message 的原意就是 a piece of news(一则消息)，表明它是具体的。在通信工程中，一般将语音、文字、符号、图像、数据等统称为消息，它们都是实实在在的，可以凭五官感知的。而信息是一个抽象量，它可被理解为消息中包含的有意义的内容，

是消息的概括和抽象，它的多少可以采用信息量来衡量。举例来说，我们打电话时听到的声音就是消息，但是听到的声音里面只有有用的内涵才构成信息。

消息要进行传递必须以具体信号(Signal)的形式表现出来，信号是传递消息的载体。因此，通信就是从一地向另一地传递消息，给对方以信息。但消息必须借助于一定形式的信号(电信号、光信号、声信号等)才能传送并进行各种处理。因而，信号是消息的载体，是消息的表现形式，是通信的客观对象。例如，老师在课堂上讲课，具体讲授的内容即为信息，而所要传授的内容是通过语言表达的，老师表达的语言就是具体的消息，这种消息通过声波到达学生的耳膜(传感器)被大脑接收，声波即为信息的载体即信号。

广义地说，信号就是随时间和空间变化的某种物理量。若信号表现为电压、电流等，则称为电信号，它是现代技术中应用最广泛的信号。本书将只涉及电信号，它是带有消息的电压或电流，通常是时间变量 t 的函数，信号随时间 t 变化的函数曲线称为信号的波形，图 1-1 所示为电视台发射的彩条消息及对应的彩条信号。

(a) 彩条消息　　　　　　(b) 彩条信号

图 1-1　彩条消息与彩条信号

消息、信息、信号是与通信密切相关的三个概念，信息一词在概念上与消息意义相似，但它的含义更具普遍性、抽象性。消息可以有各种各样的形式，但消息的内容可统一用信息来表述，传输信息的多少可直观地使用"信息量"进行衡量。信号是消息的载体和通信的客观对象，信号设计是系统设计的精髓，从某种意义上说，系统设计就是信号设计。

1.1.2　通信方式、传输方式、同步方式和复用方式

首先建立点到点之间的通信模型。以最简单的语音通信——两个人之间的对话为例，这是利用声音来传递消息的通信，它包括 4 个基本组成部分：发话人是消息的来源，称为信源；语音通过空气传送给对方，传递消息的媒介(如空气)称为信道；听话人听到语音后获得消息，是消息的归宿，称为信宿；语音在传输过程中会不可避免地受到各种噪声的干扰，这些噪声通常分散在系统的各个地方，为简化分析通常将其集中表示在一处，与语音信号共同作用在信道上，称为噪声源。这样就完成了消息的传递，也就构成了最简单的通信系统，如图 1-2 所示。

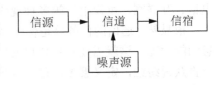

图 1-2　简单的通信系统

基本的点对点通信，均是把消息从发送端传送到接收端，但对电通信而言，信源输出的信号是一种原始电信号，含有丰富的低频成分甚至直流分量，称为基带信号，它一般不适合直接在信道上传输，故需对其进行适当的变换，使其与信道特性匹配，由此得到一般通信系统的基本模型，如图 1-3 所示。图中，信源的作用是把各种消息转换成原始电信号；发送设备对原始电信号完成各种变换(如编码、调制、滤波、放大、发射等)，使其适合在信道中传

输;在接收端,接收设备的功能与发送设备的功能相反,它能从来自信道的各种传输信号和噪声中恢复出相应的原始电信号;信宿则将复原的原始电信号转换成相应的消息。

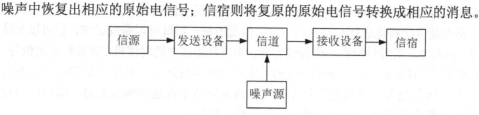

图 1-3 通信系统的基本模型

图 1-3 所示的模型概括地反映了通信系统的共性。根据研究对象及所关心问题的不同,将会使用不同形式的较具体的通信系统模型,它们之间的区别主要体现在对基带信号的处理方式上。本课程的讨论就是围绕通信系统的这一基本模型展开的。

下面介绍与通信系统有关的几个常用的基本概念:通信方式、传输方式、同步方式和复用方式。

1. 通信方式

通信的任务是传递消息,人类社会中需要传递的消息可以是声音、文字、符号、图像、数据等,根据运载消息的传输信号的物理方式(电、光、声等)的不同,现代通信方式有两种类型:电通信和光通信。

目前使用最广泛的是电通信技术,即采用电信号携带所传递的消息。用电通信方式传输信息时,首先在发送端将电信号通过多种变换、处理,然后利用信道进行传输,到达接收端时再进行相应的逆变换、逆处理,从而达到通信的目的。这种通信具有迅速、准确、可靠等特点,而且几乎不受时间、空间、距离的限制。如今,自然科学领域涉及"通信"这一术语时,一般指的都是电通信,本书涉及的信号也都是电信号。随着通信技术的发展,将会出现一种与上述通信方式完全不同的技术——全光通信,它首先是在发送端将各种消息转换成光信号发送出去,然后在接收端将光信号还原,即信息的传输是以光传输方式进行的。

对于点到点通信,根据消息传送方向与时间的关系,又可将通信方式分为单工通信、半双工通信及全双工通信 3 种,如图 1-4 所示。

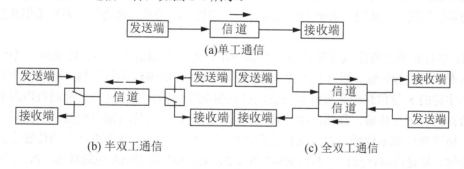

图 1-4 通信方式

(1) 单工通信(Simplex Communication)是指消息只能单方向传输的工作方式,如遥控、遥测、广播、无线寻呼等就是单工通信方式。单工通信信道是单向信道,发送端和接收端的功能是固定的,发送端只能发送信息,不能接收信息;接收端只能接收信息,不能发送信息。信号仅从一端传送到另一端,即信息流是单方向的。

(2) 半双工通信(Half-duplex Communication)可以实现双向通信,但不能在两个方向上同时进行,必须轮流交替地进行。或者说,通信信道的每一端既可以是发送端,也可以是接收端,但同一时间上,信号只能有一个传输方向,如日常生活中的对讲机、收发报机通信等。

(3) 全双工通信(Duplex Communication)又称为双向同时通信,其特点是通信双方既有发送设备,也有接收设备,并且允许双方同时在两条信道上发送和接收消息,即通信的双方可以同时发送和接收信息,如电话通信、计算机通信等。

2. 传输方式

按照数字信号的各个二进制位(又称比特)是否同时传输,数据的传输方式可分为并行传输(Parallel Transmission)和串行传输(Serial Transmission),如图1-5所示。例如,计算机与外部设备交换信息就有并行和串行两种基本方式。

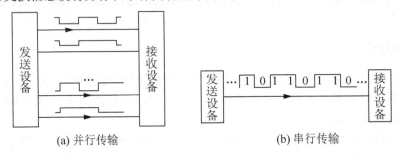

图 1-5　传输方式

(1) 并行传输是指在传输过程中有多个数据位同时在设备之间进行传输。举例来说,一个字符若采用ASCII码编码,即由8位二进制数表示,则并行传输ASCII编码字符就需要8个传输信道,使表示一个字符的所有数据位都能同时沿着各自的信道并列传输。显然,采用并行传输在一个比特时间内就可以传输一个字符,故传输速率高,但由于每位传输都要求有一个单独的信道支持,通信成本高,而且由于信道之间的电容感应,使远距离传输时可靠性较低,所以不支持长距离传输。如芯片内部的数据传送,同一块电路板上芯片与芯片之间的数据传送,以及同一系统中的电路板与电路板之间的数据传送等,多数采用并行传输方式。

(2) 串行传输是将组成字符的各位数据以串行方式在信道上传输,即采用一个信道按位先后有序地进行传输。以8位二进制数表示的ASCII码编码字符为例,传输一个字符只需将该字符的8位信息由高位到低位依次排列按顺序传输,即将这些二进制数串起来形成串行数据码流进行传输。显然,串行传输由于一次一位,故传输速率较低,但因只需一个信道,所以通信成本较低,而且支持长距离传输,目前计算机网络中所用的传输方式均为串行传输。常见的串行接口标准有RS-232C、RS-422/485和20mA电流环等。PC上配置有COM1和COM2两个串行接口,它们都采用了RS-232C标准。

3. 同步方式

并行传输一次传送一个字符,因此收发双方不存在字符同步问题。串行传输存在一个收发双方如何保持码组或字符同步的问题,这个问题不解决,接收方就无法从接收到的数据流中正确区分出一个个字符来，这时传输将失去意义。针对串行传输的字符同步问题，目前有两种解决方法，即异步传输方式和同步传输方式。

(1) 异步传输(Asynchronous Transmission)是一种利用字符的再同步技术，即在字符的首末分别设置 1 位起始位和 1 位或 1.5 位或 2 位停止位，用它们分别表示字符的开始和结束，用头尾信息来进行同步。可以看出，此种方式效率较低，每个字符前后都要加开始和结束符。

(2) 同步传输(Synchronous Transmission)的数据帧由同步字符(SYN)、数据字符和校验字符(CRC)组成，即在传送一组字符时需要加入 1～2 个同步字符和 1～2 个校验字符。同步字符位于帧的开头，用于确认数据字符的开始；数据字符在同步字符之后，个数没有限制，由所需传输的数据块长度来决定；校验字符用于接收端对接收到的字符序列进行正确性校验。由于每个字符之间不需要附加位，故此传输方式效率较高，但双方需要事先约定同步的字符个数及同步字符代码，且中间传输有停顿时会失去同步，造成传输错误，所以要求发送时钟和接收时钟保持严格的同步。

4．复用方式

实现在同一条通信线路上传送多路信号的技术称为多路复用技术(Multiplex)。电信线路是构成电信网的基础设施之一，在整个电信网的投资中占有很大的比例。多路复用技术能够提高通信系统的传输能力、扩大容量、挖掘潜力、降低成本。因而无论是有线传输系统还是无线传输系统，都在积极研究开发多路复用技术，以提高传输信道的利用率。在有线电信方面，由早期的传输线路一对线只能传送一路电话，发展到现在的一根光纤已能开通上百万路电话，而且还在继续提高；在无线通信方面，多路复用技术也得到广泛的应用，到 20 世纪 90 年代，新的卫星通信系统应用多路复用技术，能够承载约 35 000 路电话和多个电视节目的传输。

目前常用的多路复用方式主要有频分复用、时分复用、码分复用和空分复用。

1) 频分复用

一般来说，物理信道的可用带宽远远超过单个原始信号的带宽，因此可将该物理信道的总带宽分割成若干个与传输单个信号带宽相同(或略宽)的子信道，每个子信道传输一路信号，这就是频分复用(Frequency Division Multiplexing，FDM)。多路原始信号在上信道前，先要通过频谱搬移将各路信号的频谱搬移到物理信道频谱的不同频段上，使各路信号的频带互不重叠，这可以通过采用不同的载波频率进行调制来实现。同时，为保证各子信道中所传输的信号互不干扰，应在各子信道之间设立隔离带。

传统的 FDM 技术中各子载波的频谱是互不重叠的，需要使用大量的发送滤波器和接收滤波器，这就大大增加了系统的复杂度和成本。同时，为减少各子载波之间的相互串扰，各子载波之间必须保持足够的频率间隔，从而降低了系统的频带利用率。现代正交频分复用(OFDM)系统采用了数字信号处理技术，各子载波的产生和接收都由数字信号处理算法完成，极大地简化了系统结构，同时为了提高频带利用率，使各子载波的频谱相互重叠，但这些频谱在整个符号周期内满足正交性，从而可以保证接收端能够不失真地还原信号。OFDM 技术实质上是一种无线环境下的高速传输技术，它采用的是一种并行传输体制，即将高速串行数据变换成多路相对低速的并行数据并对不同的载波进行调制，这大大扩展了符号的脉冲宽度，从而提高了抗多径衰落的性能。

波分复用(Wavelength Division Multiplexing，WDM)是光纤通信中的一种复用技术，它

利用了一根光纤可以同时传输多个不同波长的光载波的特点,把光纤可能应用的波长范围划分成若干个波段,每个波段用作一个独立的通道传输一种预定波长的光信号。WDM 本质上也是频分复用,只是由于光波频率极高,通常采用波长来描述,故是一种光频分复用。在每个光载波占用的频段极窄、光源发光频率极其精确的前提下,WDM 可以在一根光纤上承载多个波长(信道)系统,将一根光纤转换为多条"虚拟"光纤,每条虚拟光纤独立工作在不同波长上,这样就极大地提高了光纤的传输容量。WDM 技术的经济性与有效性使其成为当前光纤通信网络扩容的主要手段。

2) 时分复用

时分复用(Time Division Multiplexing,TDM)是指将提供给整个信道传输信息的时间划分成若干时间片(简称时隙),并将这些时隙分配给每一个信号源(用户)使用,每一路信号在分配给自己的时隙内独占信道进行数据传输。TDM 技术的特点是时隙事先规划分配好且固定不变,所以有时也称为同步时分复用。TDM 的优点是时隙分配固定,便于调节控制,适于数字信息的传输;缺点是当某信号源没有数据传输时,它所对应的信道会出现空闲,而其他繁忙的信道无法占用这个空闲的信道,因此会降低线路的利用率。TDM 技术与 FDM 技术一样,有着非常广泛的应用,移动电话与固定电话通信就是其中经典的例子。

3) 码分复用

基于码分复用(Code Division Multiplexing,CDM)和多址技术的码分多址(Code Division Multiple Access,CDMA)系统是随着扩频通信技术发展起来的一种新型而成熟的无线通信系统。FDM 的特点是信道不独占,而时间资源共享,每一子信道使用的频带互不重叠;TDM 的特点是独占时隙,而信道资源共享,每一个子信道使用的时隙不重叠;CDMA 的特点是系统为每个用户分配各自特定的地址码,地址码之间具有相互准正交性,所有子信道在时间、空间和频率上都可以重叠,因此,信道的效率高,系统的容量大。

CDMA 的技术原理是基于扩频技术,即将需传送的具有一定信号带宽的信息数据用一个带宽远大于信号带宽的高速伪随机码(PN)进行调制,使原数据信号的带宽被扩展,再经载波调制并发送出去;接收端使用完全相同的 PN 码,与接收的宽带信号作相关处理,把宽带信号换成原信息数据的窄带信号(即解扩)。CDMA 技术完全适合现代移动通信网的大容量、高质量、综合业务、软切换等要求,在许多国家获得了广泛的应用。

4) 空分复用

空分复用(Space Division Multiplexing,SDM)是指多对电线或光纤共用一条电缆的复用方式。例如五类线就是 4 对双绞线共用一条电缆,还有市话电缆(几十对)也是如此。能够实现 SDM 的前提条件是光纤或电线的直径很小,可以将多条光纤或多对电线做在一条电缆内,这样既可以节省外护套的材料又便于使用。

多路复用最常用的两个设备是多路复用器和多路分配器,前者在发送端根据约定规则把多个低带宽信号复合成一个高带宽信号,后者根据约定规则再把高带宽信号分解为多个低带宽信号。这两种设备统称为多路器(MUX)。

1.1.3 通信频段

通信设备工作的频率范围称为通信频段。由于频率 f 与波长 λ 之间满足如下关系:

$$f = c / \lambda \tag{1-1}$$

式中，$c = 3 \times 10^8 \text{m/s}$ 为光速，因此，频段也可以用相应的波段来表示。在通信工程中，频率较低时一般采用频段称呼，频率较高(波长较短)时通常采用波段称呼。

表 1-1 给出了现代通信中的常用频段及其典型应用。

表 1-1 通信频段及其应用

频率范围(频段)	波长范围(波段)	物理信道(传输媒介)	应用举例
3Hz～30kHz(甚低频 VLF)	$10^8 \sim 10^4$ m(超长波)	有线线对，长波无线电	音频、电话、数据终端
30～300kHz(低频 LF)	$10^4 \sim 10^3$ m(长波)	有线线对，长波无线电	导航、信标、电力线通信
300kHz～3MHz(中频 MF)	$10^3 \sim 10^2$ m(中波)	同轴电缆，中波无线电	调幅广播、移动陆地通信
3～30MHz(高频 HF)	100～10m(短波)	同轴电缆，短波无线电	短波通信、业余无线电
30～300MHz(甚高频 VHF)	10～1m(米波)	同轴电缆，米波无线电	电视、调频广播、空中管制
0.3～3GHz(超高频 UHF)	10～1dm(分米波)	波导，分米波无线电	电视、遥测、通信、导航
3～30GHz(极高频 SHF)	10～1cm(厘米波)	波导，厘米波无线电	微波通信、卫星通信、雷达
30～300GHz(特高频 EHF)	10～1mm(毫米波)	波导，毫米波无线电	卫星通信、雷达、射电天文
$10^5 \sim 10^7$ GHz(光波)	$3 \times 10^{-4} \sim 3 \times 10^{-6}$ cm	光纤，激光，光波导	光通信

根据表 1-1，可以得到以下几个有用的结论。

(1) 通信频段是一种资源，不同的通信频段，对应着相应的物理信道，具有相应的传播特点，构成了不同的通信系统。各种实用的通信系统均有适合自己的通信频段。

(2) 不论是有线信道，还是无线信道，一般都是带通型信道。

(3) 在某个有限的通信频段内，可能适用多种通信系统同时工作，为避免相互干扰，必须对这种有限频段进行有序的合理分配，进行频谱管理，确保信息安全。

1.1.4 通信发展简史

通信的历史十分悠久，早在远古时期，人们就知道用烽火狼烟、飞鸽传信、驿马邮递等方式进行信息传递和交换，这实际是一种依靠人的视觉与听觉的原始通信。19 世纪中叶以后，随着电报、电话的发明和电磁波的发现，通信技术发生了根本性的巨大变革，相继实现了利用金属导线来传递信息的有线通信和利用电磁波来传递信息的无线通信，使神话中的"顺风耳""千里眼"变成了现实，开始了人类通信的新纪元。

通信的历史可大致划分为 3 个阶段：1838 年以电报传输开始的通信初级阶段；1948 年以香农提出信息论开始的近代通信阶段；1980 年以后光纤通信、移动通信、综合业务数字网、互联网崛起的现代通信阶段。以下是通信发展史上具有历史意义的若干重大事件。

- 1838 年：莫尔斯成功研制出世界上第一台电磁式电报机。
- 1864 年：麦克斯韦建立了一整套电磁理论，预言了电磁波的存在。
- 1875 年：贝尔发明了世界上第一台电话机。
- 1878 年：在相距 300km 的波士顿和纽约之间进行首次长途电话实验获得成功。
- 1888 年：赫兹证实电磁波的存在，用实验证明了麦克斯韦电磁理论。
- 1907 年：阿姆斯特朗发明了超外差式接收装置。
- 1920 年：康拉德在匹兹堡建立了世界上第一家商业无线电广播电台。

- 1922 年：菲罗·法恩斯沃斯设计出第一幅电视传真原理图。
- 1924 年：第一条短波通信线路在瑞恩和布宜诺斯艾利斯之间建立。
- 1933 年：克拉维尔建立了英法之间第一条商用微波无线电线路。
- 1935 年：美国纽约帝国大厦设立了一座电视台，次年把电视节目成功发送到 70km 以外的地方。
- 1938 年：兹沃尔金制造出第一台符合实用要求的电视摄像机。
- 1946 年：八木教授解决了电视机接收天线问题。
- 1946 年：美国宾夕法尼亚大学的埃克特和莫希里研制出世界上第一台电子计算机。
- 1948 年：香农信息论提出；肖克莱、巴丁和布拉坦发明晶体三极管。
- 1959 年：基尔比和诺伊斯发明集成电路。
- 1962 年：发射第一颗同步通信卫星。
- 1967 年：大规模集成电路诞生，一块米粒大小的硅晶片上可以集成 1 千多个晶体管。
- 1977 年：科学家制成超大规模集成电路，$30mm^2$ 硅晶片上集成 13 万个晶体管。
- 20 世纪 70 年代：商用卫星、程控数字交换机、光纤通信系统投入使用；一些公司制定计算机网络体系结构。
- 20 世纪 80 年代：开通数字网络的公用业务；个人计算机和计算机局域网出现；网络体系结构国际标准陆续制定。
- 20 世纪 90 年代：蜂窝电话系统开通，各种无线通信技术不断涌现；光纤通信得到迅速普遍的应用；国际互联网得到极大发展。

从目前看，现代通信技术的发展趋势可概括为如下"六化"。

(1) 通信技术数字化。数字化是信息化的基础，人们常说的"数字图书馆""数字城市""数字国家"等就是指建立在数字化基础上的信息系统。数字化是通信技术最基本的特征和最突出的发展趋势。

(2) 通信业务综合化。随着社会的发展，人们对通信新业务的需求不断增加，早期的电报、电话业务已远远不能满足需要，电子邮件、交互式可视图文、图像通信、数据通信等各种增值业务得到迅速发展。把多种业务，包括语音业务和非语音业务以数字方式统一归并到一个网络进行传输，既便于管理，又共享资源。

(3) 通信网络融合化。以电话网络为代表的电信网络、以 Internet 为代表的数据网络和广播电视网之间的三网融合进程日益加快；在数据业务成为主导的情况下，现有电信网业务将融合到下一代数据网；IP 数据网与光网络的融合；无线通信与互联网的融合。

(4) 网络传输宽带化。近年来，几乎网络的所有层面(如接入层、边缘层、核心交换层)都在开发高速传输技术，高速选路与交换、高速光传输、宽带接入技术等取得重大进展，超高速路由交换、高速互联网关、高速无线数据传输等已成为新一代信息网络的关键技术。

(5) 网络管理智能化。其设计思想是将传统电话网中交换机的功能进行分解，只让交换机完成基本的呼叫处理，而把各类业务处理(包括各种新业务的提供、修改和管理等)交给具有业务控制功能的计算机系统来完成。

(6) 通信服务个人化。个人通信是指任何人在任何地点、任何时间与任何其他地点的任何个人进行任何业务的通信，它是通信的终极目标。个人通信的核心思想是在人与人之间通信，而不是在终端与终端之间通信。

1.2 通信系统

1.2.1 通信系统的类型

通信的目的是传输信息，传输信息所需的所有技术设备和信道的总和称为通信系统。图 1-3 所示是一个通信系统的基本模型，该模型简要描述了完成点到点信息传输所需的基本设备，包括信源和信宿、发送设备、信道、接收设备等基本功能模块。事实上，一个完整的通信系统除了传输系统之外，还包括交换系统，以进行必要的信息交换。随着通信技术的不断发展，通信的内容和形式不断丰富，从而构成了各种各样的通信系统。

通信系统的分类方法很多，这里仅介绍由系统模型引出的分类。

根据信源发出消息的物理特征或通信业务的不同，通信系统可分为电报、电话、传真、数据和图像通信系统等。这些通信系统可以是专用的，但通常是兼容的或并存的，例如卫星通信系统中，一部分带宽用作传输语音，其他部分带宽则可用于传输数据、图像等。

根据传输媒介的不同，通信系统可分为有线和无线两类。有线通信系统的传输媒介包括双绞线、电缆、光纤、波导等，其特点是媒介看得见、摸得着，需要人工铺设和安装；无线通信是指传输消息的媒介是特定频率的电磁波，包括长波通信、短波通信、微波通信、移动通信、散射通信、激光通信等，如表 1-1 所示。

根据信道中传输信号的特征，通信系统可分为模拟通信系统和数字通信系统两类。模拟通信系统中信道上传输的是模拟信号，数字通信系统中信道上传输的是数字信号。现代通信系统大多为数字通信系统，本书主要介绍数字通信系统。

在通信系统中，调制是一种关键技术，很大程度上决定着系统的技术性能。根据系统是否采用了调制，通信系统可分为频带传输系统和基带传输系统。基带传输是指将未经调制的基带信号直接送上信道，如市内音频电话、数字信号基带传输等；频带传输又称调制传输、带通传输，是指将基带信号调制到指定的频带上再送上信道，在接收端则采用相应的解调方式恢复出原基带信号。现代通信系统绝大多数都是频带传输系统，表 1-2 给出了常用的调制方式及对应的通信系统。

表 1-2 常用的调制方式及对应的通信系统

	调制方式		通信系统
连续波调制	线性调制	常规双边带调幅 AM	广播
		抑制载波双边带调幅 DSB	立体声广播
		单边带调幅 SSB	电台、载波通信、数传
		残留边带调幅 VSB	电视、传真、数传
	非线性调制	调频 FM	数字微波、卫星、广播
		调相 PM	中间调制方式
	数字调制	幅移键控 ASK	数据传输
		频移键控 FSK	数据传输
		相移键控 PSK、DPSK 等	数据传输、数字微波、卫星
		其他高效数字调制 QAM、MSK	数字微波、卫星

续表

调制方式		通信系统
脉冲调制	脉冲模拟调制 — 脉幅调制 PAM	中间调制方式、遥测
	脉冲模拟调制 — 脉宽调制 PDM(PWM)	中间调制方式
	脉冲模拟调制 — 脉位调制 PPM	光纤通信、遥测
	脉冲数字调制 — 脉冲编码调制 PCM	市话、卫星、空间通信
	脉冲数字调制 — 增量调制 ΔM(DM)	军用、民用数字电话
	脉冲数字调制 — 差分脉冲编码调制 DPCM	电视电话、图像编码
	脉冲数字调制 — 其他语音编码方式 ADPCM、APC、LPC 等	中、低速数字电话

1.2.2 通信系统的模型

1. 模拟通信系统的模型

在信道上传输模拟信号的系统称为模拟通信系统。模拟通信系统包含两种重要变换：一是消息和电信号之间的变换，这种变换由信源和信宿来完成，信源输出的电信号是一种原始的基带信号，含有丰富的低频成分甚至直流分量，信宿则完成相反的变换即由原始基带信号还原出消息；二是基带信号和频带信号之间的变换，这种变换由调制器和解调器来完成，调制器的作用是把不适合信道传输的基带信号通过频谱搬移变换成适合信道传输的频带信号，再送上信道，解调器则完成相反的变换，即从频带信号中解调出基带信号。当然，消息从信源传递到信宿并非只存在以上两种变换，系统中可能还会有滤波、放大、变频、发射等变换和处理。暂且假设在通信系统中对信号进行的其他变换和处理过程是足够理想的，而只考虑上述两种变换，由此得到模拟通信系统的模型如图1-6所示。

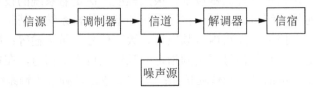

图 1-6 模拟通信系统的模型

2. 数字通信系统的模型

在信道中传输数字信号的系统称为数字通信系统，它的基本组成模型如图1-7所示。

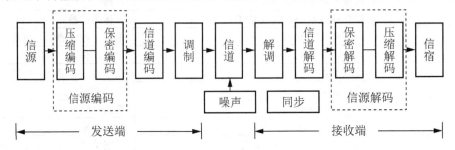

图 1-7 数字通信系统的模型

数字通信系统中的信源是数字信源(如果是模拟信源，则需经过数字化处理)，输出数字基带信号。数字通信系统的发送设备通常包含两种重要变换——编码和调制，其中编码又分为信源编码和信道编码两种类型。数字通信系统涉及的主要技术问题如下(这是本书的主要内容，分别体现于本书的各个章节之中)。

(1) 信源和信宿：信源是信息的产生者或形成者，其作用是把消息转换成原始的电信号，完成非电/电的转换；信宿的作用是把复原的电信号转换成相应的消息，即完成电/非电的转换。信源有两种类型，模拟信源(如电话机)输出幅度连续的模拟信号，数字信源(如计算机)则输出离散的数字基带信号。

(2) 信源编码与信源译码：信源编码有 3 个作用，其一是当信源给出的是模拟语音信号时，通过 PCM、ADPAM 或 ΔM 等方法将其转换成数字信号，以实现模拟信号的数字化传输；其二是设法减少码元数目和降低码元速率，即通常所说的数据压缩；其三是当需要保密通信时进行保密编码。信源编码是一种有效性编码。信源译码是信源编码的逆过程。

(3) 信道编码与信道译码：数字信号在信道中传输时，由于噪声影响和信道本身特性不理想造成的码间串扰，很容易引起传输差错。减小这种差错的基本方法就是信道编码，其主要实现思路是在信息码组中按照一定规则加入若干监督码元，使原来不相关的信息序列变成相关的新序列，在接收端根据这种相关的规律性来检测并纠正接收序列码组中的误码，以提高通信系统的抗干扰能力，尽量控制差错，保证通信质量。信道编码是一种可靠性编码。信道译码则是信道编码的逆变换。

(4) 调制和解调：数字调制的任务是把各种数字基带信号转化成适于信道传输的数字频带信号。经变换后已调信号有两个基本特征：一是携带信息，二是适合在信道中传输。数字解调是数字调制的逆过程。

(5) 信道：信道是信号传输的通道，狭义的信道就是传输媒介，分为有线信道和无线信道。在某些有线信道中，若传输距离不远、通信容量不大，数字基带信号可以直接传送，称为基带传输；而在无线信道和光缆信道中，数字基带信号必须经过调制，即把信号频谱搬移到较高的频段才能传输，这种传输称为频带传输。

(6) 最佳接收和同步：依据最小差错准则进行接收，可以合理设计接收机，以达到最佳。同步是保证数字通信系统有序、准确、可靠工作的前提，其目的是使收发两端信号在时间上保持步调一致。只有通过同步，接收端才能确定每位码的起止时间，并确定接收码组与发送码组的正确对应关系，否则接收端无法恢复发送端的信息。按照同步的作用，可将其分为载波同步、位同步、群同步和网同步 4 种类型。在图 1-7 中，同步环节没有表示出相关连接，因为它的位置往往不固定。

1.2.3 数字通信系统的特点

与模拟通信系统相比，数字通信系统具有如下优点。

(1) 抗干扰能力强，无噪声累积。模拟通信中的待传信息包含在信号波形之中，叠加在信号波形上的噪声无法消除，导致传输过程中信噪比下降；数字通信系统中传输的是数字信号，待传信息包含在码元的组合之中，虽然也受噪声的污染，但可通过再生中继(抽样、比较、判决)消除噪声累积。

(2) 可采用差错控制技术，提高信号传输的可靠性。

(3) 便于进行各种数字信号处理,如加密处理;也可通过计算机存储和处理,使数字通信和计算机技术相结合,组成综合化、智能化的数字通信网。

(4) 数字通信系统使传输与交换相结合,电话、数据与图像传输相结合,有利于实现综合业务数字网。

(5) 数字通信系统的器件和设备易于实现集成化、微型化。

数字通信系统的缺点之一是占用频带较宽,频带利用率较低。例如,一路模拟电话的带宽是 4kHz,而一路 PCM 数字电话则占 64kHz 带宽;一路模拟电视信号只有 6MHz 带宽,但一路数字电视信号约占 100MHz 的带宽。为了解决这一问题,必须采用数字压缩技术,尽量减小数字信号的占用带宽。数字通信系统的缺点之二是需要严格的同步,增加了系统的复杂度。

随着数字信号处理技术的发展以及宽频信道(光纤、卫星等)的大量应用,数字通信占用带宽的问题已经不是主要问题了。由于数字通信与模拟通信相比具有极大的优越性,因此,数字通信正逐步取代模拟通信。

1.2.4 通信系统的主要性能指标

通信的任务是传输信息,传输信息的有效性和可靠性是通信系统两个最主要的性能指标,可用于衡量、比较和评价一个通信系统的优劣,这也是本书分析的重点。所谓有效性,是指在给定信道中单位时间内传输信息量的多少,对数字系统来说就是传输信息的速率;所谓可靠性,是指接收信息的准确程度,即传输信息的质量。除了有效性和可靠性两个主要性能指标之外,从整个系统的综合考虑出发,也提出或规定了其他若干相关指标,如经济性、保密性、标准性、维修性等指标。

通信系统的有效性和可靠性既相互矛盾又相互关联。一般情况下,增加系统的有效性,必然会降低系统的可靠性,反之亦然。这就好比汽车在公路上行驶,高速行驶必然会降低安全性。在系统设计中,往往根据系统要求采取相对折中的办法,即在满足一定可靠性指标的情况下,尽量提高信息的传输速率即有效性;或者,在维持一定有效性的条件下,尽可能提高系统的可靠性。

对于模拟通信系统来说,有效性和可靠性指标分别采用系统有效带宽 B_W 和输出信噪比 S/N 来衡量。模拟通信系统的有效(传输)带宽是指传输各种已调制信号所能提供的最大带宽,它就好比公路的宽度,显然,B_W 越大,系统同时传输的话路数也就越多,有效性也就越好。模拟通信系统的输出信噪比 S/N 又称解调输出信噪比。有时,可靠性也用信噪比增益 G 表示,它是接收端解调器的输出信噪比与输入信噪比的比值,主要取决于信号的调制解调方式。

对于数字通信系统而言,系统的有效性和可靠性指标分别采用传输速率和差错率来具体衡量。

1. 有效性指标

数字通信系统的有效性可用传输速率来衡量,传输速率越高,则系统的有效性越好。通常可从以下三个角度来衡量其有效性。

1) 码元传输速率 R_B

码元传输速率又称码元速率、传码率、码速率、码率、波特率等,用符号 R_B 来表示。它是指每秒传输码元的数目,单位为波特(Baud),常用符号 Bd 表示。例如,某系统在 2s 内共传送 4800 个码元,则系统的码元速率为 2400Bd。

数字信号一般有二进制与多进制之分,但码元速率 R_B 与信号的进制数无关,而只与码元宽度 T_B 有关,即

$$R_B = \frac{1}{T_B} \tag{1-2}$$

2) 信息传输速率 R_b

信息传输速率简称信息速率,又称传信率、比特率等,用符号 R_b 表示,它是指每秒时间内传输的信息量,单位为比特/秒(b/s)。例如,某二进制信源在 1s 内传送 2400 个符号,且每一个符号的平均信息量为 1b,则该信源的 R_b=2400b/s。

因为信息量与信号进制数 N 有关,因此 R_b 也与 N 有关。下面介绍 R_b 与 R_B 之间的互换。

在二进制系统中,码元速率 R_{B2} 与信息速率 R_{b2} 在数值上相等,但单位不同。在 N 进制系统中,R_{BN} 与 R_{bN} 之间数值不同,单位也不同。它们之间在数值上满足如下关系式:

$$R_{bN} = R_{BN} \cdot H \quad (b/s) \tag{1-3}$$

式中,H 是每个码元的平均信息量,即信源的熵。当信源中各符号等概率出现时,信源的熵与信源的总符号数(进制数)N 之间满足:

$$H = \log_2 N \tag{1-4}$$

此时,码元速率与信息速率之间满足关系:

$$R_{bN} = R_{BN} \cdot \log_2 N \tag{1-5}$$

可见,当码元速率不变时,通过增加进制数 N,可以提高信息速率;当信息速率不变时,通过增加进制数 N,可以降低码元速率。

在码元速率保持不变的条件下,二进制信息速率 R_{b2} 与多进制信息速率 R_{bN} 之间的关系为(表达时对数的底 2 一般可以省略)

$$R_{b2} = R_{bN} / \log_2 N \tag{1-6}$$

【例 1-1】 设某数字系统传输二进制码元,码元速率为 2400Bd,试求该系统的信息速率。若该系统改为传输十六进制码元,各符号独立等概率,码元速率为 2400Bd,该系统的信息速率又为多少?

解:对二进制数字系统,信息速率与码元速率在数值上相等,$R_b = R_B = 2400$b/s。对十六进制数字系统,根据式(1-5)得信息速率为

$$R_b = R_B \log_2 N = 2400 \times \log_2 16 = 9600 (\text{b/s})$$

3) 频带利用率

在比较两个不同通信系统的有效性时,只看它们的传输速率是不够的,还应观察在什么样的信道频带宽度上能达到这一传输速率。因为传输速率越高,所占用的信道频带越宽,因此,能够真正体现出信息传输效率的指标应该是频带利用率(η),也就是单位频带内的传输速率,即

$$\eta_B = R_B / B_C \quad (\text{Bd/Hz}) \tag{1-7}$$

或

$$\eta_b = R_b / B_C \quad (\text{b/s/Hz}) \tag{1-8}$$

式中，B_C 是信道带宽。从式(1-7)和式(1-8)中可以看出，若码元速率相同，加大 N 或减少 B_C 都可使频带利用率提高。前者可采用多进制调制技术实现，后者可采用单边带调制、部分响应等压缩发送信号频谱的方法实现。

在第 4 章数字基带传输系统中我们将学到，理想低通系统具有最大的频带利用率，为 2Bd/Hz。这是因为如果系统用高于 $1/T_B$ 的码元速率传送信码时，将存在码间串扰。

2．可靠性指标

衡量数字通信系统可靠性的指标，具体可用信号在传输过程中出错的概率来表示，即用差错率来衡量。差错率越大，表明系统可靠性越差。差错率通常有两种表示方法。

1) 误码率 P_e

误码率即码元差错率，又称误符号率，它是指接收错误的码元数在传送总码元数中所占的比例，或者说，误码率就是码元在传输系统中被传错的概率。P_e 用表达式可表示为

$$P_e = \frac{错误码元数}{传输总码元数} \tag{1-9}$$

2) 误信率 P_b

误信率即信息差错率，又称误比特率，它是指接收错误的信息量在传送信息总量中所占的比例，或者说，它是码元的信息量在传输系统中被丢失的概率。P_b 用表达式可表示为

$$P_b = \frac{错误比特数}{传输总比特数} \tag{1-10}$$

在二进制系统中，有 $P_e = P_b$。

不同的应用场合对差错率有不同的要求，例如，传输数字语音要求误信率为 $10^{-3} \sim 10^{-6}$，而传输计算机数据则要求误信率为 10^{-7} 甚至更小。当信道不能满足差错率要求时，必须采取差错控制措施减小差错率，如进行信道编码。

【例 1-2】已知某八进制数字通信系统的信息速率为 12 000b/s，接收端在 30min 内共测得错误码元有 216 个，试求系统的误码率。

解：已知信息速率 $R_{b8}=12\ 000$b/s，由式(1-5)得码元速率为

$$R_{B8} = R_{b8} / \log_2 8 = 4000(\text{Bd})$$

则系统误码率为

$$P_e = \frac{216}{4000 \times 30 \times 60} = 3 \times 10^{-5}$$

1.3 通信网

1.3.1 通信网的定义、组成及类型

1．定义

点到点通信是信息传输的最基本形式，解决了两个用户之间的通信问题。当信源和信宿的数量较多时，在信源和信宿之间都建立固定的信息传输通道则几乎不可能实现。例如，

要在 20 个终端之间都建立固定的点到点通信，就需要建立 20×(20-1)/2=190 条信息传输通道，这实在太过浪费，也没有必要。解决办法是建立一个通信网络，把所有终端都接到一个某种形式的网络上，网络对所有终端共享，终端之间可以互传信息。为了提高传输的可靠性，网络在每两个终端之间应能提供多条路由。因此，要实现多用户间的通信，就需要一个合理的拓扑结构将多个用户有机地连接在一起，并定义标准的通信协议，以使它们能协同工作，这样就形成了一个通信网。由此定义：通信网是由一定数量的节点(Node，包括终端节点、交换节点，如计算机、路由器等)和连接这些节点的传输链路(Link)有机地组织在一起，按约定的信令或协议完成任意用户间信息交换的通信体系。通信网的根本目的是解决任意两个用户之间的相互通信问题，用户使用它可以克服空间、时间等障碍来进行有效的信息交换。

2．组成

从通信网的定义可以看出，为实现多用户间的通信，实际的通信网均由硬件和软件按特定方式构成，每一次通信都需要软、硬件设施的协调配合来完成。硬件组成主要包括用户终端设备、交换设备和传输设备三部分，它们完成通信网的基本功能——接入、交换和传输；软件组成则包括信令、协议、控制、管理、计费等，它们主要完成通信网的控制、管理、运营和维护，实现通信网的智能化。因此，也可以这样理解，通信网就是以用户终端设备和交换设备为点(Node)，以传输设备为线(Link)，按照一定顺序点线相连而形成的有机组合系统，以实现多个用户对多个用户的通信。

终端设备就是用户设备，是通信网中的源点和终点，即通信系统中的信源和信宿，其主要功能是：①将输入信息变换为易于在信道上传输的信号，以适应信道和用户的需要；②能参与通信控制，产生和识别网络信令信号，以便与网络联系、应答。不同的通信业务对应不同的通信终端，如电话终端、数字终端、图像终端和多媒体终端。

传输设备起链路作用，又称传输链路(连接节点的线路)，是网络中各节点之间的连接媒介和信号传输通道，是通信网的基础设备。它不仅包括传输线路，还包括相应的通信装置，具有波形变换、调制与解调、复用与解复用、发信与收信等功能。本课程侧重讨论信号传输问题与复用问题。

交换设备是通信网的核心，在网中起着节点的作用。它将送到交换节点的各种信号汇集，同时完成信号的转接与分配。

3．类型

从系统工程的角度看，通信网是由通信系统组成的系统，是一个十分庞大的体系结构，它包括所有的通信设备和通信规程，因此，从不同的角度来看，对通信网就有不同的描述和理解，可将其分成多种不同的类型。

通信网按照传输业务的类型，可分为电话通信网(如 PSTN、PLMN 等)、数据通信网(如 X.25、Internet、帧中继网等)、广播电视网(CATV)等；按照网络覆盖的空间距离，可分为广域网(Wide Area Network，WAN)、城域网(Metropolitan Area Network，MAN)、局域网(Local Area Network，LAN)；按照信号传输的方式或特征，可分为模拟通信网(如电话交换网、有线电视网)和数字通信网(如计算机网络)；按照网络运营的方式，可分为公用通信网和专用通信网；还可以从网络的物理位置分布来划分，将其分成用户驻地网(CPN)、接入网和核心网三部分,其中用户驻地网是业务网在用户端的自然延伸,接入网也可以看成传送网在核心网之外的延伸,而核心网则包含业务、传送、支撑等网络功能要素。

1.3.2 通信网的拓扑结构

网络中各节点相互连接的方法和形式称为网络的拓扑结构。通信网的拓扑结构主要有网状、星状、树状、复合形、总线形、环状等,如图1-8所示。

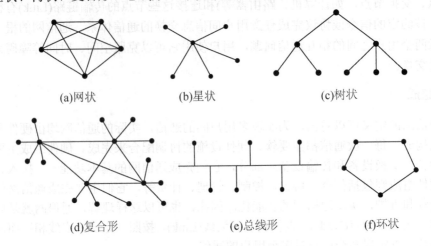

图1-8 通信网的拓扑结构

网状网中任何两个节点都要相互连接,可靠性和安全性高,链路数多,建网费高;星状网由一个中心节点和若干站点构成,每一个终端均通过单一的传输链路与中心交换节点相连,具有结构简单、易于管理、组网容易的特点,缺点是安全性差、线路利用率低;树状网是一种分层结构,适用于分级控制的系统;复合形网是现实中较常见的一种网络形式,其特点是将网状网和星状网相结合,在通信容量较大的区域采用网状网,而在局域区域内采用星状网,这样既提高了可靠性,又节省了链路;总线形网通过总线把各节点相互连接,从而形成一条共享通道,具有结构简单、扩展方便的优点,使用面较广;环状网由链路将节点连接成环状,它的结构简单、容易实现,但任何一个节点出现故障,都会影响全网的通信。

1.3.3 现代通信网的分层结构

传统通信网络由传输、交换、终端和通信协议组成,传输部分是网络的链路,交换部分是网络的节点。随着通信技术的发展和用户需求的日益多样化,现代通信网正处于变革与发展之中,网络类型及所提供的业务种类不断增加和更新,形成了复杂的通信网络体系。

从网络纵向分层的观点看,依据功能的不同,一个完整的现代通信网在结构组成上可分为相互依存的三部分,即业务网、传送网和支撑网,如图1-9所示。

1. 业务网

业务网负责向用户提供各种通信业务,如基本语音、数据、多媒体、租用线、VPN等,采用不同交换技术的交换节点设备通过传送网互联在一起就形成了不同类型的业务网。构成一个业务网的主要技术要素有:网络拓扑结构、交换节点技术、编号计划、信令技术、路由选择、业务类型、计费方式、服务性能保证机制等,其中交换节点设备是构成业务网的核心要素。

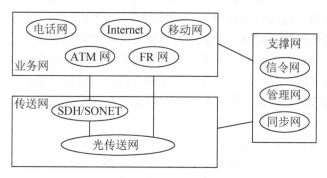

图 1-9　垂直观点的现代通信网网络结构

2．传送网

传送网是支持业务网的传输手段和基础设施,是随着光传输技术的发展,在传统传输系统的基础上引入管理和交换智能后形成的,如现有的准同步数字系列(PDH)和同步数字系列(SDH)。传送网独立于具体业务网,负责按需为交换节点/业务节点之间的互联分配电路,在这些节点之间提供信息的透明传输通道,它还包含相应的管理功能,如电路调度、网络性能监视、故障切换等。构成传送网的主要技术要素有传输媒介、复用体制、传送网节点技术等,其中传送网节点主要有分插复用设备(ADM)和交叉连接设备(DXC)两种类型,它们是构成传送网的核心要素。

3．支撑网

支撑网负责提供业务网正常运行所必需的信令、同步、网络管理、业务管理、运营管理等功能,以提供用户满意的服务质量。支撑网包含如下 3 部分。

(1) 同步网。它处于数字通信网的底层,负责实现网络节点设备之间和节点设备与传输设备之间信号的时钟同步、帧同步以及全网的网同步,保证地理位置分散的物理设备之间数字信号的正确接收和发送。

(2) 信令网。对于采用公共信道信令体制的通信网,存在一个逻辑上独立于业务网的信令网,它负责在网络节点之间传送业务相关或无关的控制信息流。

(3) 管理网。其主要目标是通过实时和近实时来监视业务网的运行情况,并相应地采取各种控制和管理手段,以在各种情况下充分利用网络资源,保证通信的服务质量。

1.4　通　信　信　道

1.4.1　信道的类型

信道是指由有线或无线线路提供的信号传输通道,信道的作用是传输信号,但同时又会给信号造成限制和伤害。

信道有狭义信道和广义信道之分。狭义信道仅指信号传输媒介,即接在发端设备和收端设备中间的传输媒介。狭义信道根据具体媒介的不同可分为有线信道和无线信道。有线信道是指传输媒介为双绞线、对称电缆、同轴电缆、光纤(光缆)、波导等一类能够看得见的媒介。有线信道是现代通信网中最常用的信道之一,如对称电缆广泛应用于市内近程传输。凡不属于有线信道的媒介均为无线信道,无线信道的传输媒介比较多,包括中长波地表波传播、短波电离层反射、超短波及微波视距传播、对流层散射、电离层散射等。无线信道的传输没有有线信道的传输稳定和可靠,但无线信道具有方便、灵活和通信者可移动等优点。

在通信理论的分析中,从研究消息传输的观点看,我们所关心的只是通信系统中的基本问题,因而,信道的范围还可以扩大。除传输媒介外,还可能包括有关的变换器,如馈线、天线、调制器、解调器等,通常将这种扩大了范围的信道称为广义信道。在讨论通信的一般原理时,通常采用的是广义信道。

在数字通信系统中,根据研究对象的范畴,常将广义信道分成两种:调制信道和编码信道。研究调制解调问题时采用调制信道,研究编码译码问题时采用编码信道。

调制信道的范围是从调制器输出端直到解调器输入端,因为从调制与解调的角度看,由调制器输出端到解调器输入端的所有变换器和传输媒介,不管其中间过程如何,只不过是对已调信号进行某种变换,我们只需关心变换的最终结果,而无须关心形成这个最终结果的详细过程,因此,研究调制与解调问题时,定义一个调制信道是方便和恰当的。

编码信道的范围是从编码器输出端直到译码器输入端,从编码和译码的角度看,编码器的输出是某一数字序列,而译码器的输入同样也是一数字序列,它们在一般情况下是相同的数字序列,因此,从编码器输出端到译码器输入端的所有变换器和传输媒介可用一个完成数字序列变换的方框加以概括,此方框称为编码信道。

调制信道和编码信道的作用范围如图 1-10 所示。

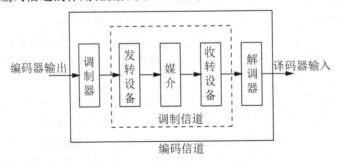

图 1-10 调制信道与编码信道的作用范围

经大量观察发现,调制信道对信号传输的作用机理,主要体现在对信号附加了一个乘性因子 $k(t)$,又称乘性干扰。有些信道的 $k(t)$ 基本不随时间变化,或变化极为缓慢,称这一类信道为恒参信道;有些信道的 $k(t)$ 是随机快速变化的,称这一类信道为随参信道。因此,调制信道可分为两类:恒参信道和随参信道。一般情况下,我们把双绞线、电缆、波导、中长波地表波传播、超短波及微波视距传播、卫星中继、光导纤维以及光波视距传播等传输媒介构成的信道都认为是恒参信道,其他媒介构成的信道则为随参信道。

编码信道常用在数字通信系统中，由于其输入输出都是数字序列，编码信道又分为无记忆编码信道和有记忆编码信道两种。无记忆编码信道中当前码元的差错与其前后码元的差错没有联系；有记忆编码信道中码元发生差错的事件不是独立的，与其前后码元发生的差错是有联系的。

1.4.2 信道的模型

信道的作用是让信号通过，同时又不可避免地给信号以限制和伤害。为了定量分析信道对信号的影响，首先必须建立信道的数学模型。

1. 调制信道模型

通过对调制信道进行大量的考察，发现它主要具有如下特点。

(1) 有一对(或多对)输入端，则必然有一对(或多对)输出端。
(2) 绝大多数信道是线性的，即满足叠加原理。
(3) 信号通过信道需要一定的延迟时间。
(4) 信道对信号有损耗(固定损耗或时变损耗)。
(5) 即使没有信号输入，在信道的输出端仍可能有一定的功率输出(噪声)。

根据上述 5 个特性，可用一个二对端(或多对端)的时变线性网络来代替调制信道，这个时变线性网络就称为调制信道模型，如图 1-11 所示。

图 1-11　调制信道模型(二对端)

对于二对端的信道模型来说，它的输出和输入之间的关系式可表示为

$$e_o(t) = f[e_i(t)] + n(t) \tag{1-11}$$

式中，$e_i(t)$ 为输入的已调信号；$e_o(t)$ 为信道输出信号；$n(t)$ 为信道噪声(或称信道干扰)；$f[e_i(t)]$ 是用某种函数关系表示的信道对信号的影响或变换。由于 $f[e_i(t)]$ 形式是一个高度概括的结果，为了进一步理解信道对信号的影响，假定能把 $f[e_i(t)]$ 简化成 $k(t)e_i(t)$ 的形式，因此式(1-11)可写成

$$e_o(t) = k(t) \cdot e_i(t) + n(t) \tag{1-12}$$

式(1-12)即为二对端信道的数学模型。其中，$k(t)$依赖于网络特性，反映了网络特性对 $e_i(t)$ 的作用，通常称其为乘性因子或乘性干扰，它对信号 $e_i(t)$ 的影响较大。$n(t)$ 与 $e_i(t)$ 无依赖关系，或者说 $n(t)$ 独立于 $e_i(t)$，称为加性干扰。这样，调制信道对信号的影响可归纳为两点：一是乘性干扰 $k(t)$ 的影响，二是加性干扰 $n(t)$ 的影响。如果了解了 $k(t)$ 和 $n(t)$ 的特性，就能搞清楚信道对信号的具体影响。不同特性的信道，仅仅是信道模型有不同的 $k(t)$ 和 $n(t)$。

对于理想信道，其能无失真地传输信号，应有 $k(t)$=常数，$n(t)$=0，即

$$e_o(t) = k \cdot e_i(t) \tag{1-13}$$

2. 编码信道模型

调制信道对信号的影响是通过 $k(t)$ 和 $n(t)$ 使调制信号发生"模拟量"变化；而编码信道对信号的影响则是一种数字序列的变换，即把一种数字序列变换成另一种数字序列，故有时把编码信道看成是一种数字信道。

编码信道包含调制信道，因而它同样要受到调制信道的影响。但是，从编码/译码的角度看，上述影响不管中间过程如何，最终都会被反映在编码信道的输出结果——使译码器接收到的数字序列以某种概率发生差错。显然，调制信道越差，即特性越不理想或加性噪声越严重，则发生差错的概率就越大。

由此看来，编码信道的模型可用数字信号的转移概率来描述。例如，在最常见的二进制数字传输系统中，一个简单的编码信道模型如图 1-12 所示。之所以说这个模型是"简单的"，是因为在这个假设模型中每个数字码元发生差错是相互独立的，用编码的术语来说，这种信道是无记忆的。在这个模型里，把 $P(0/0)$、$P(1/0)$、$P(0/1)$、$P(1/1)$ 称为信道转移概率，具体来说，把 $P(0/0)$ 和 $P(1/1)$ 称为正确转移概率，而把 $P(1/0)$（发"0"收"1"）和 $P(0/1)$（发"1"收"0"）称为错误转移概率。根据概率性质可知

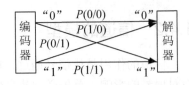

图 1-12 二进制无记忆编码信道模型

$$P(0/0) + P(1/0)=1, \quad P(1/1) + P(0/1)=1$$

转移概率完全由编码信道的特性所决定，一个特定的编码信道就会有相应确定的转移概率。应该指出，编码信道的转移概率一般需要对实际编码信道作大量的统计分析才能得到。

1.4.3 信道特性及对信号传输的影响

1. 恒参信道的特点

由于恒参信道对信号传输的影响是固定不变的或者是变化极为缓慢的，因而可以等效为一个非时变的线性网络。从理论上讲，只要得到这个网络的传输特性，则利用信号通过线性系统的分析方法，就可求得已调信号通过恒参信道后的变化规律。

对于信号传输而言，我们追求的是信号通过信道时不产生失真或者失真很小。由"信号与系统"课程可知，网络的传输特性 $H(\omega)$ 可用幅频特性 $|H(\omega)|$ 和相频特性 $\varphi(\omega)$ 来表征，要使任意一个信号通过线性网络不产生波形失真，网络的传输特性 $H(\omega)$ 应该同时满足以下两个条件。

(1) 网络的幅频特性 $|H(\omega)|$ 是一个不随频率变化的常数，如图 1-13(a)所示。

(2) 网络的相频特性 $\varphi(\omega)$ 应与频率呈直线关系，如图 1-13(b)所示。其中，t_0 为传输时延常数。网络的相频特性还经常采用群迟延频率特性 $\tau(\omega)$ 来衡量，所谓群迟延频率特性就是相频特性对频率的导数，即

$$\tau(\omega) = \frac{\mathrm{d}\varphi(\omega)}{\mathrm{d}\omega} \tag{1-14}$$

如果 $\varphi(\omega)-\omega$ 呈线性关系，则 $\tau(\omega)-\omega$ 将是一条水平直线，此时的不同频率成分将有相同的群迟延，因而信号经过传输后不发生畸变，如图 1-13(c)所示。

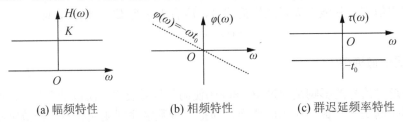

(a) 幅频特性　　　　(b) 相频特性　　　　(c) 群迟延频率特性

图 1-13 无失真传输的幅频特性、相频特性和群迟延频率特性

2. 恒参信道对信号传输的影响

一般情况下,恒参信道并不是理想网络,下面以典型的恒参信道——有线电话音频信道为例,来分析恒参信道等效网络的幅频特性和相频特性,以及它们对信号传输的影响。

恒参信道对信号传输的影响主要是线性畸变,线性畸变是由于网络特性不理想所造成的,下面具体从幅频畸变和相频畸变两个方面进行讨论。

1) 幅频畸变

理想的信道幅频特性在通带内应是水平直线(常数),即对所有通带内的各频率分量的衰耗应是一样的。所谓幅频畸变,是指信道的幅频特性不理想,偏离图 1-13(a)所示关系所引起的畸变。

在通常的有线电话信道中可能存在各种滤波器,尤其是带通滤波器,还可能存在混合线圈、串联电容器和分路电感等,因此电话信道的幅频特性总是不理想的。图 1-14 所示为典型音频电话信道的总衰耗—频率特性。十分明显,有线电话信道的此种不均匀衰耗必然使传输信号的幅频特性发生畸变,引起信号波形的失真。一般数字信号是矩形波或升余弦波,它们都有丰富的频率成分,如果利用幅频特性不均匀的信道来传输数字信号,还会引起相邻码元波形在时间上的相互重叠,即造成码间干扰。

为了减小幅频畸变,在设计总的电话信道传输特性时,一般都要求把幅频畸变控制在一个允许的范围内。这就要求改善电话信道中的滤波性能,或者再通过一个线性补偿网络,使衰耗特性曲线变得平坦。后一措施通常称为"均衡",在载波电话信道上传输数字信号时,通常要采用均衡措施。

2) 相频畸变(群延迟畸变)

相频畸变是由于信道相频特性不理想造成的。理想的相频特性曲线是通过原点的斜率为 K 的一条直线。所谓相频畸变,是指信道的相频特性偏离线性关系所引起的畸变。电话信道的相频畸变主要来源于信道中的各种滤波器及可能有的电感线圈,尤其在信道频带的边缘,相频畸变就更严重。图 1-15 所示为一个典型音频电话信道的群迟延频率特性。不难看出,当非单一频率的信号通过该电话信道时,信号频谱中的不同频率分量将有不同的迟延,即它们到达的时间先后不一,从而引起信号的畸变。

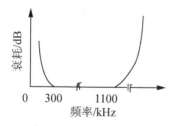
图 1-14　典型音频电话信道的相对衰耗

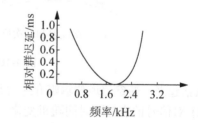
图 1-15　典型音频电话信道的群迟延频率特性

相频畸变对模拟语音通信的影响并不显著,这是因为人耳对相频畸变不太敏感;但对数字信号传输却不然,尤其当传输速率比较高时,相频畸变将会引起严重的码间串扰,给通信带来很大的损害。为了减小相移失真,可在调制信道内采取相位均衡措施,使得信道的相频特性尽量接近线性;或者严格限制已调制信号的频谱,使它保持在信道的线性相移范围内传输。

【例 1-3】 设某恒参信道的传输函数为 $H(\omega) = (1+\cos\omega T_0)\mathrm{e}^{-\mathrm{j}\omega t_\mathrm{d}}$，其中 T_0、t_d 均为常数，求信号 $s(t)$ 通过信道后的输出，并讨论由信道引起的失真情况。

解：恒参信道一般可以等效为时变线性网络，该网络的传输函数为 $H(\omega)$，根据欧拉公式，有 $\cos\omega T_0 = (\mathrm{e}^{\mathrm{j}\omega T_0} + \mathrm{e}^{-\mathrm{j}\omega T_0})/2$，则传输函数可表示为

$$H(\omega) = (1+\cos\omega T_0)\mathrm{e}^{-\mathrm{j}\omega t_\mathrm{d}} = \mathrm{e}^{-\mathrm{j}\omega t_\mathrm{d}} + \frac{1}{2}\mathrm{e}^{-\mathrm{j}\omega(t_\mathrm{d}-T_0)} + \frac{1}{2}\mathrm{e}^{-\mathrm{j}\omega(t_\mathrm{d}+T_0)}$$

由此可得网络的冲激响应为

$$h(t) = \delta(t-t_\mathrm{d}) + \frac{1}{2}\delta(t-t_\mathrm{d}+T_0) + \frac{1}{2}\delta(t-t_\mathrm{d}-T_0)$$

故信道输出信号为

$$s_\mathrm{o}(t) = s(t)*h(t) = s(t-t_\mathrm{d}) + \frac{1}{2}s(t-t_\mathrm{d}+T_0) + \frac{1}{2}s(t-t_\mathrm{d}-T_0)$$

此信道的幅频特性和相频特性分别是

$$|H(\omega)| = |1+\cos\omega T_0| \neq 常数, \quad \varphi(\omega) = -\omega t_\mathrm{d}$$

可见，输出信号存在幅频失真，但无相频失真。

3．随参信道的特点

随参信道的传输媒介主要以电离层反射、对流层散射等为代表，信号在这些媒介中传输的示意图如图 1-16 所示。图 1-16(a)所示为电离层反射传输示意图，图 1-16(b)所示为对流层散射传输示意图，它们的共同特点是：由发射点出发的电波可能经多条路径到达接收点，这种现象称为多径传播。就每条路径信号而言，它的衰耗和时延都不是固定不变的，而是随电离层或对流层的变化机理随机变化的。因此，多径传播后的接收信号将是衰减和时延都随时间变化的各路径信号的合成。

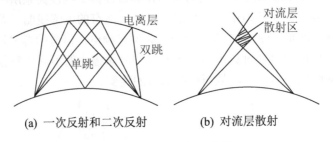

(a) 一次反射和二次反射　　(b) 对流层散射

图 1-16　多径传播示意图

概括起来，随参信道传输媒介通常具有以下特点。
(1) 对信号的衰耗随时间随机变化。
(2) 信号传输的时延随时间随机变化。
(3) 多径传播。

4．随参信道对信号传输的影响

随参信道的特性随时间变化很快，因此它的特性比恒参信道的特性要复杂得多，对信号传输过程带来的影响也要严重得多。下面定量分析随参信道对信号传输的影响。

1) 多径衰落与频率弥散

信号经随参信道传播后,接收的信号将是衰减和时延随时间变化的多路径信号的合成。设发射信号为 $A\cos\omega_c t$,则经过 n 条路径传播后的接收信号 $R(t)$ 为

$$R(t) = \left[\sum_{i=1}^{n}\mu_i(t)\cos\varphi_i(t)\right]\cos\omega_c t - \left[\sum_{i=1}^{n}\mu_i(t)\sin\varphi_i(t)\right]\sin\omega_c t \tag{1-15}$$

式中,$\mu_i(t)$ 为第 i 条路径的接收信号振幅;$\varphi_i(t)$ 为第 i 条路径的随机相位;设 $\tau_i(t)$ 为第 i 条路径的传输时延,其与 $\varphi_i(t)$ 之间满足 $\varphi_i(t) = -\omega_c \tau_i(t)$。

大量观察表明,$\mu_i(t)$ 和 $\varphi_i(t)$ 随时间的变化比信号载频的周期变化通常要缓慢得多,即 $\mu_i(t)$ 和 $\varphi_i(t)$ 可看做是缓慢变化的随机过程。

令

$$\mu_I(t) = \sum_{i=1}^{n}\mu_i(t)\cos\varphi_i(t) \qquad \mu_Q(t) = \sum_{i=1}^{n}\mu_i(t)\sin\varphi_i(t) \tag{1-16}$$

代入式(1-15)后得

$$R(t) = \mu_I(t)\cos\omega_c t - \mu_Q(t)\sin\omega_c t = \mu(t)\cos[\omega_c t + \varphi(t)] \tag{1-17}$$

式中,$\mu(t)$ 是多径信号合成后的包络;$\varphi(t)$ 是多径信号合成后的相位,即

$$\left.\begin{array}{l}\mu(t) = \sqrt{\mu_I^2(t) + \mu_Q^2(t)} \\ \varphi(t) = \arctan[\mu_Q(t)/\mu_I(t)]\end{array}\right\} \tag{1-18}$$

由于 $\mu_i(t)$ 和 $\varphi_i(t)$ 是缓慢变化的随机过程,因而 $\mu_I(t)$、$\mu_Q(t)$ 及包络 $\mu(t)$、相位 $\varphi(t)$ 也是缓慢变化的随机过程。于是,$R(t)$ 可视为一个窄带随机过程,其波形与频谱如图 1-17 所示。

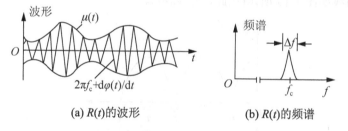

(a) $R(t)$ 的波形 (b) $R(t)$ 的频谱

图 1-17 衰落信号波形与频谱示意图

图 1-17(a)所示的接收波形表明,多径传播的结果是使确定的载频信号 $A\cos\omega_c t$ 变成了包络和相位都随机变化的窄带信号,这种信号称为衰落信号,通常将由于电离层浓度变化等因素引起的信号衰落称为慢衰落,而把由于多径效应引起的信号衰落称为快衰落。从图 1-17(b)所示的接收信号频谱看,多径传播引起了频率弥散(色散),即由单个频率变成了一个窄带频谱。

$R(t)$ 是一个窄带过程,分析表明,其包络 $\mu(t)$ 的一维分布为瑞利分布,相位 $\varphi(t)$ 的一维分布为均匀分布,因此,由多径传播引起的信号幅度快衰落又称为瑞利衰落。

2) 频率选择性衰落与相关带宽

多径传播不仅会造成上述的信号衰落及频率弥散,同时还可能发生频率选择性衰落。频率选择性衰落是指当发送的信号具有一定频带宽度时信号频谱中某些分量的一种衰落现象,这是多径传播的又一个重要特征。下面以两径传播为例来说明这个概念。

为简单起见,假定两条路径的信号到达接收点时强度相同,只是在到达时间上差一个时延 τ。令发送信号为 $f(t)$,它的频谱密度函数为 $F(\omega)$,则到达接收点的两路信号可分别表

示为 $V_0 f(t-t_0)$ 及 $V_0 f(t-t_0-\tau)$，这里 V_0 为两条路径的衰减，t_0 为第一条路径的时延。上述的传播过程可用图 1-18 所示的模型来表示。

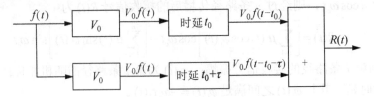

图 1-18 两径传播模型

两条传输路径的信号经合成后得

$$R(t) = V_0 f(t-t_0) + V_0 f(t-t_0-\tau) \tag{1-19}$$

它的傅里叶变换对为

$$R(t) \leftrightarrow V_0 F(\omega) e^{-j\omega t_d}(1+e^{-j\omega\tau}) \tag{1-20}$$

因此，信道的传递函数为

$$H(\omega) = \frac{R(\omega)}{F(\omega)} = V_0 e^{-j\omega t_d}(1+e^{-j\omega\tau}) \tag{1-21}$$

其幅频特性为

$$|H(\omega)| = 2V_0 \left|\cos\frac{\omega\tau}{2}\right| \tag{1-22}$$

幅频特性曲线如图 1-19 所示(在此，设 $V_0=1$)。

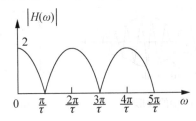

图 1-19 两径传播时的频率选择性衰落特性

由图 1-19 可知，两径传播时，对于不同的频率，信道的衰减不同。例如，当 $\omega=2n\pi/\tau$ (n 为整数)时，出现传播极点；当 $\omega=(2n+1)\pi/\tau$ (n 为整数)时，出现传输零点。另外，相对时延差 τ 一般是随时间变化的，故传输特性出现的零、极点在频率轴上的位置也是随时间变化的。显然，当一个传输信号的频谱宽为 $1/\tau(t)$ 时，传输信号的频谱将受到畸变，致使某些分量被衰落，这种现象称为频率选择性衰落，简称选择性衰落。

上述概念可推广到一般的多径传播中去。虽然这时信道的传输特性要复杂得多，但出现频率选择性衰落的基本规律是相同的，即频率选择性同样依赖于相对时延差。多径传播时的相对时延差通常用最大多径时延差来表征，并用它来估算传输零、极点在频率轴上的位置。设信道的最大时延差为 τ_m，则相邻两个零点之间的频率间隔为

$$B_c = 1/\tau_m \tag{1-23}$$

这个频率间隔通常称为多径传播信道的相关带宽。如果传输信号的带宽比相关带宽宽，则产生明显的频率选择性衰落。由此看出，为了减小频率选择性衰落，传输信号的频带必

须小于多径传输信道的相关带宽。工程设计中，通常选择信号带宽为相关带宽的 1/5～1/3。

【例 1-4】 设某随参信道的最大多径时延差为 2ms，为避免发生频率选择性衰落，确定在此信道上传输的码元速率。

解：信道相关带宽为 $B_c = 1/\tau_m = 500(\text{Hz})$。根据工程经验，信号带宽取为

$$B_C = \left(\frac{1}{3} \sim \frac{1}{5}\right) B_c = \left(\frac{1}{3} \sim \frac{1}{5}\right) \times 500(\text{Hz}) = 100 \sim 166.7(\text{Hz})$$

设频带利用率 $\eta = 2$（理想通信系统），由式(1-7)得数字信号的最大码元速率 $R_B = 2B_C = 200 \sim 333.4(\text{Bd})$。

一般来说，数字信号传输时希望有较高的传输速率，而较高的传输速率对应较宽的信号频带。因此，数字信号在多径媒介中传输时，容易因存在频率选择性衰落现象而引起严重的码间串扰。为了减小码间串扰的影响，通常要限制数字信号的传输速率。

由于信号在随参信道中传输时存在一般衰落特性和频率选择性衰落特性，因此会严重降低通信系统的性能。为抵抗快衰落，通常可采用多种措施，如采用各种抗衰落的调制解调技术、抗衰落接收技术(如分集接收)及扩频技术等。

1.4.4 常见信道举例

1. 语音信道

语音信道是指传输频带在 300～3400Hz 的音频信道。按照与语音终端设备连接的导线数量，语音信道可分为二线信道和四线信道。在二线信道上，收发在同一线对上进行；在四线信道上，收发分别在两对不同的线对上进行。

2. 数字光纤信道

以光导纤维(Optical Fiber，简称光纤)为传输媒介、光波为载波的数字光纤信道，可提供极大的传输容量。光纤具有损耗低、频带宽、线径细、重量轻、可弯曲半径小、不怕腐蚀、节省有色金属以及不受电磁干扰等优点，且以"1"和"0"两种状态表征的数字信号可用光脉冲的"有"和"无"来表示，故非常适合传输光波信号。

按传输模式分，光纤有多模与单模两种类型。具有多种传播模式的光纤称为多模光纤，只传播一种模式的光纤称为单模光纤。由于单模光纤具有色散小的突出优点，可使传输容量和传输距离大幅度提高，所以得到广泛应用。

数字光纤信道由光发射机、光纤线路、光接收机 3 个基本部分构成。通常将光发射机和光接收机统称为光端机。光发射机主要由光源、基带信号处理器和光调制器组成。光源是光载波发生器，目前广泛采用半导体发光二极管或半导体激光器作为光源。光调制器采用光强度调制。光纤线路采用单模光纤或多模光纤组成的光缆。根据传输距离等具体情况，在光纤线路中可设中继器。光接收机由光探测器和基带信号处理器组成，光探测器采用 PIN(光电二极管)或 APD(雪崩光电二极管)完成光强度的检测。光纤信道的组成如图 1-20 所示。

与其他信道比较，数字光纤信道有许多突出的特点，表现在以下几点。

(1) 频带极宽，信息容量巨大。

(2) 传输损耗小。目前使用的单模光纤，每千米的传输损耗在 0.2dB 左右，特别适合于

远距离传输。目前的光纤信道无中继传输距离可达 200km 左右。

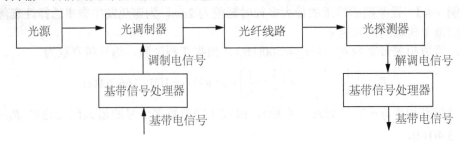

图 1-20 光纤信道的组成

(3) 抗干扰能力强。光纤传输密封性好,抗电磁干扰性能强,不易引起串音与干扰。

(4) 保密性能好。光波在光纤中传输时,光能向外的辐射微乎其微,从外部很难接收到光纤中的光信号。

3. 数字微波中继信道

数字微波中继信道是指工作频率在 0.3～300GHz、电波基本上沿直线传播、传输距离依靠接力方式延伸的数字信道。数字微波中继信道由终端站和中继站(或中间站)组成,如图 1-21 所示。终端站对传输信号进行插入/分出,因此站上必须配置多路复用及调制解调设备。中继站一般不分出信号,也不插入信号,只起信号放大和转发作用,因此,不需要配置多路复用设备。

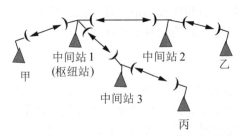

图 1-21 数字微波中继信道组成示意图

与其他信道比较,数字微波中继信道具有以下特点。

(1) 微波频带较宽,是长波、中波、短波、超短波等几个频段带宽总和的 1000 倍。

(2) 微波在视距内沿直线传播,在传播路径上不能有障碍物遮挡。受地球表面曲率和微波天线塔高度的影响,微波无中继传输距离只有 40～50km。在进行长距离通信时,必须采用多个中继站以接力方式进行传输。

(3) 数字微波中继信道很容易架设在有线信道难以通过的地区,如湖泊、高山和河流等地区。数字微波中继信道与有线信道相比,抵御自然灾害的能力较强。

(4) 与光纤等有线信道相比,数字微波中继信道的保密性较差。当传输保密信息时,需在信道中增加保密设备。

(5) 微波信号不受天电干扰、工业干扰及太阳黑子变化的影响,但是受大气效应和地面效应的影响。

4. 数字卫星信道

数字卫星信道由两个地球站和卫星转发器组成，地球站相当于数字微波中继信道中的终端站，卫星转发器相当于数字微波中继信道的中继站。数字卫星信道的组成如图1-22所示。

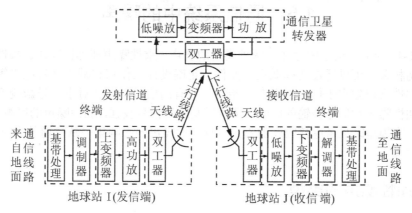

图 1-22 数字卫星信道的组成

与其他信道相比，数字卫星信道具有如下特点。

(1) 覆盖面积大，通信距离远，且通信距离与成本无关。卫星位于地球赤道上空约36 000km处，可覆盖约42.4%的地球表面。在卫星覆盖区域内的任何两个地球站之间均可建立卫星信道。

(2) 频带宽，传输容量大，适用于多种业务传输。由于数字卫星通信使用的是微波频段，而且一颗卫星上可以设置多个转发器，所以通信容量大，可传输电话、传真、电视和高速数据等多种通信业务。

(3) 信道特性比较稳定。由于数字卫星通信的电波主要是在大气层以外的宇宙空间传播，而宇宙空间是接近真空状态的，所以电波传播比较稳定。但是大气层、对流层、电离层的变化以及日凌等现象会对信号传播产生影响。当出现日凌时，会导致通信中断。

(4) 信号传播时延大。由于卫星距离地面较远，所以微波从一个地球站到另一个地球站的传播时间较长，约270ms。

(5) 受周期性多普勒效应的影响，会造成数字信号的抖动和漂移。

(6) 数字卫星信道属于无线信道，当传输保密信息时，需采取加密措施。

5. 短波电离层反射信道

短波是指波长为100～10m(相应的频率为3～30MHz)的无线电波。短波传播是一种天波传播，如图1-16所示。电离层是60～2000km的高空大气层，它主要是由太阳光中的紫外线照射高空大气使之电离而形成的。电离层一般分为4层，离地面60～80km为D层，100～120km为E层，180～240km为F_1层，300～500km为F_2层。电离层的厚度、电子浓度和高度受日照影响极大。D层只有在白天日照时才存在，它主要对长波起反射作用，而对短波和中波则起吸收作用。E层主要由氧原子电离形成，可反射中波和短波，白天、晚上都存在。在E层之上是F层，在夏季的白天F层又可分为F_1和F_2层，F_1层只有白天存在，F_2层白天、晚上都存在。利用F层的反射作用，可进行短波远距离通信，通信距离为1000～2000km，它是远距离传输的重要信道之一。

在短波电离层反射信道中,多径传播现象对信号传输的影响最大,引起多径传播的主要原因是:①电波经电离层的一次反射或多次反射;②几个反射层高度不同;③地球磁场引起的电磁波波束分裂成寻常波与非寻常波。

1.5 通信系统中的噪声

由式(1-12)可知,信道中存在着两种类型的噪声:乘性噪声和加性噪声。乘性噪声因为与信号密切相关,可以通过选择低噪声元件、正确设计工作点和减小信号电平等措施加以克服;而加性噪声独立于信号而存在,始终干扰有用信号,尤其对小信号影响严重,故本节只讨论加性噪声对信号传输的影响。又由于发送端信号较强,加性噪声的影响可以忽略,故在建立噪声模型时只考虑接收端的噪声,且加性噪声的影响集中从信道的"一点"引入,统称为信道噪声。

1.5.1 加性噪声的类型

根据信道内噪声的不同来源,可以粗略地将其分为如下 4 类。

(1) 无线电噪声。它来源于各种类型和用途的无线电发射机。这类噪声的特点是频率范围很广,从甚低频到特高频都可能存在,并且干扰的强度有时很大,但这种干扰频率一般是固定的,因此可以通过加强无线电频率管理得到较好的控制。对于敌意或有意的干扰,目前常采用快速调频技术躲避干扰或采用扩频技术降低干扰的影响。

(2) 工业噪声。它来源于各种电气设备,如电力线、发动机点火系统、电焊机、电力铁道、高频电炉等。这类干扰来源分布很广,其特点是干扰频谱集中于较低的频率范围,例如几十兆赫兹内。因此,采用屏蔽、滤波等措施,可使此类干扰得到较好的抑制。

(3) 天电噪声。它来自于自然界的雷电、磁暴、太阳黑子活动以及宇宙射线等。这类干扰所占的频谱范围也很宽,不像无线电干扰那样频率是固定的,并且强度随年份、季节、气候及地理位置变化,因此对它的干扰影响也就很难防范。

(4) 内部噪声。它来自于通信系统本身所含的各种电子器件、变换器以及天线、传输线等。如电阻及各种导体在分子热运动影响下产生的热噪声,电子管、晶体管、集成电路内电子或载流子发射不均匀引起的散弹噪声,电源滤波不良引起的交流噪声等。

从噪声的来源进行分类,物理上比较直观。但从防止或减小噪声对信号传输的影响这一角度来考虑,即根据噪声的性质来分类,更便于对其进行定量分析。加性噪声按其性质可分为如下 3 种类型。

(1) 单频噪声。它的特点是频谱集中在某个频率附近一个较窄的频带内,因此可以近似地看做是单频性质的,如无线电台干扰、交流电源谐波干扰、设备的自激振荡等都属于单频干扰。单频噪声是一种连续波干扰,其频率可以通过实测确定,因此在采取适当的措施后是可以消除的。

(2) 脉冲噪声。这类噪声时间很短,具有突发性或随机性,且强度很大,如工业干扰中的电火花、断续电流以及雷电干扰等。脉冲噪声波形不连续,呈窄脉冲性质,所以覆盖的频谱必然很宽,但频率越高,频谱幅度就越小,干扰影响也就越弱。一般来说,它对模拟通信影响不大,但对数字通信来说,可能会引起突发错误,从而造成严重危害,需要采用纠错编码技术如卷积码、交织码等克服脉冲噪声的影响。

(3) 起伏噪声。它主要指信道内部的热噪声、器件散弹噪声以及来自空间的宇宙噪声。其特点是干扰波形随时间作无规则的变化，是不规则的随机过程。从示波器上观察，它是连续的、杂乱无章的、随机起伏的；从频谱仪上看，它在相当宽的频带范围内具有平坦的功率谱密度。起伏噪声可以通过采用大量统计的方法来寻求其统计特性，因此在数学上可以用随机过程来描述。起伏噪声对信号传输的影响是不可避免的，并始终影响着通信系统的性能，是分析研究的重点。

在对起伏噪声进行数学分析时，首先在通信系统模型中把它集中在一起从信道引入，它概括了信道内所有的热噪声、器件散弹噪声和宇宙噪声等，统称为信道的加性干扰，然后采用随机过程的方法分析其统计特性。

下面介绍几种加性噪声的模型，它们在通信系统的理论分析中经常用到。实际统计与分析研究表明，这些噪声特性与具体信道特性是相符的。

1.5.2　白噪声

白噪声是通信系统中最常见的噪声之一。所谓白噪声，是指它的功率谱密度在整个频域内是常数，即服从均匀分布。之所以称它为"白"噪声，是因为它类似于光学中包括全部可见光频率在内的白光。凡是不符合上述条件的噪声就称为有色噪声。

白噪声的功率谱密度函数定义为

$$P_n(\omega) = \begin{cases} n_0/2, & -\infty < \omega < \infty \\ n_0, & 0 < \omega < \infty \end{cases} \quad (1\text{-}24)$$

当 $-\infty < \omega < \infty$ 时是双边谱，当 $0 < \omega < \infty$ 时是单边谱，其中 n_0 是一个常数，单位为 W/Hz。根据功率谱密度，就可以计算噪声的功率，计算公式为

$$S = \frac{1}{2\pi}\int_{-\infty}^{\infty} P_n(\omega)\mathrm{d}\omega = \int_{-\infty}^{\infty} P_n(f)\mathrm{d}f \quad (1\text{-}25)$$

这是计算噪声功率的第一种方法。

由信号分析的有关理论可知，功率信号的功率谱密度与其自相关函数 $R(\tau)$ 互为傅里叶变换对，即 $R_n(\tau) \leftrightarrow P_n(\omega)$，因此，白噪声的自相关函数为

$$R_n(\tau) = \frac{1}{2\pi}\int_{-\infty}^{\infty} \frac{n_0}{2} e^{j\omega\tau} \mathrm{d}\omega = \frac{n_0}{2}\delta(\tau) \quad (1\text{-}26)$$

式(1-26)表明，白噪声的自相关函数是一个位于 $\tau = 0$ 处的冲激函数，强度为 $n_0/2$。这说明，白噪声只有在 $\tau = 0$ 时才相关，而在任意两个不同时刻上的随机取值都是不相关的。因此，若对白噪声取样，只要时间不同，样值都是独立的。白噪声的功率谱密度及其自相关函数如图 1-23 所示。

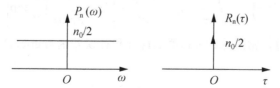

图 1-23　白噪声的功率谱密度与自相关函数

严格来说，白噪声只是一种理想化模型，完全理想的白噪声是不存在的，因为实际噪声的功率谱密度不可能具有无限宽的带宽，否则它的平均功率将是无限大，物理上是不可实现的。在实际应用中，通常只要噪声带宽远远超过系统带宽，且其功率谱密度在整个带宽内接近常数，就可近似认为是白噪声。例如，热噪声的频率可以高达 10^{13}Hz，且功率谱密度函数在 $0\sim10^{13}$Hz 内基本均匀分布，因此可以将其视为白噪声。

1.5.3 高斯噪声

在实际信道中，高斯噪声是一种十分常见的噪声，始终存在于任何一种信道中，因而，对它的研究具有特别重要的实际意义。所谓高斯噪声是指它的概率密度函数服从高斯分布(即正态分布)的一类噪声。高斯噪声的一维概率密度函数可用数学表达式表示为

$$p(x)=\frac{1}{\sqrt{2\pi}\sigma}\exp\left[-\frac{(x-a)^2}{2\sigma^2}\right] \tag{1-27}$$

式中，a 为噪声的数学期望，也就是均值；σ^2 为噪声的方差。通常，通信信道中噪声的均值 $a=0$。式(1-27)可用图 1-24 表示。

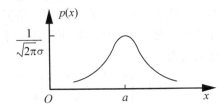

图 1-24 高斯分布(正态分布)的概率密度函数

高斯噪声具有以下重要性质。

(1) 如果高斯噪声在两个不同时刻取值是不相关的，那么它们也是统计独立的。

(2) 若高斯噪声的均值为 0，则其平均功率等于噪声的方差，即

$$S=\sigma^2=R(0) \tag{1-28}$$

这个结论非常有用，在通信系统的性能分析中，常常通过求自相关函数或方差的方法来计算噪声的功率，这是计算噪声功率的第二种方法。该式证明如下：

$$\sigma^2=D[n(t)]=E\{[n(t)-E(n(t))]^2\}=E[n^2(t)]-\{E[n(t)]\}^2=R(0)-a^2=R(0)$$

(3) 如果一个线性系统的输入是高斯噪声，则其输出一定也是高斯噪声，只是数字特征不同。

根据式(1-27)，可求得高斯噪声的一维概率分布函数 $F(x)$ 为

$$F(x)=\int_{-\infty}^{x}p(z)\mathrm{d}z=\int_{-\infty}^{x}\frac{1}{\sqrt{2\pi}\sigma}\exp\left[-\frac{(z-a)^2}{2\sigma^2}\right]\mathrm{d}z=\frac{1}{\sqrt{2\pi}\sigma}\int_{-\infty}^{x}\exp\left[-\frac{(z-a)^2}{2\sigma^2}\right]\mathrm{d}z \tag{1-29}$$

以上积分不易计算，常引入误差函数 erf(x) 和补误差函数 erfc(x) 来表述。它们的定义式为

$$\mathrm{erf}(x)=\frac{2}{\sqrt{\pi}}\int_{0}^{x}\mathrm{e}^{-z^2}\mathrm{d}z \tag{1-30}$$

$$\text{erfc}(x) = 1 - \text{erf}(x) = \frac{2}{\sqrt{\pi}} \int_x^\infty e^{-z^2} dz \tag{1-31}$$

利用误差函数或补误差函数的概念，高斯噪声的一维概率分布函数可表示为

$$F(x) = \begin{cases} \dfrac{1}{2} + \dfrac{1}{2}\text{erf}\left(\dfrac{x-a}{\sqrt{2}\sigma}\right), & x \geq a \\ 1 - \dfrac{1}{2}\text{erfc}\left(\dfrac{x-a}{\sqrt{2}\sigma}\right), & x \leq a \end{cases} \tag{1-32}$$

用误差函数表示 $F(x)$ 的好处是，借助于一般数学手册所提供的误差函数表，即可方便查出不同 x 值时误差函数的近似值，避免了式(1-29)的复杂积分运算。此外，误差函数的简明特性特别有助于分析通信系统的抗噪性能，这点在后续内容中将会看到。

为方便以后的分析，在此给出误差函数和补误差函数的性质。

(1) 误差函数是递增函数，具有如下性质：
① $\text{erf}(0) = 0$，$\text{erf}(\infty) = 1$；
② $\text{erf}(-x) = -\text{erf}(x)$。

(2) 补误差函数是递减函数，具有如下性质：
① $\text{erfc}(0) = 1$，$\text{erfc}(\infty) = 0$；
② $\text{erfc}(-x) = 2 - \text{erfc}(x)$；
③ $\text{erfc}(x) \approx \dfrac{1}{x\sqrt{\pi}} e^{-x^2}$ $(x > 2)$。

1.5.4 高斯白噪声和窄带高斯噪声

白噪声是根据噪声的功率谱密度是否均匀来定义的，而高斯噪声是根据它的概率密度函数呈正态分布来定义的，那么什么是高斯白噪声呢？

高斯白噪声也称高斯型白噪声，是指噪声的概率密度函数满足正态分布统计特性，同时它的功率谱密度函数是常数的一类噪声。这里值得注意的是，高斯白噪声同时涉及噪声的两个不同方面，即概率密度函数的正态分布性和功率谱密度函数的均匀性，二者缺一不可。

前已述及，信道的加性噪声主要就是热噪声、散弹噪声和宇宙噪声等起伏噪声，分析表明，起伏噪声就是一种高斯噪声，且在很宽的频率范围内具有平坦的功率谱密度，故常称这种噪声为加性高斯白噪声(Additive White Gaussian Noise，AWGN)。在通信系统的理论分析中，特别是在分析计算系统的抗噪声性能时，经常假定系统中的信道噪声为 AWGN，同时称这种信道为 AWGN 信道。AWGN 是通信系统中最重要、最基本的噪声与干扰模型，应用十分广泛，原因有二：一是高斯白噪声可用具体的数学表达式表述，便于进行数值分析。例如，只要知道了均值 a 和方差 σ^2，则加性高斯白噪声的一维概率密度函数便可由式(1-27)确定；只要知道了功率谱密度值 $n_0/2$，高斯白噪声的功率谱密度函数便可由式(1-24)确定，便于推导分析和运算。二是高斯白噪声确实反映了实际信道中的加性噪声情况，比较真实地代表了信道噪声的特性。本书在后续各章节中分析通信系统的性能时均以高斯白噪声为背景。

高斯白噪声通过各种滤波器后，就变成了各种带限高斯噪声。图 1-25 所示为一般正弦调制通信系统的噪声分析模型，$s_m(t)$ 为进入接收机的有用信号，来自 AWGN 信道的加性高斯白噪声记为 $n(t)$，它们通过接收带通滤波器(BPF)后再进入解调器。对信号来说，由于接收带通滤波器是一个理想的矩形带通，其带宽与信号带宽一致，因此信号几乎不受影响地从接收带通滤波器输出。对加性高斯白噪声 $n(t)$ 而言，它通过理想带通滤波器之后的输出 $n_i(t)$ 就是一种带通型高斯噪声了。

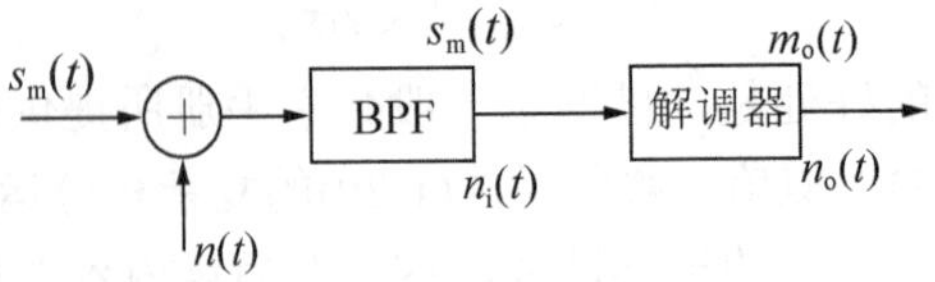

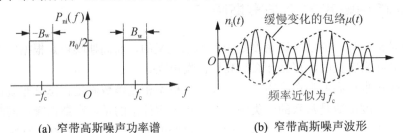

图 1-25 一般接收机的噪声分析模型

设理想带通滤波器的中心频率为 f_c，带宽为 B_w，通常 $f_c \gg B_w$，因此该滤波器也称为窄带滤波器，相应地 $n_i(t)$ 也称为窄带高斯噪声。窄带高斯噪声 $n_i(t)$ 的功率谱密度可表示为

$$P_{ni}(f) = \begin{cases} \dfrac{n_0}{2}, & f_c - \dfrac{B_w}{2} < |f| < f_c + \dfrac{B_w}{2} \\ 0, & \text{其他} \end{cases} \tag{1-33}$$

窄带高斯噪声的功率谱密度函数及波形示意如图 1-26 所示。通过与图 1-17 比较可见，可以采用窄带过程对其进行数学分析，因此，窄带高斯噪声的数学表示仍然具有式(1-17)的形式。对窄带高斯噪声的统计特征分析详见第 2 章。

(a) 窄带高斯噪声功率谱　　　　　　(b) 窄带高斯噪声波形

图 1-26 窄带高斯噪声的功率谱密度及波形示意

比较图 1-27 和图 1-26 所示的噪声功率谱曲线，发现后者描述的窄带高斯噪声功率谱密度是均匀的，是前者的一种理想化处理，这是因为在图 1-25 中将接收带通滤波器当作了理想带通滤波器。一般情况下，接收带通滤波器的频率特性是一种滚降特性，在截止频率处不会那么陡峭，此时，噪声功率谱密度 $P_{ni}(f)$ 不再是常数，如图 1-27 所示。所以，一般情况下，$n_i(t)$ 是一种带宽受到了限制的窄带噪声，或者说是一种带通型的窄带高斯噪声。在研究该噪声的统计特性时，往往将具有滚降特性的带通滤波器等效为一个理想矩形带通滤波器。为此定义噪声等效带宽 B_n 为

$$B_n = \dfrac{\int_0^\infty P_{ni}(f)\mathrm{d}f}{P_{ni}(f_c)} \tag{1-34}$$

噪声等效带宽 B_n 的意义是：图 1-27 中矩形的面积等于噪声功率谱密度 $P_{ni}(f)$ 与横轴之

间所包围的面积,等效的前提是噪声功率不变。利用噪声等效带宽的概念,在后面讨论通信系统的性能时,可以认为窄带噪声的功率谱密度在 B_n 内是恒定的。

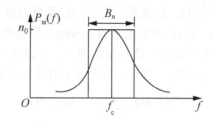

图 1-27 带通型噪声功率谱密度及等效带宽

【例 1-5】 设 $n(t)$ 是双边功率谱密度为 $\frac{n_0}{2} = 10^{-6} \text{W/Hz}$ 的高斯白噪声,它通过一微分器后输出 $n_1(t) = \frac{dn(t)}{dt}$,再将 $n_1(t)$ 通过一个截止频率 $f_H = 10\text{Hz}$ 的理想低通滤波器得到 $n_2(t)$。试求:

(1) $n_1(t)$ 的双边功率谱密度 $P_1(f)$。
(2) $n_2(t)$ 的平均功率 S_{n2}。

解:

(1) 利用傅里叶变换的时域微分性质 $\frac{df(t)}{dt} \leftrightarrow j\omega F(\omega)$ 得 $n_1(t)$ 的双边功率谱密度 $P_1(f)$ 为

$$P_1(f) = \frac{n_0}{2}|2\pi f_H|^2 = 2\pi^2 n_0 f_H^2 = 3.95 \times 10^{-5} (\text{W/Hz})$$

(2) $n_2(t)$ 的平均功率为

$$S_{n2} = \int_{-f_H}^{f_H} P_1(f) df = 2\int_0^{f_H} 2\pi^2 n_0 f^2 df = \frac{4\pi^2 n_0 (f_H)^3}{3} = 0.0263(\text{W})$$

1.6 信息论基础

1.6.1 信息量与平均信息量

在通信工程中,一般将语音、图像、文字、符号、数据等统称为消息,因此,消息是具体的,可以有各种各样的形式,而信息是一个抽象量,它可理解为消息中包含的有意义的内容,是消息的概括和抽象,信息的多少可直观地使用"信息量"进行衡量。

信息是消息的高度概括和抽象。各种各样的消息中有意义的特定内容,均可用信息一词来衡量。在通信系统中,不管传送的是什么消息,传输信息的多少都采用"信息量"来量度,就好比铁路系统运送货物量的多少是采用"货运量"来量度一样,而不管运送的是什么货物。因此,信息量与消息的种类、特定内容及重要程度无关。

人们在通信中获得消息之前,对它的特定内容有一种"不确定性",而事件的不确定程度只能用其出现的概率来描述。因此,信息量仅与消息中包含的不确定度有关。也就是说消息中所含的信息量只取决于消息发生的概率。消息发生的概率越小,越使人感到意外和印象深刻,则此消息所含的信息量越大。例如,一方告诉另一方一件几乎不可能发生(概率趋于零)的消息,它包含的信息量一定十分巨大(信息量趋于无穷大);若告诉对方的消息是一个必然事件(发生的概率为1),则此消息所含的信息量为零。

信息论的先驱哈特莱(Hartley)和香农(C.E.Shannon)从消息的统计特性出发,从信息的不确定性和概率测度的角度定义了通信中信息量的概念,并给出了信息量度的方法。在信息论中,单个消息(或符号)x中所含的信息量I与消息x出现的概率$P(x)$之间满足关系:

$$I = \log_a \frac{1}{P(x)} = -\log_a P(x) \tag{1-35}$$

式中的I有两种含义:在事件x发生之前,表示事件x发生的不确定性;在事件x发生之后,表示事件x所含有或所提供的信息量。

信息量I的单位与对数的底a有关。通信与信息领域最常用的是以2为底,这时单位为比特(b);理论推导中用e为底较方便,这时单位为奈特(nat);工程上用10为底较方便,这时单位为笛特(det)。它们之间可以引用对数换底公式进行互换,即

$$1b = 0.693nat = 0.301det$$

1比特(b)的信息量到底有多大呢?我们来看下面的例子。

【例1-6】 试计算二进制信源中"0"码和"1"码等概率时每个符号所含的信息量。

解:由 $P(1) = P(0) = 1/2$,利用式(1-35),得

$$I(1) = -\log P(1) = 1(b) \qquad I(0) = -\log P(0) = 1(b)$$

可见,二进制信源"1"码和"0"码等概率时,每个符号的信息量都是1b。上例表明,1b的信息量就是一位二进制符号或码元("1"码或"0"码)不经压缩所含的信息量,或者是一个二进制脉冲波形所含的信息量。

对于由一连串符号所构成的消息,可根据信息相加性概念计算整个消息的信息量,也可以采用平均信息量的概念。平均信息量是指信源中每个符号所含信息量的统计平均值,因为信源中每个符号概率一般不相等,所含信息量也就不同,当消息中的符号数很多时,采用平均信息量就显得更方便。

设信源共发出N个符号,各符号出现的概率场为

$$\begin{bmatrix} x_1 & x_2 & \cdots & x_N \\ P(x_1) & P(x_2) & \cdots & P(x_N) \end{bmatrix} \quad 且 \quad \sum_{i=1}^{N} P(x_i) = 1$$

则每个符号所含的平均信息量为

$$H = P(x_1)[-\log P(x_1)] + P(x_2)[-\log P(x_2)] + \cdots + P(x_N)[-\log P(x_N)] = \sum_{i=1}^{N} P(x_i)[-\log P(x_i)] \tag{1-36}$$

式(1-36)的数学意义是每个符号的信息量依概率加权,这实际上就是一种算术平均。由于平均信息量H同统计热力学中热熵的表达形式类似,故通常称H为信源的熵,单位为b/sign。可以证明,信源的最大熵发生在信源中每个符号等概率独立出现时,此时最大熵为

$$H_{\max}(x) = \log N \text{ (b/sign)} \tag{1-37}$$

可见,只要信源中各符号不等概率,就有$H(x) < H_{\max}(x)$,为此定义

$$\frac{H_{\max}(x) - H(x)}{H_{\max}(x)} = 1 - \frac{H(x)}{H_{\max}(x)} \tag{1-38}$$

式(1-38)称为信源冗余度。因此，当信源中各符号不等概率时，信源冗余就存在，就可以通过压缩编码的方法减小冗余度。改变信源符号原有的概率分布，使之逼近或达到等概率分布，这是信源压缩编码的基本方法之一。

【例 1-7】 气象员用明码报告气象信息，有 7 种可能的消息：晴、阴、云、雨、雾、雪、雹。发送每个消息所需的二进制脉冲数最少是多少个？若这 7 个消息出现的概率不等，且分别为 3/14、3/14、2/14、2/14、1/14、2/14、1/14，试计算每种消息的平均信息量。

解：(1) 两位二进制数字有 4 种组合(00、01、10、11)，3 位二进制数字有 8 种组合(000、001、010、011、100、101、110、111)，故要表示 7 种消息，至少需要 3 位二进制数字，即最少所需的二进制脉冲数是 3 个。

(2) 每种消息的平均信息量是

$$H(x) = \sum_{i=1}^{7} P_i \log \frac{1}{P_i} = 2 \times \frac{3}{14} \log \frac{14}{3} + 3 \times \frac{2}{14} \log \frac{14}{2} + 2 \times \frac{1}{14} \log \frac{14}{1} = 2.777 \text{ (b/sign)}$$

【例 1-8】 已知一组消息由 12 个符号组成，每个符号均有 4 种电平，设 4 种电平发生的概率相等，试求这一组消息所包含的信息量。若每秒传输 10 组消息，则 1min 传输多少信息量？

解：(1) 每个符号均有 4 种电平，$N = 4$。4 种电平发生的概率相等，$P_i = \frac{1}{4}$ ($i = 1,2,3,4$)。则每个符号的平均信息量为 $H = \log N = \log 4 = 2$ (b/sign)，则由 12 个符号组成的一组消息的信息量为 $I = 12H = 24$ (b)。

(2) 若每秒传输 10 组消息，则 1min 传输 10×60 组信息，因此信息传输速率为 10×60×24=14 400(b/s)。

1.6.2 信道容量

从信息论的观点来看，信道可概括为两大类：离散信道和连续信道。离散信道是指输入信号与输出信号都是取值离散的时间函数；而连续信道是指输入信号与输出信号都是取值连续的时间函数。前者是广义信道中的编码信道，其信道模型用转移概率来表示；后者则是调制信道，其信道模型用时变线性网络来表示。信道容量就是信道无差错传输信息的最大信息速率，即单位时间内信道上所能传输的最大信息量，记为 C。下面分别讨论这两种信道的信道容量。

1. 离散信道的信道容量

设离散信道模型如图 1-28 所示，图 1-28(a)所示为无噪声信道，图 1-28(b)所示为有噪声信道。设 $P(x_i)$ 表示发送符号 x_i 的概率，$P(y_j)$ 表示收到符号 y_j 的概率，$P(y_j/x_i)$ 表示发送 x_i 的条件下收到 y_j 的条件概率，即转移概率。在图 1-28(a)中，由于信道无噪声，所以它的输入与输出一一对应，即 $P(x_i)$ 与 $P(y_i)$ 相同。在图 1-28(b)中，由于信道有噪声，输入与输出之间不存在一一对应关系，即当输入一个 x_1 时，输出可能为 y_1，也可能是 y_2 或 y_m 等。可见，输出与输入之间成为随机对应的关系，但它们之间具有一定的统计关系，并且这种随机对应的统计关系就反映在信道的转移(或条件)概率上。因此，可以用信道的转移概率来合理地描述信道的干扰或统计特性。在有噪声信道中，很容易得到发送符号为 x_i 而收到

符号为 y_j 时所获得的信息量，即

$$[发送 x_i 收到 y_j 时所获得的信息量] = -\log P(x_i) + \log P(x_i/y_j) \quad (1-39)$$

式中，$P(x_i)$ 表示未发送符号前 x_i 出现的概率；$P(x_i/y_j)$ 表示收到为 y_j 而发送为 x_i 的条件概率。对所有的 x_i 和 y_j 取统计平均，得出收到一个符号时获得的平均信息量为

$$H(x) - H(x/y) = -\sum_{i=1}^{n} P(x_i) \log P(x_i) - \left[-\sum_{j=1}^{m} P(y_j) \sum_{i=1}^{n} P(x_i/y_j) \log P(x_i/y_j) \right] \quad (1-40)$$

式中，$H(x)$ 表示发送的每个符号的平均信息量即信源的熵；$H(x/y)$ 表示发送符号在有噪声信道中传输平均丢失的信息量，或当输出符号已知时输入符号的平均信息量。

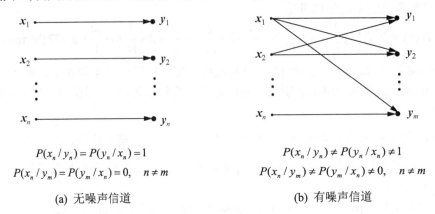

(a) 无噪声信道　　　　　　　　　　(b) 有噪声信道

图 1-28　离散信道模型

为了表明信道传输信息的能力，引入信息传输速率的概念。信息传输速率是信道在单位时间内所传输的平均信息量，用 R 表示，设单位时间传送的符号数为 r，则有

$$R = r[H(x) - H(x/y)] \quad (1-41)$$

式(1-41)表明有噪声信道中信息传输速率等于每秒内信息源发送的信息量与由信道不确定性而导致丢失的那部分信息量之差。

显然，在无噪声时，信道不存在不确定性，即 $H(x/y)=0$。这时，信道传输信息的速率等于信息源的信息速率，即

$$R = rH(x) \quad (1-42)$$

如果噪声很大，$H(x/y) \to H(x)$，则信道传输信息的速率 $R \to 0$。

由式(1-41)定义的信道信息传输速率 R 可以看出，它与单位时间内传送的符号数目 r、信源的概率分布 $P(x_i)$ 及信道的转移概率分布 $P(x_i/y_j)$ 有关。对于某个给定的信道，信道的转移概率分布 $P(x_i/y_j)$ 一般是已知的，若 r 也一定，则信道信息传输速率 R 仅与信源的概率分布 $P(x_i)$ 有关。一个信道的传输能力当以其最大可能的传输信息速率来量度，因此，对于一切可能的信源概率分布来说，受到高斯干扰的离散信道的信道容量定义为

$$C = \max_{\{P(X)\}} R = \max[rH(x) - rH(x/y)] \quad (1-43)$$

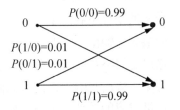

图 1-29　二进制对称信道

【例 1-9】　求图 1-29 所示二进制对称信道的信道容量

(设信道每秒传送 1000 个符号)。

解：二进制对称信道中，发送符号集和接收符号集均只有 0 和 1 两个符号，且有

$$P(0) = P(1) = 0.5$$
$$P(0/0) = P(1/1) = 0.99$$
$$P(0/1) = P(1/0) = 0.01$$

以此代入式(1-43)，并利用式(1-40)得

$$C = \left[\log 2 + \sum_j P(y_j) \sum_i P(x_i/y_j) \log P(x_i/y_j)\right] r$$
$$= (\log 2 + 0.01 \times \log 0.01 + 0.99 \times \log 0.99) \times 1000 = 919 \text{(b/s)}$$

2. 连续信道的信道容量——香农公式

让我们来思考这样一个问题：在用 xDSL 上网时，人们使用的传输媒介是仅有几兆带宽的双绞线，而几兆带宽的双绞线要传送几兆、十几兆甚至几十兆速率的数据，如此高的速率能保证在几兆带宽的双绞线上可靠传输吗？或者从另一个角度说，在给定带宽(Hz)的物理信道上，到底可以用多高的数据速率(b/s)来可靠地传送信息？这就是信道容量问题，早在半个多世纪以前，贝尔实验室的香农博士就已经解答了这个问题。

1948 年，香农博士在《通信的数学原理》(*Mathematical Theory of Communication*)一文中，提出了著名的香农定理，为今天通信的发展奠定了坚实的理论基础。

香农定理指出：在加性高斯白噪声(AWGN)信道中，假设信道的带宽为 B(Hz)，信道输出的信号功率为 S(W)，输出噪声功率为 N(W)，则该信道的信道容量 C 为

$$C = B \log\left(1 + \frac{S}{N}\right) \text{(b/s)} \tag{1-44}$$

这就是著名的香农信道容量公式，它给出了受到高斯白噪声干扰的连续信道的信道容量。从式(1-44)中可以看出，在带宽 B 有限和信噪比 S/N 有限的高斯白噪声信道中，传送信息的速率是一定的，该式给出了信息传输速率在理论上的极限值。若信道信息速率 $R_b \leq C$，则理论上可实现无差错传输；若 $R_b > C$，则不可能实现无差错传输。

由图 1-25 可知，若信道带宽为 B，则带通滤波器的带宽也为 B，由于噪声功率 N 与 B 有关，设高斯白噪声的单边功率谱密度为 n_0(W/Hz)，则信道输出噪声功率 N 将等于 $n_0 B$。因此香农公式可写成另一种形式为

$$C = B \log\left(1 + \frac{S}{n_0 B}\right) \text{(b/s)} \tag{1-45}$$

香农公式表明，一个连续信道的信道容量受 B、S、n_0 的限制，只由这三个值确定。进一步分析信道容量公式，可以得出以下若干有用的结论。

(1) 提高信噪比，可以增加信道容量。

(2) 若 $n_0 \to 0$ 或 $S \to \infty$，则 $C \to \infty$。意味着信道无噪声，或发送功率达到无穷大时，则信道容量为无限大，说明无干扰信道的信道容量可以为无穷大，这当然是一种理想情况。

(3) 若增大带宽 B，则信道容量 C 也增大，但是增加是有限的，因为 $B \to \infty$ 时，有

$$\lim_{B \to \infty} C = \frac{S}{n_0} \lim_{B \to \infty}\left[\frac{n_0 B}{S} \log\left(1 + \frac{S}{n_0 B}\right)\right] = \frac{S}{n_0} \lim_{x \to 0} \log(1+x)^{1/x} = \frac{S}{n_0} \lim_{x \to 0} \log e = 1.44 \frac{S}{n_0} \tag{1-46}$$

这一点很好理解，好比路修得再宽，车速也只能有限地提高，绝不可能提高到无限快。

(4) 信道容量 C 一定时，带宽 B 与信噪比 S/N 之间可以互换，即增加带宽，可以降低对信噪比的要求，以维持信道容量不变。这正是扩频通信的理论基础。

【例1-10】 设信道带宽为3MHz，输出信噪比 S/N 为20dB(即100倍)，分别传送BPSK信号和QPSK信号，可达到的最大数据速率是多少？

解：根据香农公式，高斯白噪声连续信道的最大信息速率为

$$3\times10^6\times\log(1+100)=3\times10^6\times6.65=20\text{(Mb/s)}$$

对于BPSK信号，正弦载波只有两种相位状态，分别表示"1"码和"0"码，其码元速率也是20MBd。

如果传输的是QPSK信号，一个正弦载波可以有4个不同的相位，可以用两位二进制数表示4种信息状态，则码元速率为20/log4= 10(MBd)。

【例1-11】 某一待传输的黑白图片约含 2.5×10^6 个像素，为了很好地重现图片，需要将每像素量化为16个亮度电平之一，假设所有亮度电平等概率独立出现，并设AWGN信道的信噪比为30dB，试计算用3min传送该图片所需的最小信道带宽 B(假设不压缩编码)。

解：该图片的信息量为

$$I=2.5\times10^6\times\left(-\log\frac{1}{16}\right)=10^7\text{b}$$

3min传送该图片所需的信息速率为 $C=\frac{10^7}{180}\text{b/s}$，又 $\frac{S}{N}=30\text{dB}=1000$ 倍，代入香农公式得 $B\approx5.55\text{kHz}$。

【例1-12】 在某AWGN信道上传送某一信息所需带宽为1MHz，信噪比为20dB；若将信噪比降为10dB，则所需带宽 B 是多少？

解：信噪比下降时，为了保持相同的信道容量，根据香农公式有

$$10^6\log(1+100)=B\log(1+10)$$

以此求得 $B=1.92\text{MHz}$。可见，信噪比下降后，通过展宽带宽，仍然可以维持原来的信道容量，即扩展频带可以降低对信噪比的要求。

应该指出，上述讨论都是在信道噪声为高斯白噪声的前提下进行的，对于其他类型的噪声，香农公式需要加以修正。

香农公式给出了通信系统所能达到的极限信息传输速率，达到极限信息速率并且差错率为零的通信系统称为理想通信系统。香农公式只证明了理想通信系统的存在，却没有指出实现这种通信系统的方法。如何达成或逼近香农极限，实现理想通信系统，还需要我们继续努力，不断探索。

香农定理具有十分重要的理论指导意义。香农公式指出了频带利用的理论极限值，人们围绕着如何提高频带利用率这一目标展开了大量的研究，取得了辉煌的成果。例如航天中的宇际通信，由航天器发回的信号往往淹没在比它高几十分贝的宇宙噪声之中，虽然信号非常微弱(信噪比非常低)，但香农公式指出信噪比和带宽可以互换，只要信噪比在理论计算的范围内，我们总可以找到一种方法将有用的信号恢复出来，这为后来的扩频通信提供了强有力的理论依据。另外，如移动通信中的多址接入技术(FDMA、TDMA、CDMA、SDMA以及OFDM)、信源编码技术、信道编码技术等，都得益于香农定理。

本 章 小 结

本章主要介绍 3 方面的内容：一是通信、通信系统和通信网所涉及的基本概念、组成结构和性能指标等，以对本课程所学内容有一个概貌性的了解；二是信道和噪声，它们是通信系统中要研究的基本问题，且具有共性；三是信息论基础，它是学习和分析现代通信系统必备的理论基础。

通信是与消息、信息、信号密切相关的一个概念，它是指通过某种媒介把信息从一地有效、可靠地传送到另一地的过程，以实现信息的传输和交换。信息的传递本质上是消息的传递，但信息是消息的概括和抽象，是消息中包含的有意义的内容，现代信息论以消息出现的不确定性来衡量其信息量。消息是不能直接传送的，它必须以物理上信号的形式才能进行传输和处理，信号是消息的载体，通信系统设计主要是信号设计。

通信方式有单工、半双工和全双工 3 种；数据传输方式有并行传输和串行传输之分；串行传输需要严格同步，同步的方式又分为异步传输和同步传输两种；为了提高传输信道的利用率，目前常用的复用方式主要有频分复用、时分复用、码分复用和空分复用。

传输信息所需的所有技术设备和信道的总和称为通信系统。通信系统有模拟通信系统和数字通信系统之分，本书主要以数字通信系统原理框图为主线，逐一介绍其所涉及的原理与技术，分析其有效性和可靠性指标。有效性指标主要指码元速率、信息速率和频带利用率；可靠性指标主要指误码率和误信率。

信道是信号传输的通道，针对不同的信道，人们设计了多种不同的通信系统。信道的分类如下：

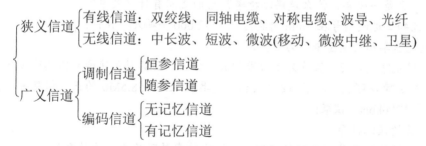

在通信系统的分析中，信道通常被等效为一种数学模型，而只关心其输入与输出之间的关系。在研究调制解调时，这种模型就是一个时变或非时变的线性网络，采用时频分析法即可分析信号通过信道传输后发生的衰减、失真、相移等情况；在研究编码译码时，信道模型一般采用转移概率来描述和分析。

信号通过恒参信道后一般会发生幅频畸变和相频畸变；信号通过随参信道后则会出现多径衰落、频率弥散和频率选择性衰落。

信号通过信道时，还要受到各种干扰或噪声的影响。通常认为，作用在通信信道上的噪声是一种加性高斯白噪声(AWGN)，它到达接收机并通过带通滤波器之后，就是一种窄带随机过程，也是一种平稳随机过程。噪声分析在通信系统设计中十分重要，以后我们会采用随机信号分析方法来确定系统的可靠性指标(误码率)，这种方法将贯穿于整个课程的学习当中，是学习通信原理的精髓。

从信息论的观点来看，信道又分为两大类：离散信道和连续信道。编码信道是一种离散信道，调制信道是一种连续信道。为尽可能提高数字通信系统的有效性，人们总是设法提高信息速率，使其逼近信道容量。香农定理指出：在 AWGN 信道中，信道的信道容量 C 与信道带宽 B(Hz)、信道输出的信号功率 S(W)、输出噪声功率 N(W)之间满足如下公式：

$$C = B\log\left(1+\frac{S}{N}\right) \text{(b/s)}$$

香农公式具有十分重要的理论指导意义。

思考练习题

1-1 简述消息、信息、信号三个概念之间的联系与区别。
1-2 什么是通信方式？它有哪几种类型？
1-3 什么是传输方式？数据传输方式有哪几种类型？
1-4 什么是复用方式？它有哪几种类型？各有何含义？
1-5 按照调制技术来分，通信系统有哪些类型？
1-6 画出数字通信系统的结构模型，简述其各部分功能。
1-7 什么是信源编码？什么是信道编码？它们之间有何区别？
1-8 数字通信系统有什么优点和缺点？
1-9 通信系统的主要指标是什么？各有何含义？
1-10 什么是码元速率？什么是信息速率？它们之间有何联系？
1-11 什么是误码率？什么是误比特率？它们之间有什么关系？
1-12 已知二进制信号在 3min 内共传送了 72 000 个码元。试问：
(1) 码元速率和信息速率各为多少？
(2) 若码元宽度不变，但改为十六进制数字信号，则其码元速率和信息速率又为多少？
1-13 在强噪声环境下，某系统在 5min 内共接收到 358.5Mb 的正确信息量，假设系统传输速率是 1200kb/s。试求：
(1) 系统的误比特率。
(2) 若系统传输的是四进制数字信号，误比特率是否改变，为什么？
(3) 若传输速率改为 800kBd，采用四进制传输，误比特率是多少？误码率又是多少？
1-14 通信网的构成要素有哪些？其功能是什么？
1-15 通信网的常用拓扑结构有哪些？各有何特点？
1-16 信道有哪些类型？
1-17 什么是调制信道？什么是编码信道？它们的数学模型分别是什么？
1-18 什么是恒参信道？它对传输信号有何影响？
1-19 什么是随参信道？它对传输信号有何影响？
1-20 什么是快衰落？它有什么特点？
1-21 信号无失真传输的时域条件和频域条件分别是什么？
1-22 某恒参信道的频率特性为 $H(\omega) = (1+\cos\omega T_0)\mathrm{e}^{-\mathrm{j}\omega t_d}$，其中 T_0 和 t_d 都是常数，写出信号 $s(t)$ 通过该信道后的输出信号表达式，并讨论其失真情况。

1-23 有两个恒参信道，其等效模型分别如图 1-30 (a)、(b)所示，写出它们的频率特性，画出它们的群迟延特性曲线。

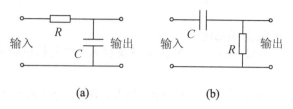

图 1-30 题 1-23 图

1-24 某随参信道采用两径模型，设两径传输系数相等(均为 A)，最短路径时延为 t_d，传输时延差 $\tau = T/4$，输入到信道的信号如图 1-31 所示，画出信道输出波形。

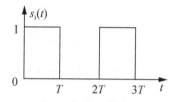

图 1-31 题 1-24 图

1-25 设某随参信道的两径时延差 $\tau = 1\text{ms}$，试确定该信道在哪些频率上传输最有利，在哪些频率上信道无信号输出。

1-26 通信中的噪声有哪几种类型？什么是加性高斯白噪声？什么是窄带高斯噪声？分别画出其功率谱密度。

1-27 什么是噪声等效带宽？定义它有什么用处？

1-28 什么是信源的熵？写出计算信源熵的一般数学表达式。

1-29 简述信道容量的定义。

1-30 写出香农公式。连续信道的信道容量与信道带宽成正比吗？

1-31 某信源只发出 A、B、C、D 4 个符号，传输时采用简单四进制编码，即 A 编为 00，B 编为 01，C 编为 10，D 编为 11，每个脉冲宽度为 5ms。试求：

(1) A、B、C、D 4 个符号等概率时，传输的码元速率与信息速率。

(2) 若 $P_A = 0.25$，$P_B = 0.2$，$P_C = 0.25$，$P_D = 0.3$，计算传输的码元速率与信息速率。

1-32 某信源发送 5 个相互独立的符号，其概率场为

$$\begin{bmatrix} x_1 & x_2 & x_3 & x_4 & x_5 \\ 1/4 & 1/8 & 1/8 & 3/16 & 5/16 \end{bmatrix}$$

(1) 求该信源的熵。

(2) 若信源以 1000Bd 的速率传送消息，求 30min 内传送的信息量。

(3) 求系统最大可能的信息速率，发生的条件是什么？

1-33 已知电话信道的带宽 $B = 4\text{kHz}$，试求：

(1) 接收端信噪比 $S/N = 30\text{dB}$ 时的信道容量。

(2) 若要求信道传输 400kb/s 的数据，要求接收端信噪比最低为多少分贝？

1-34 计算机终端输出数据经编码调制后通过电话信道传输，电话信道的带宽

$B=3.4\text{kHz}$，信道输出信噪比 $S/N=20\text{dB}$。该终端每次输出 128 个可能符号之一，且各符号独立等概率。试求：

(1) 信道容量。

(2) 终端输出数据的最高码元速率。

1-35 给定信道如图 1-32 所示，其中 X 是信道输入，Y 是信道输出，μ、$1-\mu$ 是信道转移概率 $P(Y/X)$。

(1) 若已知 X 的概率分布是 $P(X=0)=p$，$P(X=1)=1-p$，试求 Y 的概率分布、$H(Y)$、$H(Y/X)$。

(2) 求信道容量。

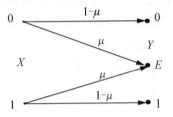

图 1-32 题 1-35 图

1-36 一幅彩色照片有 10^6 个像素，每个像素有 32 种彩色和 8 种亮度电平等级，假设各种彩色和亮度等概率出现，信道中功率信噪比为 40dB，现希望在 1min 内传输完毕，求所需信道带宽。

第 2 章　信号分析基础

教学目标

通过本章的学习，要理解确知信号与随机信号的基本概念；了解信号的各种类型；熟练掌握周期信号、非周期信号的频谱特征及计算；掌握自相关函数、互相关函数和能量谱、功率谱的含义、计算方法和相互关系；学会计算随机过程的统计特征(概率分布和数字特征)；理解平稳过程的类型、含义、各态历经性质及频谱分析；掌握随机过程通过线性系统后统计特征的变换关系；理解高斯过程、窄带过程、高斯白噪声、高斯窄带白噪声的统计特征及功率谱表示。

通信系统中所用到的信号是信息的载体和表达形式，也是传输、处理的对象。根据信号参数的确知程度，可将其分为确知信号和随机信号两大类。确知信号的特征是：无论是过去、现在还是未来的任何时间，其取值总是唯一确定的，如一个正弦波形，当幅度、角频和初相均为确定值时，它就属于确知信号，就是一个完全确定的时间函数，其变化规律可以用确知的函数表达式进行描述。随机信号是指其全部或某个参量具有随机性的时间信号，即信号的某一个或多个参量具有不确定取值，因此在它未发生之前或未对它具体测量之前，这种取值是不可预测的。通信系统中传输的信号和噪声都是随机信号，例如，语音信号及图像信号的瞬时值变化规律是不可预知的，如果用它们对正弦载波进行调制，则得到的已调信号的参数(振幅、频率或相位)都不能完全预知其函数形式，因此都是随机信号。

对确知信号主要采用时域和频域方法进行分析，这些方法在"信号与系统"课程中已经介绍过，考虑到知识的连贯性，本章 2.1 节主要从应用的角度提纲挈领进行概括性归纳、总结与复习。

通信系统中的信号和噪声都是随机的，对随机信号和噪声的分析是学习通信原理必备的工程数学基础。本章 2.2 节主要介绍随机信号分析方法，这种分析方法贯穿于本书的各个章节，是通信系统性能分析尤其是抗噪声性能分析的精髓。

2.1　确知信号分析

如果表征信号的所有参数都是可以确定的，这样的信号就称为确知信号，又称为确定信号。本节对常见确知信号及其变换进行介绍，为后续各章节的学习提供必要的理论基础。

2.1.1　确知信号的分类

1. 一维信号和 n 维信号

从数学的观点来分析，信号总可以表示为某些独立变量的函数。按信号可以表示为几个变量的函数划分,可将信号分为一维信号和 n 维信号。一维信号是 1 个独立变量的函数,n 维信号是 n 个独立变量的函数,图 2-1 和图 2-2 所示分别为二维信号和三维信号。

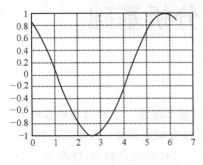

图 2-1　波形的二维描述

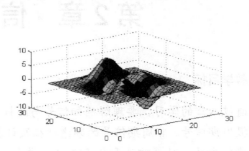

图 2-2　波形的三维描述

2．时限信号和非时限信号

信号一般都是独立时间变量的函数,按信号的持续时间划分,可将信号分为时限信号和非时限信号。时限信号只在一定的时间范围内存在,而非时限信号则不受时间限制,可在整个时间轴上一直存在,它们分别如图 2-3 和图 2-4 所示。

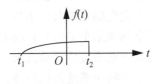

图 2-3　时限信号

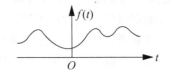

图 2-4　非时限信号

3．连续信号和离散信号

按信号是否是时间的连续函数划分,可将信号分为连续时间信号和离散时间信号。一个信号,如果在某个时间区间内除有限个间断点外都有定义,就称该信号在此区间内为连续时间信号,简称连续信号,如图 2-5 所示。仅在离散时刻上有定义的信号称为离散时间信号,简称离散信号,如图 2-6 所示。这里"离散"一词表示自变量 t 只取离散的数值,相邻离散时刻点的间隔可以是相等的,也可以是不相等的,在这些离散时刻点以外,信号无定义。

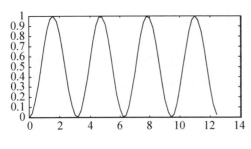

图 2-5　连续时间信号

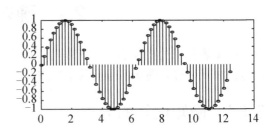

图 2-6　离散时间信号

时间和幅度都连续的信号又称为模拟信号。连续信号经过抽样,在时间上进行离散化,就变成了离散信号。将离散信号的幅度再离散化,就得到数字信号。

4. 周期信号和非周期信号

按信号是否具有重复性，可将信号分为周期信号和非周期信号。一个连续信号 $f(t)$，若对所有 t 均有

$$f(t) = f(t+nT), \quad n=0,\pm 1,\pm 2,\cdots$$

则称 $f(t)$ 为连续周期信号，如图 2-7 所示。满足上式的最小 T 值称为 $f(t)$ 的周期。周期信号也可以表示为

$$f(t) = \sum_{n=-\infty}^{\infty} g(t-nT)$$

式中，$g(t)$ 是 $f(t)$ 在一个周期 T 内的波形，称为基本波形。

不具有重复性的信号均为非周期信号，如图 2-8 所示。

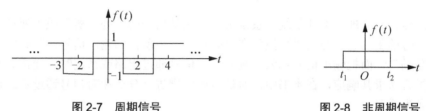

图 2-7　周期信号　　　　　　　　　　图 2-8　非周期信号

5. 能量信号和功率信号

按信号的能量特性划分，可将信号分为能量信号和功率信号。若将信号 $f(t)$ 设为电压或电流，则加载在单位电阻上产生的瞬时功率为 $|f(t)|^2$，在一定的时间区间内会消耗一定的能量。把该能量对时间区间取平均，即得信号在此区间内的平均功率，简称功率。对时间区间取极限，则信号 $f(t)$ 的能量 E 和功率 S 定义为

$$E = \int_{-\infty}^{\infty} |f(t)|^2 \mathrm{d}t \tag{2-1}$$

$$S = \lim_{T\to\infty} \frac{1}{2T} \int_{-T}^{T} |f(t)|^2 \mathrm{d}t \tag{2-2}$$

如果在无限大时间区间 $(-\infty,\infty)$ 内信号的能量为有限值(此时平均功率 $S=0$)，则称该信号为能量有限信号，简称能量信号。

如果在无限大时间区间 $(-\infty,\infty)$ 内信号的平均功率为有限值(此时信号能量 $E=\infty$)，则称此信号为功率有限信号，简称功率信号。

类似的，离散信号 $f(k)$ 的能量和功率定义为

$$E = \sum_{k=-\infty}^{\infty} |f(k)|^2 \tag{2-3}$$

$$S = \lim_{N\to\infty} \frac{1}{2N+1} \sum_{k=-N}^{N} |f(k)|^2 \tag{2-4}$$

可见，能量信号与功率信号是不相容的——能量信号的总平均功率(在整个时间轴上进行时间平均)等于 0，而功率信号的能量等于无限大。一个信号不可能既是能量信号又是功率信号。少数信号既不是能量信号也不是功率信号。通常，周期信号和随机信号是功率信号；确知的非周期信号为能量信号。

6. 基带信号和频带信号

从信源发出的信号,是原始的电波形,主要能量集中在低频段甚至含有丰富的直流分量,没有经过任何调制(频谱搬移),因此称为基带信号,如语音、视频信号等,它们均可由低通滤波器取出或限定,故又称为低通信号。为了适应绝大多数信道的传输,特别是无线通信信道,需将携带源信息的基带信号频谱搬移到某一指定的高频载波附近,成为带通型信号。从时域上看,就是使载波的某个参量(振幅、频率或相位)变化受控于基带信号或数字码流,使载波的参量随基带信号的变化而变化,这种受控后的载波就称为已调信号,它就是带通型的频带信号,其频带被限制在以载频为中心的一定带宽范围内。

2.1.2 确知信号的频域特征(傅里叶变换)

信号的传输或处理离不开系统,系统可以看做是信号的"处理器"或"变换器",系统在输入信号的驱动之下经过"变换"和"处理"产生所需的输出信号,因此常将输入信号称为"激励",而把输出信号称为"响应"。信号通过电路或系统时,通常有时域和频域两种分析方法求其响应,在本书中,对信号的频谱进行分析和对信号通过系统进行频域分析显得尤为重要。

确知信号按其重复性可以分为周期信号和非周期信号。分析周期信号和非周期信号的频域特性(频谱)时采用的是两种不同的数学工具:分析周期信号的数学工具是傅里叶级数,分析非周期信号的数学工具是傅里叶变换。

1. 周期信号的频谱分析——傅里叶级数

任何一个周期信号(周期为 T),只要满足狄里赫利条件,就可以展开为正交序列之和,即傅里叶级数。周期信号的傅里叶级数有三角形式和指数形式两种表达形式,三角形式的傅里叶级数表示式为

$$f(t) = \frac{a_0}{2} + \sum_{n=1}^{\infty}(a_n \cos n\omega_1 t + b_n \sin n\omega_1 t) \tag{2-5}$$

式中,$\omega_1 = 2\pi/T$ 是信号基波分量的角频率,简称基频;a_n 和 b_n 称为傅里叶系数;a_0 代表直流分量。由级数理论知,傅里叶级数为

$$\begin{cases} a_0 = \frac{2}{T}\int_0^T f(t)\mathrm{d}t \\ a_n = \frac{2}{T}\int_0^T f(t)\cos n\omega_1 t \mathrm{d}t, & n=1,2,3,\cdots \\ b_n = \frac{2}{T}\int_0^T f(t)\sin n\omega_1 t \mathrm{d}t, & n=1,2,3,\cdots \end{cases} \tag{2-6}$$

式(2-5)和式(2-6)表明,任何满足狄里赫利条件的周期信号都可以分解为直流分量和一系列谐波分量的叠加,而各次谐波分量的频率均为基频 ω_1 的整数倍。实际工程中遇到的周期函数大多满足狄里赫利条件。

指数形式的傅里叶级数表达式为

$$f(t) = \sum_{n=-\infty}^{\infty} F_n \mathrm{e}^{jn\omega_1 t} \tag{2-7}$$

式中，复系数 F_n 为

$$F_n = \frac{1}{T}\int_{-T/2}^{T/2} f(t)e^{-jn\omega_1 t} dt \qquad (2-8)$$

显然，F_n 是 $n\omega_1$ 的函数，即 $F_n = F_n(n\omega_1)$。F_n 实际上反映了周期信号 $f(t)$ 的傅里叶级数表示式中频率为 $n\omega_1$ 的信号分量的幅度和相位，通常称之为频谱。其大小描述了幅度随时间变化的关系，称为幅度谱；其相位描述了相位随时间变化的关系，称为相位谱。指数形式的傅里叶级数表明，任意周期信号 $f(t)$ 可分解为许多不同频率的虚指数信号之和，其各分量的复数幅度(或相量)就是 F_n。由于指数形式表达简洁，便于计算，且物理概念清楚，在通信中应用广泛。

应该注意，周期信号 $f(t)$ 的三角傅里叶级数和指数傅里叶级数只是同一信号的两种不同的表示形式。前者为实数形式的傅里叶级数，将周期信号分解为直流分量和一系列谐波分量之和；后者为复数形式的傅里叶级数，将周期信号分解为直流分量和一系列虚指函数之和。傅里叶级数的指数形式仅仅是一种数学表示形式，其实质与三角形式的傅里叶级数展开式完全一致。在虚指表示式中，$n=\pm N$ 中的两项只是第 N 次谐波用指数形式表示的两个分量，$n=-N$ 时所对应的分量丝毫不意味着有负的角频率或频率存在，只具有数学意义或理论意义。

【例 2-1】 已知一周期矩形信号 $f(t)$，幅度为 A，脉宽为 τ，周期为 T，如图 2-9(a)所示，求 $f(t)$ 的频谱 F_n 及其指数形式的傅里叶级数。

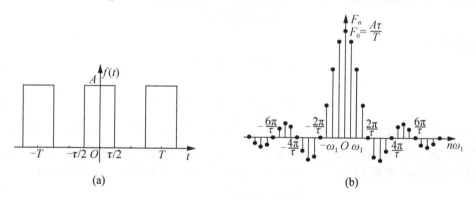

图 2-9 周期矩形脉冲及其频谱

解：在一个周期$(-T/2, T/2)$内，$f(t) = \begin{cases} A, & -\tau/2 < t < \tau/2 \\ 0, & t\text{为其他} \end{cases}$

根据式(2-8)求得频谱为

$$F_n = \frac{1}{T}\int_{-T/2}^{T/2} f(t)e^{-jn\omega_1 t} dt = \frac{1}{T}\int_{-\tau/2}^{\tau/2} Ae^{-jn\omega_1 t} dt$$

$$= \frac{A}{T}\frac{1}{-jn\omega_1}\left(e^{-jn\omega_1\frac{\tau}{2}} - e^{jn\omega_1\frac{\tau}{2}}\right) = \frac{2A}{n\omega_1 T}\sin\left(\frac{n\omega_1\tau}{2}\right)$$

$$= \frac{A\tau}{T}\frac{\sin\left(\dfrac{n\omega_1\tau}{2}\right)}{\left(\dfrac{n\omega_1\tau}{2}\right)} = \frac{A\tau}{T}\text{Sa}\left(\frac{n\omega_1\tau}{2}\right)$$

式中，$\mathrm{Sa}(x) = \sin x / x$ 称为抽样函数。由此得周期矩形信号 $f(t)$ 的指数傅里叶级数为

$$f(t) = \frac{A\tau}{T} \sum_{n=-\infty}^{\infty} \mathrm{Sa}\left(\frac{n\omega_1 \tau}{2}\right) \cdot \mathrm{e}^{\mathrm{j}n\omega_1 t}$$

据此画出 F_n 的双边频谱，如图 2-9(b)所示。显然，频谱的包络分布服从抽样函数分布规律，幅度呈衰减振荡且出现周期性的零点。

周期信号的频谱具有如下几个共同特性。

(1) 离散性。周期信号的频谱中各谱线是不连续的，所有频谱均由最小间隔为基频 ω_1 的谱线组成。由于谱线之间的最小间隔为基频 ω_1，而 $\omega_1 = 2\pi/T$，故信号的周期决定了谱线之间的最小间隔，信号周期 T 越大，基频就越小，谱线之间越密；反之，T 越小，基频就越大，谱线之间越疏。由于非周期信号可以看做是 $T \to \infty$ 的周期信号，因此可以预见，非周期信号的频谱应该是连续谱。

(2) 谐波性。谱线只出现在基频整数倍的频率 $n\omega_1$ 位置上。

(3) 收敛性。即幅度衰减特性，实际工程中遇到的绝大多数信号，其幅值谱线将随频率 $n\omega_1$ 的增加而不断衰减，并最终趋于零。

2. 非周期信号的频谱分析——傅里叶变换

令周期信号的重复周期 $T \to \infty$，则可将其视为非周期信号。为了描述非周期信号的频谱特性，引入了频谱密度的概念。非周期信号的频谱密度定义为

$$F(\omega) = \lim_{T \to \infty} F_n T$$

经推导有

$$F(\omega) = \int_{-\infty}^{\infty} f(t) \mathrm{e}^{-\mathrm{j}\omega t} \mathrm{d}t \tag{2-9}$$

$$f(t) = \frac{1}{2\pi} \int_{-\infty}^{\infty} F(\omega) \mathrm{e}^{\mathrm{j}\omega t} \mathrm{d}\omega \tag{2-10}$$

式(2-9)和式(2-10)为一个傅里叶变换对。式(2-9)称为 $f(t)$ 的傅里叶变换，即频谱密度函数，简称频谱。式(2-10)称为傅里叶逆变换，已知频谱即可求出信号的时域表达式。时间信号 $f(t)$ 与其傅里叶变换 $F(\omega)$ 是一一对应的关系，知其一可求其另一，故简记为

$$f(t) \leftrightarrow F(\omega) \tag{2-11}$$

傅里叶变换提供了信号在频域和时域之间的相互变换关系。一般来说，一个时间信号 $f(t)$ 如果满足狄里赫利条件，则此信号一定存在傅里叶变换。但这只是充分条件并不是必要条件，因为有些信号虽然不满足此条件，但是也存在傅里叶变换，如单位冲激信号 $\delta(t)$ 和单位阶跃信号 $u(t)$ 就是具体的例子。

【例 2-2】 已知一非周期矩形信号如图 2-10(a)所示，求其频谱。

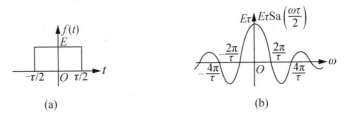

图 2-10 非周期矩形脉冲及其频谱

解：矩形脉冲信号又称为门函数，表达式为 $G_\tau(t) = \begin{cases} 1, & |t| < \tau/2 \\ 0, & |t| > \tau/2 \end{cases}$。直接利用傅里叶变换的定义式(2-9)求得矩形脉冲信号的频谱为

$$F(\omega) = \int_{-\infty}^{\infty} G_\tau(t) e^{-j\omega t} dt = \int_{-\frac{\tau}{2}}^{\frac{\tau}{2}} 1 \cdot e^{-j\omega t} dt = \frac{e^{-j\frac{\omega\tau}{2}} - e^{j\frac{\omega\tau}{2}}}{-j\omega} = \frac{2\sin\left(\frac{\omega\tau}{2}\right)}{\omega} = \tau \mathrm{Sa}\left(\frac{\omega\tau}{2}\right)$$

即

$$G_\tau(t) \leftrightarrow \tau \mathrm{Sa}\left(\frac{\omega\tau}{2}\right) \tag{2-12}$$

由此绘出矩形脉冲信号的频谱如图 2-10(b)所示，由图 2-10(b)可以看出非周期矩形信号的频谱是一个连续谱。

傅里叶变换是信号时域分析和频域分析的桥梁，在理论分析和工程实际中都有着广泛的应用，熟练掌握傅里叶变换是非常重要的。为方便使用，将通信工程上常用信号的傅里叶变换列于表 2-1 中。

表 2-1 常见信号的频谱函数

信号 $f(t)$	频谱 $F(\omega)$	信号 $f(t)$	频谱 $F(\omega)$
$\delta(t)$	1	$\cos(\omega_0 t)$	$\pi[\delta(\omega - \omega_0) + \delta(\omega + \omega_0)]$
1	$2\pi\delta(\omega)$	$\sin(\omega_0 t)$	$j\pi[-\delta(\omega - \omega_0) + \delta(\omega + \omega_0)]$
$u(t)$	$\pi\delta(\omega) + \dfrac{1}{j\omega}$	$\cos(\omega_0 t)u(t)$	$\dfrac{\pi}{2}[\delta(\omega - \omega_0) + \delta(\omega + \omega_0)] + \dfrac{j\omega}{\omega_0^2 - \omega^2}$
$\mathrm{sgn}(t)$	$\dfrac{2}{j\omega}$	$\sin(\omega_0 t)u(t)$	$\dfrac{\pi}{2j}[\delta(\omega - \omega_0) - \delta(\omega + \omega_0)] + \dfrac{\omega_0}{\omega_0^2 - \omega^2}$
$G_\tau(t)$	$\tau \mathrm{Sa}\left(\dfrac{\omega\tau}{2}\right)$	$e^{-\alpha t}\cos(\omega_0 t)u(t)$	$\dfrac{\alpha + j\omega}{(\alpha + j\omega)^2 + \omega_0^2}$
$\mathrm{Sa}(\omega_0 t)$	$\dfrac{\pi}{\omega_0} G_{2\omega_0}(\omega)$	$e^{-\alpha t}\sin(\omega_0 t)u(t)$	$\dfrac{\omega_0}{(\alpha + j\omega)^2 + \omega_0^2}$
$e^{-\alpha t}u(t),\ \alpha > 0$	$\dfrac{1}{\alpha + j\omega}$	$\sum_{n=-\infty}^{\infty} \delta(t - nT_0)$	$\omega_0 \sum_{n=-\infty}^{\infty} \delta(\omega - n\omega_0)$
$e^{-\alpha |t|}u(t),\ \alpha > 0$	$\dfrac{2\alpha}{\alpha^2 + \omega^2}$	$e^{j\omega_0 t}$	$2\pi\delta(\omega - \omega_0)$

傅里叶变换又存在许多重要的性质，这些性质揭示了信号时域与频域之间的内在联系。灵活熟练地运用这些特性，一方面可以简化这种变换的求解，另一方面又有助于我们深入理解这种变换的数学过程和物理本质。傅里叶变换的运算性质归纳如表 2-2 所示。

表 2-2 傅里叶变换的性质

性 质	时域 $f(t)$	频域 $F(j\omega)$	备 注
线性	$a_1 f_1(t) + a_2 f_2(t)$	$a_1 F_1(j\omega) + a_2 F_2(j\omega)$	齐性+加性
对称性	$F(t)$	$2\pi f(-\omega)$	时频对称

续表

性质	时域 $f(t)$	频域 $F(j\omega)$	备注
尺度变换	$f(at)$	$\dfrac{1}{|a|}F\left(j\dfrac{\omega}{a}\right)$	压缩与扩张
	$f(-t)$	$F(-\omega)$	反折、反褶
时移	$f(t\pm t_0)$	$F(j\omega)e^{\pm j\omega t_0}$	延时定理
频移	$f(t)e^{\pm j\omega_0 t}$ $f(t)\cos\omega_0 t$ $f(t)\sin\omega_0 t$	$F[j(\omega\mp\omega_0)]$ $\dfrac{1}{2}[F(\omega+\omega_0)+F(\omega-\omega_0)]$ $\dfrac{1}{2}[F(\omega+\omega_0)-F(\omega-\omega_0)]$	调制原理
时域微分	$\dfrac{df(t)}{dt}$ $\dfrac{d^n}{dt^n}f(t)$	$j\omega F(\omega)$ $(j\omega)^n F(\omega)$	
频域微分	$-jtf(t)$ $(-jt)^n f(t)$	$\dfrac{dF(\omega)}{d\omega}$ $\dfrac{d^n F(\omega)}{d\omega^n}$	
时域积分	$\displaystyle\int_{-\infty}^{t}f(\tau)d\tau$	$\pi F(0)\delta(\omega)+\dfrac{1}{j\omega}F(\omega)$	
时域卷积	$f_1(t)*f_2(t)$	$F_1(j\omega)F_2(j\omega)$	乘积与卷积 卷积定理
频域卷积	$f_1(t)f_2(t)$	$\dfrac{1}{2\pi}F_1(j\omega)*F_2(j\omega)$	

2.1.3 功率谱密度和能量谱密度

在通信工程中，人们经常会遇到信号功率和能量的计算问题。计算信号功率和能量可以在时域进行，也可以在频域进行，为此引入功率谱密度和能量谱密度。通信工程中还常常应用功率谱和能量谱确定信号的带宽。

1. 能量谱密度 $E(\omega)$

假设能量信号 $f(t)$ 的频谱为 $F(\omega)$，则信号的能量谱密度定义为

$$E_f(\omega)=|F(\omega)|^2 \ (\text{J/Hz}) \tag{2-13}$$

可见，信号的能量谱密度只与信号幅度谱有关，而与其相位谱无关。于是，能量信号 $f(t)$ 的能量为

$$E=\int_{-\infty}^{\infty}f^2(t)dt=\frac{1}{2\pi}\int_{-\infty}^{\infty}E_f(\omega)d\omega=\int_{-\infty}^{\infty}E_f(f)df \ (\text{J}) \tag{2-14}$$

根据傅里叶变换，可以推得

$$E=\int_{-\infty}^{\infty}f^2(t)dt=\int_{-\infty}^{\infty}f(t)\left[\frac{1}{2\pi}\int_{-\infty}^{\infty}F(\omega)d\omega\right]dt=\frac{1}{2\pi}\int_{-\infty}^{\infty}F(\omega)\left[\int_{-\infty}^{\infty}f(t)dt\right]d\omega$$

$$=\frac{1}{2\pi}\int_{-\infty}^{\infty}F(\omega)F(-\omega)d\omega=\frac{1}{2\pi}\int_{-\infty}^{\infty}F(\omega)F^*(\omega)d\omega=\frac{1}{2\pi}\int_{-\infty}^{\infty}|F(\omega)|^2 d\omega \tag{2-15}$$

式(2-15)称为帕塞瓦尔定理。帕塞瓦尔定理表明，从时域和频域计算信号的能量(或功率)是等价的。

2. 功率谱密度 $P_f(\omega)$

对时间信号 $f(t)$ 在区间 $(-T/2, T/2)$ 上取截短函数 $f_T(t)$，且有 $f_T(t) \leftrightarrow F_T(\omega)$，则信号 $f(t)$ 的平均功率为

$$S = \lim_{T\to\infty} \frac{1}{T} \int_{-T/2}^{T/2} |f(t)|^2 dt = \frac{1}{2\pi} \int_{-\infty}^{\infty} \lim_{T\to\infty} \frac{|F_T(\omega)|^2}{T} d\omega \; (\text{W})$$

一般定义

$$P_f(\omega) = \lim_{T\to\infty} \frac{|F_T(\omega)|^2}{T} \; (\text{W/Hz}) \tag{2-16}$$

为信号的功率谱密度，它代表了信号功率沿频率轴的分布，则功率信号的平均功率为

$$S = \frac{1}{2\pi} \int_{-\infty}^{\infty} P_f(\omega) d\omega = \int_{-\infty}^{\infty} P_f(f) df \tag{2-17}$$

2.1.4 卷积和相关

卷积和相关是现代通信中应用十分广泛的运算。卷积积分是描述传输信号和线性系统之间相互关系的一种分析方法，而相关则是描述信号波形之间相似性或关联性的一种测度。

1. 卷积

时间信号 $f_1(t)$、$f_2(t)$ 的卷积定义为

$$f_1(t) * f_2(t) = \int_{-\infty}^{\infty} f_1(\tau) f_2(t-\tau) d\tau \tag{2-18}$$

卷积运算常用的方法有公式法和图解法。公式法直接利用式(2-18)计算，图解法主要有以下几步。

(1) 变换：将 $f_1(t)$、$f_2(t)$ 中的 t 全变为 τ，得到 $f_1(\tau)$、$f_2(\tau)$。

(2) 反褶：将 $f_2(\tau)$ 沿纵轴反转，得到 $f_2(-\tau)$。

(3) 移位：将 $f_2(-\tau)$ 沿 τ 轴移动 t 个单位，得到 $f_2(t-\tau)$。

(4) 乘积：将 $f_1(\tau)$ 与 $f_2(t-\tau)$ 相乘，得到 $f_1(\tau) f_2(t-\tau)$。

(5) 积分：将乘积进行积分，得到 $\int_{-\infty}^{\infty} f_1(\tau) f_2(t-\tau) d\tau$，积分结果即为卷积结果。

卷积运算遵循以下几个定律。

(1) 交换律：$f_1(t) * f_2(t) = f_2(t) * f_1(t)$。 (2-19)

(2) 分配律：$f_1(t) * [f_2(t) + f_3(t)] = f_1(t) * f_2(t) + f_1(t) * f_3(t)$。 (2-20)

(3) 结合律：$f_1(t) * [f_2(t) * f_3(t)] = [f_1(t) * f_2(t)] * f_3(t)$。 (2-21)

(4) 卷积定理：如果 $f_1(t) \leftrightarrow F_1(\omega)$，$f_2(t) \leftrightarrow F_2(\omega)$，则有

$$f_1(t) * f_2(t) \leftrightarrow F_1(\omega) F_2(\omega) \tag{2-22}$$

$$f_1(t) f_2(t) \leftrightarrow \frac{1}{2\pi} [F_1(\omega) * F_2(\omega)] \tag{2-23}$$

式(2-22)称为时域卷积定理，式(2-23)称为频域卷积定理。卷积定理表明，时域卷积运算可以转化为频域相乘，频域卷积运算也可以转化为时域相乘，利用卷积定理可以避免烦琐的卷积积分运算。本书中，常常应用时域卷积定理在已知激励 $f(t)$ 和系统冲激响应 $h(t)$ 时求解系统响应的频谱函数，常常应用频域卷积定理分析调制器的频谱。

2. 相关

相关有自相关和互相关之分。所谓自相关是指一个信号与延迟之后的同一个信号的关联程度；所谓互相关是指一个信号与延迟之后的另一个信号的关联程度。

1) 自相关函数

若 $f(t)$ 为能量信号，则其自相关函数定义为

$$R(\tau) = \int_{-\infty}^{\infty} f(t)f(t+\tau)dt \tag{2-24}$$

若 $f(t)$ 为功率信号，则其自相关函数定义为

$$R(\tau) = \lim_{T\to\infty} \frac{1}{T} \int_{-T/2}^{T/2} f(t)f(t+\tau)dt \tag{2-25}$$

自相关函数具有如下性质。
(1) $R(\tau) = R(-\tau)$ （自相关函数是偶函数）。 (2-26)
(2) $|R(\tau)| \leqslant R(0)$ （$R(0)$ 是 $R(\tau)$ 的上界）。 (2-27)
(3) 功率信号的功率 $S = R(0)$ 。 (2-28)
能量信号的能量 $E = R(0)$ 。 (2-29)

2) 互相关函数

设 $f_1(t)$、$f_2(t)$ 为两个不同的能量信号，则其互相关函数定义为

$$R_{12}(\tau) = \int_{-\infty}^{\infty} f_1(t)f_2(t+\tau)dt \tag{2-30}$$

设 $f_1(t)$、$f_2(t)$ 为两个不同的功率信号，则其互相关函数定义为

$$R_{12}(\tau) = \lim_{T\to\infty} \frac{1}{T} \int_{-T/2}^{T/2} f_1(t)f_2(t+\tau)dt \tag{2-31}$$

互相关函数具有如下性质。
(1) 当 τ 为任意值时，若 $R_{12}(\tau) = 0$，则两个时间信号互不相关。
(2) 当 $\tau \neq 0$ 时，$R_{12}(\tau) \neq R_{21}(\tau)$，而有 $R_{12}(\tau) = R_{21}(-\tau)$。 (2-32)
(3) 当 $\tau = 0$ 时，$R_{12}(0) = R_{21}(0)$。 (2-33)

3) 自相关函数与能量谱密度函数、功率谱密度函数的关系(相关定理)

设能量信号 $f_1(t) \leftrightarrow F_1(\omega)$，$f_2(t) \leftrightarrow F_2(\omega)$，则有

$$R_{12}(\tau) \leftrightarrow F_1^*(\omega)F_2(\omega) \text{ 且 } R(\tau) \leftrightarrow |F(\omega)|^2 \tag{2-34}$$

由式(2-13)可知，$|F(\omega)|^2$ 是能量信号的能量谱，所以说自相关函数和能量谱密度是一对傅里叶变换对，即

$$R(\tau) \leftrightarrow E_f(\omega) \tag{2-35}$$

同样的方法可以分析得到，对于功率信号，其自相关函数和功率谱密度也是一对傅里叶变换对，即

$$R(\tau) \leftrightarrow P_f(\omega) \tag{2-36}$$

2.1.5 确知信号通过线性时不变系统

线性系统分析主要有时域分析和频域分析两种基本方法，且叠加原理是成立的。也即当几个确知信号同时加到系统激励端时，输出等于各个信号单独作用产生的响应之和。如图 2-11 所示为一线性时不变系统，其中 $f(t)$、$F(\omega)$ 为激励信号及其频谱，$y(t)$、$Y(\omega)$ 为输出信号及其频谱，$h(t)$、$H(\omega)$ 分别为系统的冲激响应和系统函数，即有

$$f(t) \leftrightarrow F(\omega), \quad y(t) \leftrightarrow Y(\omega), \quad h(t) \leftrightarrow H(\omega)$$

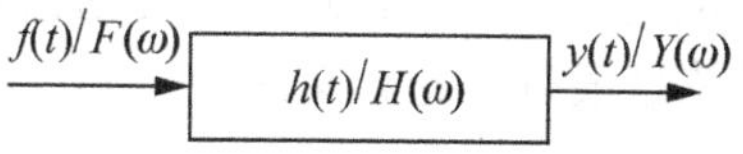

```
f(t)/F(ω) ──→ [ h(t)/H(ω) ] ──→ y(t)/Y(ω)
```

图 2-11 线性时不变系统

根据时域分析法，将线性系统的冲激响应 $h(t)$ 与时间信号 $f(t)$ 进行卷积，得到线性系统产生的响应为

$$y(t) = f(t) * h(t) = \int_{-\infty}^{\infty} f(\tau) h(t-\tau) \mathrm{d}\tau \tag{2-37}$$

根据频域分析法，将线性系统的系统函数 $H(\omega)$ 与时间信号 $f(t)$ 相乘，得线性系统产生的响应为

$$Y(\omega) = F(\omega) H(\omega) \tag{2-38}$$

式(2-38)是利用频域卷积定理得到的。需要注意的是此种情况得到的响应为零状态响应。

由上述分析可见，系统改变了输入信号的频谱特性。系统的功能类似于一个滤波器，它对信号的各个频率分量进行滤波。当信号通过系统时，一些频率分量被衰减，一些频率分量被增强，还有一些频率分量保持不变。但是所有的频率分量在传输过程中都产生了不同程度的相移。

1. 无失真传输系统

为使信号无失真地传输，必须使线性系统具有无失真传输信道。在频域方面，系统必须均等地衰减所有频率分量，即 $H(\omega)$ 对所有频率应具有恒定的幅度和一定的相位关系，得

$$H(\omega) = K \mathrm{e}^{-\mathrm{j}\omega t_0} \tag{2-39}$$

式中，K 和 t_0 均为常数，前者代表系统的衰减(或增益)，后者代表系统的时延。显然，系统函数的幅度 $|H(\omega)| = K$，对所有频率均为常数；相位 $\varphi(\omega) = -\omega t_0$，正比于频率。

在时域方面，无失真传输要求系统响应应与输入信号波形完全相同，但幅度可以有一定的衰减或增加，时间可以有一定的时延，即

$$h(t) = K\delta(t - t_0) \tag{2-40}$$

2. 理想低通滤波器系统

实际通信系统中常采用理想低通滤波器的基本特性来分析系统，即它在通带内的衰减等于 0，而在通带外的衰减无穷大。其传输函数为

$$H(\omega) = \begin{cases} e^{-j\omega t_0}, & |\omega| \leq \omega_c \\ 0, & |\omega| > \omega_c \end{cases} \tag{2-41}$$

式中，ω_c 为带宽(截止角频率)；t_0 为时延。

理想低通滤波器在通带内除了有 t_0 的时延外，将无失真地通过所有频率，而对通带外的频率分量则完全抑制。由傅里叶逆变换很容易求得其冲激响应为

$$h(t) = \frac{\omega_c}{\pi} \mathrm{Sa}[\omega_c(t - t_0)] \tag{2-42}$$

可见，在 $t<0$ 时，冲激响应还是存在的，这与实际通信的因果系统是不相符的，但是这种滤波器对分析实际通信系统是很有理论意义的。

2.2 随机信号分析

通信系统中载有信息的有用信号是不可预测的，或者说带有某种随机性，干扰信息信号的噪声更是不可预测的。这些不可预测的信号和噪声都是随机过程。在通信系统中，随机过程是重要的数学工具，它在信源的统计建模、信源输出的数字化、信道特性的描述以及评估通信系统的性能等方面十分重要。

2.2.1 随机变量和随机过程的基本概念

1. 随机变量

随机事件总是通过一个"量"来描述：随机事件的不确定性总是表现为在试验中可能取一个值，也可能取另一个值。通常，人们把在随机试验中可能取一个值也可能取另一个值的量称为随机变量。

随机变量的例子很多，如电话局每天接到电话的次数，每次观测到的接收机输出噪声，二进制系统中单位时间内接收到 1 码或 0 码的个数……就形式而言，随机变量可以分为离散型和连续型两种。离散型随机变量只能取有限个数目的值。

随机变量常用 ξ (Ksi)、ζ (Zeta)、η (Eta)等希腊字母表示。

2. 随机过程

随机变量是与试验结果有关的随机取值的量，例如接收机输出端的噪声在某个给定的时刻就是一个随机变量。若改变时间，测得的噪声就是另外一个随机变量。如果连续不断地研究接收机的噪声，则每一次测试都有一个与之对应的随机变量。于是，测试的结果就不是一个随机变量，而是一个在时间上不断出现的随机变量的集合，或者说是以时间 t 为参变量的一簇(无穷多个)随机变量的集合，称为随机过程。从这个角度来看，随机过程是随机变量这一概念的延伸：随机过程可看做是在时间进程中处于不同时刻的随机变量的集合，它在任意时刻的值就是一个随机变量。

可见，随机过程是一类随时间作随机变化的过程，不具有必然的变化规律，变化的过程不可能用一个或几个时间 t 的确定函数来描述。由此给出随机过程的数学定义如下：设

$S_k(k=1,2,\cdots)$ 是随机试验,每一次试验都有一条时间波形,称为样本函数或实现,记作 $x_k(t)$,所有可能出现的结果的总体 $\{x_1(t), x_2(t), \cdots, x_n(t), \cdots\}$ 就构成一随机过程,记作 $\xi(t)$。从这个角度来看,随机过程就是无穷多个样本函数的总体,如图 2-12 所示。

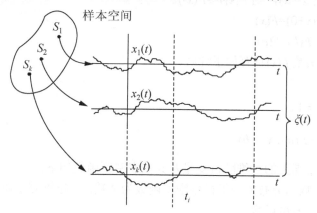

图 2-12 样本函数的总体

由图可见,随机过程有两个基本特性:其一,随机过程具有随机变量和时间函数的特点。就某一瞬间来看,它是一个随机变量;就它的一个样本来看,则是一个时间函数。其二,在某个时刻 t_i 的样本函数 $\xi(t_i)$ 取值是随机的,是一个不含 t 变化的随机变量。因此,随机变量和随机过程这两个概念既有联系也有区别,随机过程在某一个确定时间上的值是一个随机变量,许许多多个时刻的随机变量的集合则为随机过程;随机变量是一个实数值的集合,而随机过程是时间函数的集合。

研究随机变量或随机过程的关键是研究其统计特征,这不仅简单明了,而且直接反映信号的变化规律。

2.2.2 随机过程的统计特征

1. 随机过程的分布函数和概率密度函数

随机过程的统计特性可以用分布函数或概率密度函数来描述。

设 $\xi(t)$ 表示一个随机过程,它在任意时刻 t_1 的取值 $\xi(t_1)$ 就是一个一维随机变量,其一维分布函数为

$$F_1(x_1,t_1) = P[\xi(t_1) \leqslant x_1] \tag{2-43}$$

式(2-43)的数学含义为随机变量 $\xi(t_1)$ 小于或等于某一数值 x_1 的概率。如果 $F_1(x_1,t_1)$ 对 x_1 的偏导数存在,即

$$f_1(x_1,t_1) = \frac{\partial F_1(x_1,t_1)}{\partial x_1} \tag{2-44}$$

则称 $f_1(x_1,t_1)$ 为随机过程 $\xi(t_1)$ 的一维概率密度函数。

注意,对于一维分布函数和一维概率密度函数,由于在实际应用中 t_1 是任取的,所以可以把 t_1 直接写为 t, x_1 改写为 x。如果随机过程是平稳的,则其一维分布函数和一维概率密度函数还与时间无关,此时分别简记为 $F(x)$、$f(x)$。

一维分布函数 $F(x)$ 具有如下性质。

(1) $\lim\limits_{x \to -\infty} F(x) = 0$，$\lim\limits_{x \to \infty} F(x) = 1$，$0 \leq F(x) \leq 1$。

(2) 单调性：若 $x_1 < x_2$，则 $F(x_1) \leq F(x_2)$。

(3) 右连续：$F(x+0) = F(x)$。

(4) $P(a < \xi \leq b) = F(b) - F(a)$。

一维概率密度函数 $f(x)$ 具有如下性质。

(1) $f(x) \geq 0$。

(2) $\int_{-\infty}^{\infty} f(x) dx = 1$。

(3) $\int_a^b f(x) dx = P(a < x \leq b)$。

通信工程上常常遇到的一维随机变量及其概率密度函数如下。

(1) 均匀分布。均匀分布的一维概率密度函数为常数。若随机变量在区间 (a,b) 内呈均匀分布，则其一维概率密度函数为

$$f(x) = \frac{1}{b-a} \tag{2-45}$$

(2) 高斯分布(正态分布)。均值为 a、方差为 σ^2 的高斯分布(噪声)简记为 $N(a, \sigma^2)$，其一维概率密度函数为

$$f(x) = \frac{1}{\sqrt{2\pi}\sigma} \exp\left[-\frac{(x-a)^2}{2\sigma^2}\right] \tag{2-46}$$

若 $a = 0$，则称其为标准正态分布。

(3) 瑞利(Rayleigh)分布。瑞利分布的一维概率密度函数为

$$f(x) = \begin{cases} \dfrac{x}{\sigma^2} \exp\left(-\dfrac{x^2}{2\sigma^2}\right), & x \geq 0 \\ 0, & x < 0 \end{cases} \tag{2-47}$$

【例 2-3】 一随机信号在某个时刻的概率密度函数为

$$f(x) = \frac{1}{\sqrt{2\pi}} \exp\left(-\frac{x^2}{2}\right)$$

求信号在此时刻的统计平均功率和直流电平。

解：(1) 由概率密度函数知，这是一个 $a = 0$、$\sigma^2 = 1$ 的标准正态分布，故其直流电平为 $a = 0$。

(2) 由于方差 σ^2 就是信号的交流功率，故信号的平均功率为 1W。

随机过程的一维分布函数或一维概率密度函数仅仅描述了随机过程在各个独立时刻的统计特性或概率分布，并未说明在不同时刻取值之间的内在联系。为充分描述随机过程，需进一步引入二维分布函数和二维概率密度函数。

任意给定两个固定时刻 t_1、t_2，则由 $\xi(t_1)$ 和 $\xi(t_2)$ 构成一个二维随机变量 $\{\xi(t_1), \xi(t_2)\}$，若

$$F_2(x_1, x_2; t_1, t_2) = P_2[\xi(t_1) \leq x_1, \xi(t_2) \leq x_2] \tag{2-48}$$

成立，则称之为随机过程 $\xi(t)$ 的二维分布函数。若

$$f_2(x_1,x_2;t_1,t_2) = \frac{\partial F_2(x_1,x_2;t_1,t_2)}{\partial x_1 \partial x_2} \tag{2-49}$$

存在，则称之为随机过程 $\xi(t)$ 的二维概率密度函数。

同理，任意给定 $t_1,t_2,\cdots,t_n$，则 $\xi(t)$ 的 n 维分布函数和概率密度函数分别定义为

$$F_n(x_1,x_2,\cdots,x_n;t_1,t_2,\cdots,t_n) = P_n[\xi(t_1) \leqslant x_1, \xi(t_2) \leqslant x_2,\cdots,\xi(t_n) \leqslant x_n] \tag{2-50}$$

$$f_n(x_1,x_2,\cdots,x_n;t_1,t_2,\cdots,t_n) = \frac{\partial F_n(x_1,x_2,\cdots,x_n;t_1,t_2,\cdots,t_n)}{\partial x_1 \partial x_2 \cdots \partial x_n} \tag{2-51}$$

对 N 个随机变量 $X(t_1), X(t_2), \cdots, X(t_N)$，若有

$$f_N(x_1,x_2,\cdots,x_N;t_1,t_2,\cdots,t_N) = f_1(x_1,t_1)f_2(x_2,t_2)\cdots f_N(x_N,t_N) \tag{2-52}$$

则称这些随机变量是统计独立的或不相关的。

若对任意的 τ，$X(t)$ 的 N 维概率密度函数满足

$$f_N(x_1,x_2,\cdots,x_N;t_1,t_2,\cdots,t_N) = f_N(x_1,x_2,\cdots,x_N;t_1+\tau,t_2+\tau,\cdots,t_N+\tau) \tag{2-53}$$

则称 $X(t)$ 为 N 阶平稳随机过程。

一般来说，n 越大，对随机过程统计特性的描述就越充分，但问题的复杂性也随之增加。在一般实际问题中，掌握二维分布函数就已经足够了。

2. 随机过程的数字特征

分布函数或概率密度函数虽然能够较全面地描述随机过程的统计特性，但在实际通信过程中，它们有时不易或不需求出，而用数字特征(数学期望、方差、相关函数、协方差函数)来描述随机过程的统计特性则更简单、直观、方便。

1) 数学期望

数学期望又称为统计平均值或均值，它是随机变量所有可能的取值与其对应概率之积的和，即

$$a(t) = E[\xi(t)] = \int_{-\infty}^{\infty} xf(x,t)\mathrm{d}x \tag{2-54}$$

式中，$E[\cdot]$ 为统计平均算子。随机过程的数学期望一般也是时间 t 的函数。对平稳过程来说，数学期望与时间 t 无关，有

$$a = E[\xi(t)] = \int_{-\infty}^{\infty} xf(x)\mathrm{d}x \tag{2-55}$$

对离散型随机变量，则有

$$a(t) = E[\xi(t)] = \sum_{i=1}^{n} x_i P_i \tag{2-56}$$

从数学定义看，数学期望就是随机变量的取值依概率加权，这实际就是求平均值的思想。因此，数学期望表示了随机变量在各个时刻取值分布的中心，或其 n 个样本函数曲线的摆动中心，如图 2-13 所示。对通信系统中的随机信号而言，它们一般是平稳的过程，数学期望就是其直流分量，对应图中的粗线就是一条水平直线。

随机过程的数学期望具有如下性质。

(1) 常数的数学期望为该常数，即 $E(C) = C$。

(2) 两个随机变量之和的数学期望为 $E(\xi_1 + \xi_2) = E(\xi_1) + E(\xi_2)$。

(3) 两个独立随机变量之积的数学期望为 $E(\xi_1 \xi_2) = E(\xi_1) \cdot E(\xi_2)$。

(4) $E(C+\xi) = C + E(\xi)$。
(5) $E(C\xi) = CE(\xi)$。

2) 方差

随机过程的方差定义为随机变量与其数学期望之差的平方的数学期望，即

$$\sigma_\xi^2(t) = D[\xi(t)] = E[(x-a)^2] = \int_{-\infty}^{\infty} (x-a)^2 f_1(x,t) dx \tag{2-57}$$

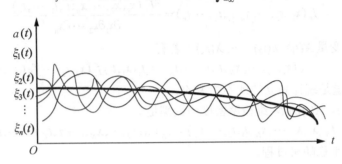

图 2-13 数学期望的物理含义

对平稳过程来说，方差也与时间 t 无关，有

$$\sigma_\xi^2 = \int_{-\infty}^{\infty} (x-a)^2 f(x) dx \tag{2-58}$$

对离散型随机变量，则有

$$\sigma_\xi^2 = D[\xi(t)] = \sum_{i=1}^{n} (x_i - a)^2 P_i \tag{2-59}$$

可见，方差表示了随机过程在时刻 t 对于均值 $a(t)$ 的偏离程度。对随机信号(一般是平稳过程)而言，方差就是其交流功率。

随机过程的方差具有如下性质。
(1) 常数的方差为 0，即 $D(C) = 0$。
(2) 常数加随机变量的方差为 $D(C+\xi) = D(\xi)$。
(3) 常数乘随机变量的方差为 $D(C\xi) = C^2 D(\xi)$。
(4) 两个独立随机变量之和(或差)的方差为 $D(\xi_1 \pm \xi_2) = D(\xi_1) + D(\xi_2)$。
(5) 方差与数学期望的关系为

$$D(\xi) = E(\xi^2) - [E(\xi)]^2 \tag{2-60}$$

式(2-60)证明如下：

$$D[\xi(t)] = E[\xi^2(t) - 2a(t)\xi(t) + a^2(t)] = E[\xi^2(t)] - 2a(t)E[\xi(t)] + a^2(t)$$
$$= E[\xi^2(t)] - a^2(t)$$

式(2-60)中，方差 $D(\xi)$ 代表随机信号的交流功率，$[E(\xi)]^2 = a^2(t)$ 代表其直流功率，均方值 $E(\xi^2)$ 就是随机信号的平均功率。

由式(2-54)、式(2-57)可知，数学期望和方差都只取决于一维概率密度函数，因此称为一维数字特征。为了描述随机过程在两个不同时刻状态之间的关联程度，还需利用二维数字特征——相关函数和协方差函数。

3) 相关函数和协方差函数

先来看一个例子。如图 2-14 所示，$X(t)$、$Y(t)$ 为数学期望和方差大致相同的两个随机过程，但信号结构有着明显的差别：$X(t)$ 的样本随时间变化较慢，不同瞬间(例如 t_1 和 t_2)取值有较强的相关性；$Y(t)$ 的样本变化较快，不同瞬间的取值之间相关性较弱。因此，数学期望和方差只描述了随机过程在单独一个瞬间的特征，它们并没有反映随机过程在不同瞬间的内在联系。为了衡量随机过程在任意两个时刻获得的随机变量之间的关联或依赖程度，引入了相关函数 $R(t_1,t_2)$ 和协方差函数 $B(t_1,t_2)$。

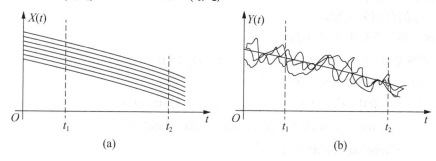

图 2-14　数学期望和方差相同的两个随机过程

任意给定两个时刻 t_1、t_2，均值分别为 $a(t_1)$、$a(t_2)$ 的随机变量 $\xi(t_1)$、$\xi(t_2)$ 就构成一个二维随机变量 $\{\xi(t_1),\xi(t_2)\}$，其概率密度函数记为 $f_2(x_1,x_2;t_1,t_2)$。$\xi(t_1)$ 和 $\xi(t_2)$ 的相关函数和协方差函数分别定义为

$$R(t_1,t_2) = E[\xi(t_1)\xi(t_2)] = \int_{-\infty}^{\infty}\int_{-\infty}^{\infty} x_1 x_2 f_2(x_1,x_2;t_1,t_2) dx_1 dx_2 \tag{2-61}$$

$$B(t_1,t_2) = E\{[\xi(t_1)-a(t_1)][\xi(t_2)-a(t_2)]\} = \int_{-\infty}^{\infty}\int_{-\infty}^{\infty} [x_1-a(t_1)][x_2-a(t_2)]f(x_1,x_2;t_1,t_2)dx_1 dx_2 \tag{2-62}$$

经推导，相关函数和协方差函数二者之间满足如下关系：

$$B(t_1,t_2) = R(t_1,t_2) - a(t_1)a(t_2) \tag{2-63}$$

若 $a(t_1)=0$ 或 $a(t_2)=0$，则 $B(t_1,t_2)=R(t_1,t_2)$。若 $t_2>t_1$，并令 $t_2=t_1+\tau$，则 $R(t_1,t_2)$ 可表示为 $R(t_1,t_1+\tau)$。这说明，相关函数依赖于起始时刻 t_1 及时间间隔 τ，即相关函数是 t_1 和 τ 的函数。由于 $B(t_1,t_2)$ 和 $R(t_1,t_2)$ 是衡量同一过程的相关程度的，因此，它们又分别称为自协方差函数和自相关函数。

对于两个或多个随机过程，可引入互协方差函数及互相关函数。设 $\xi(t)$ 和 $\eta(t)$ 分别表示两个随机过程，则互协方差函数定义为

$$B_{\xi\eta}(t_1,t_2) = E\{[\xi(t_1)-a_\xi(t_1)][\eta(t_2)-a_\eta(t_2)]\} \tag{2-64}$$

而互相关函数定义为

$$R_{\xi\eta}(t_1,t_2) = E[\xi(t_1)\eta(t_2)] \tag{2-65}$$

通常用统计独立、不相关、正交等概念来描述二维随机变量 (ξ,η) 的重要关系。所谓统计独立，是指二维概率密度函数 $f(\xi,\eta)$ 和一维概率密度函数 $f(\xi)$、$f(\eta)$ 之间满足

$$f(\xi,\eta) = f(\xi)f(\eta) \tag{2-66}$$

ξ 与 η 不相关是指相关函数或协方差满足

$$R_{\xi\eta} = a_\xi a_\eta \text{ 或 } B_{\xi\eta} = 0 \tag{2-67}$$

ξ 与 η 正交是指相关函数与协方差满足

$$B_{\xi\eta} = 0 \text{ 且 } R_{\xi\eta} = a_\xi a_\eta = 0 \tag{2-68}$$

显然，正交比不相关更严格。

【例 2-4】 设随机过程 $y(t) = x_1 \cos\omega_0 t + x_2 \sin\omega_0 t$，其中 x_1 和 x_2 是相互独立的两个高斯随机变量，且均值和方差相同，分别为 0 和 σ^2。试求：

(1) $y(t)$ 的均值和方差。
(2) $y(t)$ 的自相关函数。
(3) $y(t)$ 的一维概率密度函数。

解：依题意有 $E(x_1) = E(x_2) = 0$，$E(x_1^2) = E(x_2^2) = \sigma^2$

(1) $E[y(t)] = E(x_1)\cos\omega_0 t + E(x_2)\sin\omega_0 t = 0$

$D[y(t)] = E[y^2(t)] = E(x_1^2 \cos^2\omega_0 t + x_1 x_2 \sin 2\omega_0 t + x_2^2 \sin^2\omega_0 t)$

$\qquad = E(x_1^2)\cos^2\omega_0 t + E(x_1)E(x_2)\sin 2\omega_0 t + E(x_2^2)\sin^2\omega_0 t$

$\qquad = \sigma^2(\cos^2\omega_0 t + \sin^2\omega_0 t) = \sigma^2$

(2) $R_y(t_1, t_2) = E[y(t_1)y(t_2)] = E(x_1^2)\cos\omega_0 t_1 \cos\omega_0 t_2 + E(x_2^2)\sin\omega_0 t_1 \sin\omega_0 t_2$

$\qquad = \sigma^2 \cos\omega_0(t_2 - t_1) = \sigma^2 \cos\omega_0 \tau$

(3) x_1 和 x_2 都是高斯分布，$y(t)$ 是 x_1 和 x_2 的线性组合，也服从高斯分布，且均值为 0、方差为 σ^2，故 $y(t)$ 是一种标准正态分布，其一维概率密度函数为

$$f(y) = \frac{1}{\sqrt{2\pi}\sigma} \exp\left(-\frac{y^2}{2\sigma^2}\right)$$

2.2.3 平稳随机过程

1. 平稳过程的基本概念

平稳随机过程有严平稳和宽平稳两种类型。严平稳又称狭义平稳，宽平稳又称广义平稳。

所谓严平稳，是指它的 n 维概率密度函数和 n 维分布函数不随时间的推移而变化，其概率分布与时间的起点无关，而只与时间间隔 τ 有关。即对任意的整数 n 和常数 τ 有

$$f_n(x_1, x_2, \cdots, x_n; t_1, t_2, \cdots, t_n) = f_n(x_1, x_2, \cdots, x_n; t_1 + \tau, t_2 + \tau, \cdots, t_n + \tau) \tag{2-69}$$

该定义说明，当取样点在时间轴上作任意平移时，随机过程的所有有限维分布函数是不变的。具体到它的一维分布，则与时间 t 无关，而二维分布只与时间间隔 τ 有关，即有

$$\left.\begin{array}{l} f_1(x_1, t_1) = f_1(x_1) = f(x) \\ f_2(x_1, x_2; t_1, t_2) = f_2(x_1, x_2; \tau) \end{array}\right\} \tag{2-70}$$

所谓宽平稳，是指随机过程 $\xi(t)$ 的均值为常数，自相关函数仅是 τ 的函数。即具有以下简明的数字特征：

$$\left.\begin{array}{l} E[\xi(t)] = \int_{-\infty}^{\infty} x f(x) dx = a \\ R(t_1, t_2) = E[\xi(t_1)\xi(t_1 + \tau)] = R(\tau) \end{array}\right\} \tag{2-71}$$

很容易推得，一个宽平稳过程的方差也是常数。

通信系统中所遇到的信号及噪声，大多数可视为平稳的随机过程。以后讨论的随机过程除特殊说明外，均假定是平稳的，且均指广义平稳随机过程，简称平稳过程。

2. 平稳过程的各态历经性

随机过程的数字特征是对随机过程的所有样本进行统计平均，在实际中难以实现。平稳过程在满足一定条件下有一个十分有趣而又非常有用的特性，称为"各态历经性"。所谓"各态历经性"，是指随机过程中的任一实现都经历了随机过程的所有可能状态，这样，随机过程的数字特征(均为统计平均)就完全可由随机过程中任一实现的数字特征(均为时间平均)来替代。因此，对于具有各态历经性的平稳过程，我们无须(实际中也不可能)获得大量用来计算统计平均的样本函数，而只从任意一个样本函数中就可获得所有的数字特征，从而使"统计平均"转化为"时间平均"，使实际测量和计算大为简化。

采用时间平均计算具有各态历经性平稳过程的数字特征时无须知道其概率分布。假设$x(t)$是平稳过程$\xi(t)$的任意一个实现，它的时间均值和时间相关函数分别为

$$\left.\begin{array}{l}\overline{a} = \overline{x(t)} = \lim_{T \to \infty} \frac{1}{T} \int_{-T/2}^{T/2} x(t) \mathrm{d}t \\ \overline{R(\tau)} = \overline{x(t)x(t+\tau)} = \lim_{T \to \infty} \frac{1}{T} \int_{-T/2}^{T/2} x(t)x(t+\tau) \mathrm{d}t\end{array}\right\} \quad (2\text{-}72)$$

由此定义，如果平稳过程依概率使式(2-73)成立

$$\left.\begin{array}{l}a = \overline{a} \\ R(\tau) = \overline{R(\tau)}\end{array}\right\} \quad (2\text{-}73)$$

即可以将统计平均转化为时间平均，则称该平稳过程具有各态历经性。

根据各态历经性，我们只需从一次试验得到的一个样本函数$x(t)$来确定平稳过程的数字特征。应该注意，具有各态历经性的随机过程必定是平稳随机过程，但平稳随机过程不一定具有各态历经性。在通信系统中所遇到的随机信号和噪声，一般均能满足各态历经性条件。判断一个平稳过程是否具有各态历经性的步骤如下。

(1) 用统计平均法求数字特征(即求数学期望和自相关函数，前提是需要知道概率分布)。

(2) 用时间平均法求数字特征(前提是需要知道数学表达式)。

(3) 比较上述结果是否一致。

【例 2-5】 讨论随机过程$X(t)=A\cos(t+\theta)$的平稳性与各态历经性。式中，振幅A和初相θ均为随机变量，两者统计独立，θ在$(0, 2\pi)$之间均匀分布。

解：因为有

$$E[X(t)] = E[A\cos(t+\theta)] = E(A)E[\cos(t+\theta)] = E(A)E(\cos t \cos\theta - \sin t \sin\theta)$$

$$= E(A)[\cos t E(\cos\theta) - \sin t E(\sin\theta)]$$

$$= \frac{E(A)}{2\pi}\left[\cos t \int_0^{2\pi} \cos\theta \mathrm{d}\theta - \sin t \int_0^{2\pi} \sin\theta \mathrm{d}\theta\right] = 0$$

$$R(t,t+\tau) = E[X(t)X(t+\tau)] = E[A\cos(t+\theta) \cdot A\cos(t+\tau+\theta)]$$

$$= \frac{E^2(A)}{2}E[\cos\tau + \cos(2t+\tau+2\theta)] = \frac{E^2(A)}{2}\{\cos\tau + E[\cos(2t+\tau+2\theta)]\}$$

$$= \frac{E^2(A)}{2}\left[\cos\tau + \int_0^{2\pi}\cos(2t+\tau+2\theta)\frac{1}{2\pi}d\theta\right] = \frac{E^2(A)}{2}\cos\tau$$

随机过程 $X(t)$ 具有简明的数字特征, 其数学期望是常数, 自相关函数只与 τ 有关, 所以是宽平稳的。又因为按照时间平均有

$$\bar{a} = \lim_{T\to\infty}\frac{1}{T}\int_{-\frac{T}{2}}^{\frac{T}{2}} x(t)dt = 0$$

$$\overline{R(\tau)} = \lim_{T\to\infty}\frac{1}{T}\int_{-\frac{T}{2}}^{\frac{T}{2}} x(t)x(t+\tau)dt = \frac{A^2}{2}\cos\tau$$

显然, 该过程满足平稳性条件, 但并不具备各态历经性。

3. 平稳过程的自相关函数与功率谱密度

对于平稳随机过程而言, 它的自相关函数是特别重要的一个数字特征。其一, 平稳随机过程在两个不同时刻取值的关联或依赖程度可通过自相关函数来描述; 其二, 自相关函数与平稳随机过程的功率谱特性有着内在的密切联系, 它揭示了随机过程的频谱特性。

1) 平稳随机过程自相关函数的性质

设 $\xi(t)$ 为实平稳随机过程, 则它的自相关函数 $R(\tau)=E[\xi(t)\xi(t+\tau)]$ 只与时间间隔 τ 有关, 且具有以下主要性质。

(1) $R(0)$ 在数值上等于 $\xi(t)$ 的平均功率, 即

$$R(0) = E[\xi^2(t)] = S \tag{2-74}$$

(2) $R(\infty)$ 在数值上等于 $\xi(t)$ 的直流功率, 即

$$R(\infty) = E^2[\xi(t)] = a^2 \tag{2-75}$$

此式利用 $\tau \to \infty$ 时, $\xi(t)$ 与 $\xi(t+\tau)$ 没有依赖关系即统计独立, 即可得证。

(3) $R(\tau)$ 是关于 τ 的偶函数, 即

$$R(\tau) = R(-\tau) \tag{2-76}$$

(4) $R(0)$ 是 $R(\tau)$ 的上界, 即

$$R(0) \geq |R(\tau)| \tag{2-77}$$

(5) $R(0)$ 与 $R(\infty)$ 之差在数值上等于 $\xi(t)$ 的方差(交流功率), 即

$$R(0) - R(\infty) = \sigma^2 \tag{2-78}$$

2) 平稳随机过程的功率谱密度

随机过程的频谱特性是用它的功率谱密度来表述的。我们知道, 随机过程中的任一实现是一个确定的功率型信号。而对于任意的确定功率信号 $f(t)$, 它的功率谱密度由式(2-16)确定。我们可以把 $f(t)$ 看成是平稳过程 $\xi(t)$ 中的任一实现, 因而每一实现的功率谱密度也可用式(2-16)来表示。由于 $\xi(t)$ 是无穷多个实现的集合, 哪一个实现出现是不能预知的, 因此, 某一实现的功率谱密度不能作为过程的功率谱密度。过程的功率谱密度应看做是任一实现的功率谱的统计平均, 即

$$P_\xi(\omega) = E[P_f(\omega)] = \lim_{T \to \infty} \frac{|F_T(\omega)|^2}{T} \tag{2-79}$$

虽然式(2-79)给出了平稳过程$\xi(t)$的功率谱密度$P_\xi(\omega)$，但我们很难直接用它来计算功率谱。那么，如何方便地求功率谱$P_\xi(\omega)$呢？我们知道，确知的非周期功率信号的自相关函数与其谱密度是一对傅里叶变换关系。对于平稳随机过程，也有类似的关系，即

$$\left. \begin{array}{l} P_\xi(\omega) = \int_{-\infty}^{\infty} R(\tau) e^{-j\omega\tau} d\tau \\ R(\tau) = \dfrac{1}{2\pi} \int_{-\infty}^{\infty} P_\xi(\omega) e^{j\omega\tau} d\omega \end{array} \right\} \tag{2-80}$$

于是有

$$R(0) = \frac{1}{2\pi} \int_{-\infty}^{\infty} P_\xi(\omega) d\omega = E[\xi^2(t)] \tag{2-81}$$

因为$R(0)$表示随机过程的平均功率，它应等于功率谱密度曲线下的面积。因此，$P_\xi(\omega)$必然是平稳随机过程的功率谱密度函数。所以，平稳随机过程的功率谱密度$P_\xi(\omega)$与其自相关函数$R(\tau)$是一对傅里叶变换关系。式(2-80)简记为

$$R(\tau) \leftrightarrow P_\xi(\omega) \tag{2-82}$$

式(2-82)称为维纳-辛钦关系，它在平稳随机过程的理论和应用中是一个非常重要的工具。它是联系频域和时域两种分析方法的基本关系式。

根据上述关系式及自相关函数$R(\tau)$的性质，不难推出功率谱密度$P_\xi(\omega)$具有如下性质。

(1) 非负性，即$P_\xi(\omega) \geq 0$。

(2) 实偶性，即$P_\xi(-\omega) = P_\xi(\omega)$。

【例 2-6】 某随机相位余弦信号$\xi(t) = A\cos(\omega_0 t + \varphi)$，其中$A$和$\omega_0$均为常数，$\varphi$是在$(0, 2\pi)$内均匀分布的随机变量。求$\xi(t)$的自相关函数、功率谱密度和功率。

解： 由例 2-5 不难推得$\xi(t)$是一个平稳过程，并且求出其自相关函数为

$$R(\tau) = \frac{A^2}{2} \cos \omega_0 \tau$$

平稳过程的自相关函数与功率谱密度是一对傅里叶变换，由式(2-80)并且考虑到

$$\cos \omega_0 t \leftrightarrow \pi[\delta(\omega + \omega_0) + \delta(\omega - \omega_0)]$$

得功率谱密度为

$$P_\xi(\omega) = \frac{\pi A^2}{2}[\delta(\omega + \omega_0) + \delta(\omega - \omega_0)]$$

故平均功率为

$$S = R(0) = \frac{1}{2\pi} \int_{-\infty}^{\infty} P_\xi(\omega) d\omega = \frac{A^2}{2}$$

2.2.4 平稳过程通过线性系统——随机过程变换

通信过程主要是信号通过系统传输的过程，显然我们需要了解随机信号通过线性系统的情况，包括平稳性、统计关系和数字特征。我们知道，确知信号通过线性系统有时域和频域两个方面的特性。那么，平稳随机过程通过线性系统后，会产生怎样的输出？是否也

是平稳的？统计特征又是怎样的？下面我们就这些问题进行简单的讨论。

这里，我们只考虑平稳过程通过线性时不变系统的情况。随机信号通过线性系统的分析，建立在确知信号通过线性系统原理的基础之上。由式(2-37)可知，线性系统的时域响应 $y(t)$ 等于输入信号 $f(t)$ 与系统的单位冲激响应 $h(t)$ 的卷积，如果把 $f(t)$ 看做是输入随机过程 $\xi_i(t)$ 的一个样本，则 $y(t)$ 可看做是输出随机过程 $\xi_o(t)$ 的一个样本。显然，输入过程 $\xi_i(t)$ 的每个样本与输出过程 $\xi_o(t)$ 的相应样本之间都满足上述关系。这样，就整个过程而言，便有

$$\xi_o(t) = \int_{-\infty}^{\infty} h(\tau) \xi_i(t-\tau) \mathrm{d}\tau \tag{2-83}$$

假定输入 $\xi_i(t)$ 是平稳随机过程，现在来分析系统的输出过程 $\xi_o(t)$ 的统计特性。先确定输出过程的数学期望、自相关函数及功率谱密度，然后讨论输出过程的概率分布问题。

1. 输出过程 $\xi_o(t)$ 的数学期望 $E[\xi_o(t)]$

由式(2-83)，有

$$E[\xi_o(t)] = E\left[\int_{-\infty}^{\infty} h(\tau) \xi_i(t-\tau) \mathrm{d}\tau\right] = \int_{-\infty}^{\infty} h(\tau) E[\xi_i(t-\tau)] \mathrm{d}\tau$$

考虑到 $E[\xi_i(t-\tau)] = E[\xi_i(t)] = a$，得

$$E[\xi_o(t)] = a \int_{-\infty}^{\infty} h(\tau) \mathrm{d}\tau = aH(0) \tag{2-84}$$

式中，$H(0)$ 是线性系统在 $\omega=0$ 时的频谱，即系统的直流增益。式(2-84)表明，输出过程的数学期望等于输入过程的数学期望与系统直流增益 $H(0)$ 的乘积，并且与 t 无关。

2. 输出过程 $\xi_o(t)$ 的自相关函数 $R_o(t, t+\tau)$

考虑到 $\xi_o(t) = h(t)\xi_i(t)$，$\xi_o(t+\tau) = h(t)\xi_i(t+\tau)$，自相关函数 $R_o(t, t+\tau)$ 为

$$R_o(t, t+\tau) = E[\xi_o(t)\xi_o(t+\tau)] = E\left[\int_{-\infty}^{\infty} h(u)\xi_i(t-u)\mathrm{d}u \int_{-\infty}^{\infty} h(v)\xi_i(t+\tau-v)\mathrm{d}v\right]$$

$$= \int_{-\infty}^{\infty} \int_{-\infty}^{\infty} E[\xi_i(t-u)\xi_i(t+\tau-v)h(u)h(v)\mathrm{d}u\mathrm{d}v]$$

由于输入过程 $\xi_i(t)$ 为平稳随机过程，有 $E[\xi_i(t-u)\xi_i(t+\tau-v)] = R_i(\tau+u-v)$，故

$$R_o(t, t+\tau) = \int_{-\infty}^{\infty} \int_{-\infty}^{\infty} R_i(\tau+u-v) h(u) h(v) \mathrm{d}u \mathrm{d}v = R_o(\tau) \tag{2-85}$$

式(2-85)表明，输出过程的自相关函数仅是时间间隔 τ 的函数，与时间 t 无关，因此，平稳随机过程经过线性系统后的输出仍为平稳随机过程。

3. 输出过程 $\xi_o(t)$ 的功率谱密度 $P_o(\omega)$

由于平稳过程的自相关函数和功率谱密度函数是一对傅里叶变换，且输出过程也为平稳过程，故其功率谱密度为

$$P_o(\omega) = \int_{-\infty}^{\infty} R_o(\tau) \mathrm{e}^{-\mathrm{j}\omega\tau} \mathrm{d}\tau = \int_{-\infty}^{\infty} \left[\int_{-\infty}^{\infty} \int_{-\infty}^{\infty} R_i(\tau+u-v) h(u) h(v) \mathrm{d}u \mathrm{d}v\right] \mathrm{e}^{-\mathrm{j}\omega\tau} \mathrm{d}\tau$$

$$= \int_{-\infty}^{\infty} h(u) \int_{-\infty}^{\infty} h(v) \int_{-\infty}^{\infty} R_i(\tau+u-v) \mathrm{e}^{-\mathrm{j}\omega\tau} \mathrm{d}\tau \mathrm{d}v \mathrm{d}u$$

令 $\tau' = \tau + u - v$，则有

$$P_o(\omega) = \int_{-\infty}^{\infty} h(u)\,e^{j\omega u}du \int_{-\infty}^{\infty} h(v)e^{-j\omega v}dv \int_{-\infty}^{\infty} R_i(\tau')\,e^{-j\omega\tau'}d\tau'$$
$$= H^*(\omega)H(\omega)P_i(\omega) = |H(\omega)|^2 P_i(\omega)$$
(2-86)

由此可见，平稳过程经过线性系统后，输出的功率谱密度等于输入平稳过程的功率谱密度与系统幅频特性的平方之乘积。这样，当我们要求输出过程的自相关函数 $R_o(\tau)$ 时，可以先应用式(2-86)求出功率谱 $P_o(\omega)$，然后计算其傅里叶逆变换，这比直接计算 $R_o(\tau)$ 要简便得多。

4. 输出过程 $\xi_o(t)$ 的概率分布

根据式(2-83)，原理上，在给定输入过程分布的情况下，总可以确定输出过程的分布。

通信工程中分析噪声传播和变换时常常遇到的情况是：如果线性系统的输入过程是高斯型的，则系统的输出过程也是高斯型的。或者说，高斯过程经线性变换后仍是高斯过程。这是高斯过程的一个重要性质。

值得注意的是，由于线性系统的介入，与输入高斯过程比较，输出高斯过程的数字特征已经改变了。这一点从式(2-84)～式(2-86)明显可以看出。

【例 2-7】 如图 2-15(a)所示，双边功率谱密度为 $n_0/2 = 10^{-8}$ W/Hz 的白噪声 $n(t)$ 先通过带通滤波器，再通过积分器。已知带通滤波器的频率特性如图 2-15(b)所示，求输出噪声 $n_o(t)$ 的功率谱密度及平均功率。

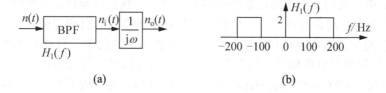

图 2-15　例 2-7 用图

解：带通滤波器的输出噪声 $n_i(t)$ 是一种窄带过程，其功率谱如图 2-16(a)所示。输出噪声 $n_o(t)$ 的功率谱为

$$P_o(f) = |H_1(t)|^2 P_i(f) = \begin{cases} \dfrac{n_0}{2\pi^2 f^2}, & 100 < |f| < 200 \\ 0, & \text{其他} \end{cases}$$

输出噪声 $n_o(t)$ 的功率谱如图 2-16(b)所示。

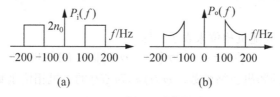

图 2-16　例 2-7 求解用图

$n_o(t)$ 的平均功率为

$$S_o = \int_{-\infty}^{\infty} P_o(f)df = 2\int_{100}^{200} \frac{n_0}{2\pi^2 f^2}df = -\frac{n_0}{\pi^2 f}\Big|_{100}^{200} = 10^{-11}\,(\text{W})$$

【例 2-8】 试求双边谱密度为 $n_0/2$ 的高斯白噪声通过理想低通滤波器后的功率谱密度、自相关函数和噪声平均功率。理想低通的传输特性为

$$H(\omega) = \begin{cases} K_0 e^{-j\omega t}, & |\omega| \leq \omega_H \\ 0, & \text{其他} \end{cases}$$

解： 根据题意有 $P_{ni}(\omega) = \dfrac{n_0}{2}$, $|H(\omega)| = K_0$ ($|\omega| \leq \omega_H$ 时)。

高斯白噪声通过线性系统(LPF)后输出功率谱密度为

$$P_{no}(\omega) = |H(\omega)|^2 P_{ni}(\omega) = \frac{K_0^2 n_0}{2}, \quad |\omega| \leq \omega_H$$

输出自相关函数为

$$R_{no}(\tau) = \frac{1}{2\pi} \int_{-\infty}^{\infty} P_{no}(\omega) e^{j\omega\tau} d\omega = \frac{1}{2\pi} \int_{-\omega_H}^{\omega_H} \frac{K_0^2 n_0}{2} e^{j\omega\tau} d\omega = K_0^2 n_0 f_H \frac{\sin \omega_H \tau}{\omega_H \tau}$$

带限白噪声的输出自相关函数 $R_{no}(\tau)$ 在 $\tau = 0$ 处有最大值，带限白噪声的平均功率为

$$S = R_{no}(0) = \frac{n_0 K_0^2 \omega_H}{2\pi}$$

2.2.5 窄带随机过程

在第 1 章中，我们介绍了通信系统中的常见噪声，包括白噪声、高斯噪声、高斯白噪声和窄带高斯噪声。对白噪声，主要分析了它的功率谱密度和自相关函数；对高斯噪声，主要分析了它的一维概率密度函数和一维分布函数。在通信中，常常把加性高斯白噪声(AWGN) $n(t)$ 作为噪声分析模型，它在整个频率范围内具有均匀的功率谱且取值服从高斯分布。在接收端，AWGN 性质的 $n(t)$ 经过一带通滤波器，就变成了窄带高斯噪声 $n_i(t)$，即窄带随机过程。

1. 窄带随机过程的统计特性

根据式(1-33)，窄带随机过程 $n_i(t)$ 的功率谱密度可表示为

$$P_{ni}(f) = \begin{cases} \dfrac{n_0}{2}, & f_c - \dfrac{B_w}{2} < |f| < f_c + \dfrac{B_w}{2} \\ 0, & \text{其他} \end{cases}$$

其频谱特性及时域波形如图 1-26 所示。该窄带随机过程(此处记为 $\xi(t)$)的波形有以下两种数学表示形式。

(1) 采用随机包络和随机相位来表示。即

$$\xi(t) = a_\xi(t) \cos[\omega_c t + \varphi_\xi(t)], \quad a_\xi(t) \geq 0 \tag{2-87}$$

式中，$a_\xi(t)$ 称为 $\xi(t)$ 的随机包络函数；$\varphi_\xi(t)$ 称为 $\xi(t)$ 的随机相位函数。

(2) 采用同相分量和正交分量来表示。由式(2-87)有

$$\begin{aligned}\xi(t) &= [a_\xi(t)\cos\varphi_\xi(t)]\cos\omega_c t - [a_\xi(t)\sin\varphi_\xi(t)]\sin\omega_c t \\ &= \xi_c(t)\cos\omega_c(t) - \xi_s(t)\sin\omega_c(t)\end{aligned} \tag{2-88}$$

式中，$\xi_c(t)$ 称为 $\xi(t)$ 的同相分量，$\xi_s(t)$ 称为 $\xi(t)$ 的正交分量。显然有

$$\left.\begin{array}{l}\xi_c(t) = a_\xi(t)\cos\varphi_\xi(t)\\ \xi_s(t) = a_\xi(t)\sin\varphi_\xi(t)\end{array}\right\} \quad (2\text{-}89)$$

在不特别声明的情况下,我们仅讨论零均值平稳高斯窄带过程,其 $\xi_c(t)$、$\xi_s(t)$ 及 $a_\xi(t)$、$\varphi_\xi(t)$ 的统计特征存在以下两个结论。

结论一:对于一个均值为零的平稳高斯窄带随机过程,它的同相分量 $\xi_c(t)$ 和正交分量 $\xi_s(t)$ 同样也是平稳高斯随机过程,而且均值都为零,方差也相同,且等于 $\xi(t)$ 的方差。此外,在同一时刻上得到的 $\xi_c(t)$、$\xi_s(t)$ 是不相关的或统计独立的,即

$$\left.\begin{array}{l}E[\xi_c(t)] = E[\xi_s(t)] = E[\xi(t)] = 0\\ D[\xi_c(t)] = D[\xi_s(t)] = D[\xi(t)]\end{array}\right\} \quad (2\text{-}90)$$

$\xi(t)$、$\xi_c(t)$、$\xi_s(t)$ 的一维概率密度函数均为

$$f(x) = \frac{1}{\sqrt{2\pi}\sigma_\xi}\exp\left(-\frac{x^2}{2\sigma_\xi^2}\right) \quad (2\text{-}91)$$

结论二:对于一个均值为零的平稳高斯窄带过程,其包络的一维分布是瑞利分布,相位的一维分布是均匀分布,并且就一维分布而言,包络与相位是统计独立的,即

$$\left.\begin{array}{ll}f(a_\xi) = \dfrac{a_\xi}{\sigma_\xi^2}\exp\left(-\dfrac{a_\xi^2}{2\sigma_\xi^2}\right), & a_\xi \geqslant 0\\ f(\varphi_\xi) = \dfrac{1}{2\pi}, & 0 \leqslant \varphi_\xi \leqslant 2\pi\end{array}\right\} \quad (2\text{-}92)$$

$$f(a_\xi,\varphi_\xi) = f(a_\xi)f(\varphi_\xi) = \frac{a_\xi}{2\pi\sigma_\xi^2}\exp\left(-\frac{a_\xi^2}{2\sigma_\xi^2}\right) \quad (2\text{-}93)$$

式中,$f(a_\xi,\varphi_\xi)$ 是随机包络 $a_\xi(t)$ 和随机相位 $\varphi_\xi(t)$ 的联合概率密度。

瑞利分布的概率密度函数如图 2-17 所示。

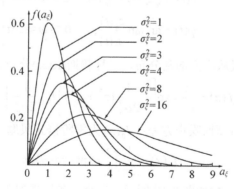

图 2-17 瑞利分布的概率密度函数

【例 2-9】 已知正弦波调制信号的表达式如下:

$$f(t) = [1+\cos(\Omega t + \theta)]\cos\omega_c t$$

试通过频域分析求信号包络。

解:$f(t) = \cos\omega_c t + \dfrac{1}{2}\cos[(\Omega+\omega_c)t+\theta] + \dfrac{1}{2}\cos[(\Omega-\omega_c)t+\theta]$

$$F(j\omega) = \frac{1}{2}[\delta(\omega - \omega_c) + \delta(\omega + \omega_c)] + \frac{1}{4}\{e^{j\theta}\delta[\omega - (\Omega + \omega_c)] + e^{-j\theta}\delta[\omega + (\Omega + \omega_c)]\}$$
$$+ \frac{1}{4}\{e^{j\theta}\delta[\omega - (\Omega - \omega_c)] + e^{-j\theta}\delta[\omega + (\Omega - \omega_c)]\}$$

包络信号应该是解除调制后的部分，令上式中 $\omega_c = 0$，得包络频谱为

$$\tilde{F}(j\omega) = 2 \times \left[\frac{1}{2}\delta(\omega) + \frac{1}{4}e^{j\theta}\delta(\omega - \Omega) + \frac{1}{4}e^{-j\theta}\delta(\omega + \Omega)\right]$$

对上式求傅里叶逆变换，即得包络的时域表达式为

$$\tilde{f}(t) = [1 + \cos(\Omega t + \theta)]$$

2. 正弦波加窄带高斯过程

信号经过信道传输后总会受到噪声的干扰，为了减少噪声的影响，通常在接收机前端设置一个带通滤波器，以滤除信号频带以外的噪声。因此，带通滤波器的输出是信号与窄带噪声的混合波形。最常见的是正弦波加窄带高斯噪声的合成波，所以有必要了解合成信号包络和相位的统计特性。

设合成信号为

$$r(t) = A\cos(\omega_c t + \theta) + n_i(t) \tag{2-94}$$

式中，$n_i(t) = n_c(t)\cos\omega_c t - n_s(t)\sin\omega_c t$ 为窄带高斯噪声，其均值为零，方差为 σ_n^2；正弦信号的幅度 A 和载频 ω_c 均为常数；θ 是在 $(0, 2\pi)$ 上均匀分布的随机相位。

将 $r(t)$ 变形，整理成随机包络和随机相位的形式，有

$$r(t) = [A\cos\theta + n_c(t)]\cos\omega_c t - [A\sin\theta + n_s(t)]\sin\omega_c t$$
$$= z_c(t)\cos\omega_c t - z_s(t)\sin\omega_c t = z(t)\cos[\omega_c t + \varphi(t)] \tag{2-95}$$

则 $r(t)$ 的包络和相位分别为

$$\left.\begin{array}{l} z(t) = \sqrt{z_c^2(t) + z_s^2(t)}, \quad z \geq 0 \\ \varphi(t) = \arctan\dfrac{z_s(t)}{z_c(t)}, \quad 0 \leq \varphi \leq 2\pi \end{array}\right\} \tag{2-96}$$

可以证明，包络 $z(t)$ 服从广义瑞利分布，又称赖斯(Rice)分布，其概率密度函数为

$$f(z) = \frac{z}{\sigma_n^2}\exp\left[-\frac{1}{2\sigma_n^2}(z^2 + A^2)\right]I_0\left(\frac{Az}{\sigma_n^2}\right), \quad z \geq 0 \tag{2-97}$$

式中，$\sigma_n^2 = D[n_i(t)]$ 为窄带高斯噪声方差；$I_0(x)$ 为零阶修正贝塞尔函数，即

$$I_0(x) = \frac{1}{2\pi}\int_0^{2\pi}\exp(x\cos\theta)d\theta \tag{2-98}$$

赖斯分布的概率密度函数如图 2-18 所示。在小信噪比情况下，包络近似为瑞利分布；在大信噪比情况下，包络近似为高斯分布。于是有

$$f(z) = \begin{cases} \dfrac{z}{\sigma_n^2}\exp\left(-\dfrac{z^2}{\sigma_n^2}\right), & \dfrac{A^2}{2\sigma_n^2} \ll 1 \\ \dfrac{1}{\sqrt{2\pi}\sigma_n}\exp\left[-\dfrac{(z-A)^2}{2\sigma_n^2}\right], & \dfrac{A^2}{2\sigma_n^2} \gg 1 \end{cases} \tag{2-99}$$

相位分布 $f(\varphi)$ 集中分布在 0°附近。在小信噪比情况下，近似为均匀分布；在大信噪比情况下，它主要集中在有用信号相位附近。

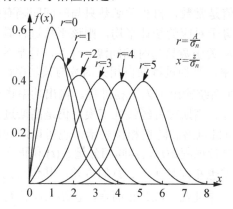

图 2-18　赖斯分布的概率密度函数

本 章 小 结

本章内容是分析通信系统所必备的工程数学基础，它提供了分析通信系统最常用的两种研究方法。从内容上看，本章涵盖了确知信号分析与随机信号分析两部分内容。其中确知信号分析属于"信号与系统"这门课的内容，本章前半部分结合"通信原理"课程特点就该部分内容进行了提纲挈领式的复习、总结与归纳，以更好地体现知识的衔接与递进。确知信号分析的核心是对信号进行时域分析和频域分析，统称时频分析。在通信系统的分析中，频域分析显得尤其重要。

通信系统中的信号和噪声都是随机的，本章后半部分重点介绍了随机信号分析。随机信号分析的核心是采用统计的方法分析随机过程的统计特征，包括概率分布函数、概率密度函数及数学期望、方差、相关函数等数字特征。

时频分析法和随机信号分析法是分析通信系统的两种基本方法，它们贯穿于本书以后各个章节。

本章主要知识点如下：

(1) 周期信号的频谱通过将其展开为傅里叶级数来获得，它具有离散性、谐波性和收敛性三个特点；非周期信号的频谱通过傅里叶变换来获得，它是连续谱。傅里叶变换具有许多重要的性质，熟练掌握这些性质，熟知常用函数的傅里叶变换，对本课程来说是十分重要的。

(2) 卷积与相关是确知信号两种重要的运算。在时域与频域分析发生转换时常常用到卷积运算。卷积具有交换律、分配率和结合律。利用卷积定理，可以将时域的卷积运算转化为频域的乘积运算。确知信号通过线性系统后，时域输出等于输入与冲激响应的卷积，频域输出等于输入和系统函数的乘积。相关有自相关和互相关之分，它们分别描述了信号与自身的延迟、信号与其他信号的延迟之间的关联程度。对能量信号，自相关函数与能量谱构成一对傅里叶变换对；对功率信号，自相关函数与功率谱构成一对傅里叶变换对。

(3) 随机过程具有随机变量和时间函数的特点，其统计特征可以从概率分布和数字特征两个方面进行描述。随机过程的概率分布采用分布函数或概率密度函数来表示；数字特征采用均值、方差、相关函数、协方差函数等来描述。

(4) 平稳过程有两种类型：若一个随机过程的分布函数与时间起点无关，则它是严平稳；若一个随机过程的均值是常数，自相关函数只与时间间隔有关，则它是宽平稳。如果一个平稳过程的时间平均等于对应的统计平均，则该平稳过程具有各态历经性。平稳过程的均值和方差是常数，自相关函数只与时间间隔 τ 有关，且是关于 τ 的偶函数，具有最大值 $R(0)$，且等于其平均功率。平稳过程的自相关函数与其功率谱构成一对傅里叶变换对。

(5) 平稳过程通过线性系统输出仍为平稳过程。输出功率谱密度等于输入功率谱密度和系统频率响应模值的平方。高斯过程经线性变换后仍是高斯过程。

(6) 窄带过程可以用随机包络和随机相位表示，也可以用同相分量与正交分量表示。一个均值为零的平稳高斯窄带过程 $\xi(t)$，其同相分量 $\xi_c(t)$ 和正交分量 $\xi_s(t)$ 也是平稳高斯过程，而且均值都为零，方差也相同且等于 $\xi(t)$ 的方差；其包络的一维分布呈瑞利分布，相位的一维分布呈均匀分布，并且就一维分布而言，包络与相位是统计独立的。

(7) 正弦波加窄带高斯噪声的合成波，包络服从广义瑞利分布。

思考练习题

2-1 什么是确知信号？确知信号的常用分类有哪些？试举例说明。

2-2 什么是随机变量？什么是随机过程？它们之间有何联系与区别？

2-3 周期信号和非周期信号的频谱各具有怎样的特性？

2-4 卷积运算具有哪些特性？时域卷积和频域卷积定理是什么？试举例说明其工程意义。

2-5 确知信号经过线性系统后有什么变化特性？

2-6 试举例说明在日常生活中，什么信号服从均匀分布，什么信号服从正态分布。

2-7 什么是平稳随机过程？平稳随机过程具有什么样的特性？

2-8 自相关函数和功率谱密度之间有什么关系？

2-9 平稳随机过程经过线性系统后的统计特征具有什么变化？高斯随机过程通过线性系统后的统计特征具有什么样的变化规律？

2-10 已知系统如图 2-19(a)所示，其中 $F(j\omega)$、$H_1(j\omega)$ 和 $H_2(j\omega)$ 如图 2-19(b)所示，试求响应 $y(t)$ 的频谱 $Y(j\omega)$。

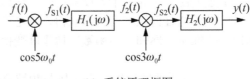

(a) 系统原理框图

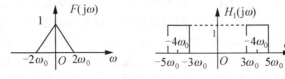 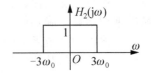

(b) $F(j\omega)$、$H_1(j\omega)$ 和 $H_2(j\omega)$ 的频谱

图 2-19 题 2-10 图

2-11 已知 $f_1(t) = \sin \pi t[u(t) - u(t-1)]$，$f_2(t) = \delta(t-1) - \delta(t-2)$，求 $y(t) = f_1(t) * f_2(t)$。

2-12 周期三角信号的波形如图 2-20 所示，求其频谱，并画出幅度谱。

2-13 已知信号 $f(t)$ 的功率谱密度 $S(f) = \text{Sa}(\pi f)$，求此信号的自相关函数。

2-14 设随机过程 $\xi(t) = a\cos(\omega_0 t + \theta)$，其中 a、ω_0 为常数，θ 在 $(0 \sim \pi)$ 上均匀分布，试求该随机过程的数学期望 $E[\xi(t)]$。

2-15 将一均值为 0、功率谱密度为 $n_0/2$ 的高斯白噪声加到一个中心频率为 ω_0、带宽为 B 的理想带通滤波器上，求滤波器输出噪声的自相关函数，并写出输出噪声的一维概率密度函数。

2-16 试求功率谱密度为 $n_0/2$ 的白噪声通过幅值为 K_0、截止频率为 ω_H 的理想低通滤波器后的输出功率谱密度、自相关函数及噪声功率。

2-17 已知随机过程 $\xi(t) = A\cos(\pi t)$，其中 A 是均值为 α、方差为 σ_A^2 的高斯随机变量。试求：(1) $\xi(t)|_{t=0}$ 及 $\xi(t)|_{t=1}$ 的两个一维概率密度。

(2) 判断 $\xi(t)$ 是否广义平稳。

(3) 求 $\xi(t)$ 的功率谱。

(4) $\xi(t)$ 的平均功率为多少？

2-18 若信号 $f(t) = e^{-\alpha t} \cdot u(t)$，试求其能量谱密度、能量和自相关函数。

2-19 如信号 $f(t) = \sin \omega_0 t$，试求其自相关函数、功率谱密度和信号功率。

2-20 设 A 是均值为 $\alpha = 0$、方差为 $\sigma = 1$ 的高斯随机变量，试求随机变量 $B = cA + d$ 的概率密度函数 $f(B)$，其中 c、d 均为常数。

2-21 已知随机过程 $\xi(t) = A\cos\omega_0 t - B\sin\omega_0 t$，若 A 与 B 是相互独立且均值为 0、方差为 σ^2 的高斯随机变量。试求：

(1) $E[\xi(t)]$、$E[\xi^2(t)]$。

(2) $\xi(t)$ 的一维概率密度函数 $f(x)$。

(3) $R(t_1, t_2)$ 和 $B(t_1, t_2)$。

2-22 设某一均值为 0 的随机噪声 $N(t)$ 具有如图 2-21 所示的功率谱 $P_N(\omega)$，求该随机过程的功率。

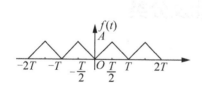

图 2-20 题 2-12 图

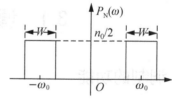

图 2-21 题 2-22 图

第 3 章　模拟调制系统

教学目标

通过本章的学习，了解模拟调制的功能和分类，理解并掌握各种线性调制(AM、DSB、SSB、VSB)和非线性调制(FM、PM)的基本原理，熟练掌握各种模拟调制系统的抗噪声性能(输出信噪比、调制制度增益)分析方法，掌握频分复用的基本原理和实现方法，熟悉复合调制与多级调制的基本原理。

在通信过程中，信源产生的基带信号一般不适合直接在信道上传输，这时就要对信号进行一定的变换，以达到适合信道传输或改善系统性能的目的。在发送端实现这一功能的变换就是调制，在接收端进行的逆变换就是解调。所谓调制就是用调制信号(基带信号)去控制载波的某个或某几个参数，使其随调制信号的变化规律而变化的过程或方式。载波通常是一种用来搭载原始基带信号信息的高频振荡，可以是正弦波，也可以是其他周期性脉冲波，它本身并不含有任何有用信息。经载波调制后的信号称为已调信号，而在接收端将已调信号还原为原始基带信号的过程则称为解调。本章主要讨论调制信号是模拟信号、载波是正弦波的情况，称为模拟正弦调制，简称模拟调制。

调制和解调是一种十分重要的变换，是一种无论在模拟通信、数字通信还是数据通信中都普遍使用的信号处理技术，它们是通信系统的重要组成部分。一个通信系统性能的好坏，在很大程度上由调制和解调方式来决定。虽然目前数字通信发展十分迅速，且有逐步取代模拟通信的趋势，但从现有条件来看，模拟通信仍占有一定的比重，且在相当长一段时间内还将继续使用。模拟调制的基本原理对数字调制也是适用的。本章主要分析模拟调制中各种线性和非线性调制及其解调、频分复用、复合调制及多级调制的基本原理与基本特性。

3.1　调制的功能及分类

3.1.1　调制的功能

1. 使信号与信道匹配，适合信道传输

通过调制或频谱搬移，可将低通型的基带信号(调制信号)变换成适合在信道中传输的带通型已调信号，使信号和信道匹配，实现通信的目的。

调制的实质就是实现频谱的搬移，即将基带信号的频谱搬移到所需的频段上。对无线通信来说，通过频率变换，可达到有效辐射。例如采用无线传送方式的语音通信，为了充分发挥天线的辐射能力，一般要求天线的尺寸和发送信号的波长相匹配，即天线的长度应为所发射语音信号频率的 $\lambda/4$ 以上。如把有效带宽为 $0.3\sim3.4\text{kHz}$ 的语音信号直接通过天线进行发射,则天线的长度应为 $L=\lambda/4\approx25$km。很显然,长为 25km 的天线是根本无法实现的。如果把语音信号进行频谱搬移,例如把其频率搬移到 10MHz 频率上,按上式计算可知天线的长度 L=7.5m,这样的天线是可以实现的,而且容易实现天线的有效辐射。

2. 实现多路复用,提高信道利用率

为了合理利用传输信道,提高通信效率,常采用复用技术。例如将多路信号按调制技术搬移到不同的载频上去,并在频率范围内依次排列、互不重叠,然后在信道中同时传输,这种在频率范围内实现的复用称为频分复用(FDM)。又如将多路信号通过不同的时间采样,然后依次互不干扰地在同一信道中传输,这种在时间范围内实现的复用称为时分复用(TDM)。调制技术可以十分有效地实现复用,采用单边带调制可以实现频分复用,而采用脉冲编码调制就可以实现时分复用。

3. 改善抗噪声性能,提高系统抗干扰能力

抗干扰性也即可靠性,而可靠性和有效性是互相制约的。通信中噪声和干扰是随时随地存在的,在干扰比较严重的情况下,往往通过牺牲有效性来提高抗干扰性能,从而实现正常的通信质量。这种技术可以通过不同的调制和解调方式来实现,如采用 FM 调制方式取代 AM 调制方式,提高系统的抗噪声性能。

3.1.2 调制的分类

调制器是一个三端口的非线性网络,其数学模型如图 3-1 所示。图中 $m(t)$ 表示调制信号,$c(t)$ 是载波,$s_m(t)$ 为已调信号,$h_0(t)$、$H_0(\omega)$ 分别是调制器的冲激响应、传输函数,$h_0(t) \leftrightarrow H_0(\omega)$。根据 $m(t)$、$c(t)$ 及 $h_0(t)$、$H_0(\omega)$ 的不同,可将调制分成如下多种类型。

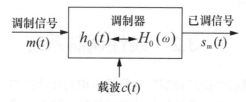

图 3-1 调制系统的原理模型

1. 根据载波 $c(t)$ 来分

由于载波一般分为连续波和脉冲波,因此可将调制分为连续波调制和脉冲调制。所谓连续波调制是指载波信号为连续波形,一般用单频正弦或余弦表示,因此又称正弦波调制。本章只介绍连续波调制。 所谓脉冲调制是指载波信号为脉冲序列,实际通信中常用矩形周期脉冲序列表示,分析中常用理想单位冲激序列来表示。本书第 6 章介绍脉冲调制。

2. 根据基带信号控制载波 $c(t)$ 的参数来分

由于载波的参数通常有幅度、频率和相位之分,则按基带信号控制载波参数的不同可将调制分为幅度调制、频率调制和相位调制,简称调幅、调频和调相。

所谓调幅是指用基带信号去控制载波的幅度，使载波幅度随基带信号的变化而变化，如标准调幅(AM)、脉冲振幅调制(PAM)、幅移键控(ASK)等。

所谓调频是指用基带信号去控制载波的频率，使载波频率随基带信号的变化而变化，如模拟调频(FM)、脉冲频率调制(PFM)、频移键控(FSK)等。

所谓调相是指用基带信号去控制载波的相位，使载波相位随基带信号的变化而变化，如模拟调相(PM)、脉位调制(PPM)、相移键控(PSK)等。

3．根据输入调制信号 $m(t)$ 来分

由于调制信号通常分为模拟信号和数字信号，则按调制信号的不同可将调制分为模拟调制和数字调制。所谓模拟调制是指输入调制信号 $m(t)$ 为连续变化的模拟信号，本章介绍的各种调制均属于模拟调制。所谓数字调制是指输入调制信号 $m(t)$ 为离散的数字信号，第 5 章数字带通传输系统中介绍的调制均属于数字调制。

4．根据调制器的冲激响应 $h_0(t)$ 或传输函数 $H_0(\omega)$ 来分

由于调制器的系统函数是唯一的，其传输函数 $H_0(\omega)$ 的不同使得基带信号频谱和经过调制产生的已调信号的频谱之间有线性和非线性之分，对应地可将调制分为线性调制和非线性调制。

所谓线性调制是指已调信号 $s_m(t)$ 的频谱结构和调制信号 $m(t)$ 的频谱结构之间呈线性搬移关系，即频谱形状相同，但是幅度可以有一定的衰减，时间可以有一定的延迟，如标准调幅(AM)、双边带调制(DSB)、单边带调制(SSB)、残留边带调制(VSB)、幅移键控(ASK)等。

所谓非线性调制是指已调信号 $s_m(t)$ 的频谱结构和调制信号 $m(t)$ 的频谱结构之间呈非线性关系，调制后频谱不仅仅是产生了移位，而且增加了新的频率分量，如调频(FM)、调相(PM)、频移键控(FSK)等。

3.2 线性调制系统

如果已调信号的频谱结构是调制信号频谱结构的线性搬移，这种调制称为线性调制。线性调制的主要特性表现为已调信号和基带信号的频谱在形状上没有变化，仅是频谱的幅度和位置发生了变化，即仅仅是把基带信号的频谱线性地搬移到适合信道传输的频带上。

模拟线性调制中通常采用的载波为正弦波(这里，具有正、余弦形式的信号均称正弦波)。由于正弦波的参数有幅度、频率和相位，用模拟基带信号去改变这些参数，相应地就有调幅、调频和调相 3 种调制方式。分析已调信号的频谱后发现，模拟幅度调制都属于线性调制，实际应用中通常有 4 种类型：标准调幅(Amplitude Modulation，AM)、抑制载波的双边带调制(Double Side Band，DSB)、单边带调制(Single Side Band，SSB)和残留边带调制(Vestigial Side Band，VSB)。

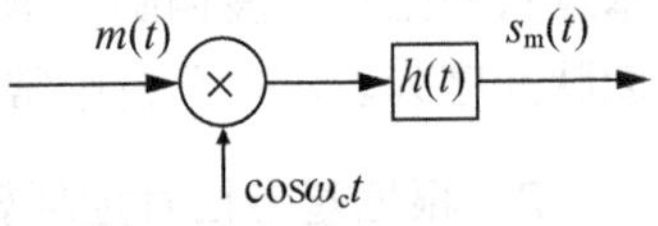

图 3-2 所示为线性调制的原理框图。图中，$m(t)$ 为调制信号，$h(t)$ 为滤波器的系统函数，$\cos\omega_c t$ 为载波，$s_m(t)$ 为已调信号。由原理框图可得，调制信号经线性调制后输出为

$$s_m(t) = [m(t)\cos\omega_c t] * h(t) \tag{3-1}$$

图 3-2 线性调制的原理框图

设 $m(t) \leftrightarrow M(\omega)$，$h(t) \leftrightarrow H(\omega)$，对式(3-1)求傅里叶变换得输出已调信号的频谱为

$$s_m(\omega) = \frac{1}{2}[M(\omega+\omega_c) + M(\omega-\omega_c)]H(\omega) \tag{3-2}$$

适当选择滤波器的 $H(\omega)$，就可以实现 AM、DSB、VSB、SSB 等各种调幅信号。

3.2.1 标准调幅

标准调幅(AM)又称常规双边带调制，它是用调制信号去控制高频载波的幅度，使其按调制信号的规律变化。图 3-3 所示为 AM 信号产生的模型。设滤波器的选通函数 $H(\omega)=1$，即 $h(t)=\delta(t)$ 为全通网络。由图可见已调信号为调制信号的交流分量 $m(t)$ 叠加上直流 A_0 后与载波 $c(t)$ 的乘积。设载波 $c(t) = \cos(\omega_c t + \theta_0)$，则已调信号的时域表达式为

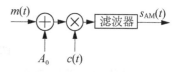

图 3-3 AM 调制器模型

$$\begin{aligned} s_{AM}(t) &= [A_0 + m(t)]\cos(\omega_c t + \theta_0) \\ &= A_0\cos\omega_c t + m(t)\cos\omega_c t \end{aligned} \tag{3-3}$$

式中，ω_c 为载波频率；θ_0 为载波的初始相位，为了分析方便，通常设 $\theta_0 = 0$。

图 3-4 所示为基带信号及已调信号的时域波形。由图可知，只要满足条件

$$|m(t)|_{max} \leq A_0$$

已调信号 $s_{AM}(t)$ 的包络就和调制信号 $m(t)$ 呈线性关系，故在接收端通过包络检波器就可以直接恢复出原始信号，并称 $|m(t)|_{max} = A_0$ 时的情况为满调幅或称 100%调制。

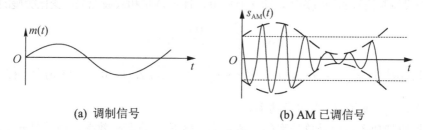

(a) 调制信号　　　　　　　　　(b) AM 已调信号

图 3-4 调制信号及 AM 已调信号

下面分析 AM 信号的频谱。由于 $m(t)$ 可以是确知信号也可以是随机信号，所以要从两个方面考虑已调信号的频谱特性。

如果 $m(t)$ 为确知信号，存在傅里叶变换，且 $m(t) \leftrightarrow M(\omega)$，则 AM 信号的频谱为

$$s_{AM}(\omega) = \pi A_0[\delta(\omega+\omega_c) + \delta(\omega-\omega_c)] + \frac{1}{2}[M(\omega+\omega_c) + M(\omega-\omega_c)] \tag{3-4}$$

如果 $m(t)$ 是随机信号，且最高频率为 ω_H，此时 AM 信号的频谱可用其功率谱来描述，但通常认为其均值 $a_m(t) = 0$。则 AM 信号的频谱如图 3-5 所示。

由式(3-4)和图 3-5 可以看出，AM 信号的频谱是基带信号频谱 $M(\omega)$ 搬移了 $\pm\omega_c$ 的结果，包括边带分量 $[M(\omega+\omega_c) + M(\omega-\omega_c)]/2$ 和载波分量 $\pi A_0[\delta(\omega+\omega_c) + \delta(\omega-\omega_c)]$ 两个部分。已调信号的带宽是调制信号带宽的两倍，包括两个频带，且关于 $\pm\omega_c$ 对称，一般称频率大于 $+\omega_c$ 或小于 $-\omega_c$ 的频带为上边带，频率小于 $+\omega_c$ 或大于 $-\omega_c$ 的频带为下边带。

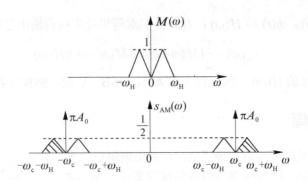

图 3-5　调制信号及 AM 已调信号的频谱

应该指出，必须满足 $|m(t)|_{\max} \leqslant A_0$，已调信号的包络才能和调制信号成正比，调制后的载波相位才不会改变，信息只包含在振幅中，否则，将会出现过调幅而产生包络失真。此外，还必须满足 $\omega_c \geqslant \omega_H$，防止频率交错产生包络失真，当然在实际应用中后一条件是满足的。因此，利用包络检波很容易从 AM 信号中恢复出原来的基带信号。但是如果上述条件不能满足就会产生"过调幅"现象，此时只能用同步检波器进行解调。

AM 信号的平均功率 s_{AM} 通过其均方值 $\overline{s_{AM}^2(t)}$ 来体现。

如果 $m(t)$ 为确知信号，则 AM 信号的平均功率为

$$s_{AM} = \overline{s_{AM}^2(t)} = \overline{[A_0 + m(t)]^2 \cos^2 \omega_c t}$$
$$= \overline{A_0^2 \cos^2 \omega_c t} + \overline{m^2(t) \cos^2 \omega_c t} + \overline{2A_0 m(t) \cos^2 \omega_c t} \tag{3-5}$$

一般假设调制信号的均值为零，即 $a_m(t) = 0$，且 $m(t)$ 是和载波无关、变化缓慢的信号。故

$$s_{AM} = \frac{A_0^2}{2} + \frac{\overline{m^2(t)}}{2} = s_c + s_m \tag{3-6}$$

式(3-6)用到 $\cos^2 \omega_c t = \frac{1}{2}(1 + \cos 2\omega_c t)$，且 $\overline{\cos \omega_c t} = 0$，$\overline{\cos 2\omega_c t} = 0$。式(3-6)中，称 $s_c = A_0^2 / 2$ 为载波功率，$s_m = \overline{m^2(t)}/2$ 为边带功率。

通常把边带功率占信号总功率的比值称为 AM 信号的调制效率，用符号 η_{AM} 表示，即

$$\eta_{AM} = \frac{s_m}{s_{AM}} = \frac{\overline{m^2(t)}}{A_0^2 + \overline{m^2(t)}} \tag{3-7}$$

由上述分析可知，AM 信号的总功率包括载波功率 s_c 和边带功率 s_m 两部分。只有 s_m 才与调制信号有关，也即载波分量不携带信息。即使在"满调幅"条件下，载波分量仍占据大部分功率，而包含有用信息的两个边带占有的功率较小。因此，从功率上讲，AM 信号的功率利用率比较低。

【例 3-1】 设 $m(t)$ 为正弦信号，进行 100%的标准调幅，求此时的调制效率。

解：依题意可设 $m(t) = A_m \cos \omega_m t$，而 100%调制就是调制指数为 $\beta_{AM} = 1$，即 $A_0 = A_m$，因此
$$\overline{m^2(t)} = \frac{A_m^2}{2} = \frac{A_0^2}{2}, \quad \eta_{AM} = \frac{\overline{m^2(t)}}{A_0^2 + \overline{m^2(t)}} = \frac{1}{3} = 33.3\%$$

可见，正弦波做 100%调制时调制效率仅为 33.3%。调制效率低是 AM 调制的一个最大缺点。如果抑制载波分量的传送，则可演变出另一种调制方式，即抑制载波的双边带调制。

3.2.2 抑制载波的双边带调制

在标准调幅调制中，载波分量并不携带有用信息，却占有大于 50%的功率，而信息完全由功率不到 50%的边带进行传送。如果将 AM 信号中的 A_0 直接去掉，就可以实现载波抑制，从而克服标准调幅的缺点，实现抑制载波的双边带调制(DSB-SC)，简称双边带调制(DSB)。图 3-6 所示为 DSB 调制信号产生的模型，可以看出抑制载波的双边带调制就是调制信号和载波信号直接相乘得到的。

由图 3-6 可以看出，DSB 信号的时域表示式为

$$s_{AM}(t) = m(t)\cos\omega_c t \tag{3-8}$$

式中，假设载波初始相位为零，$m(t)$的均值为 0。图 3-7 所示为调制信号和 DSB 已调信号的时域波形示意图。

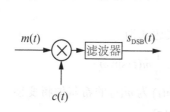

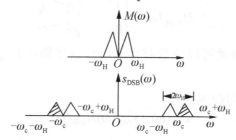

图 3-6 DSB 调制器模型   图 3-7 调制信号和 DSB 已调信号波形

DSB 信号的频谱为

$$s_{DSB}(\omega) = \frac{1}{2}[M(\omega+\omega_c) + M(\omega-\omega_c)] \tag{3-9}$$

图 3-8 给出了调制信号与 DSB 已调信号的频谱，可以看出，相对 AM 信号的频谱来说，DSB 信号的频谱只是去除了 AM 信号频谱在 $\pm\omega_c$ 处的离散谱分量。

图 3-8 调制信号及 DSB 已调信号频谱

由图 3-7 可以看出，DSB 信号时域波形的包络不再与调制信号的变化规律一致，产生了载波反相点，也即在过零点处产生了 180°的相位翻转。因此不能采用简单的包络检波来恢复原始信号，一般常采用相干解调(又称同步检波)来进行解调。DSB 信号的频域波形中不再含有载波分量，节省了载波功率，从而提高了功率利用率，但它的频带宽度仍是调制信号带宽的两倍，与 AM 信号带宽相同。由于 DSB 信号的上、下两个边带是完全对称的，它们都携带了调制信号的全部信息，为了节省传输带宽，仅传输其中一个边带即可，这就是单边带调制要解决的问题。

3.2.3 单边带调制

AM 信号和 DSB 信号频谱中均包含上、下两个对称的边带,这两个边带均包含相同的信息,从信息传输的角度来考虑,利用一个边带传输信息就足够了。一般把只用一个边带(上边带或下边带)进行传输的通信方式称为单边带通信,实现单边带通信的调制方式称为单边带调制(SSB)。单边带调制不仅可以节省载波功率,而且节省了一半的传输带宽,提高了信道利用率,增加了通信的有效性。一般用滤波法和相移法两种方法产生 SSB 信号。

1. 滤波法产生 SSB 信号

滤波法是目前应用最广泛、可以最简单地获得 SSB 信号的方法,其基本思想是让双边带信号通过一个边带滤波器,滤除不需要的一个边带,保留所需要的另一个边带。其实现原理和图 3-6 完全相似,只不过所用到的边带滤波器为理想低通滤波器或理想高通滤波器,输出 SSB 信号。

当载波为 $c(t) = \cos \omega_c t$ 时,SSB 信号的时域表达式为

$$s_{SSB}(t) = \frac{1}{2}m(t)\cos\omega_c t \mp \frac{1}{2}\hat{m}(t)\sin\omega_c t \tag{3-10}$$

式中,"+"对应下边带,"-"对应上边带。$\hat{m}(t)$ 为 $m(t)$ 的希尔伯特变换,即

$$\hat{m}(t) = \frac{1}{\pi}\int_{-\infty}^{\infty}\frac{m(\tau)}{t-\tau}d\tau$$

当需要保留上边带时,边带滤波器为高通滤波器。滤波器的频率特性为

$$H_{SSBH}(\omega) = \begin{cases} 1, & |\omega| > \omega_c \\ 0, & |\omega| \leq \omega_c \end{cases} \tag{3-11}$$

当需要保留下边带时,边带滤波器为低通滤波器。滤波器的频率特性为

$$H_{SSBL}(\omega) = \begin{cases} 1, & |\omega| < \omega_c \\ 0, & |\omega| \geq \omega_c \end{cases} \tag{3-12}$$

采用上述两种滤波器就可以分别获得上边带信号频谱 $S_{SSBH}(\omega)$ 和下边带信号频谱 $s_{SSBL}(\omega)$,如图 3-9 所示。

由分析可知,SSB 信号的频谱为

$$s_{SSB}(\omega) = s_{DSB}(\omega)H_{SSB}(\omega)$$

将式(3-9)代入上式得

$$s_{SSB}(\omega) = \frac{1}{2}[M(\omega+\omega_c) + M(\omega-\omega_c)]H_{SSB}(\omega) \tag{3-13}$$

理想的低通滤波器和高通滤波器是物理不可实现的,实际滤波器的导频和截频之间总有一定的过渡带。一般来说,调制信号具有丰富的低频分量,经 DSB 调制后上、下边带之间的间隔很小,单边带滤波器只有在 ω_c 附近具有陡峭的截止特性,才能有效地抑制不需要的一个边带,这就使滤波器的设计和制作存在很大困难,容易引起单边带信号本身的失真。因此,实际设备中常采用相移法来获得 SSB 信号。

2. 相移法产生 SSB 信号

式(3-10)直接给出了 SSB 信号的时域表示式，其推导比较麻烦，一般需借助希尔伯特变换来表述，有关希尔伯特变换的基本原理及性质请参见附录 B，此处从略。这里用到的希尔伯特滤波器 $H_h(\omega)$ 实质上是一个宽带移相网络，它对基带信号的任意频率分量均产生 $\pi/2$ 的相移，从而得到 $\hat{m}(t)$。根据相移法产生 SSB 信号的基本原理如图 3-10 所示。

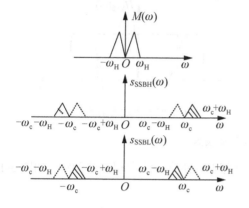

图 3-9 基带频谱、上边带频谱和下边带频谱

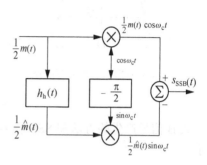

图 3-10 相移法产生 SSB 信号

3.2.4 残留边带调制

DSB 信号占用了两倍的基带带宽，SSB 信号带宽等于基带带宽，但在技术上实现比较难，为此人们提出了残留边带调制(VSB)。VSB 是介于 SSB 与 DSB 之间的一种"折中"的调制方式，它完全保留着 DSB 中两个边带中的一个，并局部保留了另一个边带。VSB 信号的频谱如图 3-11 所示。

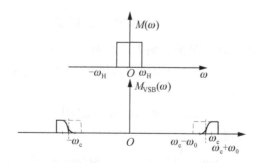

图 3-11 VSB 信号频谱

图 3-11 中实线表示上边带信号的频谱(注意不是完整保留)，虚线表示其下边带的频谱(部分残留)。由图形可知，经 VSB 调制后保留了上边带的大部分和下边带的小部分，被抑制的上边带部分用保留的下边带部分补偿。当残留部分逐渐趋于零时，残留边带调制就变成了单边带调制；当残留部分逐渐趋于边带宽度时，残留边带调制就变成了双边带调制。三者之间的带宽关系为 $B_{SSB} < B_{VSB} < B_{DSB}$。

为保证在接收端相干解调的无失真，通常使滤波器的频率特性在截止频率 $\pm\omega_c$ 处具有奇对称互补滚降特性。具有互补特性的滤波器也就意味着其传输函数 $H_{VSB}(\omega)$ 经调制后搬移到 $\pm\omega_c$，且 $H_{VSB}(\omega+\omega_c)$ 与 $H_{VSB}(\omega-\omega_c)$ 之和恒为常数，也即

$$H_{VSB}(\omega+\omega_c)+H_{VSB}(\omega-\omega_c)=常数，\quad |\omega_c|<\omega_H \tag{3-14}$$

式中，ω_H 为调制信号的截止频率。使式(3-14)成立的滤波器一般有两种形式，一种是残留上边带的低通滤波器，另一种是残留下边带的高通滤波器，如图 3-12 所示。

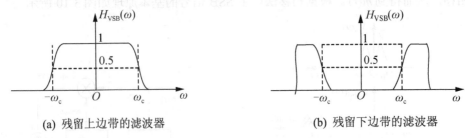

(a) 残留上边带的滤波器　　　　(b) 残留下边带的滤波器

图 3-12　残留边带滤波器

VSB 信号产生的方法和 SSB 信号产生的方法相似，分滤波法和相移法两种，如图 3-13 所示。

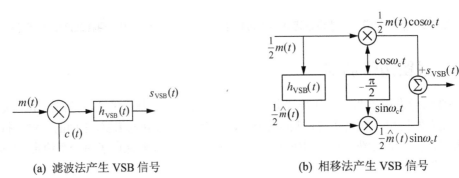

(a) 滤波法产生 VSB 信号　　　　(b) 相移法产生 VSB 信号

图 3-13　VSB 信号产生的模型

根据图 3-13(a)，可知 VSB 信号的时域表达式为

$$s_{VSB}(t)=[m(t)c(t)]*h_{VSB}(t)=s_{DSB}(t)*h_{VSB}(t) \tag{3-15}$$

故 VSB 信号的频域表达式为

$$s_{VSB}(\omega)=s_{DSB}(\omega)H_{VSB}(\omega)$$

将式(3-9)代入上式，可得

$$s_{VSB}(\omega)=\frac{1}{2}[M(\omega+\omega_c)+M(\omega-\omega_c)]H_{VSB}(\omega) \tag{3-16}$$

3.2.5　线性调制的解调

解调是调制的逆过程，指从已调信号中恢复出原始的基带信号。解调的方法基本上可分为两类：相干解调和非相干解调。相干解调是利用已调信号的相位信息来提取调制信号，而非相干解调是利用已调信号的幅度信息来提取调制信号。

1. 相干解调

相干解调又称同步检波或同步解调,它要求接收端必须提供一个与载波同步(同频同相)的本地载波,此载波又称为相干载波。从频域的角度分析,调制是频谱的搬移,将基带频谱搬移到载频上;解调则将被搬移到载频附近的频谱还原为基带频谱,同样也是频谱的搬移。由图 3-2 可知,调制过程中的频率搬移可通过基带信号与本地载波相乘来获得,而解调同样可以采用乘法器来实现,具体模型如图 3-14 所示。

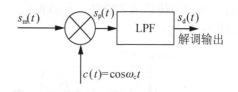

图 3-14 相干解调的模型

相干解调对于所有的线性调制信号(包括 AM、DSB、SSB 及 VSB)的解调均适用。由式(3-1)可推出

$$s_m(t) = s_I(t)\cos\omega_c t + s_Q(t)\sin\omega_c t \tag{3-17}$$

式中,$s_I(t) = h_I(t) * m(t)$;$s_Q(t) = h_Q(t) * m(t)$;$h_I(t) = h(t)\cos\omega_c t$;$h_Q(t) = h(t)\sin\omega_c t$。

由此可见,线性调制后的已调信号 $s_m(t)$ 可由同相分量 $s_I(t)$ 和正交分量 $s_Q(t)$ 两部分组合而成。由图 3-14 可知

$$s_p(t) = s_m(t)c(t) \tag{3-18}$$

将式(3-17)和 $c(t) = \cos\omega_c t$ 代入上式得

$$s_p(t) = [s_I(t)\cos\omega_c t + s_Q(t)\sin\omega_c t]\cos\omega_c t = \frac{1}{2}s_I(t)[1 + \cos 2\omega_c t] + \frac{1}{2}s_Q(t)\sin 2\omega_c t$$

经低通滤波器(LPF)后输出为

$$s_d(t) = \frac{1}{2}s_I(t) \tag{3-19}$$

由线性调制的基本特性(产生模型及输入输出等)可知,同相分量 $s_I(t)$ 是调制信号 $m(t)$ 经过一个全通滤波器 $H_I(\omega)$ 后的输出。故解调输出为

$$s_d(t) = \frac{1}{2}m(t) \tag{3-20}$$

式(3-20)说明了相干解调的输出就是原始的基带信号这一基本原理,而实现相干解调最重要的是在接收端提供一个与本地载波严格同步的相干载波,而且要求低通滤波器的截止频率应远远小于载波的频率。下面我们再具体分析每一种线性调制的相干解调。

1) AM 信号的相干解调

式(3-3)给出了 AM 信号的时域表达式,将其作用于图 3-14 所示相干解调器的输入端,则输出为

$$s_p(t) = [A_0 + m(t)]\cos^2\omega_c t = \frac{1}{2}[A_0 + m(t)](1 + \cos 2\omega_c t)$$

经 LPF 滤波后将高频分量 $\frac{1}{2}A_0\cos 2\omega_c t$ 和 $\frac{1}{2}m(t)\cos 2\omega_c t$ 滤除,留下直流和调制信号,也即

$$s_d(t) = \frac{1}{2}[A_0 + m(t)] \tag{3-21}$$

对式(3-21)求傅里叶变换,得到 AM 信号相干解调输出的频谱特性为

$$s_d(\omega) = \pi A_0 \delta(\omega) + \frac{1}{2}M(\omega) \qquad (3-22)$$

AM 信号相干解调的时域波形及频谱如图 3-15 所示。其中图 3-15(c)中的虚线所示为低通滤波器的传输函数特性,其截止频率应大于或等于调制信号的最高频率,而远远小于载波的频率 ω_c。

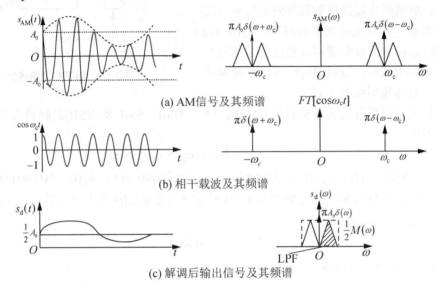

图 3-15 AM 信号相干解调的时域波形及其频谱示意图

2) DSB 信号的相干解调

DSB 信号的相干解调和 AM 信号的相干解调相似。令 $A_0 = 0$,用同样的方法分析得到 DSB 信号经乘法器输出为

$$s_p(t) = m(t)\cos^2\omega_c t = \frac{1}{2}m(t)(1+\cos 2\omega_c t)$$

经过低通滤波器后相干解调输出为

$$s_d(t) = \frac{1}{2}m(t) \qquad (3-23)$$

对以上两式求傅里叶变换,可得 DSB 信号相干解调的频谱特性为

$$S_p(\omega) = \frac{1}{2}M(\omega) + \frac{1}{4}[M(\omega-2\omega_c) + M(\omega+2\omega_c)] \qquad (3-24)$$

$$S_d(\omega) = \frac{1}{2}M(\omega) \qquad (3-25)$$

3) SSB 信号的相干解调

由式(3-10)可知,SSB 信号含有同相分量和正交分量两部分。若令已调信号的倍数变为式(3-10)所示的 2 倍,则经过图 3-14 所示的相干解调模型,乘法器输出为

$$s_p(t) = m(t)\cos^2\omega_c t \pm \hat{m}(t)\sin\omega_c t\cos\omega_c t = \frac{1}{2}m(t) + \frac{1}{2}[m(t)\cos 2\omega_c t \pm \hat{m}(t)\sin 2\omega_c t]$$

经过 LPF 后,滤除二次谐波分量,相干解调输出为

$$s_d(t) = \frac{1}{2}m(t)$$

可以看出，其相干解调的输出和双边带调制的相干解调的输出相同，也无失真地恢复出了原始基带信号。利用傅里叶变换可以得到 SSB 信号的相干解调的频谱特性为

$$S_p(\omega) = \frac{1}{2}M(\omega) + \frac{1}{4}[M(\omega-2\omega_c) + M(\omega+2\omega_c)] \pm \frac{j}{4}[\hat{M}(\omega+2\omega_c) - \hat{M}(\omega-2\omega_c)]$$

$$S_d(\omega) = \frac{1}{2}M(\omega) \tag{3-26}$$

其频谱如图 3-16 所示。

4) VSB 信号的相干解调

VSB 信号的解调和 SSB 信号的解调基本相同，但是它在载频附近的边频分量具有双边带特性。为了避免解调后滚降部分的边带频谱产生同相叠加造成的解调失真，必须要求残留边带滤波器在滚降部分具有良好的互补对称特性。为了分析的方便，我们从频域角度来分析 VSB 信号的相干解调。

把式(3-16)所示的 VSB 信号频谱经过乘法器后，输出信号的频谱为

$$\begin{aligned}S_p(\omega) &= \frac{1}{4}[M(\omega) + M(\omega-2\omega_c)]H_{\text{VSB}}(\omega-\omega_c) + \frac{1}{4}[M(\omega) + M(\omega-\omega_c)]H_{\text{VSB}}(\omega+\omega_c)\\ &= \frac{1}{4}M(\omega)[H_{\text{VSB}}(\omega-2\omega_c) + H_{\text{VSB}}(\omega-\omega_c)] + \frac{1}{4}[M(\omega-2\omega_c)H_{\text{VSB}}(\omega-\omega_c)\\ &\quad + M(\omega+2\omega_c)H_{\text{VSB}}(\omega+\omega_c)]\end{aligned}$$

再经过 LPF 后，滤除高频分量，也即二次谐波分量，输出频谱为

$$S_d(\omega) = \frac{1}{4}M(\omega)[H_{\text{VSB}}(\omega-\omega_c) + H_{\text{VSB}}(\omega+\omega_c)] \tag{3-27}$$

其频谱变化如图 3-17 所示。其中图 3-17(a)表示调制信号频谱，图 3-17 (b)表示载波频谱，图 3-17(c)表示解调输出的频谱，最终只输出 LPF 滤除后的频谱，而在 $2\omega_c$ 处的二次谐波均被滤除。为保证输出频谱不失真，必须要求在 $|\omega_c| < \omega_H$ 范围内满足式(3-14)。如果式(3-14)中的常数等于 2 且图 3-14 中低通滤波器的系统函数 $H_d(\omega) = 1$，则可以推出解调信号及其频谱特性为

$$s_d(t) = \frac{1}{2}m(t), \quad s_d(\omega) = \frac{1}{2}M(\omega)$$

从而无失真地恢复出原始基带信号。

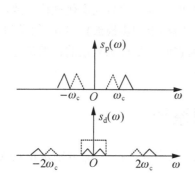

图 3-16 SSB 信号相干解调的频谱示意图

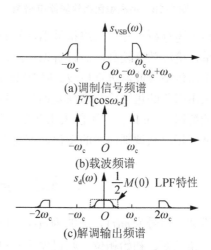

图 3-17 VSB 信号相干解调的频谱示意图

2. 非相干解调

非相干解调又称包络检波，所谓包络检波器是指输出信号和输入信号的包络基本呈线性关系。其电路实现比较简单且检波效率比较高，所以大多数 AM 信号的接收机采用这种解调方式，但存在门限效应。图 3-18 所示为串联型包络检波器，可以看出电路结构非常简单。如果用此电路对 AM 信号进行解调，必须对 RC 电路有所要求，即

$$\frac{1}{\omega_c} \leqslant RC \leqslant \frac{1}{\omega_m} \tag{3-28}$$

式中，ω_c 为载波频率；ω_m 为调制信号的最高频率。这是因为，当 RC 过大时，由于放电期间电容 C 上的电压下降太慢，跟不上 AM 信号包络变化的速度，从而使输出信号产生失真，故要求 $RC \leqslant 1/\omega_m$；当 RC 过小时，由于放电时间过快，使得载波周期电容两端电压下降过快，从而使输出信号电平降低，纹波增大，故要求 $RC \geqslant 1/\omega_c$。

在满足 $|m(t)|_{max} \leqslant A_0$（不致出现过调制）和式(3-28)的条件下，且要求 $A_0 + m(t) \geqslant 0$，则包络检波器输出可表示为

$$s_d(t) \approx A_0 + m(t) \tag{3-29}$$

隔去直流后即为原始基带信号 $m(t)$。

还有一种检波器是由半波或全波整流器和低通滤波器组成的，在广播接收机中应用广泛，具体电路如图 3-19 所示。实际上，这种检波器相当于在已调信号的正值时乘以 1，负值时乘以 0。因此，整流就相当于时域将已调信号和一个频率为 ω_c 的方波相乘，频域将已调信号的频谱和方波的频谱进行卷积。

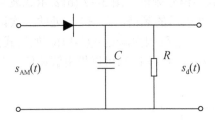

图 3-18 串联型包络检波器电路图   图 3-19 整流检波器电路图

由上述分析可知，包络检波器能够直接从已调信号中分离出原始基带信号。其电路结构简单，检波效率较高，而且解调输出是相干解调输出的两倍。所以，几乎所有的 AM 信号均采用包络检波器进行检波。但 DSB 信号的包络不再与调制信号的变化规律一致，因而不能采用简单的包络检波来恢复调制信号，需采用相干解调(同步检波)。SSB 信号和 VSB 信号的解调和 DSB 一样不能采用简单的包络检波，因它们也是抑制载波的已调信号，其包络不能直接反映调制信号的变化，亦需采用相干解调。

3.3 角度调制系统

设调制信号为 $m(t)$，载波为 $c(t) = A\cos(\omega_c t + \varphi_0)$，其中 A、ω_c、φ_0 分别是正弦载波的幅度、角频率、初始相位，则已调信号可表示为

$$s_m(t) = A(t)\cos[(\omega_c t + \varphi(t) + \varphi_0] \tag{3-30}$$

式中，$A(t)$ 是已调波的幅度；$\varphi(t)$ 是已调波的相位偏移。

幅度调制是指 $A(t)$ 随基带信号 $m(t)$ 的变化而变化，而 $\varphi(t)$ 是常数。若 $A(t)$ 是常数，而 $\varphi(t)$ 或 $\varphi(t)$ 的导数随基带信号 $m(t)$ 的变化而变化，则称为角度调制。

幅度调制属于线性调制，调制前后信号的频谱呈现线性关系，只是一种简单的搬移。而角度调制并不是简单地产生频谱的搬移，调制前后的信号频谱也不只呈现简单的线性关系，而是将调制信号的频谱扩展到非常宽的频带范围内，产生了新的频率分量，这样的调制方式称为非线性调制。角度调制又有两种类型，实现调制信号控制载波分量的频率特性的调制称为频率调制(Frequency Modulation，FM)，简称为调频；实现调制信号控制载波分量的相位特性的调制称为相位调制(Phase Modulation，PM)，简称为调相。频率或相位的变化均属于载波角度的变化。

调频和调相之间可以相互转换，在本质上并没多大区别。其中 FM 系统的抗干扰性能比线性调制系统的性能强，同时 FM 信号的产生和接收方法比较简单，使得 FM 系统得到了广泛应用。但 FM 系统的带宽比幅度调制宽得多，系统的有效性比较差。

3.3.1 基本概念

已调信号的一般表达式(3-30)中，记 $\theta(t) = \omega_c t + \varphi(t) + \varphi_0$，称 $\theta(t)$ 为瞬时相位。对 $\theta(t)$ 求导可得到瞬时频率 $\omega(t)$，即

$$\omega(t) = \frac{d\theta(t)}{dt} \tag{3-31}$$

或者

$$\theta(t) = \int_{-\infty}^{t} \omega(\tau)d\tau \tag{3-32}$$

式(3-31)、式(3-32)描述了角度调制信号的瞬时频率和瞬时相位之间的一般关系。

1. 角度调制信号的一般表示

式(3-30)中，令 $A(t) = A$ 为常数，并令初始相位 $\varphi_0 = 0$，即得角度调制信号的一般表达式为

$$s_m(t) = A\cos\theta(t) = A\cos[\omega_c t + \varphi(t)]$$

式中，$\theta(t) = \omega_c t + \varphi(t)$ 为角度调制信号的瞬时相位，它由两项组成：$\omega_c t$ 为载波相位；$\varphi(t)$ 是相对于载波相位的瞬时相位偏移，简称瞬时相偏。由式(3-31)得瞬时频率为

$$\omega(t) = \frac{d[\omega_c t + \varphi(t)]}{dt} = \omega_c + \frac{d\varphi(t)}{dt} \tag{3-33}$$

瞬时频率也由两项组成：ω_c 为载波频率；$d\varphi(t)/dt$ 为角度调制信号的瞬时频率偏移，简称瞬时频偏。

2. PM 信号

所谓调相，是指载波的幅度保持不变，而瞬时相偏与基带信号 $m(t)$ 呈线性变化。也就是说，相位调制是由调制信号 $m(t)$ 直接控制载波相位的一种调制方法，即

$$\varphi(t) = K_p m(t) \tag{3-34}$$

式中，K_p 称为调相灵敏度，为一常数，表示单位调制信号的幅度引起 PM 信号的相位偏移，单位为 rad/V。

于是，PM 信号的一般表达式为

$$s_{PM}(t) = A\cos[\omega_c t + K_p m(t)] \tag{3-35}$$

对 PM 信号有：

瞬时相位为
$$\varphi_{PM}(t) = \omega_c t + K_p m(t) \tag{3-36a}$$

瞬时相偏为
$$\Delta\varphi_{PM}(t) = K_p m(t) \tag{3-36b}$$

最大相偏为
$$|\Delta\varphi_{PM}(t)|_{max} = K_p |m(t)|_{max} \tag{3-36c}$$

瞬时频率为
$$\omega_{PM}(t) = \frac{d\varphi_{PM}(t)}{dt} = \omega_c + K_p \frac{dm(t)}{dt} \tag{3-36d}$$

瞬时频偏为
$$\Delta\omega_{PM}(t) = K_p \frac{dm(t)}{dt} \tag{3-36e}$$

最大频偏为
$$|\Delta\omega_{PM}(t)|_{max} = K_p \left|\frac{dm(t)}{dt}\right|_{max} \tag{3-36f}$$

可见，PM 信号的最大相偏只与调制信号的幅度有关，与调制信号的频率无关。

经推导，PM 信号的带宽可表示为

$$B_{PM} = 2(\Delta f + f_H) = 2\left[K_p \left|\frac{dm(t)}{dt}\right|_{max} + f_H\right] \tag{3-37}$$

式中，f_H 为基带信号的最高频率；$|dm(t)/dt|_{max}$ 为基带信号的最大变化斜率。这样，PM 信号的带宽与基带信号的最大变化斜率有关，也即当基带信号的最大斜率发生变化时，调相信号的带宽将随之变化。因此，在实际工程问题中常采用调频信号，而少采用调相信号。

特别地，对于单频信号 $m(t) = A_m \cos\omega_m t$ 的相位调制，PM 信号为

$$s_{PM}(t) = A\cos[\omega_c t + K_p A_m \cos\omega_m t] = A\cos[\omega_c t + m_p \cos\omega_m t] \tag{3-38}$$

式中，m_p 为调相指数，代表 PM 信号的最大相偏 $|\varphi_{PM}(t)|_{max}$，即

$$m_p = K_p A_m \tag{3-39}$$

3. FM 信号

所谓频率调制，是指载波的幅度保持不变，而瞬时频偏与基带信号 $m(t)$ 呈线性变化关系。也就是说，频率调制是用基带信号 $m(t)$ 直接控制载波频率的一种调制方式，即

$$\frac{d\varphi(t)}{dt} = K_f m(t) \text{ 或 } \varphi(t) = K_f \int_{-\infty}^{t} m(\tau)d\tau \tag{3-40}$$

于是，FM 信号的一般表达式为

$$s_{FM}(t) = A\cos\left[\omega_c t + K_f \int_{-\infty}^{t} m(\tau)d\tau\right] \tag{3-41}$$

式中，常数 K_f 为调频灵敏度，代表单位调制信号的幅度引起 FM 信号的频率偏移，单位为 rad/(V·s)。

对 FM 信号有：

瞬时相位为
$$\varphi_{FM}(t) = \omega_c t + K_f \int_{-\infty}^{t} m(\tau)d\tau \tag{3-42a}$$

| 瞬时相偏为 | $\Delta\varphi_{FM}(t) = K_f \int_{-\infty}^{t} m(\tau)d\tau$ | (3-42b) |

| 最大相偏为 | $|\Delta\varphi_{FM}(t)|_{max} = K_f \left|\int_{-\infty}^{t} m(\tau)d\tau\right|_{max}$ | (3-42c) |

| 瞬时频率为 | $\omega_{FM}(t) = \dfrac{d\varphi_{FM}(t)}{dt} = \omega_c + K_f m(t)$ | (3-42d) |

| 瞬时频偏为 | $\Delta\omega_{FM}(t) = K_f m(t)$ | (3-42e) |

| 最大频偏为 | $|\Delta\omega_{FM}(t)|_{max} = K_f |m(t)|_{max}$ | (3-42f) |

特别地, 对于单频信号 $m(t)=A_m\cos\omega_m t$ 的频率调制, FM 信号为

$$s_{FM}(t) = A\cos\left(\omega_c t + K_f \frac{A_m}{\omega_m}\sin\omega_m t\right) = A\cos(\omega_c t + m_f \sin\omega_m t) \quad (3\text{-}43)$$

式中, m_f 为调频指数, 代表 FM 信号的最大相位偏移 $|\varphi_{FM}(t)|_{max}$, 即

$$m_f = \frac{K_f A_m}{\omega_m} \quad (3\text{-}44)$$

由式(3-42f)知, 单频信号的最大频偏为

$$\Delta\varphi_{FM} = K_f |m(t)|_{max} = K_f A_m \quad (3\text{-}45)$$

故调频指数为

$$m_f = \frac{\Delta\omega_{FM}}{\omega_m} \quad (3\text{-}46)$$

【例 3-2】 已知单音调制信号为 $m(t)=A_m\cos\omega_m t$, 试求载波为 $c(t)=A\cos\omega_c t$ 的调相信号和调频信号。

解: 已知调制信号可直接代入 PM 和 FM 信号的表达式中, 得到角度调制信号。

故调相信号为 $s_{PM}(t) = A\cos(\omega_c t + K_p A_m \cos\omega_m t) = A\cos(\omega_c t + m_p \cos\omega_m t)$

调频信号为 $s_{FM}(t) = A\cos\left(\omega_c t + K_f \int_{-\infty}^{t} A_m \cos\varphi_m \tau d\tau\right)$

$$= A\cos\left(\omega_c t + \frac{K_f A_m}{\varphi_m}\sin\omega_m t\right) = A\cos(\omega_c t + m_f \sin\omega_m t)$$

【例 3-3】 已知某角度调制信号 $s_m(t)=A_0\cos(100000\pi t+5\cos10\pi t)$, 载频 f_c=5kHz, 调制信号 $m(t)=10\cos10\pi t$, 判断 $s_m(t)$ 是 FM 波还是 PM 波, 并求出相应参数。

解: 因为 $m(t)=10\cos10\pi t$, $\varphi_{PM}(t)=100000\pi t +5\cos10\pi t$, $\varphi(t)=5\cos10\pi t$, $\varphi(t)$ 与 $m(t)$ 成正比, 由式(3-35)可知, $s_m(t)$ 是 PM 波, 且调相灵敏度为

$$K_p = \frac{\varphi(t)}{m(t)} = \frac{5\cos10\pi t}{10\cos10\pi t} = \frac{1}{2}(rad/V)$$

调相指数为

$$m_p = K_p A_m = \frac{1}{2}\times10 = 5(rad)$$

4. FM 信号和 PM 信号的关系

由式(3-41)和式(3-35)可见, FM 信号和 PM 信号在数学形式上非常相似。若对基带信号 $m(t)$ 先积分, 再进行调相(PM), 就可得到 FM 信号, 这种调制方式称为间接调频, 如图 3-20(b)

所示；而若对基带信号 $m(t)$ 先微分，再进行调频(FM)，就可得到 PM 信号，这种调制方式称为间接调相，如图 3-21(b)所示。直接调频如图 3-20(a)所示，直接调相如图 3-21(a)所示。

PM 和 FM 虽然形式不同，但其本质是相同的。因为载波的相位发生任何变化都将引起频率的变化，而频率的任何变化也将引起相位的变化，二者密不可分。但两者的频率和相位的变化规律不同，从而使调制的性能也有所不同。

由于实际相位调制器的调制范围不大，故直接调相和间接调频仅适用于相位偏移和频率偏移不大的窄带调制中，而直接调频和间接调相常用于宽带调制中。

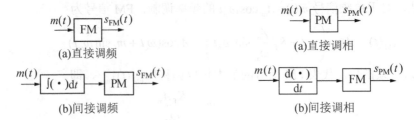

图 3-20 直接调频和间接调频　　　　图 3-21 直接调相和间接调相

3.3.2 窄带角度调制

前面介绍了角度调制的基本概念，确定了调频信号和调相信号的基本表达式，并没有分析其频谱特性，主要是因为角度调制属于非线性调制，频谱结构比较复杂。但是如果限制其最大相偏及相应的最大频偏保持在较小的范围内，即满足

$$\left| K_f \int_{-\infty}^{t} m(\tau) \mathrm{d}\tau \right|_{\max} \ll \frac{\pi}{6} \tag{3-47}$$

时，就可求出它的任意角度调制信号的频谱特性。通常把满足最大相偏远远小于 $\pi/6$ 的调制称为窄带角度调制。窄带角度调制又有窄带调频(NBFM)和窄带调相(NBPM)之分。

1．窄带调频

将式(3-41)所示调频波的一般表达式进行展开可以得到

$$s_{FM}(t) = A\cos\left[\omega_c t + K_f \int_{-\infty}^{t} m(\tau)\mathrm{d}\tau\right]$$

$$= A\cos\omega_c t \cos[K_f \int_{-\infty}^{t} m(\tau)\mathrm{d}\tau] - A\sin\omega_c t \sin[K_f \int_{-\infty}^{t} m(\tau)\mathrm{d}\tau]$$

我们知道，$\cos\theta\underset{\theta\to 0}{=}1$，$\sin\theta\underset{\theta\to 0}{=}\theta$，故当调频信号满足窄带调频的条件式(3-47)时，有

$$\cos[K_f \int_{-\infty}^{t} m(\tau)\mathrm{d}\tau] \approx 1, \quad \sin[K_f \int_{-\infty}^{t} m(\tau)\mathrm{d}\tau] \approx K_f \int_{-\infty}^{t} m(\tau)\mathrm{d}\tau$$

所以 NBFM 信号的时域表达式为

$$s_{NBFM}(t) = A\cos\omega_c t - AK_f [\int_{-\infty}^{t} m(\tau)\mathrm{d}\tau]\sin\omega_c t \tag{3-48}$$

由式(3-48)可画出 NBFM 系统的原理模型框图，如图 3-22 所示。

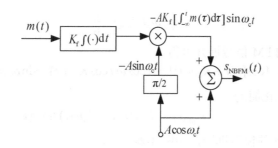

图 3-22 NBFM 原理模型示意图

对式(3-48)进行傅里叶变换可求得 NBFM 信号的频谱特性为

$$S_{\text{NBFM}}(\omega) = A\pi[\delta(\omega+\omega_c)+\delta(\omega-\omega_c)] + \frac{AK_f}{2}\left[\frac{M(\omega-\omega_c)}{\omega-\omega_c} - \frac{M(\omega+\omega_c)}{\omega+\omega_c}\right] \quad (3\text{-}49)$$

式中，假设 $m(t)$ 的均值为 0。

可见，NBFM 信号的带宽和 AM 信号的带宽一样，都为调制信号带宽的两倍，即

$$B_{\text{NBFM}} = 2f_m \quad (3\text{-}50)$$

将 NBFM 信号的频谱和 AM 信号的频谱进行比较可以发现，它与 AM 信号的频谱非常相似，都有载频分量 $\delta(\omega\pm\omega_c)$ 和位于载频 ω_c 处的上、下两个边带，它们具有相同的带宽，均为调制信号带宽的两倍。所不同的是 AM 信号只是将调制信号频谱 $M(\omega)$ 在频率轴上呈线性搬移；而 NBFM 信号的频谱在正频域范围内以乘以因子 $1/(\omega-\omega_c)$ 的形式衰减，在负频率范围内以乘以因子 $1/(\omega+\omega_c)$ 的形式衰减，且相位要反转 180°。

由于 NBFM 信号的最大相偏很小，使其不能发挥频率调制抗干扰性能强的特性，因此其应用受到限制，一般只用于抗干扰性能要求不高的短距离通信，或作为宽带调频的前置级，即先进行窄带调频，然后再倍频，变成宽带调频信号。

【例 3-4】 已知某窄带调频信号为 $s(t) = \cos\omega_0 t - m_{\text{FM}}\sin\omega_0 t\cos\omega_m t$，若与相干载波 $c(t) = \cos(\omega_0 t + \theta)$ 相乘，再经过低通滤波器。试求：

(1) 能否实现解调？
(2) 最佳解调 θ 应如何取值？

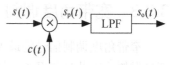

图 3-23 解调过程

解：(1) 由题意可知此解调过程如图 3-23 所示，则有

$$s_p(t) = s(t)c(t) = (\cos\omega_0 t - m_{\text{FM}}\sin\omega_0 t\cos\omega_m t)\cos(\omega_0 t + \theta)$$
$$= [\cos(2\omega_0 t + \theta) + \cos\theta]/2 - m_{\text{FM}}\cos\omega_m t[\sin(2\omega_0 + \theta) - \sin\theta]/2$$

经低通滤波器后输出为

$$s_o(t) = \cos\theta/2 + m_{\text{FM}}\cos\omega_m t\sin\theta/2$$

所以可以解调。

(2) 最佳解调时 $\cos\theta = 0$，$\sin\theta = 1$，故此时 $\theta = \pi/2$，$s_o(t) = m_{\text{FM}}\cos\omega_m t/2$。即相干载波应为 $c(t) = \cos(\omega_0 t + \pi/2) = -\sin\omega_0 t$。

2. 窄带调相

类比窄带调频，窄带调相是指 PM 信号的最大相偏满足

$$K_p|m(t)|_{\max} \leqslant \frac{\pi}{6} \qquad (3\text{-}51)$$

将式(3-38)所示的 PM 信号展开可得

$$s_{PM}(t) = A\cos[\omega_c t + K_p m(t)] = A\cos\omega_c t \cos K_p m(t) - \sin\omega_c t \sin K_p m(t)$$

考虑到式(3-51)，上式化简为

$$s_{PM}(t) = A\cos\omega_c t - K_p m(t)\sin\omega_c t \qquad (3\text{-}52)$$

由式(3-52)画出 NBPM 的模型框图，如图 3-24 所示。

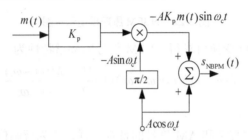

图 3-24 NBPM 原理模型示意图

对式(3-52)进行傅里叶变换，得到 NBPM 信号的频谱特性为

$$S_{NBPM}(\omega) = A\pi[\delta(\omega+\omega_c) + \delta(\omega-\omega_c)] + \frac{AjK_p}{2}[M(\omega-\omega_c) - M(\omega+\omega_c)] \qquad (3\text{-}53)$$

将 NBPM 信号的频谱和 AM 信号及 NBFM 信号的频谱进行比较可以发现，它与 AM 信号及 NBFM 信号的频谱非常相似，都有载频分量 $\delta(\omega\pm\omega_c)$ 和位于载波频率 $\pm\omega_c$ 处的上、下两个边带，它们具有相同的带宽，均为调制信号带宽的两倍。所不同的是，NBPM 信号的上、下两个边带与载波分量是正交的关系。

3.3.3 宽带角度调制

窄带角度调制信号的最大相偏比较小，占据的带宽比较窄，抗干扰性能强的优点不能充分发挥，因此目前仅用于抗干扰性能要求不高的短距离通信中。在长距离高质量的通信系统中多采用宽带角度调制。宽带角度调制又有宽带调频(WBFM)和宽带调相(WBPM)之分，而且大多运用宽带调频。

1. 宽带调频

如果 FM 信号的最大相偏不满足式(3-47)，则 FM 信号的带宽比较宽，称其为宽带调频，记为 WBFM。为使问题简化，我们只对单频信号进行分析，然后推广到多频信号的分析。设单频调制信号为 $m(t) = A_m\cos\omega_m t$，则 FM 信号的一般表达式为

$$s_{WBFM}(t) = A\cos\left[\omega_c t + K_f\int_{-\infty}^{t}m(\tau)d\tau\right] = A\cos\left(\omega_c t + \frac{A_m K_f}{\omega_m}\sin\omega_m t\right)$$

$$= A\cos(\omega_c t + m_f \sin\omega_m t) = A[\cos\omega_c t \cos(m_f \sin\omega_m t) - \sin\omega_c t \sin(m_f \sin\omega_m t)]$$

式中，m_f 为调频指数，代表调频信号的最大相位偏移 $\Delta\varphi_{FM}(t)|_{\max}$。将 $\cos(m_f\sin\omega_m t)$ 和 $\sin(m_f\sin\omega_m t)$ 分别展开为傅里叶级数有

$$\cos(m_f \sin\omega_m t) = J_0(m_f) + \sum_{n=1}^{\infty} 2J_{2n}(m_f)\cos 2n\omega_m t$$

$$\sin(m_f \sin\omega_m t) = \sum_{n=0}^{\infty} 2J_{2n+1}(m_f)\sin(2n+1)\omega_m t$$

式中，$J_n(m_f)$ 为 n 阶第一类贝塞尔函数。得 WBFM 信号的时域表达式为

$$s_{WBFM}(t) = A\sum_{m=-\infty}^{\infty} J_n(m_f)\cos(\omega_c + n\omega_m)t \tag{3-54}$$

对其进行傅里叶变换，得 WBFM 信号的频域表达式为

$$S_{WBFM}(\omega) = A\pi\sum_{m=-\infty}^{\infty} J_n(m_f)[\delta(\omega-\omega_c - n\omega_m) + \delta(\omega+\omega_c + n\omega_m)] \tag{3-55}$$

由式(3-55)可知，宽带调频信号的频谱由无穷多个分量组合而成。频带扩展到无限宽，这就是宽带调频和窄带调频最明显的区别。宽带调频波的频谱如图 3-25 所示。

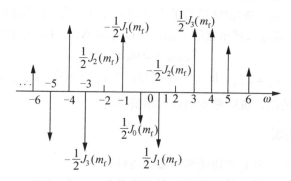

图 3-25 单频 WBFM 信号的频谱 ($m_f = 5$)

实际上，调频信号的带宽为无穷大是不必要的。这是因为贝塞尔函数 $J_n(m_f)$ 随 n 的增大而下降，所以只要取合适的 n 值就能使边频分量小到可以忽略的程度，从而可把调频信号约束在有限的频带宽度范围内。如果把幅度小于 0.1 倍载波幅度的边频忽略不计，可得调频信号的带宽为

$$B_{WBFM} = 2(m_f + 1)f_m = 2(\Delta f + f_m) \tag{3-56}$$

式中，f_m 是调制信号的最高频率；$\Delta f = m_f f_m$ 称为最大频偏。式(3-56)说明调制信号的带宽取决于最大频偏和调制信号的频率。式(3-56)称为卡森公式。

当 $m_f \ll 1$ 时，$B_{WBFM} \approx 2f_m$，即为窄带调频；当 $m_f \gg 1$ 时，$B_{WBFM} \approx 2\Delta f$，即为大指数宽带调频情况，说明带宽由最大频偏决定。

以上是对单频信号宽带调制的简单介绍，而对于多频信号的宽带调制情况比较复杂，但根据卡森公式进行推广，可以得到任意限带信号通过宽带调频后的信号带宽，估算公式为

$$B_{WBFM} = 2(h+1)f_m \tag{3-57}$$

式中，$h = \Delta f / f_m = m_f$。实际通信中，当 $h > 2$ 时，用下式来计算调频信号的带宽：

$$B_{WBFM} = 2(h+2)f_m \tag{3-58}$$

【例 3-5】 FM 广播系统调制信号的最高频率限制为 15Hz，发送信号的最大频偏为 75kHz，求 FM 广播系统占用的带宽。

解：方法一 根据式(3-56)可知，FM 信号的带宽为

$$B = 2(\Delta f + f_m) = 2 \times (75 + 15) = 180 \text{(kHz)}$$

方法二 因为 $m_f = \Delta f / f_m = 75/15 = 5$

所以 $B = 2(m_f + 1)f_m = 2 \times (5+1) \times 15 = 180 \text{(kHz)}$

2. 宽带调相

利用宽带调相(WBPM)的分析方法和贝塞尔函数，可得到 WBPM 信号的时域表达式为

$$s_{\text{WBPM}} = A \sum_{m=-\infty}^{\infty} J_n(m_p) \cos[(\omega_c + n\omega_m)t + n\pi/2] \tag{3-59}$$

对式(3-59)求傅里叶变换可得到 WBPM 信号的频域表达式为

$$S_{\text{WBPM}}(\omega) = A\pi \sum_{m=-\infty}^{\infty} J_n(m_p)[e^{jn\pi/2}\delta(\omega - \omega_c - n\omega_m) + e^{-jn\pi/2}\delta(\omega + \omega_c + n\omega_m)] \tag{3-60}$$

将 WBFM 和 WBPM 进行对比可以看出，二者的表达式基本相同，其振幅都和贝塞尔函数成正比。所不同的是，WBPM 信号的不同频率分量占有不同的相位，但它们都是 $\pi/2$ 的整数倍。按 WBFM 信号求解带宽的方法，可以得出 WBPM 信号的带宽为

$$B_{\text{WBPM}} = 2(m_p + 1)f_m \tag{3-61}$$

当 $m_p \ll 1$ 时，$B_{\text{WBPM}} \approx 2f_m$，即为窄带调相；当 $m_p \gg 1$ 时，$B_{\text{WBPM}} \approx 2m_p f_m = 2\Delta\varphi_{\text{PM}} f_m$，即为大指数宽带调相情况，说明带宽由最大相偏决定。

3. 宽带调制的实现

产生宽带调制信号主要有直接法和间接法两种。

直接法就是用调制信号直接控制载波振荡器的频率，使其按照控制信号的规律呈线性变化。对于 FM，直接用调制信号 $m(t)$ 作为控制信号去控制载波频率；而对于 PM，用 $\mathrm{d}m(t)/\mathrm{d}t$ 作为控制信号去控制载波频率。目前常采用压控振荡器作为受控振荡器，如图 3-26(a)所示。使振荡频率与调制信号 $m(t)$ 呈线性变化就可以获得图 3-26(a)所示的 FM 信号；使振荡频率与 $\mathrm{d}m(t)/\mathrm{d}t$ 呈线性变化就可以获得图 3-26(b)所示的 PM 信号。

直接法产生宽带角度调制信号电路比较简单，但由于压控振荡器的频率稳定度不高，需要采用自动频率控制(AFC)措施，以改善其频率不稳定性。

间接法产生宽带角度调制信号是由窄带角调器和倍频器组合而成的，具体如图 3-27 所示。

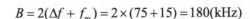

图 3-26 直接法产生宽带角调信号   图 3-27 间接法产生宽带角调信号

窄带角调器的主要作用是产生窄带角度调制信号，倍频器的主要作用是将输入信号的频率倍增 N 倍。窄带角调器产生的窄带信号经倍频器放大后就是宽带角度调制信号。间接法的好处是频率稳定性好，但是需要多次倍频和混频，电路比较复杂，成本比较高。

3.3.4 角度调制的解调

角度调制信号的解调和线性调制信号的解调一样,也分为相干解调和非相干解调两种。相干解调只适合于窄带角度调制信号的解调,而非相干解调不仅适用于宽带角度调制信号的解调,也适用于窄带角度调制信号的解调。

1. 相干解调

由于相干解调只适合于窄带角度调制,下面简单分析一下 NBFM 的相干解调情况。窄带调频信号可分解成同相分量 $\cos(\omega_c t + \varphi_0)$ 与正交分量 $\sin(\omega_c t + \varphi_0)$ 之和的形式,因而可以采用线性调制中的相干解调法来进行解调。图 3-28 所示为 NBFM 信号的相干解调基本模型。

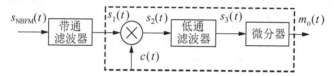

图 3-28 NBFM 信号的相干解调基本模型

由式(3-48)可知 NBFM 信号为

$$s_{\text{NBFM}}(t) = A\cos\omega_c t - AK_f \left[\int_{-\infty}^{t} m(\tau)\mathrm{d}\tau\right]\sin\omega_c t$$

设载波的初始相位为零,即载波为 $c(t) = -\sin\omega_c t$,则经过图 3-28 所示的相干解调,经带通滤波器输出为 $s_1(t) = s_{\text{NBFM}}(t)$,经过乘法器输出为

$$s_2(t) = -\frac{A}{2}\sin 2\omega_c t + \frac{A}{2}K_f \left[\int_{-\infty}^{t} m(\tau)\mathrm{d}(\tau)\right](1-\cos 2\omega_c t)$$

经低通滤波器滤除高频分量后输出为

$$s_3(t) = \frac{A}{2}K_f \left[\int_{-\infty}^{t} m(\tau)\mathrm{d}\tau\right]$$

最后经过微分器解调输出为

$$m_0(t) = \frac{A}{2}K_f m(t) \tag{3-62}$$

和线性调制解调一样,对于角度调制的相干解调严格要求本地载波与调制载波同步,否则将使解调信号失真。

2. 非相干解调

非相干解调适用于 FM、PM 两种信号,电路功能基本上相同,主要包括两个部分:一部分将幅度恒定的调频信号变为调幅调频信号,且其幅度随调制信号而变;另一部分将调幅调频信号的包络信息提取出来,并经滤波后输出。

下面先从 FM 信号的解调来分析非相干解调的基本特性。由前面的分析可知,调频信号的一般表达式为

$$s_{\text{FM}}(t) = A\cos\left[\omega_c t + K_f \int_{-\infty}^{t} m(\tau)\mathrm{d}\tau\right]$$

对上式进行微分运算就可以将调频信号转化为调幅调频信号，也即

$$\frac{\mathrm{d}s_{\mathrm{FM}}(t)}{\mathrm{d}t} = \frac{\mathrm{d}A}{\mathrm{d}t}\cos[\omega_c t + K_f \int_{-\infty}^{t} m(\tau)\mathrm{d}\tau] - A[\omega_c + K_f m(t)]\sin[\omega_c t + K_f \int_{-\infty}^{t} m(\tau)\mathrm{d}\tau]$$

由于 A 是一个常数，所以 $\mathrm{d}A/\mathrm{d}t = 0$，上式即

$$\frac{\mathrm{d}s_{\mathrm{FM}}(t)}{\mathrm{d}t} = -A[\omega_c + K_f m(t)]\sin\left[\omega_c t + K_f \int_{-\infty}^{t} m(\tau)\mathrm{d}\tau\right]$$

其幅度为

$$A(t) = A[\omega_c + K_f m(t)]$$

相应的包络信息就是非相干解调器的输出，即

$$m_o(t) = AK_f m(t) \tag{3-63}$$

由以上分析可见，调频信号的解调实质上就是产生一个和输入调频信号的频率呈线性关系的输出。而完成这种频率—电压转换特性关系的电路称为频率检波器，也称为鉴频器，它是最简单的解调器。图 3-29 所示为非相干解调器的基本模型。

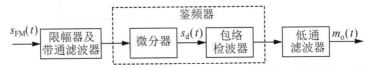

图 3-29　调频信号非相干解调器的基本模型

一般情况下，包络检波器将微分器输出信号的幅度变化包络检出并滤去直流分量，再经过低通滤波器输出解调信号，即

$$m_o(t) = K_d K_f m(t) \tag{3-64}$$

式中，K_d 为鉴频器的灵敏度(V/(rad/s))。非相干解调输出特性曲线如图 3-30 所示。

以上解调过程是先用微分器将幅度恒定的调频波变成调幅调频波，再用包络检波器从幅度变化中检出调制信号，因此又称为包络检测。其缺点是对于由信道噪声和其他原因引起的幅度起伏也有反应，为此，可在微分器前加一个限幅器和带通滤波器，以便将调频波在传输过程中引起的幅度变化部分削去，变成固定幅度的调频波，带通滤波器让调频信号顺利通过，而滤除带外噪声及高次谐波分量。

PM 信号的非相干解调和 FM 信号的非相干解调的原理基本上相似，将 PM 信号的一般表达式经过微分后得

$$\frac{\mathrm{d}s_{\mathrm{PM}}(t)}{\mathrm{d}t} = -A\left[\omega_c + K_p \frac{\mathrm{d}}{\mathrm{d}t}m(t)\right]\sin[\omega_c t + K_f m(t)]$$

包络信息为

$$s_d(t) = AK_p \frac{\mathrm{d}}{\mathrm{d}t}m(t) \tag{3-65}$$

由于和基带信号的微分有关，故要经过积分之后才能输出，其输出为

$$m_o(t) = \int s_d(t)\mathrm{d}t = AK_p m(t) \tag{3-66}$$

PM 信号非相干解调器的基本模型如图 3-31 所示。

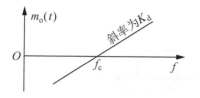

图 3-30 非相干解调输出特性曲线

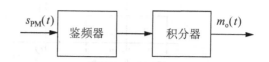

图 3-31 PM 信号非相干解调器的基本模型

3.4 模拟调制系统的抗噪声性能

前面都是假设在没有噪声影响的理想状态下分析调制的基本原理和特性,但在实际通信系统中,噪声是随时随地存在的,各种调制信号通过信道传输后到达接收端,由于信道特性的不理想和信道中存在的各种噪声,在接收端接收到的信号不可避免地要受到信道噪声的影响。下面分析模拟调制系统的抗噪声性能,并且假设各种调制系统的噪声都是加性高斯白噪声(AWGN)。由于信道的加性噪声被认为只对已调信号的接收产生影响,故通常以解调器的输出信噪比来衡量整个模拟调制系统的抗噪声性能。此外,为观测解调器对信噪比的改善情况,有时也采用调制制度增益来衡量。

3.4.1 线性调制系统的抗噪声性能

线性调制主要有 AM、DSB、SSB 及 VSB 4 种,首先建立其抗噪声性能模型,如图 3-32 所示。图中 $s_m(t)$ 为已调信号,$n(t)$ 为信道加性高斯白噪声。解调器之前可以看做是信道的模型,解调器输出的有用信号为 $m_o(t)$、噪声为 $n_o(t)$。BPF 为带通滤波器,它只允许频带内信号通过,因此其输出信号仍认为是 $s_m(t)$,输出噪声为 $n_i(t)$。分析中把 $n_i(t)$ 看做是平稳窄带高斯噪声,其数学表达式为 $n_i(t) = n_c(t)\cos\omega_c t - n_s(t)\sin\omega_c t$,其中 $n_c(t)$ 和 $n_s(t)$ 分别为 $n_i(t)$ 的同相分量和正交分量。由前面对随机过程的分析可知,噪声及其分量的均值为 0 且具有相同的方差(即平均功率 N_i),双边功率谱密度为 $n_0/2$,即

$$\left.\begin{array}{l} E[n_i(t)] = 0 \\ p(f) = n_0/2,\ -\infty < f < \infty \\ \overline{n_i^2(t)} = \overline{n_c^2(t)} = \overline{n_s^2(t)} = N_i \end{array}\right\} \quad (3\text{-}67)$$

图 3-32 线性调制系统抗噪声性能模型示意图

为了保证信号通过带通滤波器后输出和已调信号一样,通常设带通滤波器的传输特性是高度为 1、带宽为 B 的理想矩形函数,如图 3-33 所示,则 $N_i = n_0 B$。

解调器输出信噪比是指解调器输出信号的平均功率与输出噪声的平均功率之比,即

$$S_o/N_o = \overline{m_o^2(t)}/\overline{n_o^2(t)} \quad (3\text{-}68)$$

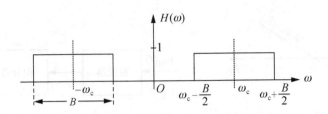

图 3-33 带通滤波器传输特性

调制制度增益 G 是指解调器输出信噪比与输入信噪比的比值,即

$$G = \frac{S_o/N_o}{S_i/N_i} \tag{3-69}$$

一般情况下,G 越大,说明这种调制制度的抗干扰性能越好。

下面在给出已调信号 $s_m(t)$ 及 $n_i(t)$ 的情况下从相干解调和非相干解调两个方面分别对 AM、DSB、SSB 和 VSB 调制系统的抗噪声性能加以分析。

1. 非相干解调的抗噪声性能

线性调制系统中只有 AM 调制系统可采用非相干解调。实际通信中常采用包络检波法来解调 AM 信号,故对于 AM 信号的抗噪声性能我们只对其包络检波法进行讨论,分析模型如图 3-34 所示。

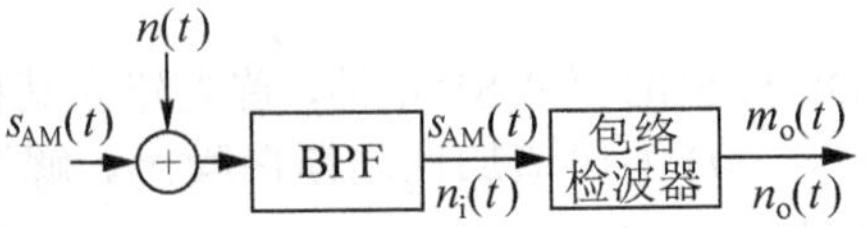

图 3-34 AM 非相干解调的抗噪声示意图

我们知道,AM 解调器的输入信号为

$$s_{AM}(t) = [A_0 + m(t)]\cos\omega_c t$$

式中,A_0 为载波幅度,$m(t)$ 为调制信号。这里仍假设 $E[m(t)] = 0$,且满足 $A_0 \geq |m(t)|_{max}$。输入噪声 $n(t)$ 是平稳高斯白噪声,即满足式(3-67)。因此输入信噪比为

$$\frac{S_i}{N_i} = \frac{\overline{s_{AM}^2(t)}}{\overline{n_i^2(t)}} = \frac{\left[A_0^2 + \overline{m^2(t)}\right]/2}{N_i} = \frac{A_0^2 + \overline{m^2(t)}}{2n_0 B} \tag{3-70}$$

包络检波器的输入是输入信号加噪声的混合,即

$$s_{AM}(t) + n_i(t) = [A_0 + m(t)]\cos\omega_c(t) + n_c(t)\cos\omega_c t - n_s(t)\sin\omega_c t$$
$$= [A_0 + m(t) + n_c(t)]\cos\omega_c(t) - n_s(t)\sin\omega_c t = E(t)\cos[\omega_c t + \varphi(t)]$$

式中,$E(t)$ 是信号与噪声合成波形的包络;$\varphi(t)$ 是信号与噪声合成波形的相位。则有

$$E(t) = \sqrt{[A_0 + m(t) + n_c(t)]^2 + n_s^2(t)} \tag{3-71}$$

由式(3-71)知,包络 $E(t)$ 中,调制信号与噪声无法分开,呈现出复杂的非线性关系,故计算输出信噪比较困难。分析信噪比的目的就是将包络中的有用信号和噪声分隔开来,最好能够使其满足简单的线性关系,为此从以下两种特殊情况来考虑。

1) 大信噪比情况

通常认为大信噪比就是输入信号幅度远大于噪声幅度情况下的信噪比,即

$$A_0 + m(t) \gg \sqrt{n_c^2(t) + n_s^2(t)} \tag{3-72}$$

由式(3-72)可将式(3-71)所示的包络转化为

$$E(t) = \sqrt{[A_0 + m(t)]^2 + 2[A_0 + m(t)]n_c(t) + n_c^2(t) + n_s^2(t)} \approx \sqrt{[A_0 + m(t)]^2 + 2[A_0 + m(t)]n_c(t)}$$

$$= [A_0 + m(t)]\left[1 + \frac{2n_c(t)}{A_0 + m(t)}\right]^{\frac{1}{2}} \approx [A_0 + m(t)]\left[1 + \frac{n_c(t)}{A_0 + m(t)}\right] = A_0 + m(t) + n_c(t)$$

$$\tag{3-73}$$

式(3-73)经过图 3-18 所示的包络检波器后，直流分量 A_0 被电容所阻隔，有用信号 $m(t)$ 和噪声 $n_c(t)$ 独立地分成两部分，因而在大信噪比情况下，包络检波器的输出信噪比为

$$\frac{S_o}{N_o} = \frac{\overline{m_o^2(t)}}{\overline{n_o^2(t)}} = \frac{\overline{m^2(t)}}{\overline{n^2(t)}} = \frac{\overline{m^2(t)}}{n_0 B} \tag{3-74}$$

调制制度增益为

$$G_{AM} = \frac{S_o / N_o}{S_i / N_i} = \frac{2\overline{m^2(t)}}{A_0^2 + \overline{m^2(t)}} \tag{3-75}$$

可见，AM 信号的调制制度增益 G_{AM} 随 A_0 的减小而增加。在 AM 调制中为了不发生过调制现象，一般要求 $A_0 \geq |m(t)|_{max}$，所以 G_{AM} 总是小于 1。对于单频正弦信号 $m(t)$，在满幅调制也即 $A_0 = |m(t)|_{max}$ 时有最大信噪比增益 G_{AM} 为

$$G_{AM} = \frac{2\overline{m^2(t)}}{A_0^2 + \overline{m^2(t)}} = \frac{2\overline{[A_0 \cos \omega_0 t]^2}}{A_0^2 + \overline{[A_0 \cos \omega_0 t]^2}} = \frac{A_0^2}{A_0^2 + A_0^2/2} = \frac{2}{3} \tag{3-76}$$

以上说明解调器对输入信噪比没有改善，反倒恶化了。同时可以求得采用相干解调时的 G_{AM} 和式(3-75)相同，可见，AM 调制系统在大信噪比时，采用相干解调和非相干解调的性能基本一样。但相干解调的调制制度增益不受信号与噪声相对幅度假设条件的限制。

2) 小信噪比情况

通常认为小信噪比就是噪声幅度远大于输入信号幅度情况下的信噪比，即

$$A_0 + m(t) \ll \sqrt{n_c^2(t) + n_s^2(t)} \tag{3-77}$$

此时包络变为

$$E(t) = \sqrt{[A_0 + m(t)]^2 + 2[A_0 + m(t)]n_c(t) + n_c^2(t) + n_s^2(t)}$$

$$\approx \sqrt{2[A_0 + m(t)]n_c(t) + n_c^2(t) + n_s^2(t)}$$

$$= \sqrt{n_c^2(t) + n_s^2(t)}\left\{1 + \frac{2n_c(t)[A_0 + m(t)]}{n_c^2(t) + n_s^2(t)}\right\}^{\frac{1}{2}} \tag{3-78}$$

$$\approx \sqrt{n_c^2(t) + n_s^2(t)}\left\{1 + \frac{n_c(t)}{n_c^2(t) + n_s^2(t)}[A_0 + m(t)]\right\}$$

$$= \sqrt{[n_c^2(t) + n_s^2(t)]} + \frac{n_c(t)}{\sqrt{n_c^2(t) + n_s^2(t)}}[A_0 + m(t)]$$

可以看出，包络中没有单独的信号项，也即，在小输入信噪比情况下包络检波器输出端的信号始终受到噪声的严重影响，信号无法从噪声中分离出来，信号完全被噪声所淹没。

由于 $n_c(t)$ 是随机噪声，所以当有用信号 $m(t)$ 与其相乘后也变成了噪声。这时，AM 信号非相干解调的抗噪声性能迅速恶化，解调输出信噪比和调制制度增益也急剧下降，出现所谓"门限效应"。开始出现门限效应的输入信噪比称为门限值。

应该指出，采用相干解调时信号与噪声可分别进行解调，解调器输出端总是单独存在有用信号项，所以各种线性调制信号的解调不存在门限效应。

2. 相干解调的抗噪声性能

相干解调属于线性解调，故在解调过程中，输入信号及噪声可以分别解调，分析模型如图 3-35 所示。下面分别对 DSB、SSB 和 VSB 信号在解调器输入端、输出端的信号平均功率、噪声平均功率进行分析计算，从而得出输入信噪比、输出信噪比和调制制度增益。

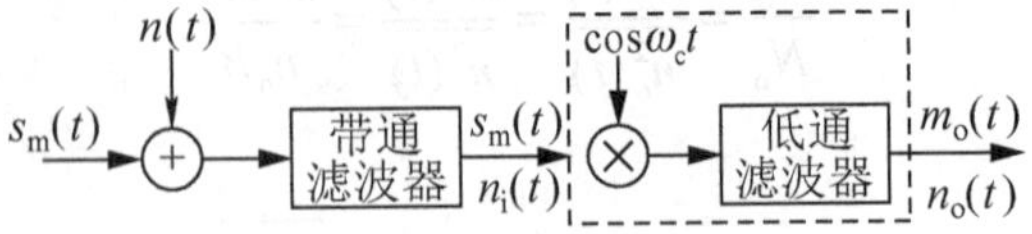

图 3-35　线性调制系统相干解调的抗噪声示意图

1) DSB 调制系统的抗噪性能

设 $s_{DSB}(t) = m(t)\cos\omega_c t$，带通滤波器带宽为 B，则输入信噪比为

$$\frac{S_i}{N_i} = \frac{\overline{s_{DSB}^2(t)}}{\overline{n_i^2(t)}} = \frac{\overline{[m(t)\cos\omega_c t]^2}}{n_0 B} = \frac{\overline{m^2(t)}}{2n_0 B} \tag{3-79}$$

要求得输出信噪比，需要知道输出信号 $m_o(t)$ 和输出噪声 $n_o(t)$，在图 3-35 所示模型中，已调信号和相干载波 $\cos\omega_c t$ 相乘后得有用信号为

$$m(t)\cos^2\omega_c t = \frac{1}{2}m(t) + \frac{1}{2}m(t)\cos 2\omega_c t$$

经低通滤波器滤除高频分量后输出为

$$m_o(t) = \frac{1}{2}m(t) \tag{3-80}$$

输入噪声 $n_i(t)$ 和相干载波 $\cos\omega_c t$ 相乘后输出为

$$n_i(t)\cos\omega_c t = n_c(t)\cos^2\omega_c t - n_s(t)\sin\omega_c t\cos\omega_c t = \frac{1}{2}n_c(t) + \frac{1}{2}[n_c(t)\cos 2\omega_c t - n_s(t)\sin 2\omega_c t]$$

经低通滤波器滤除高频分量后输出为

$$n_o(t) = \frac{1}{2}n_c(t) \tag{3-81}$$

则输出信噪比为

$$\frac{S_o}{N_o} = \frac{\overline{m_o^2(t)}}{\overline{n_o^2(t)}} = \frac{\overline{m^2(t)}/4}{\overline{n_c^2(t)}/4} = \frac{\overline{m^2(t)}}{n_0 B} \tag{3-82}$$

调制制度增益为

$$G = \frac{S_o/N_o}{S_i/N_i} = 2 \tag{3-83}$$

由此可见，DSB 调制系统的调制制度增益为 2，DSB 信号相干解调器使信噪比改善 1

倍。这是因为采用同步解调,使输入噪声中的一个正交分量 $n_s(t)$ 被消除的缘故。

2) SSB 调制系统的抗噪性能

SSB 信号的相干解调方法与 DSB 信号基本相同,区别仅在于解调器之前的带通滤波器的带宽和中心频率有所不同。单边带解调所用带通滤波器的带宽是双边带解调所用的一半。由于二者的解调器相同,因此分析 SSB 信号解调器输入及输出信噪比的方法和双边带相同。

从前面的学习中知道,单边带调制信号为

$$s_{\text{SSB}}(t) = \frac{1}{2}m(t)\cos\omega_c t \pm \frac{1}{2}\hat{m}(t)\sin\omega_c t$$

输入信号的平均功率为

$$S_i = \overline{s_{\text{SSB}}^2(t)} = \overline{\left[\frac{1}{2}m(t)\cos\omega_c t \pm \frac{1}{2}\hat{m}(t)\sin\omega_c t\right]^2} = \frac{1}{4}\left[\frac{1}{2}\overline{m^2(t)} + \frac{1}{2}\overline{\hat{m}^2(t)}\right]$$

由于 $\hat{m}(t)$ 和 $m(t)$ 幅度相等,所以二者具有相同的平均功率,上式即

$$S_i = \frac{1}{4}\overline{m^2(t)} \tag{3-84}$$

单边带相干解调的输入信噪比为

$$\frac{S_i}{N_i} = \frac{\overline{m^2(t)}/4}{n_0 B} = \frac{\overline{m^2(t)}}{4n_0 B} \tag{3-85}$$

在单边带解调过程中,噪声的传输和双边带解调中一样,其输出功率为

$$N_o = \frac{1}{4}n_0 B \tag{3-86}$$

已调信号经过带通滤波器基本不变,经过乘法器输出为

$$s_{\text{SSB}}(t)\cos\omega_c t = \frac{1}{2}m(t)\cos^2\omega_c t \pm \frac{1}{2}\hat{m}(t)\sin\omega_c t\cos\omega_c t = \frac{1}{4}m(t) + \frac{1}{4}m(t)\cos 2\omega_c t \pm \frac{1}{4}\hat{m}(t)\sin 2\omega_c t$$

再经过低通滤波器滤除高频分量后输出为

$$m_o(t) = \frac{1}{4}m(t) \tag{3-87}$$

故输出信噪比为

$$\frac{S_o}{N_o} = \frac{\overline{m_o^2(t)}}{n_0 B/4} = \frac{\overline{m^2(t)}/16}{n_0 B/4} = \frac{\overline{m^2(t)}}{4n_0 B} \tag{3-88}$$

调制制度增益为

$$G = \frac{S_o/N_o}{S_i/N_i} = 1 \tag{3-89}$$

比较式(3-83)和式(3-89),SSB 系统的调制制度增益仅是 DSB 系统的一半,造成这一结果是因为在 SSB 系统中,信号和噪声有相同的表示形式,所以,相干解调过程中信号和噪声的正交分量均被抑制掉,信噪比没有改善。但这并不表示 DSB 系统的抗噪声性能就比 SSB 系统好。因在上述的分析中双边带已调信号的平均功率是单边带信号的 2 倍,即两者的输出信噪比是在不同的输入信号功率情况下得到的。若在相同的输入信号功率 S_i、相同的输入噪声功率谱密度 n_0 和相同的基带信号带宽 B 条件下比较这两种调制方式,它们的输出信噪比是相等的。所以两者的抗噪声性能相同,但 DSB 信号所需的传输带宽是 SSB 信号的 2 倍。

3) VSB 调制系统的抗噪性能

VSB 调制系统抗噪声性能的分析方法与 SSB 相似，只是采用的边带滤波器不同。由于 VSB 调制系统采用残留边带滤波器的频率特性形状不同，故其抗噪声性能的计算是比较复杂的。但如果残留边带不是太大，则可近似认为其与 SSB 调制系统的抗噪声性能相同。

3.4.2 角度调制系统的抗噪声性能

角度调制系统(非线性调制系统)的解调和线性调制系统的解调一样，也分为相干解调和非相干解调两种，分析方法相似。因此仍可采用线性调制系统抗噪声的模型来分析角度调制系统的抗噪声性能，只不过这里的解调器要换成角度解调器。

角度调制分为调频和调相，二者可以互换，在本质上没有区别，以下只介绍调频系统的抗噪声性能。

相干解调仅适用于窄带调频信号，而且在接收端需要一个同步信号，适用范围受到限制；非相干解调不仅适用于窄带调频信号而且适用于宽带调频信号，且不需要同步信号，因此得到广泛应用。目前调频电台基本上用的都是非相干解调。

1. NBFM 信号相干解调的抗噪声性能

NBFM 信号相干解调的抗噪声性能模型如图 3-36 所示。

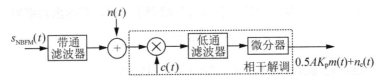

图 3-36　窄带调频信号相干解调的抗噪声模型

设载波 $c(t) = -\sin(\omega_c t + \theta_c)$。噪声仍设为加性高斯白噪声，其单边功率谱密度为 n_0。为保证无失真传输，带通滤波器的带宽为基带信号的两倍，设其是高度为 1、带宽为 $\omega = 2\omega_m$ 的理想矩形滤波器，则解调器输入噪声功率为

$$N_i = \frac{n_0 \omega_m}{\pi} \tag{3-90}$$

由于调频信号是一个等幅信号，输入信号平均功率为

$$S_i = A^2 / 2 \tag{3-91}$$

故输入信噪比为

$$\frac{S_i}{N_i} = \frac{A^2/2}{n_0 \omega_m / \pi} = \frac{\pi A^2}{2 n_0 \omega_m} \tag{3-92}$$

假设解调是线性过程，故可利用叠加原理从解调输出信号 $0.5 A K_p m(t) + n_c(t)$ 中解得输出信号平均功率为

$$S_o = A^2 K_p^2 \overline{m^2(t)} / 4 \tag{3-93}$$

输出噪声是输入噪声和同步载波相乘后的结果，其平均功率为

$$N_o = \frac{N_i}{12} \omega_m^2 = \frac{n_0 \omega_m^3}{12\pi} \tag{3-94}$$

故输出信噪比为

$$\frac{S_o}{N_o} = \frac{A^2 K_p^2 \overline{m^2(t)}/4}{n_0 \omega_m^3 /12\pi} = \frac{3\pi A^2 K_p^2 \overline{m^2(t)}}{n_0 \omega_m^3} = \frac{3\pi A^2 K_f^2 \overline{m^2(t)}}{n_0 \omega_m^2} \tag{3-95}$$

调制制度增益为

$$G = \frac{S_o/N_o}{S_i/N_i} = \frac{3\pi A^2 K_f^2 \overline{m^2(t)}/n_0 \omega_m^2}{\pi A^2/2n_0 \omega_m} = \frac{6 K_f^2 \overline{m^2(t)}}{\omega_m} \tag{3-96}$$

若设 $\Delta\omega$ 为最大角频率偏移，则有

$$G = \left(\frac{\Delta\omega}{\omega_m}\right)^2 \frac{6\overline{m^2(t)}}{|m(t)|_{\max}} \tag{3-97}$$

若 $m(t) = A_m \cos(\omega_m t + \varphi)$，则 $\overline{m^2(t)} = \frac{A_m^2}{2}$，$|m(t)|_{\max} = A_m$，此时有

$$G = 3(\Delta\omega/\omega_m)^2 \tag{3-98}$$

2. WBFM 信号非相干解调的抗噪声性能

非相干解调器由限幅器、鉴频器和低通滤波器组成，解调原理如图 3-37 所示。

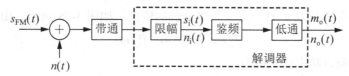

图 3-37 调频信号非相干解调的抗噪声模型示意图

设输入调频信号如式(3-41)所示，则输入信号的平均功率为

$$S_i = \overline{s_{FM}^2(t)} = \frac{A^2}{2}$$

因为理想 BPF 的带宽与调频信号的带宽一样，所以输入噪声功率 $N_i = n_0 B$，故输入信噪比为

$$\frac{S_i}{N_i} = \frac{A^2}{2n_0 B} = \frac{A^2}{4n_0(\Delta f + f_m)} \tag{3-99}$$

由于非相干解调中鉴频器的非线性，使其不满足叠加性，因此无法计算输出信号和噪声的平均功率，也就没法求得输出信噪比。为便于简单计算，与分析 AM 信号的非相干解调一样，从大信噪比和小信噪比两种情况来分析 WBFM 信号非相干解调的抗噪声性能。

1) 大信噪比情况

在大信噪比条件下，信号和噪声的相互作用可以忽略，这时可以把信号和噪声分开计算。计算信号时假设噪声为零，计算噪声时假设信号为零。

设噪声为零，调频信号经图 3-37 所示的模型后解调信号输出为

$$m_o(t) = K_p K_f m(t)$$

故 FM 解调器输出端的平均功率为

$$S_o = \overline{m_o^2(t)} = K_p^2 K_f^2 \overline{m^2(t)} \tag{3-100}$$

为了计算输出噪声功率，设调制信号 $m(t) = 0$，则解调器输入端信号是未调载波(幅度

与发送端的幅度不同)与窄带高斯噪声之和，即

$$A\cos\omega_c t + n_i(t) = A\cos\omega_c t + n_c(t)\cos\omega_c t - n_s(t)\sin\omega_c t$$
$$= [A + n_c(t)]\cos\omega_c t - n_s(t)\sin\omega_c t = s(t)\cos[\omega_c t + \varphi(t)]$$

其中幅度为$s(t)=\sqrt{[A+n_c(t)]^2+n_s^2(t)}$，瞬时相位偏移为$\varphi(t)=\arctan\dfrac{n_s(t)}{A+n_c(t)}$。

经限幅器后，消去幅度变化，而相位则是我们要注意的问题。在大信噪比条件下有$A>>n_c(t)$、$A>>n_s(t)$，所以瞬时相位偏移为

$$\varphi(t)=\arctan\frac{n_s(t)}{A+n_c(t)}\approx\arctan\frac{n_s(t)}{A}\approx\frac{n_s(t)}{A}$$

由于实际通信中鉴频器的输出正比于输入的调频信号的瞬时频偏，所以在假设调制信号为零的情况下，输出的只有噪声，且噪声为

$$n_o(t)=K_d\frac{d}{dt}\varphi(t)\approx\frac{K_d}{A}\frac{d}{dt}n_s(t) \tag{3-101}$$

式中，K_d为比例常数。所以输出噪声的平均功率为

$$\overline{n_o^2(t)}=\left(\frac{K_d}{A}\right)^2\overline{\left[\frac{d}{dt}n_s(t)\right]^2} \tag{3-102}$$

$dn_s(t)/dt$实际上就是$n_s(t)$经过一个微分器的输出，如图3-38所示。由微分特性可知

$$P_{so}(\omega)=|H(\omega)|^2P_{si}(\omega)$$

所以鉴频器输出噪声功率谱密度为

$$P_d(\omega)=\left(\frac{K_d}{A}\right)^2P_{si}(\omega)=\left(\frac{K_d}{A}\right)^2\omega^2n_0\Rightarrow P_d(f)=\left(\frac{K_d}{A}\right)^2(2\pi f)^2n_0,\quad |f|<\frac{B}{2} \tag{3-103}$$

(a) 时域模型　　(b) 频域模型

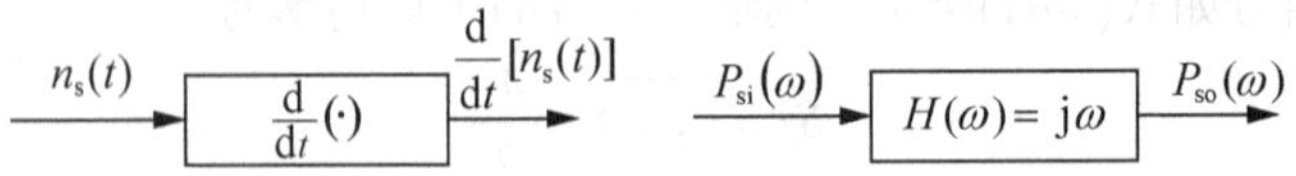

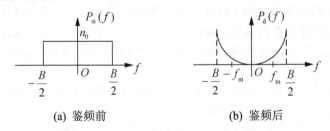

图3-38　噪声微分器模型示意图

鉴频前后的噪声功率如图3-39所示。

(a) 鉴频前　　(b) 鉴频后

图3-39　鉴频前后的噪声功率谱密度示意图

由图3-39可见，输出噪声的功率谱密度不再满足均匀分布，而是和频率的平方成正比，经低通滤波器后带宽在调制信号频带范围内。所以输出噪声的功率为

$$N_o = \int_{-f_m}^{f_m} P_d(f)df = \int_{-f_m}^{f_m}\left(\frac{K_d}{A}\right)^2 (2\pi f)^2 n_0 df = \frac{8K_d^2 \pi^2 n_0 f_m^3}{3A^2} \tag{3-104}$$

故输出信噪比为

$$\frac{S_o}{N_o} = \frac{3A^2 K_f^2 \overline{m^2(t)}}{8\pi^2 n_0 f_m^3} \tag{3-105}$$

输出调制制度增益为

$$G = \frac{S_o/N_o}{S_i/N_i} = \frac{3A^2 K_f^2 \overline{m^2(t)}/(8\pi^2 n_0 f_m^3)}{A^2/[4n_0(\Delta f + f_m)]} = \frac{3B_{FM} K_f^2 \overline{m^2(t)}}{4\pi^2 f_m^2} \tag{3-106}$$

对于宽带单音调频信号 $m(t) = \cos\omega_m t$，有 $\overline{m^2(t)} = 1/2$，$S_o/N_o = \frac{3}{2}m_f^2 \frac{A^2/2}{n_0 f_m}$，$B_{FM} = 2(m_f + 1)f_m = 2(\Delta f + f_m)$，故可将调制制度增益写为

$$G = 3m_f^2 B_{FM}/(2f_m) = 3m_f^2(1 + m_f) \tag{3-107}$$

由式(3-107)可见，调频指数 m_f 越大，则调制制度增益 G 就越大。也即传输带宽 B 越大，则 G 越大。当 $m_f \gg 1$ 时，调制制度增益近似为

$$G \approx 3m_f^3 \tag{3-108}$$

故在大信噪比情况下，宽带调频系统的调制制度增益是很大的，抗噪声能力非常强。

【例 3-6】 设调频与调幅信号均为单音调制，调制信号频率为 f_m，调幅信号为 100% 调制。当两者的接收功率 S_i 相等、信道噪声功率谱密度 n_0 相同时，比较调频系统与调幅系统的抗噪声性能。

解：因为 AM 和 FM 的接收功率 S_i 相等，信道噪声也相同，所以有

$$\left(\frac{S_i}{N_i}\right)_{AM} = \left(\frac{S_i}{N_i}\right)_{FM}$$

又因为 FM 的输出信噪比和调制制度增益分别为

$$\left(\frac{S_o}{N_o}\right)_{FM} = \frac{G_{FM}}{(S_i/N_i)_{FM}}, \quad G_{FM} = \frac{3}{2}m_f^2 \frac{B_{FM}}{f_m}$$

AM 的输出信噪比为

$$\left(\frac{S_o}{N_o}\right)_{AM} = \frac{G_{AM}}{(S_i/N_i)_{AM}}$$

AM 满幅调制时调制制度增益和带宽分别为

$$G_{AM} = 2/3, \quad B_{AM} = 2f_m$$

所以两者输出信噪比的比值为

$$\frac{(S_o/N_o)_{FM}}{(S_o/N_o)_{AM}} = \frac{G_{FM}}{G_{AM}} \cdot \frac{B_{AM}}{B_{FM}} = \frac{\frac{3}{2}m_f^2 \frac{B_{FM}}{f_m}}{2/3} \cdot \frac{2f_m}{B_{FM}} = 4.5m_f^2$$

通过例题计算可知，当调频指数比较大的时候，调频系统的输出信噪比远大于调幅系统的输出信噪比。调频系统的大输出信噪比是以增加传输带宽来换取的。调频方式的这种以牺牲带宽换取信噪比的方式是十分有益的。在调幅系统中，由于信号带宽是固定的，无

法进行带宽与信噪比的互换,这也正是调频系统的抗噪声性能优于调幅系统的原因所在。

2) 小信噪比情况

和线性调制系统 AM 系统的非相干解调一样,FM 信号在小信噪比情况下进行非相干解调时存在着门限效应。这是因为当 S_i/N_i 减小到一定程度时,解调器的输出信号中信号和噪声混合在一起,不存在单独的有用信号,信号被噪声干扰,造成 S_o/N_o 急剧下降。和 AM 系统一样,我们把出现门限效应时所对应的输入信噪比的大小称为门限值,记为 $(S_i/N_i)_b$。

图 3-40(a)所示为单频调制信号在调频指数 m_f 分别为 20、10、7、4、3、2 时,非相干解调时输出信噪比与输入信噪比的近似关系曲线。图 3-40(b)所示为输入信噪比和调频指数的关系曲线。由图可知,对于不同的 m_f,门限值也不同,调频指数 m_f 大的门限值大,调频指数 m_f 小的门限值小,但是门限值的取值范围不是很大,一般在 8~11dB 范围内。当输入信噪比在门限值之上时,输出信噪比和输入信噪比呈线性关系,且调频指数越大,输出信噪比的改善越明显;当输入信噪比在门限值之下时,输出信噪比急剧下降,系统抗噪声性能非常差。

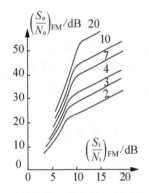
(a) 不同 m_f 时输出信噪比与输入信噪比的关系曲线

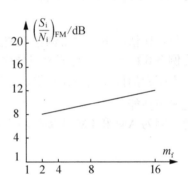
(b) 输入信噪比和 m_f 的关系曲线

图 3-40 非相干解调的门限效应图

实际 FM 系统中常存在门限效应问题,提高通信系统性能的有效措施之一就是降低门限值。改善门限效应的解调方法通常有采用负反馈解调和锁相环解调。FM 系统的抗噪声性能明显优于其他线性调制系统,但这种系统可靠性的提高是以牺牲系统的有效性(增加传输带宽)为代价的。如果输入信噪比下降到门限值以下,调频系统抗噪声性能将严重恶化。在远距离电话通信或卫星通信中,由于信道噪声比较大或发送功率不可能做得很大等原因,接收端不能得到较大的信噪比。此时应采用门限电平较低的环路解调器解调,它们的门限电平比一般鉴频器的门限电平低 6~10dB,可以在 0dB 附近的输入信噪比情况下工作,但设备比较复杂,实现起来也有一定困难。由于调频信号的抗噪声性能好,因此广泛用于高质量的或信道噪声较大的场合,如调频广播、空间通信、移动通信以及模拟微波中继通信等。

3.4.3 各种模拟调制系统的性能比较

综合前面的分析,各种模拟调制系统的性能指标如表 3-1 所示。其中包括信号带宽 B、

输出信噪比 S_o/N_o、调制制度增益 G、设备复杂度和主要应用。表中的 S_o/N_o 是理想系统在相同的解调器输入信号功率 S_i、相同噪声功率谱密度 $n_0/2$、相同基带信号带宽 f_m 的条件下得到的。其中 AM 为 100%调制，调制信号为单音正弦信号。

表 3-1 各种模拟调制系统的性能比较

调制方式	传输带宽	S_o/N_o	G	设备复杂度	主要应用
AM	$2f_m$	$\dfrac{1}{3}\left(\dfrac{S_i}{n_0 f_m}\right)$	$\dfrac{2\overline{m^2(t)}}{2+\overline{m^2(t)}}$	简单	中短波无线电广播
DSB	$2f_m$	$\dfrac{S_i}{n_0 f_m}$	2	中等	应用较少
SSB	f_m	$\dfrac{S_i}{n_0 f_m}$	1	复杂	短波广播、语音频分复用、载波通信、数据传输
VSB	略大于 f_m	近似 SSB	近似 SSB	复杂	电视广播、数据传输
FM	$2(m_f+1)f_m$	$\dfrac{3}{2}m_f^2\left(\dfrac{S_i}{n_0 f_m}\right)$	$3m_f^2(m_f+1)$	中等	超短波小功率电台(窄带调频)、立体声广播(宽带调频)

1. 有效性

模拟调制系统的有效性是通过已调信号的带宽来衡量的，带宽越小，占用的信道带宽越小，有效性就越好，因此可以得到各类模拟调制系统按 FM、AM(DSB)、VSB、SSB 的顺序，有效性依次增强。有效性也是频带利用率的体现：SSB 的带宽最窄，频带利用率最高；FM 的带宽随调频指数的增加而增大，频带利用率最低，有效性最差。

2. 可靠性

模拟调制系统的可靠性是用解调器输出信噪比来衡量的，输出信噪比越高，信号的质量就越好。调制制度增益是解调器输出信噪比和输入信噪比的比值，并不能直接用来说明系统的可靠性。各种模拟调制系统按 AM、SSB(DSB)、VSB、FM 的顺序，可靠性依次增强。可靠性也是抗噪声性能的体现：AM 系统的抗噪声性能最差，FM 系统的抗噪声性能最好。图 3-41 给出了各种模拟调制系统的抗噪声性能曲线示意图。图中圆点表示门限值。门限值以上，DSB、SSB 的信噪比比 AM 高 4.7dB 以上，而 FM($m_f=6$) 的信噪比比 AM 高 22dB；由此可见，FM 的调频指数 m_f 越大，抗噪声性能越好，但占据的带宽越宽，频带利用率越低，也即 FM 系统的可靠性是以牺牲有效性换来的。SSB 的带宽最窄，其频带利用率最高。

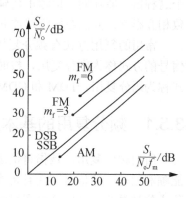

图 3-41 各种模拟调制系统的性能

3. 特点与应用

AM 调制的优点是接收设备简单；缺点是功率利用率低，抗干扰能力差，在传输中如果载波受到信道的选择性衰落,则在包检时会出现过调失真,信号频带较宽,频带利用率不高。因此 AM 制式用于对通信质量要求不高的场合,目前主要用在中波和短波的调幅广播中。

DSB 调制的优点是功率利用率高,但带宽与 AM 相同,接收要求同步解调,设备较复杂。DSB 制式只用于点对点的专用通信,应用不太广泛。

SSB 调制的优点是功率利用率和频带利用率都较高,抗干扰能力和抗选择性衰落能力均优于 AM,而带宽只有 AM 的一半;缺点是发送和接收设备都复杂。鉴于这些特点,SSB 制式普遍用在频带比较拥挤的场合,如短波电台和频分多路复用系统中。

VSB 调制部分抑制了发送边带,同时又利用平缓滚降滤波器补偿了被抑制部分。VSB 的性能与 SSB 相当。VSB 解调原则上也需同步解调,但在某些 VSB 系统中,附加一个足够大的载波,就可用包络检波法解调合成信号(VSB+C),这种(VSB+C)方式综合了 AM、SSB 和 DSB 三者的优点。所有这些特点,使 VSB 对商用电视广播系统特别具有吸引力。

FM 波的幅度恒定不变,这使它对非线性器件不甚敏感,从而给 FM 带来了抗快衰落能力。利用自动增益控制和带通限幅还可以消除快衰落造成的幅度变化效应。这些特点使得窄带 FM 对微波中继系统颇具吸引力。宽带 FM 的抗干扰能力强,可以实现带宽与信噪比的互换,因而宽带 FM 广泛应用于长距离高质量的通信系统中,如空间和卫星通信、调频立体声广播、超短波电台等。宽带 FM 的缺点是频带利用率低,存在门限效应,因此在接收信号弱、干扰大的情况下宜采用窄带 FM,这就是小型通信机经常采用窄带 FM 的原因。

3.5 频分复用

当一个信道的传输能力高于其中一路信号的需求时,为了最大化地利用信道资源,充分发挥信道的传输能力,就要多路信号合在一起同时共用此信道。所谓复用就是在一个信道上同时传输多路信号。例如,传输的语音信号的频谱一般为 300~3400Hz,为了使若干个这种信号能在同一信道上传输,可以把它们的频谱调制到不同的频段,合并在一起而不致相互影响,并能在接收端彼此分离开来。

常用的复用方式有频分复用(FDM)、时分复用(TDM)与码分复用(CDM)。按频率区分信号的方式称为频分复用,按时间区分信号的方式称为时分复用,按扩频码区分信号的方式称为码分复用。TDM 和 CDM 将在后续章节中讲述,本节只介绍 FDM。

3.5.1 频分复用的基本原理

所谓频分复用,是指将信道带宽分割成互不重叠的许多小频带(子通道),每个小频带能顺利通过一路信号,而且每个小频带之间必须由未使用的频带(防护频带)进行分割,以防止信号重叠。这样可以利用前面介绍的调制技术,把不同的信号搬移到相应的频带上,随后把它们合在一起发送出去。如果频率不够高,还可以再进行二次调制(频率搬移)。在接收端通过各带通滤波器将各路已调信号分离开来,再进行相应的解调,还原出各路信号。

图 3-42 所示为一个实现 n 路信号频分复用系统的组成原理框图。各路信号可采用任何一种模拟调制方式获得。在 FDM 系统的发送端,让各路信号经过低通滤波器(LPF)的目的是将信号的频带限制在低频范围内,从而避免信号在复用时发生频率重叠,然后将各路信

号通过调制技术搬移到各自所需的频段上去,合成后送入信道中同时传输。由于子通道之间有频带间隔,因此可以使各路信号在信道中相应的频带内顺利地通过。在接收端,采用中心频率不同的带通滤波器(BPF)分离各路已调信号。由于中心频率不同,带通滤波器只允许与其对应的信号顺利通过,从而恢复出各路基带信号。

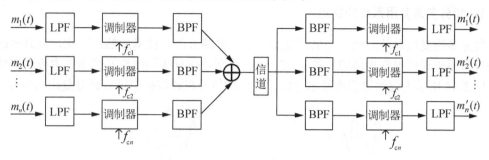

图 3-42　频分复用系统组成原理框图

载波频率 $f_{c1}, f_{c2}, \cdots, f_{cn}$ 应合理地选择,尽量避免产生互调信号,以使各子通道之间留有防护频带,防止相邻信号之间产生相互干扰。邻路间的保护频带越大,则在邻路信号干扰指标相同的情况下,对带通滤波器的技术指标的要求就可以放宽一些,但这时占用的总频带就要加宽,这对提高信道利用率不利。因此,实际中通常提高带通滤波器的技术指标,尽量减小邻路间的保护频带。各路已调信号相加送入信道之前,为避免它们的频谱重叠,还要经过带通滤波器过滤。n 路信号经过 FDM 系统传输之后的频谱结构如图 3-43 所示。设 FDM 系统带宽为 B_Σ,防护频带带宽为 B_f,各调制信号带宽为 $B=f_m$,则有

$$B_\Sigma = nB + (n-1)B_f = f_m + (n-1)(B+B_f) = f_m + (n-1)B_1 \tag{3-109}$$

式中,$B_1 = B + B_f$ 是一路信号占用的带宽。

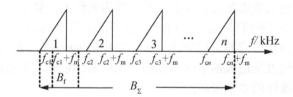

图 3-43　n 路信号经 FDM 系统传输后的频谱示意图

在实际语音通信中,频分复用有一个重要的指标就是路际串话,这是各路信号都不希望有的交叉耦合。路际串话主要由系统中的非线性引起,各滤波器的滤波特性不良和载波频率的漂移也会引起串话。串话实质上就是频分复用信号频谱的重叠,减少串话的有效方法就是增加防护频带。防护频带的大小主要和滤波器的过渡范围有关。滤波器的滤波特性不好,过渡范围宽,相应的防护频带也要增加。在多路载波电话中采用单边带调制频分复用,主要是为了最大限度地节省传输频带。每路电话信号限带于 300～3400Hz,单边带调制后其带宽与调制信号相同。为了在邻路已调信号间留有防护频带,以便滤波器有可实现的过渡带,通常每路语音信号取 4kHz 作为标准频带。

采用频分复用技术,可以在给定的信道内同时传输多路信号,传输的路数越多,则通信系统的有效性越好。FDM 技术主要应用于模拟信号,普遍应用于多路载波电话系统中,

在有线通信(载波机)、无线电报通信、微波通信中得到广泛的应用。

3.5.2 频分复用的特点

1. 频分多路复用系统的优点

频分多路复用系统的优点是信道复用率高，分路方便，技术成熟。因此，频分多路复用是目前模拟通信中常采用的一种复用方式，特别是在有线和微波通信系统中应用十分广泛。图 3-44 所示为载波通信连接示意图，各用户信号在载波机中进行频分复用与解复用。

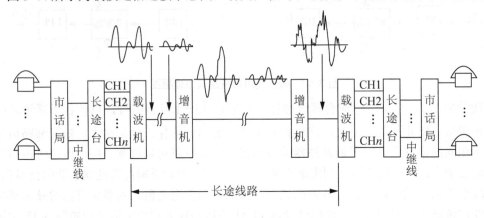

图 3-44 载波通信连接示意图

2. 频分多路复用系统的主要缺点

频分多路复用系统的缺点是设备复杂，滤波器的制作工艺复杂，且在复用和传输过程中，调制和解调都会不同程度地引入非线性失真，从而产生各路信号之间的干扰，即串扰。引起串扰的主要原因是实际滤波器的特性不够理想和信道中的非线性特性造成的已调信号频谱的展宽。调制非线性所造成的串扰可以部分地由发送带通滤波器消除，因而在频分多路复用系统中对系统线性的要求很高。

3.6 复合调制与多级调制

实际通信中若仅仅采用前面所述的线性调制或非线性调制中的一种往往是不够的，有时需要在一个系统内采用多种调制方法，这就是复合调制，采用这种调制方式的系统就是复合调制系统。如果系统采用的多种调制方法是一样的，则又可称为多级调制系统。

3.6.1 复合调制的原理及实现

所谓复合调制是指对同一载波进行两种或两种以上的调制。此时，调制信号(基带信号)可以不止一个，例如对一个调频信号再进行一次振幅调制，就可以变成调频调幅信号。

图 3-45 和图 3-46 所示分别为电视系统直接调制和中频调制的原理框图，这两个系统均采用了复合调制。

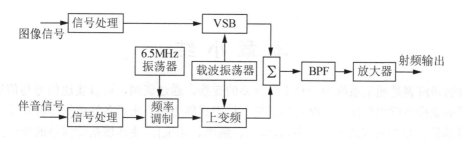

图 3-45 电视系统直接调制原理框图

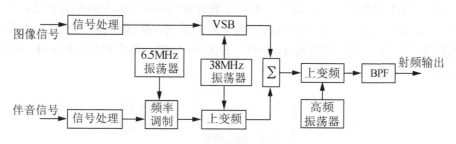

图 3-46 电视系统中频调制原理框图

在直接调制器中,对伴音信号首先进行 6.5MHz 的频率调制,然后在载波上进行上变频(也称幅度调制),从而产生调频调幅信号。

在中频调制器中,图像信号先在 38MHz 的频率上进行残留边带调制,然后再在高频载波上进行上变频(即调幅),从而产生调幅/调幅信号;伴音信号先在 6.5MHz 的频率上进行调频,然后在 38MHz 频率上进行上变频(即调幅),最后再在高频载波上进行上变频(即调幅),从而产生调频/调幅/调幅信号。

3.6.2 多级调制的原理及实现

所谓多级调制指的是对同一基带信号实施两次或更多次的调制。采用的调制方式可以相同也可以不同。

图 3-47 所示为 SSB/SSB 多级调制系统的组成原理框图。每一路信号经过 SSB 调制之后合成,然后再经过一级载频为 ω_2 的 SSB 调制,从而形成多级调制系统,产生 SSB/SSB 多级调制信号。

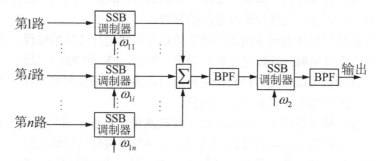

图 3-47 SSB/SSB 多级调制系统组成原理框图

本 章 小 结

调制和解调是通信系统中一种十分重要的变换。通过调制,可以实现信号与信道的匹配、频率变换与频率分配、多路复用、提高抗干扰能力和克服设备缺陷等多种功能。调制就是用基带信号控制载波的某个参数(幅度、频率、相位),使其按基带信号的变化规律而变化的过程。解调是调制的逆变换,它是从已调信号中还原出原始基带信号。

调制解调技术的类型很广,对其基本原理的分析主要采用的是时频分析法,因此本章主要根据已调信号与调制信号间的频谱变换关系,重点讨论线性调制(幅度调制)和非线性调制(角度调制)。线性调制包括 AM、DSB、SSB 和 VSB,角度调制包括 FM、PM。对每一种调制方式,分析思路如下:

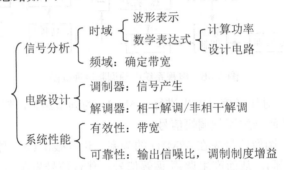

信号分析是基础,是进行电路设计和分析系统指标的依据,包括时域分析和频率分析;电路设计包括发送端的调制器和接收端的解调器;对模拟系统,常用系统带宽(已调信号带宽)衡量其有效性,用解调器输出信噪比衡量其可靠性。

AM 是用调制信号直接控制高频载波的幅度,输出已调信号的包络和基带信号一样,故可以采用非相干解调(包络检波)来进行解调,也可采用相干解调,AM 信号的功率利用率比较低,输出占上、下两个边带;DSB 抑制了 AM 信号中的载波分量,提高了功率利用率,调制效率为100%,已调信号仍占有上、下两个边带;SSB 信号只有一个边带,不仅节省载波功率,而且节省传输带宽,提高了信道利用率,但实现比较难,设备比较复杂;VSB 是介于 SSB 和 DSB 之间的一种折中调制方式,抑制边带时有一定的残留。

线性调制系统的解调有相干解调和非相干解调两种。非相干解调(包络检波)只用于 AM 系统,而相干解调可用于任何线性调制系统的解调。

角度调制是使高频载波的频率或相位随基带信号规律进行变化的过程。瞬时相位的导数就是瞬时频率,瞬时相偏的导数就是瞬时频偏,因此,FM 和 PM 可以相互转化。FM 信号的瞬时频偏与调制信号成正比,PM 信号的瞬时相偏和基带信号成正比。实用中,角度调制又分为窄带角度调制和宽带角度调制两种。

角度调制信号的解调有相干解调和非相干解调两种。相干解调只适合于窄带角度调制信号的解调,非相干解调对宽带角度调制信号和窄带角度调制信号均适用。

对模拟系统抗噪声性能的分析是本章的重点和难点,通常用解调器的输出信噪比和调制制度增益来衡量。线性调制系统中,AM 信号在大信噪比情况下采用相干解调和非相干解调的性能基本一样,小信噪比时出现"门限效应";DSB 信号相干解调时信噪比改善 1

倍，调制制度增益为 2；SSB 信号相干解调调制制度增益为 1。角度调制系统的抗噪声性能可从窄带调制信号的相干解调和宽带调制信号的非相干解调两个方面来分析。

复用就是在一个信道上同时传输多路信号，通过复用，提高信道的利用率。FDM 是指依据频率来区分用户或信号，各用户分别占据不同的频带，共同传输，互不影响，这可以通过将信号调制在不同频率的载波上来实现。

复合调制指的是对同一载波进行两种或两种以上的调制。多级调制指的是对同一基带信号实施两次或更多次的调制。

思考练习题

3-1 什么是调制？调制的功能是什么？

3-2 调制方式有哪些类型？试举例说明。

3-3 什么是线性调制？常见的线性调制有哪些？

3-4 什么是非线性调制？常见的非线性调制有哪些？

3-5 AM 信号和 DSB 信号的波形和频谱各有什么特点？

3-6 为什么要抑制载波？相对于 AM 信号来讲，抑制载波的双边带信号可以增加多少功率？

3-7 VSB 信号的频谱有什么特点？VSB 滤波器具有什么特性？为什么对 VSB 信号进行相干解调可使信号无失真？

3-8 SSB 信号的产生有哪些方法？在技术上各有什么样的难点？

3-9 如何比较两个通信系统的抗噪声性能？

3-10 频率调制和相位调制之间有什么区别和联系？

3-11 什么是解调器的门限效应？AM 信号采用非相干解调时为什么会产生门限效应？

3-12 调频系统用牺牲带宽的方法换取信噪比的原理是什么？

3-13 什么是频分复用？试举例说明。

3-14 什么是复合调制？什么是多级调制？试举例说明。

3-15 已知线性已调信号为 ① $f_1(t) = \cos\omega_0 t \cos\omega_c t$；② $f_2(t) = (1 + 0.5\sin\omega_0 t)\cos\omega_c t$。其中，$\omega_c = 6\omega_0$。试画出各自的波形图和频谱图。

3-16 已知载波频率 $f_c = 1 \times 10^6$ Hz。试说明下列电压表示式为何种已调波，并画出它们的频谱图，指出其带宽。

(1) $s_1(t) = 5\cos 2\pi \times 10^3 t \sin 2\pi \times 10^6 t$。

(2) $s_2(t) = (20 + 5\cos 2\pi \times 10^3 t)\sin 2\pi \times 10^6 t$。

(3) $s_3(t) = 2\cos 2\pi \times 1001 \times 10^3 t$。

3-17 已知调制信号 $m(t) = \cos(1000\pi t)$，载波 $c(t) = 2\cos(20000\pi t)$，试分别写出 AM、DSB、SSB(包括 USB 和 LSB)信号的表达式，并画出频谱图。

3-18 二极管检波电路如图 3-48 所示，设 $K_d = 1$，求下列情况下的输出电压 U，并说明其输入 $u_s(t)$ 是什么信号，定性地画出检波后的输出波形。

(1) $u_{s1}(t) = 1 \times \cos 10^7 t$。

(2) $u_{s2}(t)=1\times\cos 10^3 t\cos 10^7 t$。

(3) $u_{s3}(t)=1\times(1+0.5\cos 10^3 t)\cos 10^7 t$。

(4) $u_{s4}(t)=1\times(0.5+\cos 10^3 t)\cos 10^7 t$。

3-19 已知载波频率 $f_c=100$MHz，调制信号 $m(t)=1\times\cos 2\pi\times 10^3 t$ V，已调波输出电压幅值 $u_o=5$V，其频谱图如图 3-49 所示，试分析已调波是什么信号？若带宽 $B=8$kHz，试写出已调信号表达式，并画出波形图。

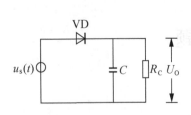

图 3-48 题 3-18 图　　　　　　图 3-49 题 3-19 图

3-20 已知角度调制信号为 $s(t)=\cos(\omega_c t+100\cos\omega_m t)$。

(1) 如果它是调相信号，且 $K_p=2$rad/V，试求调制信号 $m(t)$。

(2) 如果它是调频信号，且 $K_f=2$rad/(V·s)，试求调制信号 $m(t)$。

(3) 以上两种已调信号的最大频偏是多少？

3-21 已知调制信号 $m(t)=\cos(2000\pi t)+\cos(4000\pi t)$，载波 $c(t)=\cos(10000\pi t)$，试求进行单边带调制时输出已调信号的表达式，并画其频谱图。

3-22 常规调幅系统的非相干解调中采用单频正弦波调制，调幅指数为 0.8，输出信噪比为 30dB，试求调制时载波功率和噪声功率之比。

3-23 线性调制系统中，输出信噪比为 20dB，输出噪声功率为 10^{-9}W，发射机的输出端到解调器的接收端总的传输损耗为 100dB，试求：

(1) 双边带调制时发射机的输出功率。

(2) 单边带调制时发射机的输出功率。

3-24 已知 $m(t)=\cos(2\pi\times 500t)$，$c(t)=3\cos(2\pi\times 10^6 t)$，调频时的最大频偏为 1kHz。试分析当 $m(t)=5\cos(2\pi\times 2000t)$ 时调频信号为多少？

3-25 已知调频信号为 $s_{FM}(t)=10\cos[10^6\pi t+8s\cos(1000\pi t)]$，$K_{FM}=2$，试求载频 f_c、$f(t)$、$\Delta\omega_{FM}$、m_{FM}。

3-26 已知归一化基带信号 $m(t)$ 的带宽为 2000Hz，功率为 1W；载波为 $c(t)=A\cos(2\pi f_c t)$，功率为 100W。试求：

(1) SSB 调制时已调信号的表达式及带宽和功率。

(2) AM 调制时已调信号的表达式及带宽和功率(此时调频指数为 0.6)。

(3) FM 调制时已调信号的表达式及带宽和功率(此时 $K_f=10^4$)。

3-27 已知基带信号 $m(t)$ 的带宽为 10 000Hz，功率为 20W，最大幅值为 5，AWGN 信道衰减为 60dB，信道噪声为加性白噪声，其功率谱密度为 $P_n(f)=n_0/2=10^{-10}$W/Hz，接收机输出信号的最低信噪比为 50dB。试分析采用 DSB、SSB 和调制指数为 0.6 时的 AM 调制时所需的发射功率和信道带宽分别为多少？

3-28 已知窄带调相信号为 $s(t) = \cos\omega_c t - m_p \sin\omega_c t \cos\omega_0 t$，如果用相干载波 $\cos(\omega_c t + \theta)$ 相乘之后再经过低通滤波器，能否实现正常解调？最佳解调时 θ 应为多少？

第4章　数字基带传输系统

教学目标

通过本章的学习，掌握数字基带信号的各种波形及其频谱特性；掌握数字基带传输的码型及其特点；熟悉数字基带传输系统的组成、各部分功能及码间串扰的产生机理与表示；了解信道加性噪声对数字基带传输的影响，熟练掌握数字基带系统抗噪声性能的分析方法；理解无码间串扰的时域、频域条件并掌握应用奈奎斯特第一准则判定数字基带传输系统是否存在无码间串扰的方法；熟悉眼图的功能及观测方法；掌握数字基带系统消除码间串扰的基本方法与技术原理。

数字信号的传输主要解决在规定的传输速率下，有效地降低码间串扰、提取定时信号实现准确传输数字信号等问题。数字信号的传输可分为基带传输和频带传输两种方式。与之对应，数字通信系统分为数字基带传输系统和数字频带(带通)传输系统。在数字通信的两种系统中，数字带通系统占有主要的地位，尤其是在长距离通信方面。但在理论上，基带传输是频带传输的基础，数字基带传输的许多理论同样适用于数字带通系统。因此，本章首先介绍数字基带信号的波形、功率谱和码型，然后重点分析数字基带系统传输中的码间串扰及抗噪声性能，分析数字基带传输系统减小或消除码间串扰的两种基本方法——时域均衡与部分响应技术，并简单介绍采用眼图估计通信系统性能的实验方法。

4.1　数字基带信号的码型与波形

基带信号是信息代码的电信号表示形式。在基带传输系统中，这种电波形未经任何调制即可直接在信道上传输，但并非所有的基带信号都适合在信道中传输；另外，数字传输系统在接收端为了正确判决信息代码，需要从接收信号中提取定时(位同步)信息。因此，归纳起来，基带信号的传输存在以下两个问题。

(1) 传输码型的选择问题。对各种码型的要求，期望将原始信息符号变为适合于传输用的码型，以便从其中提取定时信息。

(2) 基带波形的选择问题。对所选码的电波形要求，期望电波形适宜在信道中传输，如尽可能压缩频带，减小码间串扰。

这两个问题既有独立性又相互联系。本节针对这两个问题作详细介绍。

4.1.1　数字基带信号的码型

不同的数字通信系统，对数字基带信号的码型有不同的要求，实际应用中必须合理地设计与选择数字基带信号码型。为了与信道传输特性相匹配，同时考虑接收端定时信号的提取等需要，设计基带传输信号码型应考虑如下原则。

(1) 对于传输频带低端受限的信道，一般来说线路传输码型的频谱中应不含直流分量。

(2) 尽量减少基带信号频谱中的高频分量，以便节省传输频带和减小串扰。

(3) 便于从信号中提取定时信息。若采用分组形式传输时，不但要从基带信号中提取定时信息，而且要便于提取分组同步信息。

(4) 信号抗噪声能力强，波形间相关性越小越好。产生误码时，在译码中不产生误码的扩散或误差的增值，如果有，也希望越小越好。

(5) 所选码型应具有内在的检错能力。在信号的传输中一定会出现误码，因此便于接收端采取措施，以保证信号传输质量。

(6) 编译码设备要尽量简单，易于实现。

以上原则同样适用于数字频带传输系统。下面简要介绍几种基本且常用的基带信号码型。为了简便起见，本节将以矩形脉冲作为基本波形来介绍基带信号的码型。

1. 二元码

二元码只取两种电平，如正电平和零电平、正电平和负电平。常用的二元码有单极性不归零码(NRZ 码)、双极性不归零码(BNRZ 码)、单极性归零码(RZ 码)、双极性归零码(BRZ 码)以及差分码等，如图 4-1 所示。

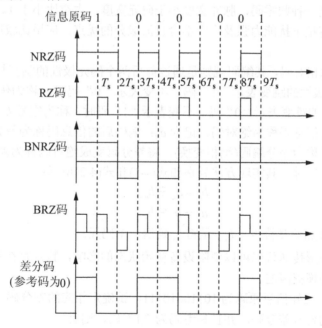

图 4-1 各种二进制码型对应的波形

1) NRZ 码

NRZ 码的"0"码与 0 电平对应，"1"码与正脉冲相对应，并且脉冲的宽度 τ 等于码元宽度 T_s，即占空比为 1。这是一种最简单的常用码型，主要特点如下。

(1) 有直流分量，无法在一些交流耦合的线路和设备上使用。

(2) 不能直接提取位同步信息，存在连"0"码和连"1"码。

(3) 判决电平不能稳定在最佳的电平，即抗噪性能差。

(4) 传输时需一端接地,不能使用两根芯线均不接地的电缆传输线。

显然,NRZ 码不适合作为传输码型,通常用于一般终端设备和数字调制设备。

2) BNRZ 码

BNRZ 码的"0"码、"1"码分别与负脉冲、正脉冲对应,并且占空比为1。其特点如下。

(1) 直流分量小。当二进制符号"1""0"等概率出现时,无直流成分。

(2) 接收端判决门限为0,容易设置并且稳定,因此抗干扰能力强。

(3) 可以在电缆等无接地线上传输。

BNRZ 码可以在同轴电缆等无接地的传输线上传输,也用于数字调制器。

3) RZ 码

RZ 码与 NRZ 码的区别在于,高电平不是在整个码元期间保持不变,而是只持续一段时间,然后在码元的其余时间内返回到零(低)电平。即它的脉冲宽度比码元宽度窄,每个脉冲都回到零电平。

RZ 码的优点是可以直接提取同步信号,它常常是其他码型提取同步信号时采用的一个过渡码型,也用于近距离内进行波形变换,但并不适用于远距离传输。

4) BRZ 码

BRZ 码也是一种归零码,脉冲宽度小于码元宽度,占空比小于1。

BRZ 码具有抗干扰能力强及码中不含直流成分的优点,应用比较广泛。

5) 差分码

差分码又称相对码,其编码规则是通过前后两个码元极性的跳变与否来表示"0"码和"1"码。当用极性的跳变表示"1"码、不变表示"0"码时,称为传号差分码或"1"差分码;当用极性的跳变表示"0"码、不变表示"1"码时,称为空号差分码或"0"差分码。通常把编码前的信息码称为绝对码,记为 a_n;编码后的信息码称为差分码,记为 b_n。将绝对码变成差分码称为差分编码(绝相变换),将差分码变成绝对码称为差分译码(相绝变换),当采用传号差分码时,其实现方法分别如式(4-1)和式(4-2)所示:

$$b_n = a_n \oplus b_{n-1} \tag{4-1}$$

$$a_n = b_n \oplus b_{n-1} \tag{4-2}$$

式中,$\oplus$ 是模2加运算符号,b_{n-1} 是将 b_n 延迟一个码元。

用差分码波形传送代码可以消除设备初始状态的影响,特别是在相位调制系统中用于解决载波相位的模糊问题。

【例 4-1】 已知信息原码为 10110010111,试确定相应的差分码。

解:如果为传号差分码,并且参考码为"1"码,则有

信息原码:　　1　0　1　1　0　0　1　0　1　1　1

差分码:　　1　0　0　1　0　0　0　1　1　0　1　0

2. 1B2B 码

通过编码将 1 位二进制码编为 2 位二进制码,通常称具有这种编码规则的码型称为 1B2B 码。常用的 1B2B 码有数字双相码、密勒码、传号反转码,如图4-2所示。若将原信息代码中的 n 位二进制码编为 m 位二进制码,我们称这种码为 nBmB 码。在光纤传输系统

中,通常选择 $m=n+1$,例如采用 5B6B 码用作三次群及四次群的传输码型。

1) 双相码

双相码又称分相码或曼彻斯特(Manchester)码。它用一个周期的正负对称方波表示"1",而用它的反相波形表示"0"。它的编码规则可以看做是当输入"1"时固定输出"10",当输入"0"时固定输出"01",使编码后的传输速率为编码前的原信号速率的 2 倍,占用的频带加倍。数字双相码可以用 NRZ 码与定时信号的模 2 数加来产生。

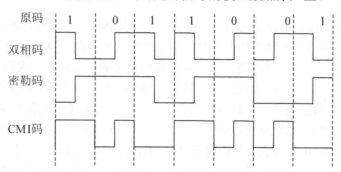

图 4-2 双相码、密勒码与传号反转码

双相码只使用两个电平,能够提供定时分量且编码简单。该码不会出现 2 个以上的连"0"或连"1",具有一定的自检错能力。其缺点是占用频带宽,存在相位不确定问题。

在计算机以太网中,利用双绞五类线传输 10Mb/s 数据的接口码型使用双相码。

2) 密勒码

密勒码又称延迟调制码,它是数字双相码的改进。在密勒码中,"1"用码元周期中点处出现跳变来表示,而对于"0"则有两种情况,当出现单个"0"时,在码元周期内不出现跳变;但若遇到连"0"时,则在前一个"0"结束、后一个"0"开始时刻出现跳变。密勒码无跳变的最大间隔为两个码元,这种情况只出现在两个"1"、中间有一个"0"的情况,即"101"情况。

密勒码实际上是双相码的差分形式。它可以克服双相码中存在的相位不确定问题,且直流分量很少、频带窄,约为双相码的一半。利用密勒码的脉冲最大宽度为两个码元周期、最小宽度为一个码元周期的特点,可以检测传输的误码或线路的故障。这种码最初被用于气象、卫星通信及磁带记录,后来在低速基带数传机中也得到了应用。

3) 传号反转码

传号反转码(Coded Mark Inverse,CMI),是一种二电平不归零码。其编码规则是将信息代码中的"0"码编为"01",而"1"码交替地编为"11"和"00"。

CMI 码不会出现 3 个以上的连 0 码,并且电平的跳变较多,因此含有丰富的定时信息。另外,没有直流分量,编、译码电路简单,容易实现,具有误码监测的能力。该码在高次群光纤通信终端设备中用作接口码型。

【例 4-2】 已知信息原码为 10110010,试确定相应的双相码及 CMI 码。

解:根据双相码的编码规则可得

信息原码:	1	0	1	1	0	0	1	0
双相码:	10	01	10	10	01	01	10	01
CMI 码:	11	01	00	11	01	01	00	01

3. 三元码

所谓三元码是利用信号幅度取值+1、0、-1 来表示二进制数字 "1" 和 "0",而不是将二进制数变为三进制数。因此,这种码又称为 "准三元码" 或 "伪三元码"。

三元码的种类很多,是被广泛地用作脉冲编码调制的线路传输码型。AMI 码、HDB_3 码是两种最常用的三元码。

1) AMI 码

AMI(alternate mark inverse)码的全称是传号交替反转码。它的编码规则是:信息代码中的 "0" 码编为 AMI 码的 "0" 码,并与零电平波形对应;而 "1" 码交替变换为 AMI 码的 "+1" 码和 "-1" 码,并在波形中对应于幅度相等的正负脉冲。我们可以看出在 AMI 码中有 3 种码:0、+1 和-1,因此 AMI 码也称为 1B/1T 码。由 AMI 码编码规则可以看出这种基带信号没有直流成分且低频成分很少,同时它具有编译码电路简单等优点,适于在直流被截止或低频响应比较差的信道中传输。通常 PCM 终端设备的接口码型是用扰码处理后的 AMI 码。但 AMI 码可能出现长的连 "0" 串,使接收端提取定时信号困难。

【例 4-3】 已知信息原码为 1000010000001100001,试确定相应的 AMI 码。

解:根据 AMI 码的编码规则可得

信息原码: 1 0 0 0 0 1 0 0 0 0 0 1 1 0 0 0 0 1
AMI 码: +1 0 0 0 0 -1 0 0 0 0 0 +1 -1 0 0 0 0 +1

2) HDB_3 码

HDB_3 码(3 阶高密度双极性码,3nd order high density bipolar)是对 AMI 码的改进,属于三电平码。进行 HDB_3 编码后,使得连 "0" 码的长度小于或者等于 3,其编码规则在连 "0" 的个数小于 4 个时与 AMI 码相同;当连 "0" 的个数为 4 个或者 4 个以上时,则需要把第 4 个 "0" 码变成 "1" 码(即把 "0000" 替换为 "0001")且规定这一个 "1" 码的极性与前一非零码的极性相同,但这破坏了原来码极性交替的规律,因此称该码为破坏码,用符号 "V" 来标识。为保证编码后无直流, "V" 码的极性正负交替。但当相邻两个 "V" 码间有偶数个 "1" 时,不能满足 "V" 码极性交替,因此将第 1 个 "0" 也变成 "1" 码,极性与其前一非零码极性相反,此码称为平衡码,用符号 "B" 来标识。因此,用 HDB_3 码编码相对较复杂,具体可按如下步骤进行编码。

(1) 取代变换节。将消息代码中的 4 个连 "0" 码用 "000V" 或者 "B00V" 代替。若两个相邻的 4 连 "0" 串之间有奇数个 "1" 码,则用 "000V" 代替后面的一个 4 连 "0" 串;若两个相邻的 4 连 "0" 串之间有偶数个 "1" 码,则用 "B00V" 代替 4 连 "0" 串。消息代码的其他码保持不变。

(2) 对 "1" 码、"V" 码和 "B" 码加符号。首先将 "1" 码和 "B" 码一起按正负交替规律加符号,然后再让 "V" 码符号与前一非零码的符号相同。

需要注意的是 HDB_3 与 AMI 一样,也有 3 种码,即 "±1" 码及 "0" 码。"±1" 码信号的波形也是分别对应正负半占空比的归零脉冲。通过以上分析可以看出,虽然 HDB_3 码编码较复杂,但译码较简单,可以通过破坏脉冲 "V" 码与其前一码元极性相同的特点来确定破坏码的位置,从而确定连 "0" 串的位置,其余根据±1 与 "1" 码对应,0 与 "0" 码对应原则恢复出所有的消息码。即 "+1000+1" 或者 "-1000-1" 的后 4 位译为 "0000";若 "-100-1" 或者 "+100+1" 译为 "0000"。

HDB$_3$码通常作为欧洲 PCM 系统数字复接一次群 2.048Mb/s、二次群 8.448Mb/s、三次群 34.368Mb/s 的线路接口码型。

【例 4-4】已知信息原码为 1000001100001000010，试确定相应的 AMI 码及 HDB$_3$ 码。

解：根据 AMI 码和 HDB$_3$ 码的编码规则可得

```
信息原码：   1  0  0  0  0  0  1   1  0  0  0  0  1   0  0  0  0  1   0
AMI 码：    +1  0  0  0  0  0 -1  +1  0  0  0  0 -1   0  0  0  0 +1   0
HDB₃ 码：   +1  0  0  0 +V  0 -1  +1 -B  0  0 -V +1   0  0  0 +V -1   0
```

4.1.2 数字基带信号的波形

上述码型中的波形均是以矩形脉冲为基础的。这种以矩形脉冲为基础的码型，由于矩形脉冲上升和下降是突变的，因此往往低频分量和高频分量都比较大，占用频带也比较宽。如果信道带宽有限，而采用以矩形脉冲为基础的码信号带宽较宽，直接送入信道传输，容易产生失真，因此需要选择合适波形来表示所选择的码型，例如升余弦形、余弦形以及高斯形(也称钟形)的波形等。在数字通信系统中，矩形脉冲、升余弦脉冲等都占有非常重要的地位。

4.2 数字基带信号的功率谱

由于传输信号的信道都具有一定的频率特性，所以仅仅研究数字基带信号的码型是不够的，还必须了解各种基带信号的频谱特性，只有这样才能正确地确定什么样的码型能在什么样的信道中传输。同时通过信号的频谱可以分析信号中有没有直流成分、有没有可供提取同步信号用的离散分量以及确定基带信号的带宽等。因此在研究基带传输系统时，对基带信号频谱的分析是十分必要的。

1. 数字基带信号的数学表达式

前已述及，基带信号的波形并不一定是矩形波，而是根据需要来选定其他的波形，比如升余弦脉冲、高斯脉冲等。设在 N 进制随机脉冲序列中，在每个码元宽度 T_s 内，用 $g_i(t)$ 表示 N 进制中的符号 "i"，其中 $i=1,2,\cdots,N$。在通信系统中基带信号可以表示为

$$s(t) = \sum_{n=-\infty}^{+\infty} a_n g(t-nT_s) \tag{4-3}$$

式中，$g(t)$ 为基本波形，如式

$$g(t-nT_s) = \begin{cases} g_1(t-nT_s) \\ g_2(t-nT_s) \\ \quad \vdots \\ g_N(t-nT_s) \end{cases}$$

a_n 为第 n 个信息符号所对应的电平值，它是一个随机量。因此通常实际中遇到的基带信号都是一个随机的脉冲序列。对于二进制信号则有

$$g(t-nT_s) = \begin{cases} g_1(t-nT_s) & \text{"0" 码,以概率} 1-P \text{出现} \\ g_2(t-nT_s) & \text{"1" 码,以概率} P \text{出现} \end{cases} \quad (4-4)$$

式中,$g_1(t)$ 为"0"码的基本波形;$g_2(t)$ 为"1"码的基本波形。

2. 数字基带信号的功率谱密度

在通信中,数字基带信号通常都是随机脉冲序列,是非确知信号,因此随机信号的频谱分析过程可以利用随机过程的相关函数求出功率谱密度,当然还有其他方法,推导较复杂。这里对于复杂的理论不作分析,只是直接给出常用的二进制数字基带信号的功率谱密度函数,并对于不同的码型进行讨论。为了结果简单,假设随机脉冲序列是平稳遍历的随机序列。

设一个二进制的随机脉冲序列中,每一码元宽度为 T_s,那么其功率谱密度函数为

$$P_s(f) = f_s P(1-P)|G_1(f) - G_2(f)|^2 + f_s^2 \sum_{m=-\infty}^{+\infty} |PG_1(mf_s) + (1-P)G_2(mf_s)|^2 \delta(f - mf_s) \quad (4-5)$$

式中,P 是"1"码出现的概率,$f_s = 1/T_s = R_B$,$g_1(t) \leftrightarrow G_1(f)$,$g_2(t) \leftrightarrow G_2(f)$,即

$$G_1(f) = \int_{-\infty}^{+\infty} g_1(t) e^{-j2\pi ft} dt, \quad G_2(f) = \int_{-\infty}^{+\infty} g_2(t) e^{-j2\pi ft} dt$$

从式(4-5)可以看出该功率谱为双边谱,同时也可以写出单边功率谱为

$$P_s(f) = 2f_s P(1-P)|G_1(f) - G_2(f)|^2 \\ + 2f_s^2 \sum_{m=0}^{+\infty} |PG_1(mf_s) + (1-P)G_2(mf_s)|^2 \delta(f - mf_s) \quad f \geq 0 \quad (4-6)$$

在式(4-5)和式(4-6)中,不论 $g_1(t)$ 和 $g_2(t)$ 是什么波形,公式完全适用。因此公式既适用于基带波形也适用于数字调制波形。同时功率谱通常包含两部分:第一项是连续谱,第二项是离散谱。连续谱一定存在,但离散谱可能不存在。式(4-5)和式(4-6)的意义在于:

(1) 离散谱分布在 mf_s (f_s 数值上等于码元速率,m 为整数)处,从离散谱中可以看出信号中是否含有定时分量和直流分量。如果离散谱中含有定时分量($m=1$ 时离散谱存在),就可以用一窄带滤波器直接提取位同步信号。根据 $m=0$ 时 $\delta(f)$ 的系数 $PG_1(0) + (1-P)G_2(0)$ 是否为零,说明序列中有无直流分量。

(2) 根据连续谱可以确定二进制数字基带信号的带宽。

通过式(4-5)或式(4-6),我们可以分析信号的频谱是否与信道的频谱特性相匹配,同时也可以利用公式分析信号是否含有丰富的定时信息,因此具有重要意义。下面举例分析单极性码及双极性码的功率谱。

【例 4-5】对二进制信号进行编码,设码元宽度为 T_s,"1"和"0"等概率出现,信号波形采用矩形脉冲,并且脉冲宽度为 τ,脉冲高度为 1V。

(1) 假如对二进制信息原码进行单极性不归零编码,求出单极性不归零码信号的功率谱密度,并判断是否含有提取同步信号所需的 $f=f_s$ 的离散分量。

(2) 假如对二进制信息原码进行单极性归零编码(脉冲占空比为 0.5),求出单极性归零码信号的功率谱密度,并判断是否含有提取同步信号所需的 $f=f_s$ 的离散分量。

(3) 假如对二进制信息原码进行双极性不归零编码,求出双极性不归零码信号的功率

谱密度，并判断是否含有提取同步信号所需的 $f=f_s$ 的离散分量。

分析：对原码进行不归零编码，因此 $\tau = T_s$。根据式(4-5)得到若要求出功率谱密度函数需要确定如下几个量：$g_1(t)$ 和 $g_2(t)$ 的傅里叶变换 $G_1(f)$ 和 $G_2(f)$；f_s 及概率 P。

解：(1) 由题意可得 $G_2(f) = T_s \text{Sa}(\pi f T_s)$；$G_1(f)=0$；$P=0.5$

代入式(4-5)得

$$P_s(f) = \frac{1}{4} f_s |G_2(f)|^2 + f_s^2 \sum_{m=-\infty}^{+\infty} \left|\frac{1}{2} G_2(mf_s)\right|^2 \delta(f-mf_s)$$

$$= \frac{1}{4} f_s |T_s \text{Sa}(\pi f T_s)|^2 + \sum_{m=-\infty}^{+\infty} \left|\frac{1}{2} \text{Sa}(m\pi)\right|^2 \delta(f-mf_s)$$

$$= \frac{1}{4} T_s \text{Sa}^2(\pi f T_s) + \frac{1}{4} \delta(f)$$

可以看出，等概率出现的单极性不归零码中不含有 $f=f_s$ 的离散分量，如图 4-3(a)所示。

(2) 由题意可得 $G_2(f) = \frac{1}{2} T_s \text{Sa}\left(\frac{\pi f T_s}{2}\right)$；$G_1(f)=0$；$P=0.5$

代入式(4-5)得

$$P_s(f) = \frac{1}{4} f_s |G_2(f)|^2 + f_s^2 \sum_{m=-\infty}^{+\infty} \left|\frac{1}{2} G_2(mf_s)\right|^2 \delta(f-mf_s)$$

$$= \frac{1}{16} T_s \text{Sa}^2\left(\frac{\pi f T_s}{2}\right) + \frac{1}{16} \sum_{m=-\infty}^{+\infty} \text{Sa}^2\left(\frac{\pi m}{2}\right) \delta(f-mf_s)$$

可以看出，等概率出现的单极性归零码中含有 $f=f_s$ 的离散分量，如图 4-3(c)所示。

(3) 由题意可得 $G_2(f) = -G_1(f) = T_s \text{Sa}(\pi f T_s)$；$P = 0.5$

代入式(4-5)得

$$P_s(f) = f_s |G_2(f)|^2 = T_s \text{Sa}^2(\pi f T_s)$$

可以看出，等概率出现的双极性不归零码中不含 $f=f_s$ 的离散分量，如图 4-3(b)所示。

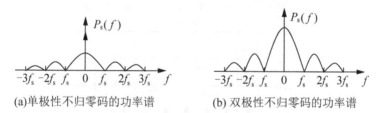

(a) 单极性不归零码的功率谱　　　　(b) 双极性不归零码的功率谱

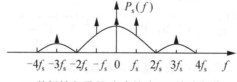

(c) 单极性归零码(占空比为0.5)的功率谱

图 4-3　各码型的功率谱

通常情况下，我们把第一零点的带宽称为信号带宽。通过上例的分析可知：以矩形脉冲为基本波形的二进制信号波形的带宽等于矩形脉冲宽度的倒数，即 $B=1/\tau$。因此，通过数字基带信号的功率谱分析可以求出信号的带宽，同时根据离散谱以判断是否可以从脉冲序列中直接提取定时信号及采取怎样的方式提取。因此信号的频谱分析对于同步提取、相干解调、信道匹配等问题具有重要意义。

4.3 数字基带传输与码间串扰

4.3.1 数字基带传输系统的组成及工作过程

数字基带传输系统的基本结构如图 4-4 所示，它由编码器、发送滤波器、信道、接收滤波器、抽样判决器与译码器组成。为了保证系统可靠有序地工作，还应有同步系统。

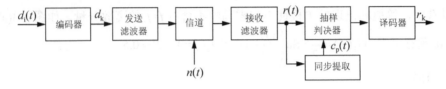

图 4-4　数字基带传输系统框图

在图 4-4 中，编码器输入信号 $d_i(t)$ 可以来自数字源，也可以来自信源编码器等，由"1"和"0"码组成的数据流，在每个码元内信号的脉冲宽度等于码元宽度，并且频谱中含有丰富的低频成分和直流成分。在数字基带传输系统中，通过编码器可以把原码转换为一种适合于信道中传输的、并能够提取同步信息的码型。例如，在设置隔直流电容的信道中，不适宜传输含有直流成分及丰富低频成分的信号。若原码为单极性码，而单极性码含有直流成分及丰富的低频分量，则如果把它转换为双极性码，那么这个双极性码对应信号就没有直流成分，适合在信道中传输，如图 4-5 所示。

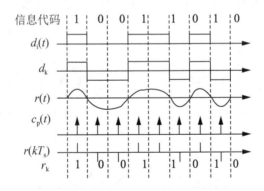

图 4-5　数字基带系统各点的波形

编码器输出波形一般基于矩形脉冲，这种信号占用带宽较宽，在信道中传输容易失真，发送滤波器把它转化为较平滑的波形，从而可以限制信号带宽，阻止不必要的频率成分干扰邻道。信号通过信道，混入噪声，会引起信号失真变形。如果接收端直接对该信号进行抽样判决会导致产生较大误码率，因此，信号先通过接收滤波器滤除带外噪声和均衡处理，更有利于抽样判决。抽样判决器在位同步 $c_p(t)$ 的控制下在每个接收基带信号波形的中心时刻附近对信号进行抽样判决。当抽样值大于门限值时,判为高电平,否则判为低电平,然后通过译码器恢复出原始信息码。

值得注意的是,接收到的信号由于受信道中的噪声及收发时钟源的频差影响,因此同步提取电路提取的位同步信号相位存在随机抖动。抖动使得抽样时刻偏离最佳的抽样时刻,抽样值减小,同时码间串扰也会变化,因此应该采取措施减小码间串扰和同步抖动。

4.3.2 数字基带传输系统的定量分析——码间串扰

由于信道特性不理想,波形失真比较严重时,可能会出现前面几个码元的波形同时串到后面,对后面某一个码元的抽样判决产生影响。这种影响就称为码间串扰(ISI),即前面其他码元对当前码元抽样值的影响。

图 4-6 所示是码间串扰的示意图。假设在 $(3T_s + t_1)$ 时刻抽样,则除了抽得当前码元(负脉冲)的值之外,还将抽到前后其他码元的拖尾,抽得的所有其他码元的尾巴叠加起来就是码间串扰。很显然,当码间串扰很严重时,会使判决出现错误,从而产生误码。

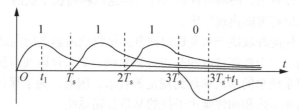

图 4-6 码间串扰示意图

分析表明,码间串扰主要是由基带传输系统的频率特性 $H(f)$ 所决定的。因此,导出两者之间的关系是十分有意义的。

基带传输系统可以等效为图 4-7 所示的数学模型。其中 $H_T(f)$、$H_R(f)$ 分别是发送滤波器和接收滤波器的频率特性,$C(f)$ 是信道的频率特性。因只考虑码间串扰,图中忽略了噪声 $n(t)$。

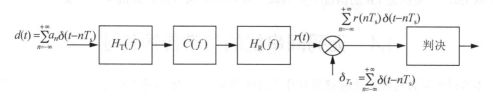

图 4-7 数字基带传输系统等效模型

为了方便分析,我们把序列对应的基带信号表示成冲激序列,即

$$d(t) = \sum_{n=-\infty}^{+\infty} a_n \delta(t - nT_s) \tag{4-7}$$

这相当于把实际的脉冲波形的频谱等效到 $H_T(f)$ 中。

根据系统分析理论,把图 4-7 中发送滤波器(包含码型变换)、信道及接收滤波器相串联的系统看成一个整体,设它的系统函数为 $H(f)$,称为基带传输特性。于是有

$$H(f) = H_T(f) \cdot C(f) \cdot H_R(f) \tag{4-8}$$

信号 $d(t)$ 通过该系统变换，同时还会引入信道中的噪声，因此系统输出信号 $r(t)$ 为

$$r(t) = \sum_{n=-\infty}^{+\infty} a_n h(t-nT_s) + n_R(t) \tag{4-9}$$

式中，$h(t)$ 为系统的单位冲激响应，与 $H(f)$ 构成傅里叶变换对；$n_R(t)$ 为经过接收滤波器处理后的加性噪声，是一个窄带高斯过程。

信号 $r(t)$ 需经过抽样、判决得到原信息码。在系统没有时偏的情况下，对于第 k 个码元理想的抽样时刻为 $t=kT_s$ (不考虑系统时延)，因此可以得到抽样值为

$$r(kT_s) = \sum_{n=-\infty}^{+\infty} a_n h(kT_s - nT_s) + n_R(kT_s) = a_k h(0) + \sum_{n \neq k} a_n h(kT_s - nT_s) + n_R(kT_s) \tag{4-10}$$

在式(4-10)中，第一项为抽样时刻 $t=kT_s$ 抽得的有用信号值，即接收到的第 k 个码元的抽样值，是我们期望得到的；而第二项为接收到的除第 k 个码元外的所有其他码元在本抽样时刻 $t=kT_s$ 取值的总和，即码间串扰；第三项为加性噪声在抽样时刻 $t=kT_s$ 的取值。对第 k 个码元来讲，码间串扰是其他码元波形的"拖尾"造成的。

通过上述分析可以看出，码间串扰和加性噪声这两种随机干扰的存在显然会影响 a_k 的正确判决，使系统输出有可能出现误码。

基带系统的传输性能既取决于从发送滤波器到接收滤波器之间的总传输函数 $H(f)$，又取决于加性噪声 $n(t)$。一个性能良好的基带传输系统，必须使码间串扰和噪声干扰两个方面的影响足够小，使系统总的误码率达到规定的要求。因此，为了保证基带信号的正确传输，必须研究减少码间串扰和加性噪声干扰的基带传输系统。

我们在分析复杂的实际工程问题时，经常会把实际的复杂现象简单化(通过若干假设)，得出一般结论后再把其他复杂因素考虑进去。"数字基带传输中的码间串扰"的分析正是这种从复杂到简单再到复杂的分析方法的典型例子。由于码间串扰和加性噪声都会引起误码，同时考虑这两种因素会使问题的解决变得很复杂。为简单计，在考虑码间串扰的影响时假设信道已经足够理想即不考虑加性噪声的影响，同样，在考虑加性噪声的影响时假设已经没有码间串扰。这样，下面要解决的两个问题是：一是在不考虑加性噪声的情况下如何消除 ISI，二是在无 ISI 的情况下如何减小噪声的影响或提高其抗噪声性能。

4.4 无码间串扰的基带传输特性

本节讨论基带传输系统应该具有什么样的传输函数 $H(f)$ 或者冲击响应 $h(t)$，才可以做到无码间串扰。此时，忽略加性噪声 $n(t)$ 的影响。

4.4.1 无码间串扰的时域条件

根据式(4-10)中码间串扰的数学分析，可以看出码间串扰的大小取决于 a_k 和接收波形的特性，接收波形又取决于系统的传输特性 $H(f)$。因此研究数字基带传输系统特性对码间串扰的影响对于消除或者减小码间串扰是很有意义的。

忽略加性噪声，式(4-10)中，令 $n_R(kT_s)=0$，可以得出在 $t=kT_s$ 时刻接收滤波器输出信号抽样值为

$$r(kT_s) = \sum_{n=-\infty}^{+\infty} a_n h(kT_s - nT_s) = a_k h(0) + \sum_{n \neq k} a_n h(kT_s - nT_s) \tag{4-11}$$

为了达到消除码间串扰的目的,式(4-11)中第一项不为零,第二项应该为零,即

$$\left. \begin{array}{l} a_k h(0) \neq 0 \\ \sum_{n \neq k} a_n h(kT_s - nT_s) = 0 \end{array} \right\} \tag{4-12}$$

由于 a_k 是随机变化的,是以某种概率来取值的,通过 a_k 来完全消除码间串扰是不可能的。因此,只有通过 $h(t)$ 波形来实现。$h(t)$ 为数字基带传输系统的单位冲激响应,为了消除码间串扰,显然要求 $h(t)$ 满足

$$h[(k-n)T_s] = \begin{cases} c, k = n \\ 0, k \neq n \end{cases} \quad \text{或} \quad h(kT_s) = \begin{cases} c, k = 0 \\ 0, k \neq 0 \end{cases} \tag{4-13}$$

式中,k 为整数;T_s 为码元宽度;c 为不等于 0 的常数。式(4-13)表明,只要输出波形除 $t=0$ 时的抽样值不为零外,在其他所有抽样时刻上均为零,就可以准确无误地恢复原始信号,因此信息完全携带在抽样幅度 a_k 上,这就相当于无码间串扰传输。式(4-13)为无码间串扰时数字基带传输系统冲激响应必须满足的条件,即无码间串扰的时域条件。很显然,这样的 $h(t)$ 是可以找到的,例如 $h(t) = \mathrm{Sa}(t)$。

4.4.2 无码间串扰的频域条件——奈奎斯特第一准则

下面推导无码间串扰的频域条件。根据 $h(t)$ 和 $H(f)$ 是一对傅里叶变换对,有

$$h(t) = \int_{-\infty}^{+\infty} H(f) e^{j2\pi ft} df \tag{4-14}$$

令 $t = kT_s$,则有

$$h(kT_s) = \int_{-\infty}^{+\infty} H(f) e^{j2\pi f(kT_s)} df \tag{4-15}$$

将式(4-15)分割为在宽度为 $1/T_s$ 的有限区间上的积分之和,则有

$$h(kT_s) = \sum_{m=-\infty}^{+\infty} \int_{(2m-1)/2T_s}^{(2m+1)/2T_s} H(f) e^{j2\pi f(kT_s)} df$$

$$\xrightarrow{\text{变量代换}} \sum_{m=-\infty}^{+\infty} \int_{-1/2T_s}^{1/2T_s} H\left(f + \frac{m}{T_s}\right) e^{j2\pi f(kT_s)} df \tag{4-16}$$

当式(4-16)一致收敛时,求和与积分次序可以互换,则有

$$h(kT_s) \xrightarrow[\text{次序互换}]{\text{求和与积分}} \int_{-1/2T_s}^{1/2T_s} \left[\sum_{m=-\infty}^{+\infty} H\left(f + \frac{m}{T_s}\right) \right] e^{j2\pi f(kT_s)} df \tag{4-17}$$

假设 $H_{\mathrm{eq}}(f) = \sum_{m=-\infty}^{+\infty} H\left(f + \frac{m}{T_s}\right)$,则有

$$h(kT_s) = \int_{-1/2T_s}^{1/2T_s} H_{\mathrm{eq}}(f) e^{j2\pi f(kT_s)} df \tag{4-18}$$

从 $H_{\mathrm{eq}}(f)$ 可以看出它是一个周期函数,且周期为 $1/T_s$。因此可以展开为傅里叶级数为

$$H_{\mathrm{eq}}(f) = \sum_{n=-\infty}^{+\infty} H_n e^{jn(2\pi T_s)f} \tag{4-19}$$

其中

$$H_n = T_s \int_{-1/2T_s}^{1/2T_s} H_{eq}(f) e^{-jn(2\pi T_s)f} df \quad (4-20)$$

对比式(4-18)和式(4-20)，可以得到

$$H_n = T_s h(-nT_s) \quad (4-21)$$

若满足无码间串扰，式(4-13)成立，则需

$$H_n = \begin{cases} cT_s, & n=0 (c为非零常数) \\ 0, & n \neq 0 \end{cases}$$

将 H_n 代入(4-19)有

$$H_{eq}(f) = \sum_{m=-\infty}^{+\infty} H\left(f + \frac{m}{T_s}\right) = c \cdot T_s \quad (4-22)$$

又因为 $H_{eq}(f)$ 是周期为 $1/T_s$ 的周期函数，因此，在式(4-13)无码间串扰的时域条件下，可以得出相应的基带传输系统特性应满足

$$H_{eq}(f) = \sum_{m=-\infty}^{+\infty} H\left(f + \frac{m}{T_s}\right) = 非零常数, \quad |f| \leq \frac{1}{2T_s} \quad (4-23a)$$

通过式(4-23a)可以看出，如果基带系统传输特性 $H(f)$ 沿着 f 轴左右平移叠加后，在区间$[-1/(2T_s), 1/(2T_s)]$内等效为一个具有理想低通特性的系统，则系统可以实现无码间串扰传输。该条件是检验一个传输特性为 $H(f)$ 的系统是否存在码间串扰的准则，是由奈奎斯特(Nyquist)等人提出的，所以又称为奈奎斯特第一准则。

在实际应用中，奈奎斯特第一准则在表达方式上存在着多种变形，如

$$H_{eq}(\omega) = \sum_m H\left(\omega + \frac{2\pi m}{T_s}\right) = \begin{cases} 常数(如T_s) & |\omega| \leq \pi/T_s \\ 0 & |\omega| > \pi/T_s \end{cases} \quad (4-23b)$$

$$H_{eq}(\omega) = \sum_m H(\omega + m\omega_s) = \begin{cases} 常数(如T_s) & |\omega| \leq \omega_s/2 \\ 0 & |\omega| > \omega_s/2 \end{cases} \quad (4-23c)$$

$$H_{eq}(f) = \sum_m H(f + mf_s) = \begin{cases} 常数(如T_s) & |f| \leq f_s/2 \\ 0 & |f| > f_s/2 \end{cases} \quad (4-23d)$$

其中，$\omega_s = 2\pi f_s = 2\pi/T_s$。

奈奎斯特第一准则表明，一个基带系统要做到无码间串扰传输，它的传输特性 $H(f)$ 必须可以等效为一个理想低通滤波器，这可以通过将 $H(f)$ 在频率轴上平移、叠加，并观察其结果在作用区间上是否为一非零常数来考察。

【例4-6】 验证图 4-8(a)中的 $H(f)$ 特性能否做到无码间串扰传输。其中$1/2T_s$是奈奎斯特带宽。

解：$H(f)$是对 $f=\pm1/(2T_s)$ 呈奇对称的低通滤波器特性，根据式(4-23d)，把它平移、叠加处理，分别如图 4-8(b)、(c)所示。可见，当f在区间$[-1/(2T_s), 1/(2T_s)]$内时，有

$$\sum_{m=-\infty}^{+\infty} H\left(f + \frac{m}{T_s}\right) = \sum_{m=-1}^{+1} H\left(f + \frac{m}{T_s}\right) = H\left(f + \frac{1}{T_s}\right) + H(f) + H\left(f - \frac{1}{T_s}\right) = T_s$$

它具有等效的理想低通特性，因此该系统可以实现无码间串扰传输。

第4章 数字基带传输系统

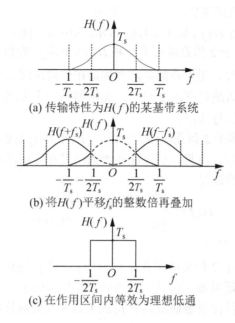

(a) 传输特性为 $H(f)$ 的某基带系统

(b) 将 $H(f)$ 平移 f_s 的整数倍再叠加

(c) 在作用区间内等效为理想低通

图 4-8 $H(f)$ 无码间串扰特性验证举例

【例 4-7】 设数字基带系统具有图 4-9(a) 所示的传输特性，当数字基带信号的传码率为 $R_B = \omega_0/\pi$ 时，用奈奎斯特准则验证该系统能否实现无码间串扰传输。

解： $R_B = f_s = \omega_0/\pi$，$\omega_s = 2\pi f_s = 2\omega_0$。

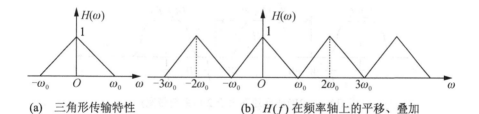

(a) 三角形传输特性　　　　(b) $H(f)$ 在频率轴上的平移、叠加

图 4-9 例 4-7 用图

应用式(4-23c)，将 $H(\omega)$ 在 ω 轴上左右平移 $2\omega_0$ 的整数倍，如图 4-9(b) 所示。可见，平移后各图恰好相邻但并不重合，相加后不为常数，故码速率为 $R_B = \omega_0/\pi$ 时存在码间串扰。

下面再用时域条件式(4-13)来验证系统是否存在码间串扰：

$$h(t) = \frac{1}{2\pi}\int_{-\infty}^{\infty} H(\omega)e^{j\omega t}d\omega = \frac{\omega_0}{2\pi}\mathrm{Sa}\left(\frac{\omega_0 t}{2}\right)$$

$$T_s = 1/R_B = \pi/\omega_0, \quad h(kT_s) = \frac{\omega_0}{2\pi}\mathrm{Sa}^2\left(\frac{k\pi}{2}\right)$$

显然，当 $k = 0, \pm 1, \pm 3, \cdots$ 时，$h(kT_s) \neq 0$，故系统存在码间串扰，从而说明时域条件和频域条件是一致的。

例 4-6 中，指定了码元宽度 T_s 实际上也是指定了码元速率，它们之间是倒数关系。以上两例均说明，为了实现无码间串扰传输，必须限制基带信号的码元速率。下面讨论无码间串扰时码元速率(Bd)与系统带宽(Hz)在数值上的关系。

假设基带系统传输特性$H(f)$如图4-10(a)所示,其中W为系统带宽。下面讨论3种情况。

(1) $f_s > 2W$(码元速率大于2倍系统带宽)。将$H(f)$平移f_s的整数倍再叠加,如图4-10(b)所示。此时各曲线相互隔开,无重叠部分,叠加后在作用区间上不可能是一常数。可见,当码元速率大于基带传输系统带宽的2倍时,无法得到一个无码间串扰的系统,或者说无法设计一个无码间串扰的信号波形。

(2) $f_s = 2W$(码元速率等于2倍系统带宽)。将$H(f)$平移f_s的整数倍再叠加,如图4-10(c)所示,此时各曲线恰好相邻。可见,要保证叠加的结果在作用区间上是一常数,唯一可能是要求基带系统的传输特性满足

$$H(f) = \begin{cases} \text{非零常数}, & |f| \leq W \\ 0, & f \text{为其他} \end{cases}$$

即$H(f)$具有理想低通传输特性。

(3) $f_s < 2W$(码元速率小于2倍系统带宽)。将$H(f)$平移f_s的整数倍再叠加,如图4-10(d)所示,此时各曲线部分出现重叠。可见,叠加后在作用区间上有可能是一常数,唯一可能是要求基带系统的传输特性在奈奎斯特频率f_N点上具有互补对称性质。

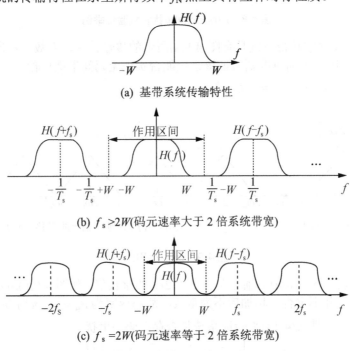

图 4-10 无码间串扰时的码元速率与系统带宽关系讨论

从以上讨论可知，设系统带宽为 W，它等效为理想低通的带宽称为等效带宽，记为 B(Hz)，则系统无码间串扰的最高传输速率为 $2B$(Bd)，该传输速率称为奈奎斯特速率，高于此速率必有码间串扰，此即奈奎斯特传输定理。根据该定理，输入序列若以码元速率 $1/T_s$(即 f_s)进行无码间串扰传输时，所需的最小传输带宽就是 $1/(2T_s)$Hz，通常称 $1/(2T_s)$为奈奎斯特带宽(即 $f_s/2$)。

奈奎斯特第一准则虽然没有时域条件那样具有明确的物理意义，但工程上应用极为方便。需要注意的是，式(4-23)给出的条件并不能唯一地确定 $H(f)$。我们在选择 $H(f)$ 的特性时还需要考虑两个重要方面。

(1) 实际应用时，定时判决时刻不一定非常准确，如果 $h(t)$ 收敛很慢，拖尾太长，当定时不准时，任意一个码元都要对后面多个码元产生串扰，或者说后面任一个码元都要受到前面几个码元的串扰。因此对系统要求 $h(t)$ 的波形在 $t=kT_s(k\neq 0)$ 的抽样点附近的信号幅值要尽量小，即 $h(t)$波形拖尾衰减的速度要快。

(2) 具有 $H(f)$ 传输特性的成形滤波器必须易于实现。

4.4.3 无码间串扰的基带传输系统

1. 理想低通系统

根据奈奎斯特第一准则，可以找到一种理想的系统特性即 $H(f)$ 为理想低通特性以实现无码间串扰传输，即

$$H(f) = \begin{cases} T_s, & |f| \leq \dfrac{1}{2T_s} \\ 0, & |f| > \dfrac{1}{2T_s} \end{cases} \tag{4-24}$$

在这里对于相移暂不予考虑。所以当冲激信号通过该理想低通系统后，信号的输出波形为

$$h(t) = \text{Sa}\left(\dfrac{\pi}{T_s}t\right) \tag{4-25}$$

$H(f)$频率特性及 $h(t)$ 波形如图 4-11 所示。

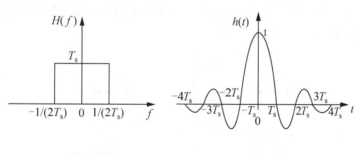

(a) 频率特性   (b) 冲激响应

图 4-11 理想低通滤波器特性

由于本码元抽样时刻及其他码元抽样时刻为 $t=0$ 及 $t=kT_s(k\neq 0)$，从 $h(t)$图形可以看出信

号在 $t=0$ 的幅度值最大,在 $t=kT_s(k\neq 0)$ 时刻的值均为零,满足无码间串扰的时域条件。即系统以 $1/T_s$ 的码元速率进行传输时,在理想抽样时刻上抽样时无码间串扰。如果系统以码元速率 $1/(nT_s)$ (n 为正整数)传输,即码元宽度为 nT_s,则各码元的理想抽样时刻为 $t=knT_s$,从 $h(t)$ 波形可以得出,系统同样不存在码间串扰。同样可以得出,如果系统以大于 $1/T_s$ 的码元速率传输,系统将存在码间串扰。

在数字通信系统中常用频带利用率来衡量系统的信息传送能力。所谓频带利用率,是指在单位频带上每秒内所能传输的符号数或比特数,因此其单位为 Bd/Hz 或 b/s/Hz。

根据以上讨论可知,带宽 $B=1/(2T_s)$Hz 的理想低通特性的传输系统可以实现以码元速率 $R_B=1/(nT_s)$ (n 为正整数)的无码间串扰传输。此时,基带系统的频带利用率为

$$\eta = R_B / B = 2/n (\text{Bd}/\text{Hz}) \ (n \text{ 为正整数}) \tag{4-26}$$

此时系统的最大频带利用率为 2Bd/Hz。此时 $R_B=2B$。通常将 $2B(\text{Bd})$ 的最大码元速率称为奈奎斯特速率,而其倒数 $1/(2B)$ 称为奈奎斯特间隔,带宽 B 称为奈奎斯特带宽并用 f_N 表示。

尽管理想低通滤波特性的传输系统可以达到系统有效性的极限,但是要想使系统总的频域特性具有理想低通特性在工程上存在如下问题。

(1) 理想低通滤波特性对应的时域函数 $h(t)$ 为 $\text{Sa}(t)$ 类函数,此类函数为非因果函数,并且有无穷长的持续时间。同时频域特性中在频点 $f=\pm B$ 处具有陡峭的截止特性,很难用实际滤波器逼近理想滤波器。理想低通滤波器实际上是物理不可实现的。

(2) 要求严格的同步信号。因为 $\text{Sa}(t)$ 随着 t 的增加,波形 $\text{Sa}(t)$ 的"拖尾"以 $1/t$ 规律衰减,收敛速度太慢。由于同步信号会存在着误差,因此采样不可能完全在最佳采样时刻,从而导致产生较大的码间串扰。

由于其物理不可实现性及 $h(t)$ 长长的拖尾导致定时误差引起的码间串扰,因此理想低通滤波特性的系统无法应用于现实系统。

2. 余弦滚降系统

正是由于理想低通滤波特性系统的上述问题,我们不得不考虑其他波形。最理想的就是寻找一种衰减远大于 $1/t$,并且在相邻码元抽样时刻的样值为 0 的波形。奈奎斯特曾对这个问题进行研究,并得出了无码间串扰的波形幅度必须满足的条件,即只要系统的传输频率特性 $H(f)$ 是实函数,并且在 $f=\pm f_N$ 处具有奇对称性,那么 $H(f)$ 就可具有任意形状,同时获得具有所需零点分布的时域波形。在数字基带通信系统中,式(4-27)所示的余弦滚降特性得到广泛的应用,如图 4-12 所示。

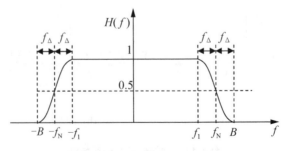

图 4-12 余弦滚降滤波特性

$$H(f) = \begin{cases} 1, & |f| < \dfrac{1-\alpha}{2T_s} \\ \dfrac{1}{2}\left\{1+\cos\left[\dfrac{\pi T_s}{\alpha}\left(|f|-\dfrac{1-\alpha}{2T_s}\right)\right]\right\}, & \dfrac{1-\alpha}{2T_s} < |f| < \dfrac{1+\alpha}{2T_s} \\ 0, & |f| > \dfrac{1+\alpha}{2T_s} \end{cases} \quad (4\text{-}27)$$

式中，T_s 为码元宽度；α 称为滚降因子，代表滤波器从导通到截止之间的圆滑程度，即

$$\alpha = f_\Delta / f_N \quad (4\text{-}28)$$

式中，f_N 为奈奎斯特带宽；f_Δ 为超出奈奎斯特带宽 f_N 的扩展量。

与式(4-27)对应的时域波形 $h(t)$ 为

$$h(t) = \dfrac{1}{T_s}\text{Sa}\left(\dfrac{\pi t}{T_s}\right)\left[\dfrac{\cos \pi \alpha t / T_s}{1-(2\alpha t/T_s)^2}\right] \quad (4\text{-}29)$$

由图 4-12 可以看出，具有余弦滚降特性的 $H(f)$ 满足奈奎斯特第一准则：通过平移、叠加可以实现在 $|f|<f_N$ 范围内为常数。同时参数 α 的取值范围为区间[0,1]。因此可以得出 $H(f)$ 的实际带宽 B 根据参数 α 的不同在 f_N 与 $2f_N$ 之间变化。

由式(4-29)可知，$h(t)$ 的波形以 $1/t^3$ 速度衰减，因此收敛速度比 $1/t$ 快得多。同时还可以看出，当参数 α 取值越大时，$h(t)$ 的"拖尾"衰减越快，从而对于定时精度的要求越低。但要注意的是，此时系统的实际带宽 B 也相应增大。从图 4-12 中可以得出其带宽为

$$B = f_N + f_\Delta = (1+\alpha)f_N$$

由此可得出在无码间串扰条件下余弦滚降系统的最高频带利用率为

$$\eta = R_B / B = 2f_N / (1+\alpha)f_N = 2/(1+\alpha) \quad (\text{Bd/Hz}) \quad (4\text{-}30)$$

可见，与理想低通滤波特性相比，余弦滚降系统良好的时域波形衰减特性是以牺牲带宽为代价的。

3. 奈奎斯特滤波器

如果滤波器的传递特性满足式(4-31)，就称它为奈奎斯特滤波器，即

$$H(f) = \begin{cases} 1+X(f), & |f| < f_N \\ X(f), & f_N < |f| < 2f_N \\ 0, & f\text{为其他值} \end{cases} \quad (4\text{-}31)$$

式中，$X(f)$ 为关于 $f=0$ 轴的偶对称实函数，并且关于 $f=f_N$ 轴奇对称，如图 4-13(a)所示。即有

$$X(f) = X(-f), \quad |f| < 2f_N$$
$$X(f_N + f) = -X(f_N - f), \quad |f| < f_N$$

当码元速率满足 $R_B = 2f_N$ 时，奈奎斯特滤波器系统就不存在码间串扰。下面予以证明。

证明：根据奈奎斯特第一准则，系统无码间串扰的条件是当 $t=kT_s$ ($k\neq 0$)时刻抽样值为0。求 $H(f)$ 的傅里叶逆变换得

$$h(t) = \int_{-\infty}^{+\infty} H(f)\text{e}^{\text{j}2\pi ft}\text{d}f = \int_{-f_N}^{f_N} H_{\text{eq}}(f)\text{e}^{\text{j}2\pi ft}\text{d}f + \int_{-2f_N}^{2f_N} X(f)\text{e}^{\text{j}2\pi ft}\text{d}f$$

又因为 $H_{\text{eq}}(f)$ 的傅里叶逆变换为 $H_{\text{eq}}(f) \Leftrightarrow 2f_N\text{Sa}(2\pi f_N t)$，因此有

$$h(t) = 2f_N \text{Sa}(2\pi f_N t) + \int_{-2f_N}^{0} X(f) e^{j2\pi ft} df + \int_{0}^{2f_N} X(f) e^{j2\pi ft} df$$

$$= 2f_N \text{Sa}(2\pi f_N t) + e^{-j2\pi f_N t} \int_{-f_N}^{f_N} X(f - f_N) e^{j2\pi ft} df + e^{j2\pi f_N t} \int_{-f_N}^{f_N} X(f + f_N) e^{j2\pi ft} df$$

由于 $X(f)$ 函数为偶函数并且关于 $f=f_N$ 轴奇对称，因此有 $X(f+f_N) = -X(f-f_N)$，则上式可以简化为

$$h(t) = 2f_N \text{Sa}(2\pi f_N t) + j2\sin(2\pi f_N t) \int_{-f_N}^{f_N} X(f + f_N) e^{j2\pi ft} df \tag{4-32}$$

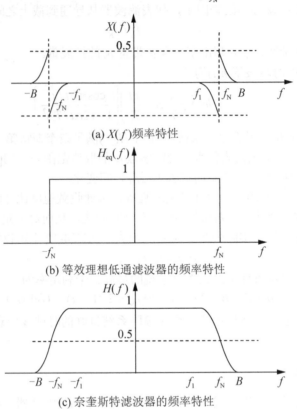

图 4-13 奈奎斯特滤波器特性

因为 $H(-f) = H^*(f)$，因此 $h(t)$ 为实函数。根据式(4-32)可以得出，当 $t = k/2f_N (k \neq 0)$ 时，$h(t)=0$，因此满足奈奎斯特第一准则，可以使输出信号中无码间串扰。

4.5 基带传输系统的抗噪声性能分析

通过前几节的讨论与分析可知，在数字通信系统中存在两大干扰：一是码间串扰，二是加性噪声。两者都会导致系统产生误码，从而影响数字通信系统的性能。通常，数字通信系统中使用误码率来量度系统的性能。下面在不考虑码间串扰的条件下计算加性噪声引起的误码率。

通常情况下信道中的加性噪声只对接收端有影响，则可建立系统抗噪声性能分析模型，如图 4-14 所示。

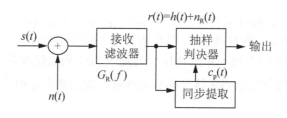

图 4-14　基带传输系统抗噪声性能分析模型

图 4-14 中，信道的加性噪声 $n(t)$ 为高斯白噪声，并且均值为 0，双边功率谱密度为 $n_0/2$。由于基带传输系统中接收滤波器为一个线性网络，因此高斯白噪声通过接收滤波器后，输出噪声 $n_R(t)$ 是一种窄带高斯白噪声，并且是平稳的。由平稳随机信号通过线性系统的理论知识可以知道输出噪声的功率谱密度为

$$P_n(f) = \frac{n_0}{2}|G_R(f)|^2$$

$n_R(t)$ 的方差(噪声的平均功率)为

$$\sigma_n^2 = \int_{-\infty}^{+\infty} P_n(f)\mathrm{d}f = \int_{-\infty}^{+\infty} \frac{n_0}{2}|G_R(f)|^2 \mathrm{d}f$$

因此，$n_R(t)$ 的统计特性可以用一维概率密度函数描述，即

$$f(x) = \frac{1}{\sqrt{2\pi}\sigma_n} \mathrm{e}^{-x^2/2\sigma_n^2} \tag{4-33}$$

式中，x 为噪声瞬时取值 $n_R(t)$，即为 $n_R(kT_s)$。

在抗噪声性能分析模型中，抽样判决器输入端的信号 $r(t)$ 包含两部分：有用信号 $h(t)$ 和高斯白噪声 $n_R(t)$，且两者相互独立，即有 $r(t) = h(t) + n_R(t)$。

在无码间串扰条件下，对于二进制双极性码而言，接收端抽样判决器对"1"码和"0"码抽样判决时刻信号分别取正、负最大值，即 $\pm A$；相似地，二进制单极性码接收端抽样判决器对"1"码和"0"码抽样判决时刻信号分别取正最大值和零。由于我们只关心抽样时刻的值，因此可以把收到"1"码的信号在整个码元区间内用"+A"表示，"0"码的信号用 $-A$(或者 0)表示。这样在性能分析时，$h(t)$ 可近似表示为

$$h(t) = \begin{cases} A, & \text{发送"1"码} \\ -A, & \text{发送"0"码} \end{cases}, \text{传输双极性基带信号} \tag{4-34a}$$

$$h(t) = \begin{cases} A, & \text{发送"1"码} \\ 0, & \text{发送"0"码} \end{cases}, \text{传输单极性基带信号} \tag{4-34b}$$

因此，接收滤波器在抽样判决时刻($t=kT_s$)输出值为

$$r(kT_s) = \begin{cases} A + n_R(kT_s), & \text{发送"1"码} \\ -A + n_R(kT_s), & \text{发送"0"码} \end{cases}, \text{传输双极性基带信号} \tag{4-35a}$$

$$r(kT_s) = \begin{cases} A + n_R(kT_s), & \text{发送"1"码} \\ n_R(kT_s), & \text{发送"0"码} \end{cases}, \text{传输单极性基带信号} \tag{4-35b}$$

在抽样判决器中设置有判决门限 V_d，如果 $r(kT_s) > V_d$，则判决为"1"码；反之，则判决为"0"码。图 4-15 所示为一噪声对判决产生影响的过程，从图中可以看出，由于噪声的影响，第二个码元"1"码在传输过程中判为了"0"码，即产生了误码。

当加性噪声过大时，抽样判决会出现两种错误：发送端发送的是"1"码，而接收端却判其为"0"码，记 $P(0/1)$ 为发送"1"码而错判为"0"码的概率；发送端发送的是"0"码，而接收端却误判为"1"码，并记 $P(1/0)$ 为发送"0"码而错判为"1"码的概率。数字通信系统的抗噪声性能常用误码率这一指标来衡量，根据概率论相关理论可以得出，系统的总误码率为

$$P_e = P(1)P(0/1) + P(0)P(1/0) \tag{4-36}$$

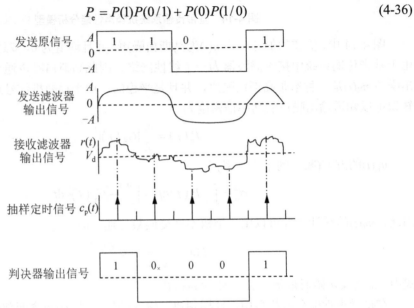

图 4-15　加性噪声对抽样判决的影响示意图

下面针对二进制双极性码与单极性码系统两种情况下的抗噪声性能进行讨论。

4.5.1　二进制双极性基带传输系统

对二进制双极性基带传输系统，当发送端发送"1"码时，接收端信号的概率密度函数为

$$f_1(x) = \frac{1}{\sqrt{2\pi}\sigma_n} e^{-(x-A)^2/2\sigma_n^2} \tag{4-37}$$

当发送端发送"0"码时，接收端信号的概率密度函数为

$$f_0(x) = \frac{1}{\sqrt{2\pi}\sigma_n} e^{-(x+A)^2/2\sigma_n^2} \tag{4-38}$$

概率密度曲线如图 4-16 所示。

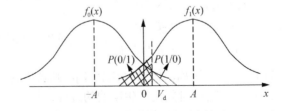

图 4-16　二进制双极性系统的概率密度曲线

根据判决规则，发送"1"码时，抽样值小于V_d时，则错判为"0"码，可得

$$P(0/1) = \int_{-\infty}^{V_d} f_1(x)dx \tag{4-39}$$

发送"0"码时，抽样值大于V_d时，则错判为"1"码，可得

$$P(1/0) = \int_{V_d}^{+\infty} f_0(x)dx \tag{4-40}$$

将式(4-39)和式(4-40)代入式(4-36)可得总误码率

$$P_e = P(1)\int_{-\infty}^{V_d} f_1(x)dx + P(0)\int_{V_d}^{+\infty} f_0(x)dx \tag{4-41}$$

假设先验概率$P(0)$和$P(1)$已知，则P_e的大小取决于V_d，因此最佳的判决门限V_d^*应满足

$$\frac{dP_e}{dV_d^*} = 0 \tag{4-42}$$

将式(4-41)代入式(4-42)可求得最佳门限为

$$V_d^* = \frac{\sigma_n^2}{2A}\ln\frac{P(0)}{P(1)} \tag{4-43}$$

根据式(4-43)，判决电平V_d的取值不是固定不变的，而是取决于$P(0)$与$P(1)$的比值。特别地，当"1"码和"0"码等概，即$P(0) = P(1) = 0.5$时，有$V_d^* = 0$。此时，$P(0/1)$与$P(1/0)$相等，系统总误码率为

$$P_e = 2P(1)P(0/1) = \int_{-\infty}^{0} \frac{1}{\sqrt{2\pi}\sigma_n} e^{-(x-A)^2/2\sigma_n^2}dx = \frac{1}{2}\text{erfc}\left(\frac{A}{\sqrt{2}\sigma_n}\right) \tag{4-44}$$

式(4-44)是二进制双极性基带传输系统在0码与1码等概，且取最佳判决门限$V_d^* = 0$时的误码率计算公式。可以看出，此时系统的误码率仅取决于信号峰值与噪声均方根值的比值A/σ_n，且随着比值的增大，误码率减小。

4.5.2 二进制单极性基带传输系统

与传输二进制双极性信号分析方法相似，可以得出二进制单极性系统最佳判决电平为

$$V_d^* = \frac{A}{2} + \frac{\sigma_n^2}{A}\ln\frac{P(0)}{P(1)} \tag{4-45}$$

图4-17给出了此时的两种出错概率$P(0/1)$与$P(1/0)$。根据该图与式(4-45)可知，当"1"码与"0"码等概时，最佳判决电平为$V_d^* = A/2$，此时系统误码率为

$$P_e = 2P(1)P(0/1) = \int_{-\infty}^{\frac{A}{2}} \frac{1}{\sqrt{2\pi}\sigma_n} e^{-(x-A)^2/2\sigma_n^2}dx = \frac{1}{2}\text{erfc}\left(\frac{A}{2\sqrt{2}\sigma_n}\right) \tag{4-46}$$

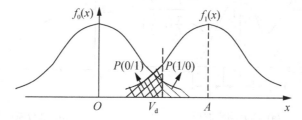

图4-17 二进制单极性系统的概率密度曲线

4.6 部分响应系统

根据奈奎斯特第一准则，为了消除码间串扰，要求基带传输系统的传输特性 $H(f)$ 是理想低通或者是等效的理想低通特性。通过 4.5 节的讨论可知，当基带传输系统的传输特性 $H(f)$ 为理想低通特性时，时域特性为 $sinx/x$ 类函数，它能够达到理论极限的频带利用率 2Bd/Hz。但是由于其时域波形"拖尾"衰减慢，并且频域具有陡峭的截止特性，因此对定时的要求特别严格且物理上不能实现。而具有滚降特性的基带传输系统尽管在一定程度上克服了理想低通特性的基带传输系统的缺点，但是它的良好特性是以降低频带利用率为代价的，其频带利用率只有 $2/(1+\alpha)$ Bd/Hz。可见，高的频带利用率与时域波形的"拖尾"衰减大、收敛快是相互矛盾的，这不能实现高速率的传输。那么，能不能找到一种可以达到极限频带利用率，而且"拖尾"衰减大、收敛快的响应波形呢？奈奎斯特第二准则回答了这个问题：通过人为地、有规律地在码元抽样时刻引入码间串扰，并在接收端判决前加以消除，就可以达到这个目的。通常把具有这种特性的波形称为部分响应波形；把能够实现该部分响应波形的系统称为部分响应系统。部分响应技术的实质是利用码间串扰，达到最大频带利用率 2Bd/Hz 条件下改善频谱特性及降低定时精度的要求。

下面着重介绍广泛应用的第Ⅰ类部分响应系统的基本工作原理。

4.6.1 第Ⅰ类部分响应系统

我们知道，理想低通的时域响应波形呈 $sinx/x$ 形状，如果将两个时间上间隔一个码元时间 T_s 的 $sinx/x$ 波形相加，如图 4-18(a)所示，会发现这两个波形的尾巴正负恰好相反，利用这样的波形组合肯定可以构成"拖尾"衰减很快的脉冲波形。事实上，其相加的结果 $g(t)$ 为

$$g(t) = \mathrm{Sa}\left[\frac{\pi}{T_s}\left(t+\frac{T_s}{2}\right)\right] + \mathrm{Sa}\left[\frac{\pi}{T_s}\left(t-\frac{T_s}{2}\right)\right] = \frac{4}{\pi} \cdot \frac{\cos\left(\frac{\pi t}{T_s}\right)}{1-4t^2/T_s^2} \quad (4\text{-}47)$$

根据傅里叶变换求出 $g(t)$ 的频谱为

$$G(\omega) = \begin{cases} 2T_s \cos(\omega T_s/2), & |\omega| \leqslant 2\pi B \\ 0, & |\omega| > 2\pi B \end{cases} \quad (4\text{-}48)$$

式中，$B = 1/(2T_s)$ 为奈奎斯特带宽。显然，$G(\omega)$ 是呈半余弦型的，如图 4-18(b)所示。

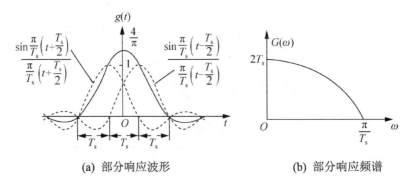

(a) 部分响应波形 (b) 部分响应频谱

图 4-18 部分响应波形及其频谱

分析式(4-47)和式(4-48)，部分响应波形 $g(t)$ 具有以下特点。

(1) $g(t)$ 的尾巴幅度变化与 t^2 成反比，说明它比理想低通响应波形衰减大、收敛快，从而可以降低对抽样脉冲定时精度的要求。

(2) $g(t)$ 的频谱限制在 $(-B,+B)$ 之内，与理想低通时一样。故频带利用率为 $\eta=R_B/B=2\text{Bd/Hz}$，达到基带系统在传输二进制序列时的理论极限值。

(3) 若用 $g(t)$ 作为传送波形且传送码元间隔为 T_s，则在抽样时刻上存在串扰。但是，仅将发生发送码元与其前后码元相互串扰，而与其他码元不发生串扰，如图 4-19 所示。

(4) 表面上看，前后码元间的串扰很大，但这种串扰是确定的、可控的。当前码元上的串扰仅由前一个码元被延迟引起，即当前码元的抽样仅受前一码元相同幅度样值的串扰。因此，当前码元被正确接收后，只要将其抽样结果减去前一个码元的相同幅度样值，即可消除串扰，正确还原出后一个码元。由于串扰可控，故仍可按 $1/T_s$ 传输速率传送码元。

1. 半余弦滤波器

通过半余弦滤波器即可产生部分响应波形。半余弦滤波器的结构组成如图 4-20 所示。其中 $H_1(f)$ 构成部分波形编码，又称相关编码。$H_2(f)$ 为理想低通滤波器，对它的要求是截止频率为 $f_c=f_s/2$，幅度为 T_s。下面采用频域分析法分析其频谱。

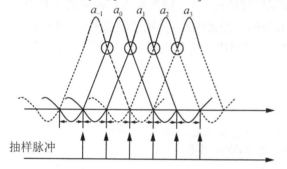

图 4-19　第 I 类部分响应系统码间串扰示意图　　　图 4-20　半余弦滤波器

由图 4-20 可知

$$|H_1(f)|=2\cos\pi fT_s \qquad H_1(f)=1+e^{-j2\pi fT_s}$$

$$H_2(f)=\begin{cases} T_s, & |f|\leqslant f_s/2 \\ 0, & \text{其他} \end{cases}$$

故

$$H(f)=H_1(f)H_2(f)=\begin{cases} 2T_s\cos\pi fT_s, & |f|\leqslant f_s/2 \\ 0, & \text{其他} \end{cases}$$

此式与式(4-48)完全相同，即利用半余弦滤波器产生了部分响应波形。

2. 误码传播现象

如前所述，半余弦滤波器按时间间隔 T_s 传送码元，由于存在前一码元留下的有规律干扰，输入码元和取样值满足如下关系：

$$c_k=a_k+a_{k-1} \tag{4-49}$$

式中，a_k 为发送码元，它代表第 k 个码元的信号；a_{k-1} 为前一码元在第 k 个时刻留下的串扰，

相关编码为 $c_k = a_k + a_{k-1}$，就是第 k 个码元的样值，如图 4-20 所示。因此，接收波形 $g(t)$ 在第 k 个时刻上获得的抽样值 c_k 可能有 –2、0、+2 三种取值(+1、–1 相加减)，因此，相关码又称三电平码。根据式(4-49)，可得不同码元组合时的取样值如表 4-1 所示。

表 4-1 各种码元组合时的取样值

a_{k-1}	a_k	c_k
0(–1)	0(–1)	–2
1(+1)	1(+1)	+2
0(–1)	1(+1)	0
1(+1)	0(–1)	0

【例 4-8】 设输入码 a_k 为 001101011101，求相关码 c_k。

解：将 a_k 写成电平形式，有

$a_k = -1-1+1+1-1+1-1+1+1+1-1-1+1$，$a_{k-1} = -1-1+1+1-1+1-1+1+1+1-1+1$

$c_k = -2 \quad 0+2 \quad 0 \quad 0 \quad 0 \quad 0+2+2 \quad 0 \quad 0$

由表 4-1 和例 4-8 可见，若取样值 $c_k = -2$，则当前码元 a_k 只可能是 0 码；若取样值 $c_k = +2$，则当前码元 a_k 只可能是 1 码。但如果取样值 $c_k = 0$，则当前码元 a_k 可能是 0 码，也可能是 1 码，这种现象称为判决模糊。此时若要确定当前码元 a_k，则必须参考前一码元 a_{k-1} 的判决结果。若 a_{k-1} 判决有错，它会直接影响 a_k 的判决，a_k 的判决又会影响 a_{k+1} 的判决，这种现象称为误码传播。

3. 误码传播的处理——预编码

为了克服误码传播，必须做到本码元的判决仅依据对应的取样值唯一确定，即 a_k 只能由 c_k 唯一确定，通过预编码可以达到这个目的，即通过预编码消除误码传播现象。

预编码电路如图 4-21 所示，它由时延电路和模 2 加法器组成。根据电路有

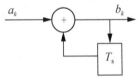

图 4-21 预编码电路

$$\left. \begin{array}{c} b_k = a_k \oplus b_{k-1} \\ a_k = b_k \oplus b_{k-1} \end{array} \right\} \tag{4-50}$$

预编码电路加在半余弦滤波器之前，即输入码元 a_k，通过预编码变成 b_k 再送到半余弦滤波器，此时，式(4-49)相应改为

$$c_k = b_k + b_{k-1} \tag{4-51}$$

对式(4-51)进行模 2 运算，有

$$[c_k]_{模2} = [b_k + b_{k-1}]_{模2} = b_k \oplus b_{k-1}$$

将式(4-50)代入，得

$$[c_k]_{模2} = a_k \tag{4-52}$$

可见，将输入码元 a_k 经过预编码变为 b_k 后再加到半余弦滤波器，并对输出取样得到样值 c_k，对 c_k 进行模 2 运算便能直接得到 a_k。预编码实际上是一种差分编码，它将绝对码 a_k 变为相对码 b_k。对相对码 b_k 进行相关编码，两次关联恰好抵消，于是得到式(4-52)。

综上所述，得到加入预编码的第Ⅰ类部分响应系统，如图 4-22 所示。

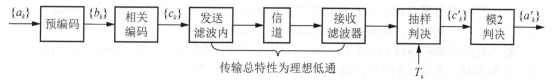

图 4-22 有预编码的第Ⅰ类部分响应基带传输系统框图

需要注意第Ⅰ类部分响应系统的缺点是，输入数据为二进制，而部分响应波形的相关编码电平数为 3 个，已经超过 2 个。因此，在同样输入信噪比条件下，部分响应系统的抗噪声性能降低了。或者说，部分响应系统的高频带利用率是用牺牲抗噪声性能来换取的。

4.6.2 一般形式的部分响应系统

式(4-47)是半余弦滤波器的冲激响应，即第Ⅰ类部分响应波形是让两个 $Sa(x)$ 函数相加，系统只引入了前一码元的干扰。类似地将其推广，引入更多的码元间干扰，可得到部分响应系统统一的冲激响应的一般表达形式如下：

$$h(t) = R_1 Sa\left(\frac{\pi t}{T_s}\right) + R_2 Sa[\pi(t-T_s)] + \cdots + R_N Sa\left\{\frac{\pi[t-(N-1)T_s]}{T_s}\right\}$$

$$= \sum_{i=1}^{N} R_i Sa\left\{\frac{\pi[t-(i-1)T_s]}{T_s}\right\} \tag{4-53}$$

式中，$R_1, R_2, \cdots, R_N$ 为 N 个 $Sa(\cdot)$ 函数的加权系数，取值可为整数，随实际系统中引入的码间串扰不同而不同；T_s 为码元宽度。

式(4-53)表明，部分响应系统冲激响应是许多个被 R_i 加权的时延为 iT_s 的取样函数之和。根据该冲激响应，不难得到部分响应系统的统一模型(见图 4-23)，它由 $N-1$ 个时延为 T_s 的时延电路经加权 R_i 及带宽为 $f_s/2$ 的理想低通滤波器组成。

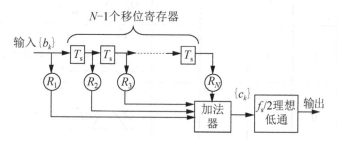

图 4-23 部分响应系统统一模型

与式(4-53)对应的频谱函数则为

$$H(f) = \begin{cases} T_s \sum_{i=1}^{N} R_i e^{-j2\pi f(i-1)T_s}, & |f| \leq \frac{1}{2T_s} \\ 0, & f \text{取其他值} \end{cases} \tag{4-54}$$

根据部分响应系统统一模型，可以得出具体的编码规则为

$$c_k = \sum_{i=1}^{N} R_i b_{k-(i-1)} \tag{4-55}$$

因此 c_k 的值也是由前后几个码元值来确定的，并且电平数取决于 b_k 与加权系数的取值。显然，一般 c_k 的电平数将会比 b_k 的电平数大，并且系统也存在误码传播现象。为此与第 I 类部分响应系统类似的，在相关编码之前也加入预编码器。

适当地选择加权系数 $R_i(i=1,2,\cdots,N)$ 可以得到不同的部分响应波形。例如，当 $R_1=1$，$R_2=1$，其余全为零时，就对应前面所讲的第 I 类部分响应系统，即半余弦滤波器。表 4-2 列出了 5 类常见的部分响应波形、频谱特性及加权系数值，常称为第 I 类、II 类、III 类、IV 类及 V 类部分响应波形。从表 4-2 中容易看出，各类部分响应系统的频带利用率均能达到 2Bd/Hz，并且响应的尾巴小。这是由于部分响应系统都有延时电路，它产生的响应的尾巴与未延时冲激响应的尾巴总是恰好相互抵消，使得合成响应的尾巴减小了。当然，由于延时电路的存在，会产生一定的干扰，但这种干扰是固定的、可控的，由此引起的误码传播现象通过预编码即可加以克服。最后我们看到，当 $\delta(t)$ 加到部分响应电路时，由于电路中时延的存在，使得输出的响应也有时延，这样，在一个码元时间里，系统的输出仅仅是输出响应的一部分，这就是部分响应名称的由来。

综上所述，我们可以看到部分响应系统能够达到理论极限频带利用率 2Bd/Hz，同时降低了对定时精度的要求。但是它的良好性能是以牺牲抗噪声性能为代价的。

表 4-2 5 类部分响应波形加权系数及频谱特性

类别	加权系数 R_i					频域特性 $\|H(f)\|$，$\|f\|\leq 1/2T_s$	
	R_1	R_2	R_3	R_4	R_5		
I	1	1					$2T_s\cos\left(\dfrac{\pi f}{T_s}\right)$
II	1	2	1				$4T_s\cos^2\left(\dfrac{\pi f}{T_s}\right)$
III	2	1	-1				$2T_s\cos\pi fT_s\sqrt{5-4\cos^2\pi fT_s}$
IV	1	0	-1				$2T_s\sin\left(\dfrac{2\pi f}{T_s}\right)$
V	-1	0	2	0	-1		$4T_s\sin^2\left(\dfrac{2\pi f}{T_s}\right)$

4.7 时域均衡技术

前几节我们讨论了设计抽样时刻能够实现无码间串扰的数字基带传输系统的原则，设计原则即满足奈奎斯特第一准则。但实际的通信系统传递函数往往并不理想，不可能完全满足理想无失真的传输条件，这些因素的影响使系统的输出波形总会产生一定的失真，因此实际系统中的码间串扰是不会完全消除的。如视距微波中继链路，在这种链路上由于大气层随高度不同所出现的温度变化会引起多径效应等慢特性，使得传输特性变差。实践证明，在基带系统中，插入一种可调的滤波器，能够减小码间串扰和校正系统带来的失真，甚至使得实际系统的性能接近于最佳系统性能。这种起补偿作用的可调滤波器称为均衡器。

均衡有频域均衡和时域均衡两种。所谓频域均衡是利用可调滤波器的频率特性来补偿基带传输系统的幅频特性和相频特性，即能够使得插入均衡器的整个通信系统总传输函数满足无失真传输的条件。时域均衡是要使包括可调滤波器在内的基带系统冲激响应满足无码间串扰的条件，形成接近消除码间串扰的波形，它的特点是利用均衡器产生的响应波形去补偿已畸变的波形，最终在抽样判决时刻上有效地消除码间串扰。频域均衡原理在信道特性不变，且在传送低速数据时是实用的；而时域均衡可以根据信道的变化进行调整，在信道特性不断变化时及高速传输系统中得到广泛应用。

4.7.1 时域均衡的基本原理

为了说明均衡器的概念，引入插入均衡器的数字传输系统简化框图(见图 4-24)。由此可以得到从发送滤波器输入端到均衡器输出端的系统总传输特性为

$$H_o(f) = H_T(f) \cdot C(f) \cdot H_R(f) \cdot H_J(f) = H(f) \cdot H_J(f) \tag{4-56}$$

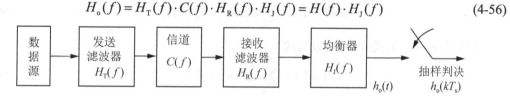

图 4-24 插入均衡器的数字基带传输系统框图

式中，$H_J(f)$是均衡器的传输特性。对式(4-56)求傅里叶反变换，可以求出该系统总的冲激响应 $h_o(t)$。

根据前述介绍可知，如果插入均衡器的数字基带传输系统的传输特性满足奈奎斯特第一准则，那么该系统就不会存在码间串扰，即如果 $H_o(f)$满足

$$\sum_{i=-\infty}^{+\infty} H_o\left(f + \frac{i}{T_s}\right) = C, \quad |f| \leqslant \frac{1}{2T_s} \quad (C\text{为常数}，T_s\text{为码元间隔}) \tag{4-57}$$

则该系统的时域波形 $h_o(t)$当以间隔 T_s进行抽样时将不存在码间串扰。

目前时域均衡最常用方法是在基带传输系统中插入一个有限长的横向滤波器或者冲激响应滤波器，该滤波器由 $2N$ 个延时单元(延时 T_s，T_s为码元间隔)、$2N+1$ 个可变增益放大器和 1 个加法器组成。图 4-25 所示为 $2N+1$ 个抽头的横向滤波器示意图。每个延时单元输出信号经过放大器放大后相加最终获得输出信号。

由图 4-25 可知横向滤波器的冲激响应为

$$h_J(t) = \sum_{i=-N}^{+N} C_i \delta(t - iT_s) \tag{4-58}$$

根据傅里叶变换的性质可以求出该均衡器的频域特性为

$$H_J(f) = \sum_{i=-N}^{+N} C_i e^{-j2\pi i f T_s} \tag{4-59}$$

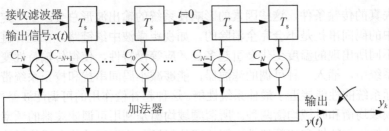

图 4-25 有限长横向滤波器

通过式(4-58)和式(4-59)不难看出，横向滤波器的特性完全取决于各个抽头系数 $C_i(i=0, \pm1, \pm2, \cdots, \pm N)$。抽头系数 C_i 不同，则对应不同的均衡器。如果抽头系数设计成可调的，那么就可以根据信道的特性调整均衡器。但是，式中有 $2N+1$ 个未知的可调参数 C_i，因此插入该均衡器的数字基带系统只能消除有限个抽样时刻的干扰，即只能使有限个干扰值为零。

设接收滤波器输入信号为 $x(t)$，则在不考虑加性噪声的条件下，均衡器输出的信号为

$$y(t) = x(t) * h_J(t) = \sum_{i=-N}^{+N} C_i x(t - iT_s) \tag{4-60}$$

均衡器输出信号在各个抽样时刻 $t=kT_s+t_0$ 的抽样值为

$$y(kT_s + t_0) = \sum_{i=-N}^{+N} C_i x(kT_s + t_0 - iT_s) \tag{4-61}$$

如果令 $t_0=0$，则式(4-61)可以写成

$$y(kT_s) = \sum_{i=-N}^{+N} C_i x[(k-i)T_s] \tag{4-62}$$

若设 $y_k=y(kT_s)$，$x_k=x(kT_s)$，则式(4-62)可以简写为

$$y_k = \sum_{i=-N}^{+N} C_i x_{k-i} \tag{4-63}$$

因此，均衡器输出信号在 $t=kT_s$ 处的抽样值 y_k 是由各个抽头系数 C_i 及 $t=(k-i)T_s$ 时刻均衡器输入信号确定的。

图 4-26 给出了基带传输中接收滤波器接收到的单个脉冲波形。由于信道的不理想使信号存在码间串扰，即图 4-26(a)中 x_1 及 x_{-1} 都不为零；在经过均衡滤波器后单个脉冲信号如图 4-26(b)所示，其拖尾波形衰减加快，同时使得 y_{-1} 及 y_1 都为零，即消除了对前后两个码元的码间串扰。需要注意的是，y_{-2} 及 y_2 都不为零，但值很小，因此有限长的横向滤波器可以实现减小码间串扰，但不可能完全消除码间串扰。

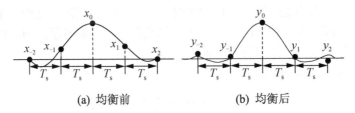

(a) 均衡前　　　　　　　　(b) 均衡后

图 4-26 接收滤波器接收到的单个脉冲波形

【例 4-9】 已知某数字基带传输系统在未插入均衡器之前，其冲激响应为 $x(t)$；插入之后其冲激响应为 $y(t)$。若用 x_k 及 y_k 分别对应表示 $x(t)$ 及 $y(t)$ 在第 k 个抽样时刻的抽样值。如

果 $x_{-1}=0.25$, $x_0=1$, $x_1=0.5$, 其余都为零。假设此均衡器采用三抽头的横向滤波器, 其抽头系数分别为 $C_{-1}=-0.25$, $C_0=1$, $C_1=-0.5$, 求此数字基带传输系统插入均衡器后输出的抽样序列 $\{y_k\}$。

解: 根据式(4-63)可得 $y_k = \sum_{i=-N}^{+N} C_i x_{k-i}$, 因此把计算公式写为如下矩阵形式

$$\begin{bmatrix} y_{-2} \\ y_{-1} \\ y_0 \\ y_1 \\ y_2 \end{bmatrix} = \begin{bmatrix} x_{-1} & 0 & 0 \\ x_0 & x_{-1} & 0 \\ x_1 & x_0 & x_{-1} \\ 0 & x_1 & x_0 \\ 0 & 0 & x_1 \end{bmatrix} \begin{bmatrix} C_{-1} \\ C_0 \\ C_1 \end{bmatrix} = \begin{bmatrix} -0.0625 \\ 0 \\ 0.75 \\ 0 \\ -0.25 \end{bmatrix}$$

而其余 $y_k(|k|>2$, k 为整数)都为零。

通过例 4-9 结果可以得出, 尽管均衡器输出信号在本码元时刻的邻近抽样点值已经均衡为零, 但是稍远一点的抽样值又不为零了, 因此只能部分消除码间串扰。

4.7.2 均衡的准则及实现

根据上述对时域均衡基本原理的介绍, 有限长横向滤波器的特性完全取决于各抽头系数, 并且不可能完全消除码间串扰。在实际系统中, 通常使用最小峰值畸变准则和最小均方误差畸变准则来衡量时域均衡器均衡的效果。对应构成的均衡器分别称为预置式均衡器和自适应均衡器。

1. 最小峰值畸变准则及实现

所谓峰值畸变是指除本码元采样值 y_0(有用信号样值)之外的所有样值 $y_k(k\neq 0)$ 之和的绝对值与本码元样值 y_0 之比, 即

$$D = \frac{1}{y_0} \sum_{\substack{k=-\infty \\ k\neq 0}}^{\infty} |y_k| \tag{4-64}$$

在实际的数字通信系统中, 希望能够最大可能地消除码间串扰, 即 D 的值越小越好。一种极限情况就是, 对于能够完全消除码间串扰的均衡器而言, $D=0$。

在横向滤波器形式的均衡器中, 是通过选择抽头系数来近似地实现无码间串扰条件。由于在式(4-60)中只有 $2N+1$ 个未知参数, 因此我们只能使有限个干扰时刻抽样值为零。理论分析表明, 对于有 $2N+1$ 个抽头系数的横向滤波器而言, 当均衡器输入峰值畸变 $D<1$ 时, 调整除 C_0 外的各个抽头系数, 并迫使均衡器的输出样值 $y_k=0(1\leq|k|\leq N)$, 并且 $y_0=1$, 就可以获得最佳的均衡效果。

在不考虑加性噪声的条件下, 从式(4-60)可以求得均衡器的输出信号 $y(t)$。在不考虑定时误差条件下 $t=kT_s$ 抽样时, 由无码间串扰的条件可以得出

$$y(kT_s) = \sum_{i=-N}^{N} C_i x(kT_s - iT_s) = \begin{cases} 0, & k=0 \\ 1, & 1\leq|k|\leq N(k\text{为整数}) \end{cases} \tag{4-65}$$

写成矩阵形式即

$$Y = XC \tag{4-66}$$

其中矩阵 Y、C 均为 $(2N+1)\times 1$ 的矩阵或者矢量，X 为 $(2N+1)\times(2N+1)$ 的矩阵，即

$$Y = \begin{bmatrix} y_{-N} \\ y_{-N+1} \\ \vdots \\ y_0 \\ \vdots \\ y_{N-1} \\ y_N \end{bmatrix} = \begin{bmatrix} 0 \\ 0 \\ \vdots \\ 1 \\ \vdots \\ 0 \\ 0 \end{bmatrix}; \quad C = \begin{bmatrix} C_{-N} \\ C_{-N+1} \\ \vdots \\ C_0 \\ \vdots \\ C_{N-1} \\ C_N \end{bmatrix}; \quad X = \begin{bmatrix} x_0 & x_{-1} & \cdots & x_{-2N} \\ x_1 & x_0 & \cdots & x_{-2N+1} \\ \vdots & \vdots & \vdots & \vdots \\ x_{2N} & x_{2N-1} & \cdots & x_0 \end{bmatrix}$$

因此，可以利用 $x(t)$ 的 $4N+1$ 个抽样值 $x_0, x_{\pm 1}, \cdots, x_{\pm 2N}$ 根据式(4-66)确定 $2N+1$ 个抽头系数 $C_0, C_{\pm 1}, \cdots, C_{\pm N}$，并使得横向滤波器的输出 $y(t)$ 在除了 y_0 外的其余左右各 N 个抽样值 $y_{\pm 1}$，$y_{\pm 2}$，$\cdots$，$y_{\pm N}$ 都为零。常称这种确定抽头系数的方法为"迫零调整法"。迫零调整法需要先估计出原系统的冲激响应 $x(t)$ 在各个抽样点处的抽样值，然后求解联立方程，从而确定横向滤波器的抽头系数。

【例 4-10】 某数字基带传输系统在未插入均衡器之前，其冲激响应为 $x(t)$；插入之后的冲激响应为 $y(t)$。若用 x_k 及 y_k 分别对应表示 $x(t)$ 及 $y(t)$ 在第 k 个抽样时刻的抽样值，并假设 $x_{-5}=0.01, x_{-4}=-0.02, x_{-3}=0.05, x_{-2}=-0.1, x_{-1}=0.2, x_0=1, x_1=0.15, x_2=-0.15, x_3=0.05, x_4=-0.02$，$x_5=0.005$。如果使用 5 抽头的横向滤波器来实现对信号 $x(t)$ 的均衡，并采用迫零调整法使得均衡器输出的单脉冲响应 $y(t)$ 的左右各 2 个样值 $y_{\pm 1}$，$y_{\pm 2}$ 为零，试确定均衡器的抽头系数 $C_0, C_{\pm 1}, C_{\pm 2}$，并计算出 $y_{\pm 3}$。

解：根据式(4-66)可得 $C = X^{-1}Y$。

由已知条件有

$$X = \begin{bmatrix} 1 & 0.2 & -0.1 & 0.05 & -0.02 \\ 0.15 & 1 & 0.2 & -0.1 & 0.05 \\ -0.15 & 0.15 & 1 & 0.2 & -0.1 \\ 0.05 & -0.15 & 0.15 & 1 & 0.2 \\ -0.02 & 0.05 & -0.15 & 0.15 & 1 \end{bmatrix}$$

根据数值方法求出矩阵 X 的逆矩阵为

$$X^{-1} = \begin{bmatrix} 1.0774 & -0.2682 & 0.1932 & -0.1314 & -0.0806 \\ -0.2266 & 1.1272 & -0.2983 & 0.2034 & -0.1314 \\ 0.2326 & -0.2737 & 1.1517 & -0.2983 & 0.1932 \\ -0.1405 & 0.2516 & -0.2737 & 1.1272 & -0.2682 \\ 0.0888 & -0.1405 & 0.2326 & -0.2266 & 1.0774 \end{bmatrix}$$

又因为 Y、C 均为 $(2N+1)\times 1$ 的列矢量，并且 Y 为除正中间为 1，其余值均为零的列矢量，因此列矢量 C 就等于 X 的逆矩阵的正中间列矢量，因此有

$$C = [C_{-2} \quad C_{-1} \quad C_0 \quad C_1 \quad C_2]^T = [0.1932 \quad -0.2983 \quad 1.1517 \quad -0.2737 \quad 0.2326]^T$$

根据式(4-63)可得

$$y_{-3} = \sum_{i=-2}^{+2} C_i x_{-3-i} = 0.1339, \quad y_3 = \sum_{i=-2}^{+2} C_i x_{3-i} = 0.1405$$

使用最小峰值畸变准则构成的均衡器称为预置式自动均衡器，其框图如图 4-27 所示。

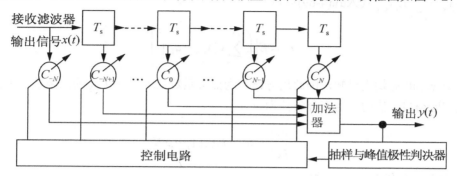

图 4-27 预置式自动均衡器

它的输入端每隔一个码元宽度的时间送入一个来自发端的测试单脉冲波形。当该波形输入时，在输出端就将获得各样值 $y_k(k=0,\pm 1,\cdots,\pm N)$ 的波形。根据迫零调整原理，若得到的某一 $y_k(k\neq 0)$ 为正极性时，则相应的抽头系数 $C_k(k\neq 0)$ 应下降一个适当的增量 Δ；反之，则相应的抽头系数 $C_k(k\neq 0)$ 应增加一个适当的增量 Δ。抽样与峰值极性判决器将每个 y_k 进行抽样并进行极性判决，并将判决输出的结果输入到控制电路中。控制电路将在单脉冲响应波形结束时刻对所有的抽头进行同步调整。这样经过多次调整，最终实现波形的时域均衡。因此，这种自动均衡器的精度与增量 Δ 的大小及允许调整的时间长短有关。

2. 最小均方误差畸变准则及实现

为了克服最小峰值畸变准则的缺点，引入了最小均方误差畸变准则。所谓均方误差畸变是指所有除本码元采样值 y_0(有用信号样值)之外的所有样值 $y_k(k\neq 0)$ 的平方之和与本码元样值 y_0 的平方之比，即

$$e^2 = \frac{1}{y_0^2} \sum_{\substack{k=-\infty \\ k\neq 0}}^{\infty} y_k^2 \tag{4-67}$$

在实际的数字通信系统中，希望能够最大可能地消除码间串扰，即 e^2 的值越小越好。一种极限情况就是，对于能够完全消除码间串扰的均衡器而言，$e^2=0$。下面介绍使用最小均方误差畸变准则来构造的自适应均衡器。

综合考虑均衡器输出端既存在残留的码间串扰，又存在加性噪声的情况下，以最小均方误差准则确定横向滤波器抽头系数。设发送序列为 $\{a_k\}$，均衡器输入信号为 $x(t)$(包含加性噪声)，均衡后输出的信号为 $y(t)$(包含加性噪声)，对应的样值序列为 $\{y_k\}$，此时误差信号为

$$e_k = y_k - a_k \tag{4-68}$$

那么均方误差为

$$\overline{e^2} = E[(y_k - a_k)^2] \tag{4-69}$$

在式(4-69)中，如果序列 $\{a_k\}$ 是随机数据序列，那么均方误差的最小化与均方畸变的最小化是一致的。因此均衡器输出端的最小均方误差畸变准则即是使式(4-69)取最小值。下面讨论均方误差最小化的抽头系数的确定问题。

将 $y_k = \sum_{i=-N}^{+N} C_i x_{k-i}$ 代入式(4-69)可得

$$\overline{e^2} = E\left[\left(\sum_{i=-N}^{+N} C_i x_{k-i} - a_k\right)^2\right] \tag{4-70}$$

由于 x_{k-i} 和 a_k 均为已知，因此均方误差为抽头系数 $C_0, C_{\pm 1}, \cdots, C_{\pm N}$ 的凹函数。因此使得均方误差取得最小值的一组充分条件为

$$\frac{\partial \overline{e^2}}{\partial C_i} = 0, \quad i = 0, \pm 1, \cdots, \pm N \tag{4-71}$$

将式(4-70)代入式(4-71)得

$$\frac{\partial \overline{e^2}}{\partial C_i} = E\left[2\left(\sum_{n=-N}^{+N} C_n x_{k-n} - a_k\right) \cdot x_{k-i}\right], \quad i = 0, \pm 1, \cdots, \pm N \tag{4-72}$$

即

$$\frac{\partial \overline{e^2}}{\partial C_i} = E(2e_k \cdot x_{k-i}) = 0, \quad i = 0, \pm 1, \ldots, \pm N \tag{4-73}$$

从式(4-73)可以看出要使得均方误差达到最小值，则需要实际输出的信号与发送的数据信号之差 e_k 与均衡器的输入信号样值 $x_{k-i}(|i|\leq N)$ 在统计上是正交的，这称为正交条件。如果假设 $R_{ex}(i) = E(e_k \cdot x_{k-i})$，则有

$$\frac{\partial \overline{e^2}}{\partial C_i} = 2R_{ex}(i) = 0 \tag{4-74}$$

根据式(4-73)及式(4-74)，将式(4-74)交换求和与求积的次序，进一步展开得到

$$\frac{\partial \overline{e^2}}{\partial C_i} = 2\left[\sum_{n=-N}^{N} C_n \cdot R_{xx}(i-n) - R_{ax}(i)\right] = 0, \quad i = 0, \pm 1, \cdots, \pm N \tag{4-75}$$

即

$$\sum_{n=-N}^{N} C_n \cdot R_x(i-n) = R_{ax}(i), \quad i = 0, \pm 1, \cdots, \pm N \tag{4-76}$$

联立式(4-76)中的 $2N+1$ 个方程即可求出横向滤波器的抽头系数。

从式(4-76)中可以看出，最小均方误差法与迫零调整的不同只是在于均衡方程式(4-76)中出现的不是冲激响应的样值，而是相关函数的样值。

图4-28给出一个3抽头自适应均衡器的原理图，可以看出抽头增益的调整是通过误差 e_k 与样值 $x_{k-i}(|i|\leq N)$ 乘积的统计平均值来控制的。在实际系统中，为了求出自相关 $R_x(i)$ 及互相关 $R_{ax}(i)$，在发送端发送已知的训练序列(通常为伪随机序列)，从而在接收端利用两个时间平均的估值 $\overline{R_x(i)}$ 及 $\overline{R_{ax}(i)}$ 来代替统计平均以估计出 $R_x(i)$ 及 $R_{ax}(i)$。

自适应均衡器的工作过程包含两个阶段，一是训练过程，二是跟踪过程。在训练过程中，发送端向接收机发射一组已知的固定长度训练序列，接收机根据训练序列设定滤波器的参数，使其最大限度地接近最佳值，最终达到检测误码率最小。在实际数字通信系统中，为了有效地减小码间串扰，一般都是周期性地对均衡器进行训练。在训练序列之后，立即

发送信息数据，均衡器进入跟踪过程，主要跟踪信道特性的变化。

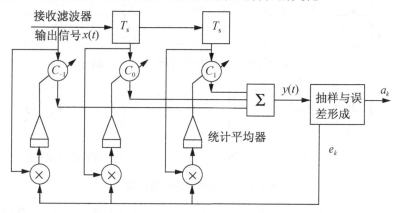

图 4-28 自适应均衡器

预置式自动均衡器和自适应均衡器都是采用横向滤波器实现的，都属于线性均衡器。该类均衡器在信道频率特性比较平坦的情况下，均衡效果较好。但是如果信道的特性严重失真，尤其在信道频率特性有传输零点的情况下，采用非线性的判决反馈均衡器，特性就优于线性均衡器。目前已开发出 3 种非线性均衡算法：判决反馈均衡、最大似然符号检测和最大似然序列估值，限于篇幅此处不再详述。

4.8 眼 图

在实际的通信系统中，尽管采取了诸如部分响应系统及均衡等措施，但是不可能完全消除码间串扰，系统总是在不同程度上存在码间串扰的。同时，信道中引入的加性噪声也不可能完全消失，在码间串扰和噪声同时存在的情况下，系统性能很难进行定性的分析。为了便于评价实际系统的性能，在实验室中常使用观察"眼图"的方法来显示系统性能的优劣，同时还用来研究调整均衡器等。该方法的具体步骤如下：将接收到的波形输入到示波器垂直放大器，同时调整示波器的水平扫描周期，使得扫描周期等于输入码元的整数倍，这时与接收码元同步，可以在示波器屏幕上观察码间串扰及信道加性噪声等因素对信号影响的情况，从中估计系统性能的优劣。示波器此时显示的波形很像人眼，因此称为"眼图"。当观察的是二进制码序列时，在一个码元周期内会观察到一只"眼睛"；当观察的是 L 元码时，则在一个码元周期内有 $L-1$ 只眼睛。

图 4-29(b)所示眼图表明数字基带系统正常工作没有检测到误码，"眼睛"张开度较大，各码元重叠的波形完全吻合，迹线又细又清晰；图 4-29(d)所示眼图表明系统存在码间串扰，此时观察到的"眼睛"张开度较小，各码元波形不能够完全吻合，迹线模糊。从图 4-29(b)、(d)可以看到眼图中央的垂直线表示最佳抽样时刻，信号取值为 $\pm A$；眼图中央横轴对应的值为最佳判决门限电平。当波形存在码间串扰时，抽得的样值不再等于 $\pm A$，而是在区间 $[-A,+A]$ 内，因此其对应的眼图张开度小。如果还有加性噪声，则迹线更不清晰，"眼睛"张开度就更小。可见眼图能够判断码间串扰和加性噪声的干扰程度。不过，应该注意，从图形上并不能观察到随机噪声的全部形态。如出现机会少的大幅度噪声，由于它在示波器上一晃而过，因而用人眼是观察不到的。

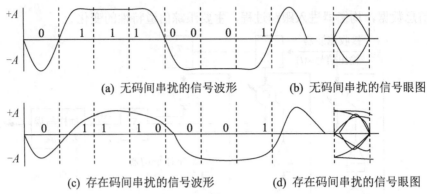

(a) 无码间串扰的信号波形　　　(b) 无码间串扰的信号眼图

(c) 存在码间串扰的信号波形　　　(d) 存在码间串扰的信号眼图

图 4-29　基带信号波形及眼图

为了说明眼图与系统性能之间的关系，通常把眼图简化为图 4-30 所示模型。眼图提供了有关数字通信系统的大量有用信息。

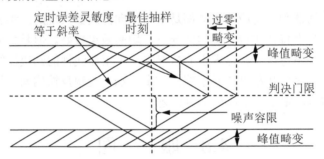

图 4-30　眼图的简化模型

(1) 最佳抽样时刻：应选择在眼图中眼睛张开度最大处。

(2) 定时误差灵敏度：眼图斜边的斜率表示系统对定时误差的灵敏度。斜边的斜率越大，对定时误差就越灵敏，即要求定时越准。

(3) 最大信号畸变：在抽样时刻上，眼图上下两分支的垂直宽度。

(4) 噪声容限：在抽样时刻上，两个阴影区之间间隔的一半。或者说"眼睛"在特定抽样时刻的张开度决定了系统的噪声容限；当码间串扰十分严重时，"眼睛"会完全闭合，系统误码严重。如果噪声瞬时值超过它就可能发生判决差错。

(5) 判决门限：眼图中央的横轴位置。

由于噪声瞬时电平的影响无法在眼图中得到完整的反映。因此，即使在示波器上显现的眼图是张开的，也不能保证判决全部准确。不过，原则上总是"眼睛"张开得越大实际判决越准确。所以，还是可以通过眼图的张开度来衡量和比较基带信号的质量，并以此为依据来调整传输特性，使系统尽可能接近于最佳工作状态。

本 章 小 结

本章主要介绍了数字基带信号码型选择、波形形成及数字基带信号的频谱，同时分析了二进制数字基带传输系统抗噪声性能，重点探讨了数字基带传输系统中的码间串扰问题，进而详细论述了减小码间串扰的两种主要技术——时域均衡和部分响应系统，并简单介绍了测量数字基带传输系统性能的实验方法——"眼图"。其中 HDB_3 码编译码原理、无码间串扰的基带传输特性、基带系统抗噪声性能分析及部分响应技术是本章的重点。

本章首先作信号分析，详细分析了数字基带信号。对数字基带信号的分析包括时域和频域两个方面。时域分析详细介绍了数字基带信号的电波形和传输码型问题，数字基带传输系统中常见的传输码型有 AMI 码、HDB_3 码等，适合于信道中传输的波形一般为较平滑的脉冲波形，如升余弦波形；频域分析详细介绍了数字基带信号的功率谱，包括连续谱和离散谱，以此确定信号的带宽、是否有直流分量及定时分量等。

接下来重点作系统分析，包括工作原理和系统性能两个方面。在数字基带传输系统中存在两大干扰：加性噪声和码间串扰。分析的基本思路是：在讨论加性噪声时，假设系统是无码间串扰的；在讨论码间串扰时，就不考虑加性噪声的影响，以此简化问题分析方法。

判决基带系统是否无码间串扰传输可以采用时域条件，也可以采用频域条件。时域条件是充分条件，频域条件是必要条件。工程上一般常采用奈奎斯特第一准则即频域条件作为设计及判定无码间串扰数字基带系统的理论依据，即如果基带传输特性在作用区间上是一个理想低通特性或者可以等效为一个理想低通，则系统将不存在码间串扰。

常见无码间串扰系统有理想低通系统和余弦滚降系统。理想低通系统具有理论上最大的频带利用率 2Bd/Hz，但冲激响应的尾巴大，对定时脉冲精度要求高，并且物理不可实现；余弦滚降系统的冲激响应尾巴收敛快，降低了对定时脉冲的精度要求，且容易实现，但频带利用率较低。为了克服余弦滚降系统频带利用率低等缺点引入了部分响应技术，该技术通过人为引入可控的码间串扰并最终实现提高频带利用率的目的。

由于系统设计中不可能完全理想地符合奈奎斯特第一准则以及加性噪声的影响，系统中不可避免地存在着码间串扰，为了进一步减小码间串扰，可采用时域均衡技术。所谓时域均衡就是利用均衡器响应波形去补偿已畸变的波形，最终在抽样判决时刻上有效地消除码间串扰。工程上为了直观衡量数字基带传输系统性能的优劣，通常通过观察"眼图"来调整均衡器，以减小码间串扰。

数字基带传输系统抗噪声性能分析中的误码分析方法与数字频带传输系统的误码分析方法十分类似，是通信原理中的一种基本的分析方法，必须熟练掌握这一分析方法及其结论，并能进行正确计算。

思考练习题

4-1 怎样确定数字基带信号的带宽？如何确定数字基带信号是否含有定时信息？

4-2 AMI 码及 HDB_3 码的编码规则是什么？HDB_3 码与 AMI 码相比有什么优点？

4-3 什么是数字基带传输系统中码间串扰？对系统性能有什么影响？可以采取哪些措施减小码间串扰对系统性能的影响？

4-4 什么是奈奎斯特第一准则？什么是奈奎斯特速率？什么是奈奎斯特带宽？

4-5 采用部分响应波形的系统对于改善系统性能有什么作用？部分响应系统存在误码传播问题，在系统中如何克服？

4-6 在数字基带传输系统中采用均衡技术的作用是什么？如何衡量均衡的效果？

4-7 什么是"眼图"？简述观测眼图的方法和步骤。

4-8 已知二进制信息代码为 1011001，试写出其对应的差分码，并画出对应的波形图。

4-9 已知二进制信息代码为 10000010000101000001011000010，试写出对应的 AMI 码及 HDB_3 码。

4-10 已知二进制信息代码为 101100101，试写出其对应的双相码及 CMI 码。

4-11 设二进制随机序列中的"1"和"0"分别用 $g(t)$ 和 $-g(t)$ 表示，$g(t)$ 波形如图 4-31 所示，其中 T_s 为码元宽度。假如序列中"1"和"0"出现的概率相等。试求：

(1) 该二进制随机信号的功率谱密度。

(2) 该序列中是否存在离散分量 $f_s=1/T_s$？若能，计算该分量的功率。

(3) 如果序列中"1"和"0"分别用 $g(t)$ 的有无表示，重做(1)。

4-12 有一基带传输系统其传输特性为 $H(f)$，如图 4-32 所示。试求该系统的接收滤波器输出的单脉冲响应 $h(t)$，并判定当以码元速率 $R_B=2f_0$ 传送数字信号时，判定该系统是否存在码间串扰。

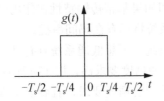

图 4-31 题 4-11 图　　　　　　　　　　图 4-32 题 4-12 图

4-13 已知基带传输系统的总特性如图 4-33 所示为余弦滚降特性，试求该系统无码间串扰的最高码元速率及频带利用率；如果系统分别以 $2/(3T_s)$、$1/(2T_s)$、$1/T_s$、$3/T_s$ 的速率传输数据，那么在哪些速率传输的情况下可以消除码间串扰？

4-14 某数字基带传输系统的传输特性为理想低通特性，其截止频率为 $f_0=100kHz$。试求：

(1) 当码元速率为 150kBd 时，该系统是否能够存在无码间串扰？并说明理由。

(2) 当码元速率为 400kBd 时，该系统是否能够存在无码间串扰？并说明理由。

(3) 当码元速率为 100kBd 时，该系统是否能够存在无码间串扰？并说明理由。

4-15 已知某码元速率为 64kBd 的二进制信号，采用滚降系数 $\alpha=0.5$ 的滚降频谱信号传输信号，试求该信号的传输带宽及其频带利用率。

4-16 设某数字基带传输系统的总传输特性为 $H(f)$，如图 4-34 所示。试确定系统无码间串扰的最高码元速率和对应的频带利用率。

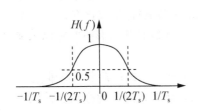
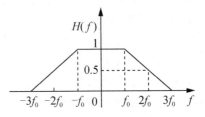

图 4-33 题 4-13 图　　　　　　　　　　图 4-34 题 4-16 图

4-17 二进制数字基带传输系统中,判决器在每个码元的中间时刻进行判决,并且加性噪声为平均功率为 10^{-4}W 的高斯型噪声。如果二进制信息中的 "1" 和 "0" 是等概率出现的,并且分别用脉冲 $g(t)$ 的有无来表示,试求:

$$g(t) = \begin{cases} 1+\cos\dfrac{2\pi t}{T_s}, & |t| \leqslant \dfrac{T_s}{2} \\ 0, & |t| > \dfrac{T_s}{2} \end{cases}$$

(1) 最佳判决门限电平和误码率。
(2) 如果 "0" 码用波形 $g_1(t) = -g(t)$ 表示,重做(1)。

4-18 若接收滤波器的特性为 $H(f) = \begin{cases} [\tau_0(1+\cos 2\pi f\tau_0)]^{0.5}, & |f| \leqslant \dfrac{1}{2\tau_0} \\ 0, & \text{其他} \end{cases}$,如果输入的高斯噪声的单边功率谱密度为 n_0W/Hz,求输出噪声的平均功率 P_n。

4-19 已知一个三抽头时域均衡器的输入信号在抽样点处的值为 $x_{-1}=0.25, x_0=1, x_1=0.5$,在其他抽样点的值均为零,如果采用迫零调整,使得均衡器输出信号 $y(t)$ 在抽样点的值为 $y_1=0, y_0=1, y_{-1}=0$。试确定均衡器的抽头系数 C_{-1}、C_0 及 C_1 并求出信号在均衡前和均衡后的峰值畸变值。

第 5 章 数字带通传输系统

教学目标

通过本章的学习，熟悉数字带通传输系统的概念；掌握幅移键控、频移键控、相移键控(包括绝对相移键控和差分相移键控)等三种基本的二进制数字带通传输系统，熟悉其调制和解调的基本方法，学会分析其抗噪声性能，并能从应用的角度比较其差异；掌握几种典型的改进型的数字带通传输系统，如最小频移键控、正交幅度调制的原理、特点及应用。

数字信号的传输方式分为基带传输和带通传输。大多数的实际信道并不能直接传送基带信号，例如各种频段的无线信道等。为了使数字信号在带通信道中传输，必须用数字基带信号对载波进行调制，以使信号与信道的特性相匹配。这种把数字基带信号变换成适合于信道传输信号的过程称为数字调制。在接收端恢复原始数字基带信号的过程称为解调。通常把包括调制和解调过程的传输系统称为数字带通传输系统或数字调制系统。

数字调制技术可分为两种类型：一是利用模拟调制方法去实现数字调制，即把数字基带信号当作模拟信号的特殊情况来处理；二是利用数字信号的离散取值特点通过开关键控载波，改变载波的某一参数(如幅度、频率、相位)，从而实现数字调制。后者通常称为键控法，例如分别对载波的幅度、频率及相位进行键控，便可获得幅移键控(ASK)、频移键控(FSK)及相移键控(PSK)调制信号。

在数字调制中，载波参数可能变化的状态数应与信息元数目相对应。数字信息包括二进制信息和多进制信息，所以数字调制也相应地分为二进制调制和多进制调制。二进制调制中，信号参量只有两种可能的取值"0"或"1"，因此，载波参数也只有两种可能的变化状态，如 2ASK 信号幅度的有或无，即用载波幅度的有或无来分别代表"1"码和"0"码的传输，这样就相当于在传输两种不同幅度的载波时同时传输了"1"码和"0"码，或者说，将二进制信息的"1"码和"0"码寄载在载波的幅度上传输，这就是二进制幅移键控(2ASK)。同理，也可以利用两个不同频率的载波或两个不同相位的载波来分别传输"1"码和"0"码，相应地就构成了二进制频移键控(2FSK)系统和二进制相移键控(2PSK)系统。而在多进制调制中，信号参量可能有多种取值，对应的载波参数也有多种取值。本章主要讨论二进制数字调制系统的原理及其性能，并简要介绍多进制数字调制的基本原理以及一些改进的现代调制方式，如 MSK、GMSK、QAM 等。

5.1 二进制幅移键控系统

5.1.1 二进制幅移键控信号的分析

二进制幅移键控(2ASK)，又称二进制振幅键控、开关键控或通断键控(On Off Keying,

OOK),是各种数字调制的基础。由于它的抗噪声性能差,近年来逐渐被其他调制方式取代,但 2ASK 对多进制振幅调制和其他调制方式概念的建立和原理的理解有着积极的作用。

1. 2ASK 信号的时域表示及波形

2ASK 是利用载波的幅度变化来传递数字信息,而其频率和初始相位保持不变。在 2ASK 中,载波的幅度只有两种变化状态,分别对应二进制信息 "0" 和 "1"。已调信号 2ASK 有输出时,表示发送 "1";无输出时,表示发送 "0"。其表达式为

$$e_{2\text{ASK}}(t) = \begin{cases} A\cos\omega_c t, & \text{以概率}P\text{发送 "1" 时} \\ 0, & \text{以概率}1-P\text{发送 "0" 时} \end{cases} \tag{5-1}$$

典型波形如图 5-1 所示,图中已假设载波频率在数值上与码元速率相等。

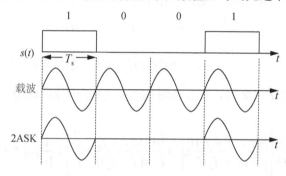

图 5-1　2ASK 信号时域波形

由图 5-1 可见,载波在二进制基带信号 $s(t)$ 控制下作通—断变化。这样,2ASK 已调信号的时域表达式一般可写为

$$e_{2\text{ASK}}(t) = s(t)\cos\omega_c t \tag{5-2}$$

其中数字基带 $s(t)$ 必须是单极性不归零码,即

$$s(t) = \sum_n a_n g(t - nT_s) \tag{5-3}$$

式中,T_s 为码元持续时间;$g(t)$ 为持续时间为 T_s 的基带脉冲波形,称为基本波形,为简单起见,通常假设 $g(t)$ 是高度为 1、宽度等于 T_s 的矩形脉冲;a_n 是第 n 个符号的电平取值,即

$$a_n = \begin{cases} 1, & \text{概率为}P \\ 0, & \text{概率为}1-P \end{cases} \tag{5-4}$$

则相应的 2ASK 信号就是 OOK 信号。

2. 2ASK 信号的频域表示及频谱图

根据式(5-2),在 2ASK 已调信号表达式中,二进制基带信号 $s(t)$ 是随机的单极性矩形脉冲序列,所以 2ASK 信号是随机过程,研究它的频谱特性时,应该讨论它的功率谱密度。设 $s(t)$ 的功率谱密度为 $P_s(f)$,2ASK 信号的功率谱密度为 $P_{2\text{ASK}}(f)$,则由式(5-2)可得

$$P_{2\text{ASK}}(f) = \frac{1}{4}[P_s(f+f_c) + P_s(f-f_c)] \tag{5-5}$$

由式(5-5)可知,根据数字基带信号的功率谱密度 $P_s(f)$ 和载频 f_c,就可得到 $P_{2\text{ASK}}(f)$。在第 4 章中,已给出了单极性随机脉冲序列 $s(t)$ 的功率谱密度一般表达式,即

$$P_s(f) = f_s P(1-P)|G(f)|^2 + \sum_{m=-\infty}^{\infty} |f_s(1-P)G(mf_s)|^2 \delta(f - mf_s) \quad (5\text{-}6)$$

式中，$f_s = 1/T_s$；$G(f)$ 是"1"码基本波形 $g(t)$ 的频谱函数。对于全占空矩形脉冲序列有

$$G(f) = T_s Sa(\pi f T_s)$$

即有

$$G(mf_s) = T_s Sa(m\pi f_s T_s) = T_s Sa(m\pi) = \begin{cases} T_s, & m = 0 \\ 0, & m = \pm 1, \pm 2, \cdots \end{cases}$$

则式(5-6)可简化为

$$P_s(f) = f_s P(1-P)|G(f)|^2 + f_s^2(1-P)^2|G(0)|^2 \delta(f) \quad (5\text{-}7)$$

将其代入式(5-5)，得 2ASK 信号的功率谱密度为

$$P_{2\text{ASK}} = \frac{1}{4} f_s P(1-P)\left[|G(f+f_c)|^2 + |G(f-f_c)|^2\right] +$$
$$\frac{1}{4} f_s^2(1-P)^2 |G(0)|^2 [\delta(f+f_c) + \delta(f-f_c)] \quad (5\text{-}8)$$

特别地，当概率 $P=1/2$ 时，并考虑到 $G(f) = T_s Sa(\pi f T_s)$，$G(0) = T_s$，则 2ASK 信号的功率谱密度为

$$P_{2\text{ASK}}(f) = \frac{T_s}{16}\left[\left|\frac{\sin \pi(f+f_c)T_s}{\pi(f+f_c)T_s}\right|^2 + \left|\frac{\sin \pi(f-f_c)T_s}{\pi(f-f_c)T_s}\right|^2\right] + \frac{1}{16}[\delta(f+f_c) + \delta(f-f_c)] \quad (5\text{-}9)$$

对应曲线如图 5-2 所示。

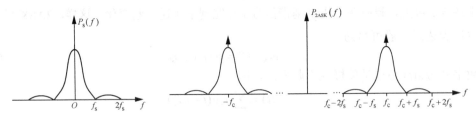

图 5-2 基带信号及 2ASK 信号功率谱密度图

从图 5-2 和式(5-9)可得出如下结论。

(1) 2ASK 信号的功率谱是 $s(t)$ 信号功率谱的线性搬移，属于线性调制。因此，在实际应用中，可将 2ASK 信号以 SSB、VSB 形式传输。

(2) 2ASK 信号的功率谱由连续谱、离散谱两部分组成。连续谱取决于 $s(t)$ 经线性调制后的双边谱，离散谱的位置由载频确定。

(3) 2ASK 信号带宽是二进制数字基带信号带宽的 2 倍。这和模拟线性调制中的 AM、DSB 信号一样。若只计谱的主瓣(第一个谱的零点位置)，得 2ASK 信号带宽为

$$B_{2\text{ASK}} = 2f_s \quad (5\text{-}10)$$

式中，$f_s = 1/T_s$。由此可见，2ASK 信号的传输带宽在数值上是码元速率的 2 倍。

【例 5-1】 假设电话信道具有理想的带通特性，频率范围为 300～3400Hz，试问该信道在单向传输 2ASK 信号时最大的码元速率为多少？

解：电话信道带宽 $B=3400-300=3100\text{(Hz)}$，该信道在传送 2ASK 信号时，由于 $B_{2\text{ASK}} = 2f_s$，

因此 $f_s = B_{2ASK}/2 = 1550\text{Hz}$。根据无码间串扰条件，基带带宽为 1550Hz 的信道最高码元速率为

$$R_B = 2f_s = 3100\text{Bd}$$

应该指出，式(5-10)是在数字基带信号 $s(t)$ 用单极性矩形脉冲波形表示的前提条件下得到的结论。当数字基带信号用滚降系数为 α 的升余弦滚降脉冲波形表示时，和数字基带传输系统一样，数字带通传输系统也应该无码间干扰。此时基带信号、2ASK 信号带宽公式修正为

$$B_s = (1+\alpha)B_N = (1+\alpha)\frac{R_B}{2}, \quad B_{2ASK} = 2B_s = (1+\alpha)R_B$$

5.1.2 二进制幅移键控信号的产生

2ASK 调制方法有两种，如图 5-3 所示。一种调制方法是如式(5-2)所表示的那样，通过乘法器让 $s(t)$ 与载波 $\cos\omega_c t$ 相乘，这种方法称为模拟法。另一种调制方法是键控法。键控法是指用二进制数字基带信号去控制开关电路，当出现"1"码时开关 S 闭合，有载波 $\cos\omega_c t$ 输出；当出现"0"码时开关断开，无载波 $\cos\omega_c t$ 输出。键控法是较常用的方法。

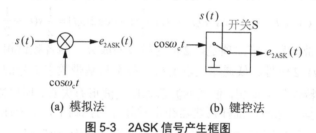

图 5-3　2ASK 信号产生框图

5.1.3 二进制幅移键控信号的解调

2ASK 解调方法有非相干解调和相干解调两种，如图 5-4 所示。

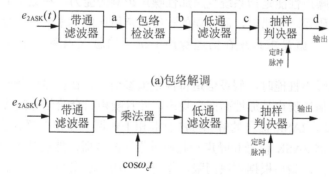

图 5-4　2ASK 信号解调框图

非相干解调方法也可称为包络检波法。带通滤波器恰好使 2ASK 信号完整地通过，经包络检波后，输出其包络。低通滤波器的作用是滤除高频部分波形，使基带包络信号通过。抽样判决器包括抽样、判决及码元形成，有时又称为译码器。定时脉冲是很窄的脉冲，通

常位于每个码元的中央位置,其重复周期等于码元的宽度。图 5-5 给出了 2ASK 信号非相干解调过程的时间波形。

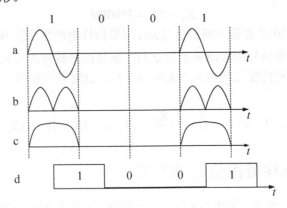

图 5-5 2ASK 信号非相干解调过程时间波形

相干解调就是同步解调,此时接收机需要产生一个与发送载波同频同相的本地载波信号,称其为同步载波或相干载波,利用此载波与接收到的已调波相乘,乘法器输出为

$$x(t) = e_{2ASK}(t) \cdot \cos \omega_c t = s(t) \cdot \cos^2 \omega_c t = s(t) \cdot \frac{1}{2}[1+\cos 2\omega_c t] = \frac{1}{2}s(t) + \frac{1}{2}s(t)\cos 2\omega_c t \quad (5-11)$$

式中,第一项是基带信号,第二项是以 $2\omega_c$ 为载波的成分,两者频谱相差很远,经低通滤波后,即可输出 $s(t)/2$ 信号。低通滤波器的截止频率与基带数字信号的最高频率相等。由于噪声影响及传输特性的不理想,低通滤波器输出的波形有失真,所以需要经过抽样判决,整形后再生出数字基带脉冲。抽样判决器在定时脉冲的控制下,对 $s(t)/2$ 进行抽样,取得样值 s ,当样值 s 大于判决门限时,判为"1"码,反之判为"0"码。

5.1.4 二进制幅移键控系统的抗噪声性能

通信系统的抗噪声性能是指系统克服加性噪声影响的能力。在数字通信系统中,信道噪声有可能使传输码元产生错误,而错误的程度通常用误码率来衡量。分析数字带通传输系统的抗噪声性能,就是求系统在信道噪声干扰下的总误码率。计算误码率要在接收端进行。

在分析系统抗噪声性能时,假设信道特性是恒参信道,在信号的频带范围内具有理想矩形的传输特性;信道噪声是加性高斯白噪声,并且噪声只会给信号的接收端带来影响。

由 5.1.3 节可知,2ASK 信号的解调方法有非相干解调法和相干解调法两种。无论何种方式,首先都是考虑 2ASK 信号和噪声一起通过带通滤波器;然后分不同情况,研究抽样判决器输入端的特点;最后根据判决门限,作瞬时判决,求出系统误码率的公式。

1. 非相干解调时的误码率

设发送端 2ASK 信号的幅度为 A ,信道中存在着高斯白噪声,在一个码元持续时间 T_s 内,发送端输出的信号波形 $s_T(t)$ 可以表示为

$$s_T(t) = \begin{cases} u_T(t), & \text{发送 "1" 时} \\ 0, & \text{发送 "0" 时} \end{cases} \tag{5-12}$$

其中

$$u_T(t) = \begin{cases} A\cos\omega_c t, & 0 < t < T_s \\ 0, & \text{其他} \end{cases} \tag{5-13}$$

在每个码元持续时间 $(0, T_s)$ 内，接收端接收到的输入波形 $y_i(t)$ 为

$$y_i(t) = \begin{cases} u_i(t) + n_i(t), & \text{发送 "1" 时} \\ n_i(t), & \text{发送 "0" 时} \end{cases} \tag{5-14}$$

式中，$u_i(t)$ 为 $u_T(t)$ 经过信道传输后的波形；$n_i(t)$ 为信道中引入的加性高斯白噪声，其均值为 0。为简明起见，假设信号经过信道传输后只受到固定衰减，没有产生失真，则有

$$u_i(t) = \begin{cases} a\cos\omega_c t, & 0 < t < T_s \\ 0, & \text{其他} \end{cases} \tag{5-15}$$

式中，a 为发送 "1" 码时收到的 2ASK 信号幅值。

设在接收端的带通滤波器具有理想矩形的传输特性，能恰好使经信道传输的信号无失真通过，则带通滤波器输出波形 $y(t)$ 为

$$y(t) = \begin{cases} u_i(t) + n(t), & \text{发送 "1" 时} \\ n(t), & \text{发送 "0" 时} \end{cases} \tag{5-16}$$

式中，$n(t)$ 是高斯白噪声 $n_i(t)$ 经过带通滤波器后的输出噪声。根据第 2 章中随机信号分析的知识可知，$n(t)$ 为窄带高斯噪声，均值为 0，方差为 σ_n^2，$n(t)$ 可表示为

$$n(t) = n_c(t)\cos\omega_c t - n_s(t)\sin\omega_c t \tag{5-17}$$

将式(5-15)和式(5-17)代入式(5-16)可得

$$y(t) = \begin{cases} a\cos\omega_c t + n_c(t)\cos\omega_c t - n_s\sin\omega_c t \\ n_c(t)\cos\omega_c t - n_s\sin\omega_c t \end{cases}$$

$$= \begin{cases} [a + n_c(t)]\cos\omega_c t - n_s\sin\omega_c t, & \text{发送 "1" 时} \\ n_c(t)\cos\omega_c t - n_s\sin\omega_c t, & \text{发送 "0" 时} \end{cases} \tag{5-18}$$

根据图 5-4(a)，采用包络检波方法，$y(t)$ 的包络为

$$V(t) = \begin{cases} \sqrt{[a + n_c(t)]^2 + n_s^2(t)}, & \text{发送 "1" 时} \\ \sqrt{n_c(t)^2 + n_s^2(t)}, & \text{发送 "0" 时} \end{cases} \tag{5-19}$$

可见，发 "1" 码时的抽样值是广义瑞利随机变量；发 "0" 码时抽样值是瑞利随机变量，它们的一维概率密度函数分别为

$$\left. \begin{aligned} f_1(V) &= \frac{V}{\sigma_n^2} I_0\left(\frac{aV}{\sigma_n^2}\right) e^{-(V^2 + a^2)/2\sigma_n^2} \\ f_0(V) &= \frac{V}{\sigma_n^2} e^{-V^2/2\sigma_n^2} \end{aligned} \right\} \tag{5-20}$$

式中，σ_n^2 为噪声的方差，即带通滤波器输出端的噪声功率 N。若带通滤波器的带宽为 B，噪声双边功率谱密度为 $n_0/2$，则有 $N = \sigma_n^2 = n_0 B$；V 为瞬时包络值；$I_0(x)$ 为零阶修正贝塞尔函数。$f_1(V)$ 和 $f_0(V)$ 的曲线如图 5-6 所示。

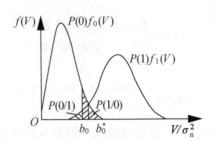

图 5-6   2ASK 包络检波法时瞬时包络值 V 的概率密度函数

假设抽样判决器的判决门限为 b，规定判决规则为：抽样值 $V>b$ 时，判为"1"码；抽样值 $V\leq b$ 时，判为"0"码。

发送端发送"1"码时，接收端错判为"0"码的概率为

$$P(0/1) = P(V \leq b) = \int_0^b f_1(V)\mathrm{d}V = 1 - \int_b^\infty f_1(V)\mathrm{d}V$$

$$= 1 - \int_b^\infty \frac{V}{\sigma_n^2} I_0\left(\frac{aV}{\sigma_n^2}\right) \mathrm{e}^{-(V^2+a^2)/2\sigma_n^2} \mathrm{d}V \tag{5-21}$$

引入 Marcum Q 函数，并定义为

$$Q(\alpha,\beta) = \int_\beta^\infty t I_0(\alpha t)\mathrm{e}^{-(\alpha^2+t^2)/2}\mathrm{d}t \tag{5-22}$$

式(5-22)中

$$\alpha = \frac{a}{\sigma_n}, \quad \beta = \frac{b}{\sigma_n}, \quad t = \frac{V}{\sigma_n}$$

则式(5-21)可写成

$$P(0/1) = 1 - Q\left(\frac{a}{\sigma_n}, \frac{b}{\sigma_n}\right) = 1 - Q(\sqrt{2r}, b_0) \tag{5-23}$$

式中，$r = \dfrac{a^2}{2\sigma_n^2}$ 为信噪比；$b_0 = \dfrac{b}{\sigma_n}$ 为归一化门限值。

同理可得，当发送端发送"0"码时，接收端错判为"1"码的概率为

$$P(1/0) = P(V>b) = \int_b^\infty f_0(V)\mathrm{d}V$$

$$= \int_b^\infty \frac{V}{\sigma_n^2} \mathrm{e}^{-V^2/2\sigma_n^2} \mathrm{d}V = \mathrm{e}^{-b^2/2\sigma_n^2} = \mathrm{e}^{b_0^2/2} \tag{5-24}$$

故系统的总误码率 P_e 为

$$P_e = P(1)P(0/1) + P(0)P(1/0) = P(1)[1 - Q(\sqrt{2r}, b_0)] + P(0)\mathrm{e}^{-b_0^2/2} \tag{5-25}$$

特别地，当发送"1"码和发送"0"码概率相等，即 $P(1) = P(0) = 1/2$ 时，有

$$P_e = \frac{1}{2}[1 - Q(\sqrt{2r}, b_0)] + \frac{1}{2}\mathrm{e}^{-b_0^2/2} \tag{5-26}$$

式(5-25)说明，采用包络检波法的系统误码率主要受信噪比 r 和归一化门限值 b_0 的影响。根据式(5-25)计算出的系统误码率 P_e 等于图 5-6 中阴影面积的一半。当 b_0 位置发生变化时，阴影部分的面积也随之发生改变；从图中可看出，当 b_0 处于 $f_1(V)$ 和 $f_0(V)$ 两条曲线的相交点 b_0^* 时，阴影部分面积最小，此时系统的总误码率最小。b_0^* 为系统的归一化最佳判决

门限值。可以通过极值的方法求得最佳门限，令

$$\frac{\partial P_e}{\partial b} = 0$$

可得

$$P(1)f_1(b^*) = P(0)f_0(b^*) \tag{5-27}$$

当 $P(1) = P(0)$ 时，有

$$f_1(b^*) = f_0(b^*) \tag{5-28}$$

即 $f_1(V)$ 和 $f_0(V)$ 两条曲线的交点处的包络值 V 就是最佳判决门限值，记为 b^*，且 $b^* = b_0^* \sigma_n$。由式(5-20)和式(5-28)可得

$$r = \frac{a^2}{2\sigma_n^2} = \ln I_0\left(\frac{ab^*}{\sigma_n^2}\right) \tag{5-29}$$

对式(5-29)可取其近似值

$$b^* = \frac{a}{2}\left(1 + \frac{8\sigma_n^2}{a^2}\right)^{\frac{1}{2}} = \frac{a}{2}\left(1 + \frac{4}{r}\right)^{\frac{1}{2}} \tag{5-30}$$

因此，有

$$b^* = \begin{cases} \dfrac{a}{2}, & \text{大信噪比（}r \gg 1\text{）时} \\ \sqrt{2\sigma_n}, & \text{小信噪比（}r \ll 1\text{）时} \end{cases} \tag{5-31}$$

实际工作中，非相干解调总是要求在大信噪比条件下进行。因此，最佳判决门限应取 $b^* = a/2$。此时系统的总误码率 P_e 为

$$P_e = \frac{1}{4}\text{erfc}\left(\sqrt{\frac{r}{4}}\right) + \frac{1}{2}e^{-r/4} \tag{5-32}$$

当 $r \to \infty$ 时，式(5-32)的下界为

$$P_e = \frac{1}{2}e^{-r/4} \tag{5-33}$$

通过以上分析，可以说明 2ASK 非相干解调在 $P(1) = P(0)$、大信噪比 r 和最佳判决门限 $b^* = a/2$ 的条件下，误码率 P_e 随信噪比 r 的增加而近似于指数规律下降。而实际上，一般 $r > 20$ 就认为可以满足式(5-33)的要求。

2. 相干解调的误码率

相干解调的 2ASK 框图如图 5-4(b)所示。若对信号、噪声及带通滤波器、低通滤波器的假设与非相干解调时相同，则带通滤波器的输出为式(5-18)。解调过程中 $y(t)$ 与相干载波 $2\cos\omega_c t$ 相乘后，可由低通滤波器滤除高频分量，则在抽样判决器输入端得到的波形为

$$x(t) = \begin{cases} a + n_c(t), & \text{发送"1"时} \\ n_c(t), & \text{发送"0"时} \end{cases} \tag{5-34}$$

式中，a 为接收端信号幅度，由于 $n_c(t)$ 是均值为 0、方差为 σ_n^2 的高斯随机过程，所以 $x(t)$ 也是一个高斯随机过程，且其均值分别为 a(发送"1"时)和 0(发送"0"时)，方差为 σ_n^2。

设第 k 个符号的抽样时刻为 kT_s，则 $x(t)$ 在 kT_s 时刻的抽样值为

$$x = x(kT_s) = \begin{cases} a + n_c(kT_s), & \text{发送 "1" 时} \\ n_c(kT_s), & \text{发送 "0" 时} \end{cases} \tag{5-35}$$

是一个高斯随机变量。当发送"1"码时，x 的一维概率密度函数 $f_1(x)$ 为

$$f_1(x) = \frac{1}{\sqrt{2\pi}\sigma_n} \exp\left(-\frac{(x-a)^2}{2\sigma_n^2}\right) \tag{5-36}$$

当发送"0"码时，x 的一维概率密度函数 $f_0(x)$ 为

$$f_0(x) = \frac{1}{\sqrt{2\pi}\sigma_n} \exp\left(-\frac{x^2}{2\sigma_n^2}\right) \tag{5-37}$$

$f_1(x)$ 和 $f_1(x)$ 的曲线如图 5-7 所示。

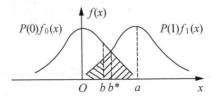

图 5-7 2ASK 相干解调时抽样值 x 的概率密度函数

设判决门限为 b，判决准则为

$$\left. \begin{array}{l} x > b，判为 "1" \\ x \leq b，判为 "0" \end{array} \right\} \tag{5-38}$$

则发送"1"时错判为"0"的概率为

$$P(0/1) = P(x \leq b) = \int_{-\infty}^{b} f_1(x)\mathrm{d}x = \frac{1}{2}\mathrm{erfc}\left(\frac{a-b}{\sqrt{2}\sigma_n}\right) \tag{5-39}$$

而发送"0"时错判为"1"的概率为

$$P(1/0) = P(x > b) = \int_{b}^{\infty} f_0(x)\mathrm{d}x = \frac{1}{2}\mathrm{erfc}\left(\frac{b}{\sqrt{2}\sigma_n}\right) \tag{5-40}$$

相干解调时 2ASK 系统的总误码率为

$$P_e = P(1)P(0/1) + P(0)P(1/0) = P(1)\int_{-\infty}^{b} f_1(x)\mathrm{d}x + P(0)\int_{b}^{\infty} f_0(x)\mathrm{d}x$$

$$= P(0) \cdot \frac{1}{2}\mathrm{erfc}\left(\frac{a-b}{\sqrt{2}\sigma_n}\right) + P(1) \cdot \frac{1}{2}\mathrm{erfc}\left(\frac{b}{\sqrt{2}\sigma_n}\right) \tag{5-41}$$

当 $P(1) = P(0) = 1/2$ 时，由 $\frac{\partial P_e}{\partial b} = 0$ 可得使误码率最小的最佳判决门限 $b = b^*$ 满足

$$f_1(b^*) = f_0(b^*) \tag{5-42}$$

解得

$$b^* = a/2 \tag{5-43}$$

将式(5-43)代入式(5-41)，可得 2ASK 相干解调的最小误码率为

$$P_e = \frac{1}{2}\mathrm{erfc}\left(\frac{\sqrt{r}}{2}\right) \tag{5-44}$$

比较式(5-44)和式(5-33)，分析相干解调和非相干解调系统的性能，可得以下结论。

(1) 由于 erfc x 及 e^{-x} 都是递减函数，故当信噪比 r 增大时，总误码率 P_e 下降。

(2) 由于 erfc x 比 e^{-x} 下降得快，所以相干解调的性能优于非相干解调。

(3) 非相干解调不需要有与发送端同频同相的本地载波，因此接收设备比相干解调简单。

【例 5-2】 对 2ASK 信号进行相干接收，已知发送"1"码的概率为 P，发送"0"码的概率为 $1-P$，接收端解调器输入信号振幅为 a，窄带高斯噪声方差为 σ_n^2。(1)若 $P=1/2$，$r=10$，求最佳判决门限 b^* 和误码率 P_e；(2)若 $P<1/2$，试分析此时最佳判决门限的变化情况。

解：(1) 在发送符号"1"、"0"等概率时，2ASK 系统的最佳判决门限为 $b^*=a/2$，相干接收时的误码率为

$$P_\mathrm{e}=\frac{1}{2}\mathrm{erfc}\left(\sqrt{\frac{r}{4}}\right)\approx\frac{1}{\sqrt{\pi r}}\mathrm{e}^{-r/4}\approx 1.46\times 10^{-2}$$

(2) 若发送"1"的概率小于发送"0"的概率，相干接收时的最佳判决门限为

$$b^*=\frac{a}{2}+\frac{\sigma^2}{a}\ln\frac{P(0)}{P(1)}$$

可以看出，若 $P(1)<P(0)$，$\ln\dfrac{P(0)}{P(1)}>0$，导致判决门限 b^* 增大。

5.2 二进制频移键控系统

频移键控(FSK)利用载波的频率来传递数字消息，即用所传递的数字消息来控制载波的频率，而幅度和相位保持不变。实际传递的数字消息只有有限个取值，相应的已调 FSK 信号的频率也只能有有限个取值。而对于二进制频移键控(2FSK)信号便是符号"1"对应于载波频率 ω_1，符号"0"对应于载波频率 ω_2（$\omega_1\neq\omega_2$）的已调波形，且已调波在 ω_1 与 ω_2 之间的转变是瞬间完成的。由于 2FSK 已调波的幅度不变，它的抗衰落和抗噪声性能均优于 2ASK，设备实现较容易，所以被广泛用于中、低速数据传输中。目前数字调频技术已经有相当大的发展，多进制频移键控(MFSK)、连续相位的二进制频移键控(CPFSK)、最小频移键控(MSK)以及高斯最小频移键控(GMSK)等技术，由于其良好的功率利用率，抗码间串扰和带外辐射功率小等优点，在无线信道中得到了广泛应用。

5.2.1 二进制频移键控信号的分析

1. 2FSK 信号的时域表示及波形

在 2FSK 系统中，载波的频率随二进制基带信号在 ω_1 和 ω_2 两个频率点间变化。其波形表达式为

$$e_{\mathrm{2FSK}}(t)=\begin{cases}A\cos(\omega_1 t+\varphi_n), & \text{发送"1"时}\\ A\cos(\omega_2 t+\theta_n), & \text{发送"0"时}\end{cases} \qquad (5\text{-}45)$$

典型波形如图 5-8 所示。由图可见，2FSK 的信号波形(a)可看成波形(b)和波形(c)的合

成，即一个2FSK信号可以看成是两个不同载频的2ASK信号的叠加。因此，2FSK信号的时域表达式可写成

$$e_{2FSK}(t) = s_1(t)\cos(\omega_1 t + \varphi_n) + s_2(t)\cos(\omega_2 t + \theta_n)$$
$$= \left[\sum_n a_n g(t - nT_s)\right]\cos(\omega_1 t + \varphi_n) + \left[\sum_n \bar{a}_n g(t - nT_s)\right]\cos(\omega_2 t + \theta_n) \quad (5\text{-}46)$$

式中，$g(t)$为单个矩形脉冲，脉宽为T_s；a_n是第n个符号的电平取值，即

$$a_n = \begin{cases} 1, & \text{概率为}P \\ 0, & \text{概率为}1-P \end{cases} \quad (5\text{-}47)$$

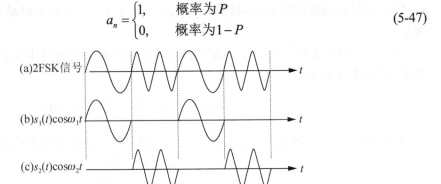

图 5-8 2FSK 信号的时间波形

$\bar{a}_n$是a_n的反码。若$a_n = 1$，则$\bar{a}_n$；若$a_n = 0$，则$\bar{a}_n = 1$。即有

$$\bar{a}_n = \begin{cases} 1, & \text{概率为}1-P \\ 0, & \text{概率为}P \end{cases} \quad (5\text{-}48)$$

式(5-46)中，φ_n和θ_n分别是第n个信号码元的初始相位。在频移键控中，φ_n和θ_n不携带信息，通常可设φ_n和θ_n为零，则式(5-46)可简化为

$$e_{2FSK}(t) = s_1(t)\cos\omega_1 t + s_2(t)\cos\omega_2 t = \left[\sum_n a_n g(t - nT_s)\right]\cos\omega_1 t + \left[\sum_n \bar{a}_n g(t - nT_s)\right]\cos\omega_2 t \quad (5\text{-}49)$$

其中

$$s_1(t) = \sum_n a_n g(t - nT_s) \quad (5\text{-}50)$$

$$s_2(t) = \sum_n \bar{a}_n g(t - nT_s) \quad (5\text{-}51)$$

2. 2FSK 信号的频域表示及频谱图

2FSK 信号有相位连续(2CPFSK)和相位不连续(2DPFSK)两种情况。这两种情况的信号频谱是不相同的，其中 2DPFSK 分析起来比较简单。由于键控法产生的 2FSK 信号均为 2DPFSK 信号，这里着重对 2DPFSK 信号频域进行分析，而对 2CPFSK 的分析，仅给出结论。

2DPFSK 信号可以看成是由两个不同载频的 2ASK 信号叠加而成的，由图 5-8 可知，由于这两个 2ASK 信号"1"码和"0"码在时间上不可能同时出现，因此，2DPFSK 信号的功率谱密度可以看成是中心频率分别为f_1和f_2的两个 2ASK 信号功率谱密度之和，即

$$P_{2DPFSK}(f) = \frac{1}{4}\left[P_{s_1}(f - f_1) + P_{s_1}(f + f_1)\right] + \frac{1}{4}\left[P_{s_2}(f - f_2) + P_{s_2}(f + f_2)\right] \quad (5\text{-}52)$$

特别地，当数字基带信号波形为等概全占空矩形脉冲时，令概率 $P=1/2$，并将式(5-9)中的 f_c 分别替换成 f_1 和 f_2，代入式(5-52)可得

$$P_{2\text{FSK}}(f) = \frac{T_s}{16}\left[\left|\frac{\sin\pi(f+f_1)T_s}{\pi(f+f_1)T_s}\right|^2 + \left|\frac{\sin\pi(f-f_1)T_s}{\pi(f-f_1)T_s}\right|^2\right] + \frac{T_s}{16}\left[\left|\frac{\sin\pi(f+f_2)T_s}{\pi(f+f_2)T_s}\right|^2 + \left|\frac{\sin\pi(f-f_2)T_s}{\pi(f-f_2)T_s}\right|^2\right]$$
$$+ \frac{1}{16}[\delta(f+f_1) + \delta(f-f_1) + \delta(f+f_2) + \delta(f-f_2)] \tag{5-53}$$

其功率谱密度如图 5-9 所示。由图 5-9 和式(5-53)可得如下结论。

(1) 2DPFSK 信号功率谱密度不是数字基带信号功率谱密度的线性搬移，属于非线性调制。

(2) 2DPFSK 信号由连续谱和离散谱两部分组成。其中连续谱由两个中心位于 f_1 和 f_2 处的双边谱叠加而成，离散谱位于两个载频 f_1 和 f_2 处。连续谱的形状随着两个载频之差 $|f_1 - f_2|$ 的大小而变化，若 $|f_1 - f_2| < f_s$，出现单峰；若 $|f_1 - f_2| \geqslant f_s$ 则出现双峰。

(3) 以功率谱第一个零点之间的频率间隔来计算 2DPFSK 信号的带宽，则有

$$B_{2\text{DPFSK}} = |f_2 - f_1| + 2f_s \tag{5-54}$$

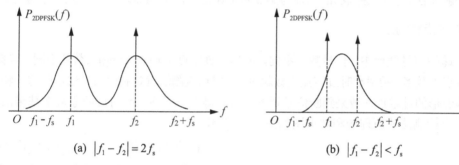

图 5-9 2FSK 信号功率谱密度图

以上是 2DPFSK 信号的带宽情况。2CPFSK 信号的带宽如表 5-1 所示，为便于比较，表中一并列出了 2DPFSK 信号的带宽。

表 5-1 2FSK 信号的带宽

$|f_2 - f_1|$	$0.5f_s$	$(0.6\sim0.7)f_s$	$(0.8\sim1.0)f_s$	$1.5f_s$	$\geqslant 2f_s$
$B_{2\text{CPFSK}}$	f_s	$1.5f_s$	$2.5f_s$	$3f_s$	$|f_2-f_1|+2f_s$
$B_{2\text{DPFSK}}$	$2.5f_s$	$(2.6\sim2.7)f_s$	$(2.8\sim3.0)f_s$	$3.5f_s$	$|f_2-f_1|+2f_s$

从表中可以看出，当 $|f_2 - f_1|$ 较小时，$B_{2\text{CPFSK}} < B_{2\text{DPFSK}}$，甚至比 2ASK 信号的带宽还小；当 $|f_2 - f_1| \geqslant 2f_s$ 时，$B_{2\text{CPFSK}} = B_{2\text{DPFSK}}$。

5.2.2　二进制频移键控信号的产生

二进制频移键控的产生主要有两种方法，分别是模拟调频法和键控法。

模拟调频法是用二进制基带信号控制振荡器的某些参数，直接改变振荡器的频率，输出不同频率的信号，其原理与模拟调频类似。这种方法容易实现，但频率稳定度差。调频法产生的是 2CPFSK 信号。

键控法是用数字矩形脉冲控制电子开关在两个振荡器之间进行选通,使其在每一个码元 T_s 期间输出 f_1 或 f_2 两个载波之一。这种方法的特点是转换速度快、波形好、频率稳定度高,但设备比较复杂,其原理如图 5-10 所示。

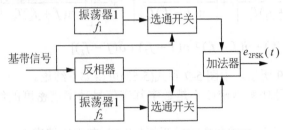

图 5-10 键控法产生 2FSK 信号的原理图

5.2.3 二进制频移键控信号的解调

二进制频移键控信号的解调方法有鉴频法、过零点检测法、差分检测法、相干解调法和非相干解调法。其中鉴频法的原理与第 3 章 FM 信号的解调原理相同,此处不再讨论。

1. 过零点检测法

在传递的信号波形中,信号频率不同,波形的过零点(zero crossing)次数就不同,当频率大时过零点次数多,频率小时过零点次数就少。过零点检测法就是利用信号波形的这一特点,通过检测波形的过零点次数来判断信号频率,从而得出与不同频率对应的原数字基带信号。过零点检测法的原理图和波形图如图 5-11 所示。

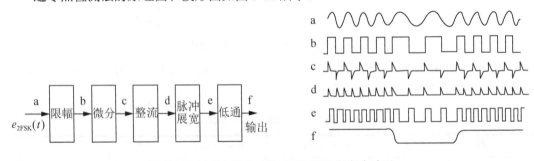

图 5-11 过零点检测法的原理框图及其各点波形

2FSK 信号 a 经限幅后,成为矩形方波信号 b,再经微分和全波整流后得到尖脉冲 d,再用此脉冲触发脉冲发生器,将其展宽,产生一串幅度和宽度都相同的矩形脉冲信号 e,e 中的脉冲越密集,表明此段直流分量越大,则 2FSK 信号的频率越高。因此将 e 波形通过低通滤波器取其直流成分,可以还原出原数字基带信号。

2. 差分检测法

差分检测法的原理图如图 5-12 所示。

设 2FSK 信号的两个频率 f_1 和 f_2 统一表示为 $f = f_0 + \Delta f$,若 $\Delta f > 0$,则 $f = f_2$,用于表示 "0" 码;若 $\Delta f < 0$,则 $f = f_1$,用于表示 "1" 码。这样只要接收端能找出抽样判决器

前信号 $x(t)$ 与 Δf 的关系，就可以判断出 2FSK 的 f_1 或 f_2，从而还原出数字基带信号 $s(t)$。下面在不考虑信道噪声的情况下对差分检测法进行数学分析说明。

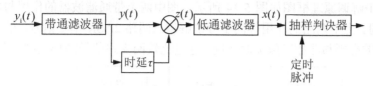

图 5-12　差分检测法的原理框图

在图 5-12 中，带通滤波器输出为

$$y(t) = a\cos(\omega_c + \Delta\omega)t \tag{5-55}$$

式中，$\Delta\omega = 2\pi \cdot \Delta f$，乘法器输出为

$$z(t) = a\cos(\omega_c + \Delta\omega)t \cdot a\cos[(\omega_c + \Delta\omega)(t-\tau)] \tag{5-56}$$

让 $z(t)$ 通过低通滤波器后得到 $x(t)$ 为

$$x(t) = \frac{a^2}{2}\cos(\omega_c + \Delta\omega)\tau \tag{5-57}$$

设 $\omega_c \tau = \pi/2$，即 $\tau = 1/(4f_c)$，则有

$$x(t) = -\frac{a^2}{2}\sin\Delta\omega\tau \tag{5-58}$$

若 $\Delta\omega\tau \ll 1$，则有

$$x(t) \approx -\frac{a^2}{2}\Delta\omega\tau \tag{5-59}$$

式(5-59)说明，根据 $\Delta\omega$ 的极性不同，$x(t)$ 有不同极性。于是得到恢复原基带信号 $s(t)$ 的判决准则：当 $\Delta\omega > 0$ 时，$x(t) < 0$，判断 $s(t)$ 为"0"；当 $\Delta\omega < 0$ 时，$x(t) > 0$，判断 $s(t)$ 为"1"。

差分检测法适用于信道有严重时延失真的情况，因为这种情况对进入乘法器的两个信号均有时延，而相邻信号的比较结果刚好可以抵消影响。

3. 非相干解调

2FSK 非相干解调原理图如图 5-13 所示。两个中心频率分别为 f_1 和 f_2 的窄带滤波器，将频率为 f_1 或 f_2 的高频信号提取出来，然后由包络检波器分别取出两路信号的包络，送至抽样判决器，抽样判决器在定时脉冲控制下，对包络样值进行判决。这里的抽样判决是直接比较两路信号抽样值的大小，可以不专门设置门限。判决规则应与调制规则相呼应，调制时若规定"1"符号对应载波频率 f_1，则接收时上支路的样值比较大，应判为"1"；反之则判为"0"。

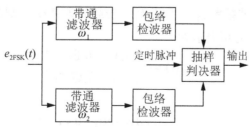

图 5-13　2FSK 非相干解调原理图

4. 相干解调

2FSK 相干解调原理框图如图 5-14 所示。图中两个带通滤波器的作用与非相干解调原理图 5-13 相同。上下两路的作用等同于分别解调出两路 2ASK 基带信号,然后分别进行抽样判决。判决的准则与非相干解调时相同,通过比较两支路信号抽样值的大小来进行判断。

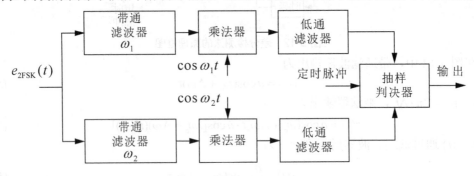

图 5-14 2FSK 相干解调原理图

5.2.4 二进制频移键控系统的抗噪声性能

根据 5.2.3 节分析可知,2FSK 信号的解调方法有多种,而其系统的抗噪声性能与接收时的解调方法有关。下面就非相干解调和相干解调两种方法的系统性能进行分析。

1. 非相干解调时 2FSK 系统的抗噪声性能

在对 2FSK 信号采用非相干解调的系统性能进行分析时,分析模型如图 5-15 所示。

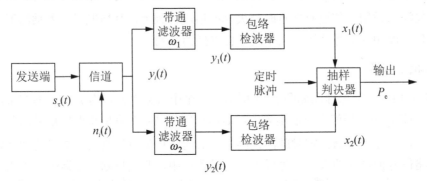

图 5-15 2FSK 信号非相干解调法性能分析模型

设 "1" 码对应载波频率 ω_1,"0" 码对应载波频率 ω_2,则在一个码元持续时间 T_s 内,发送端产生的 2FSK 信号可表示为

$$s_T(t) = \begin{cases} u_{1T}(t), & \text{发送 "1" 时} \\ u_{0T}(t), & \text{发送 "0" 时} \end{cases} \tag{5-60}$$

其中

$$u_{1T}(t) = \begin{cases} A\cos\omega_1 t, & 0 < t < T_s \\ 0, & \text{其他} \end{cases} \tag{5-61}$$

$$u_{0T}(t) = \begin{cases} A\cos\omega_2 t & 0 < t < T_s \\ 0 & \text{其他} \end{cases} \tag{5-62}$$

于是，在 $(0, T_s)$ 时间内，接收端的输入合成波形 $y_i(t)$ 为

$$y_i(t) = \begin{cases} Ku_{1T}(t) + n_i(t), & \text{发送 "1" 时} \\ Ku_{0T}(t) + n_i(t), & \text{发送 "0" 时} \end{cases} \tag{5-63}$$

式中，$n_i(t)$ 为加性高斯白噪声，其均值为 0；K 为常数，表示发送信号幅度 A 经过信道衰减后的系数。

在图 5-15 中，采用的解调器使用了两个带通滤波器来区分中心频率分别为 f_1 和 f_2 的信号。中心频率为 f_1 的带通滤波器只允许中心频率为 f_1 的信号频谱成分通过，而滤除中心频率为 f_2 的信号频谱成分；同理，中心频率为 f_2 的带通滤波器也执行相同的功能。这样接收端的上下两个支路带通滤波器的输出波形 $y_1(t)$ 和 $y_2(t)$ 分别为

$$y_1(t) = \begin{cases} a\cos\omega_1 t + n_1(t), & \text{发送 "1" 时} \\ n_1(t), & \text{发送 "0" 时} \end{cases} \tag{5-64}$$

$$y_2(t) = \begin{cases} n_2(t), & \text{发送 "1" 时} \\ a\cos\omega_2 t + n_2(t), & \text{发送 "0" 时} \end{cases} \tag{5-65}$$

式中，$n_1(t)$ 和 $n_2(t)$ 分别为高斯白噪声 $n_i(t)$ 经过上下两个带通滤波器的输出噪声(为窄带高斯噪声)，其均值都为 0，方差同为 σ_n^2，只是中心频率不一样。

假设在 $(0, T_s)$ 时间内发送 "1" 码(对应 ω_1)，则上下支路两个带通滤波器的输出波形 $y_1(t)$ 和 $y_2(t)$ 分别为

$$y_1(t) = [a + n_{1c}(t)]\cos\omega_1 t - n_{1s}(t)\sin\omega_1 t \tag{5-66}$$

$$y_2(t) = n_{2c}(t)\cos\omega_2 t - n_{2s}(t)\sin\omega_2 t \tag{5-67}$$

式中，$a = KA$ 为接收信号幅度；$n_{1c}(t)$ 和 $n_{2c}(t)$ 均为低通型高斯噪声，其均值为零，方差为 σ_n^2。于是可以得到上下两个包络检波器的输出分别为

上支路 $\qquad V_1(t) = \sqrt{[a + n_{1c}(t)]^2 + n_{1s}^2(t)} \tag{5-68}$

下支路 $\qquad V_2(t) = \sqrt{n_{2c}^2(t) + n_{2s}^2(t)} \tag{5-69}$

由随机信号分析可知 $V_1(t)$ 的抽样值 V_1 服从广义瑞利分布，$V_2(t)$ 的抽样值 V_2 服从瑞利分布。其一维概率密度函数分别为

$$f(V_1) = \frac{V_1}{\sigma_n^2} I_0\left(\frac{aV_1}{\sigma_n^2}\right) e^{-(V_1^2 + a^2)/2\sigma_n^2} \tag{5-70}$$

$$f(V_2) = \frac{V_2}{\sigma_n^2} e^{-V_2^2/2\sigma_n^2} \tag{5-71}$$

式(5-70)和式(5-71)中 σ_n^2 是噪声的功率，当带通滤波器的带宽为 B 时，$\sigma_n^2 = n_0 B$，应注意此时的 B 不是 2FSK 信号的带宽，而是带通滤波器的带宽。

当发送 "1" 码时，若 $V_1 < V_2$，则发生判决错误，其错误概率为

$$\begin{aligned} P(0/1) &= P(V_1 \leqslant V_2) = \iint_c f(V_1)f(V_2)\mathrm{d}V_1\mathrm{d}V_2 = \int_0^\infty f(V_1)\left[\int_{V_2 = V_1}^\infty f(V_2)\mathrm{d}V_2\right]\mathrm{d}V_1 \\ &= \int_0^\infty \frac{V_1}{\sigma_n^2} I_0\left(\frac{aV_1}{\sigma_n^2}\right) \exp[(-2V_1^2 - a^2)/2\sigma_n^2]\mathrm{d}V = \int_0^\infty \frac{V_1}{\sigma_n^2} I_0\left(\frac{aV_1}{\sigma_n^2}\right) e^{-(2V_1^2 + a^2)/2\sigma_n^2}\mathrm{d}V_1 \end{aligned} \tag{5-72}$$

令 $t = \frac{\sqrt{2}V_1}{\sigma_n}$，$z = \frac{a}{\sqrt{2}\sigma_n}$，并代入式(5-72)，可得

$$P(0/1) = \frac{1}{2}e^{-z^2/2}\int_0^\infty tI_0(zt)e^{-(t^2+z^2)/2}dt \tag{5-73}$$

根据 Marcum Q 函数的性质，有 $Q(z,0) = \int_0^\infty tI_0(zt)e^{-(t^2+z^2)/2}dt = 1$，则有

$$P(0/1) = \frac{1}{2}e^{-z^2/2} = \frac{1}{2}e^{-r/2} \tag{5-74}$$

式中，$r = z^2 = \frac{a^2}{2\sigma_n^2}$，即接收机输入端信噪比。

同理可求得发送"0"时判为"1"的错误概率 $P(1/0)$，其结果与式(5-74)一样，即

$$P(1/0) = P(V_1 > V_2) = \frac{1}{2}e^{-r/2} \tag{5-75}$$

故 2FSK 非相干解调系统的总误码率为

$$P_e = P(0)P(1/0) + P(1)P(0/1) = \frac{1}{2}e^{-r/2} \tag{5-76}$$

式(5-76)说明，系统的误码率随输入信噪比的增大成负指数规律下降。

2. 相干解调时 2FSK 系统的抗噪声性能

2FSK 信号采用相干解调的系统性能分析模型可参照图 5-15，只需将其中的包络检波器替换成相干解调器，故不再重画。

参见非相干解调时的分析，仍假设在 $(0,T_s)$ 时间内发送"1"码(对应 ω_1)，由式(5-66)、式(5-67)可知 $y_1(t)$、$y_2(t)$ 分别与相干载波相乘后，其低频成分经过低通滤波器输出分别为

上支路 $\qquad\qquad x_1(t) = a + n_{1c}(t) \qquad\qquad$ (5-77)
下支路 $\qquad\qquad x_2(t) = n_{2c}(t) \qquad\qquad$ (5-78)

故 $x_1(t)$ 和 $x_2(t)$ 抽样值的一维概率密度函数分别为

$$f(x_1) = \frac{1}{\sqrt{2\pi}\sigma_n}\exp\left[-\frac{(x_1-a)^2}{2\sigma_n^2}\right] \tag{5-79}$$

$$f(x_2) = \frac{1}{\sqrt{2\pi}\sigma_n}\exp\left(-\frac{x_2^2}{2\sigma_n^2}\right) \tag{5-80}$$

当 $x_1(t)$ 的抽样值 x_1 小于 $x_2(t)$ 的抽样值 x_2 时，判决器输出"0"符号，造成将"1"错判为"0"，这时错误概率为

$$P(0/1) = P(x_1 < x_2) = P(x_1 - x_2 < 0) = P(z < 0) \tag{5-81}$$

式中，$z = x_1 - x_2$，则 z 是高斯型随机变量，其均值为 a，方差为 $\sigma_z^2 = 2\sigma_n^2$。

设 z 的一维概率密度函数为 $f(z)$，则由式(5-81)可得

$$P(0/1) = P(z < 0) = \int_{-\infty}^0 f(z)dz = \frac{1}{\sqrt{2\pi}\sigma_z}\int_{-\infty}^0 \exp\left[-\frac{(x-a)^2}{2\sigma_z^2}\right]dz \tag{5-82}$$

同理可得，发送"0"码错判为"1"码的概率为

$$P(1/0) = P(x_1 > x_2) = \frac{1}{2}\mathrm{erfc}\left(\sqrt{\frac{r}{2}}\right) \tag{5-83}$$

由于上下支路对称，以上两个错误概率相等。于是采用相干解调时，2FSK 系统的总误码率为

$$P_e = P(0)P(1/0) + P(1)P(0/1) = \frac{1}{2}\mathrm{erfc}\left(\sqrt{\frac{r}{2}}\right)[P(0)+P(1)] = \frac{1}{2}\mathrm{erfc}\left(\sqrt{\frac{r}{2}}\right) \tag{5-84}$$

比较以上两种 2FSK 解调方式，可得如下结论。

(1) 从式(5-76)和式(5-84)可见，当 r 增大时，误码率 P_e 下降。

(2) 因为 erfc x 比 e^{-x} 下降得快，所以在 r 相同的情况下，相干解调误码率小于非相干解调误码率；同理，在误码率相同的条件下，相干解调信噪比小于非相干解调信噪比，总的来说相干解调的系统性能优于非相干解调。

(3) 相干解调和非相干解调不适合 f_1 和 f_2 相距比较近的 2FSK 信号，因为此时带通滤波器的分路作用不好，判决容易出现错误。

(4) 相干解调需要接收机恢复出与发送端严格同频同相的两个本地载波，设备比较复杂。非相干解调不需要与发送端同频同相的本地载波，电路容易实现，在信噪比较高的场合常被优先采用。

【例 5-3】 若采用 2FSK 方式传输二进制信息，发送端信号振幅为 5V，接收端带通滤波器输出噪声功率 $\sigma_n^2 = 3\times 10^{-12}$ W，若要求系统误码率 $P_e = 10^{-4}$。试求：①非相干接收时，从发送端到解调器输入端信号的衰减量；②相干接收时，从发送端到解调器输入端信号的衰减量。

解：(1) 2FSK 非相干接收时的系统误码率为

$$P_e = \frac{1}{2}e^{-r/2} = 10^{-4}$$

解得输入信噪比 $r = 17$。设解调器输入端信号振幅为 a，则由输入信噪比

$$r = \frac{a^2}{2\sigma_n^2}$$

可得

$$a = \sqrt{2\sigma_n^2 r} = \sqrt{2\times 3\times 10^{-12}\times 17} = 1.01\times 10^{-5}(\mathrm{V})$$

因此，发送端到解调器输入端信号振幅衰减分贝数 k 为

$$k = 20\lg\frac{5}{a} = 113.9(\mathrm{dB})$$

(2) 采用相干接收时系统的误码率为

$$P_e = \frac{1}{2}\mathrm{erfc}\left(\sqrt{\frac{r}{2}}\right) = 10^{-4}$$

同理可求得

$$r = \frac{a^2}{2\sigma_n^2} = 13.8, \quad a = \sqrt{2\sigma_n^2 r} = \sqrt{2\times 3\times 10^{-12}\times 13.8} = 9.1\times 10^{-4}$$

因此，发送端到解调器输入端信号振幅衰减分贝数 k 为

$$k = 20\lg\frac{5}{a} = 114.8(\mathrm{dB})$$

5.3 二进制相移键控系统

相移键控利用数字基带信号去控制载波的相位,使载波的相位随数字基带信号的变化而变化,而载波的幅度和频率则维持不变。由于相移键控在抗噪声性能与频带利用率等方面具有明显优势,因此,在高、中速率的数据传输系统中得到广泛应用。

相移键控分为绝对移相和相对移相两种。绝对移相是指直接用载波相位表示数字基带信号,即载波相位与基带信号码元之间是一种绝对对应的关系,如用"0"相传输"1"码、用"π"相传输"0"码,这样就可以得到二进制绝对相移键控(2PSK)信号。本节着重讨论2PSK。

5.3.1 二进制相移键控信号的分析

1. 2PSK 信号的时域表示及波形

在 2PSK 系统中,假设用初始相位 0 和 π 分别表示二进制信号的"1"和"0",则 2PSK 信号的时域表达式为

$$e_{2PSK}(t) = A\cos(\omega_c t + \varphi_n) \tag{5-85}$$

式中,φ_n 表示第 n 个符号的绝对相位,即

$$\varphi_n = \begin{cases} 0, & \text{发送 "0" 时} \\ \pi, & \text{发送 "1" 时} \end{cases} \tag{5-86}$$

这样,式(5-85)可改写成

$$e_{2PSK}(t) = \begin{cases} A\cos\omega_c t, & \text{概率为 } P \\ -A\cos\omega_c t, & \text{概率为 } 1-P \end{cases} \tag{5-87}$$

据此绘出 2PSK 信号波形,如图 5-16 所示。图中已假设载波频率在数值上与码元速率相等,即 $f_c = f_s = 1/T_s$。

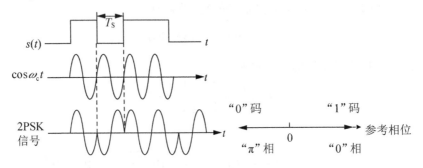

图 5-16 2PSK 信号形成及其相位矢量图

由于表示信号的两种码元波形相同,极性相反,故 2PSK 信号一般可以表述为一个双极性全占空的矩形脉冲序列与一个正弦载波相乘,即

$$e_{2PSK}(t) = s(t)\cos\omega_c t \tag{5-88}$$

其中基带信号为

$$s(t) = \sum_n a_n g(t - nT_s) \tag{5-89}$$

此时 $g(t)$ 是脉冲宽度为 T_s 的单个矩形脉冲，而 a_n 为

$$a_n = \begin{cases} 1, & \text{概率为 } P \\ -1, & \text{概率为 } 1-P \end{cases} \tag{5-90}$$

比较式(5-88)与式(5-2)知，2PSK 信号的时域表达式与 2ASK 信号完全相同，但要求数字基带信号必须是双极性不归零码(BNRZ)。

2. 2PSK 信号的频域表示及频谱图

由于 2PSK 信号的时域表示式和 2ASK 信号的时域表示式两者的表达形式完全一样，因此 2PSK 信号的频谱 $P_{2PSK}(f)$ 可以直接利用 2ASK 信号的频谱表示式(5-5)来表示，即有

$$P_{2PSK}(f) = \frac{1}{4}[P_s(f + f_c) + P_s(f - f_c)] \tag{5-91}$$

但要注意，式(5-91)中 $P_s(f)$ 是双极性不归零矩形基带信号的功率谱。由 4.2 节知识可知，双极性全占空矩形随机脉冲序列的功率谱密度为

$$P_s(f) = 4f_s P(1-P)|G(f)|^2 + f_s^2(1-2P)^2|G(0)|^2 \delta(f) \tag{5-92}$$

将式(5-92)代入式(5-91)可得

$$P_{2PSK} = f_s P(1-P)\left[|G(f+f_c)|^2 + |G(f-f_c)|^2\right] + \frac{1}{4}f_s^2(1-2P)^2|G(0)|^2[\delta(f+f_c) + \delta(f-f_c)] \tag{5-93}$$

设 $P = 1/2$，并考虑到矩形脉冲频谱 $G(f) = T_s Sa(\pi f T_s)$，$G(0) = T_s$，则式(5-93)可写为

$$P_{2PSK}(f) = \frac{T_s}{4}\left[\left|\frac{\sin \pi (f+f_c)T_s}{\pi (f+f_c)T_s}\right|^2 + \left|\frac{\sin \pi (f-f_c)T_s}{\pi (f-f_c)T_s}\right|^2\right] \tag{5-94}$$

其功率谱密度图如图 5-17 所示。

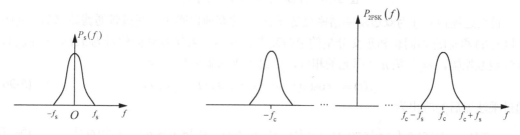

图 5-17 数字基带信号及 2PSK 信号的功率谱密度

从式(5-91)和图 5-17 可得结论如下。

(1) 2PSK 的频谱是基带频谱的线性搬移，故属于线性调制，因为 2PSK 信号可以表示为式(5-85)的形式，相当于调幅信号，当 $P = 1/2$ 时，2PSK 信号实际上相当于抑制载波的双边带信号。

(2) 当 $P = 1/2$ 时，功率谱密度中无离散分量，只有连续分量。

(3) 2PSK 信号的带宽与 2ASK 相同，都是基带信号的 2 倍。如基带信号为 f_s，则 2PSK 信号的带宽为

$$B = 2f_s \tag{5-95}$$

5.3.2 二进制相移键控信号的产生

2PSK 信号可以采用乘法器的模拟法，也可以采用键控法来实现调制过程，其原理框图如图 5-18 所示。与 2ASK 信号的产生方法相比较，只是对 $s(t)$ 的要求不同，在 2ASK 中 $s(t)$ 是单极性的基带信号，而在 2PSK 中 $s(t)$ 是双极性的基带信号。

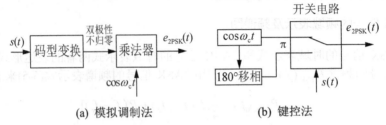

图 5-18　2PSK 调制器原理框图

5.3.3 二进制相移键控信号的解调

2PSK 信号解调必须采用相干解调，其原理框图如图 5-19 所示。

此解调框图与 2ASK 相干解调框图相同，需要注意的是二者抽样判决的门限不同，当发送 $s(t)$ 先验概率相等时，2ASK 解调的判决门限为接收到非零信号振幅 a 的一半，即 $a/2$，而 2PSK 解调判决门限为 0。

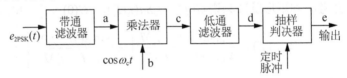

图 5-19　2PSK 信号的解调原理框图

设信道噪声 $n(t)$ 为双边功率谱密度等于 $n_0/2$ 的高斯白噪声，通过带通滤波器后，$n_i(t)$ 是以 $n_c(t)$ 和 $n_s(t)$ 为同相和正交分量的窄带高斯白噪声；若接收到的信号为 $a\cos(\omega_c t + \varphi_n)$，$A$ 为载波振幅，φ_n 是第 n 个码元的相位，则进入乘法器的信号为

$$y(t) = a\cos(\omega_c t + \varphi_n) + n_c \cos\omega_c t - n_s \sin\omega_c t \tag{5-96}$$

通过乘法器后的输出为

$$z(t) = y(t)\cos\omega_c t = \frac{1}{2}[a\cos\varphi_n + n_c(t) + a\cos(2\omega_c t + \varphi_n)n_c \cos\omega_c t - n_s \sin\omega_c t] \tag{5-97}$$

通过低通滤波器后输出为

$$x(t) = \frac{1}{2}[a\cos\varphi_n + n_c(t)] \tag{5-98}$$

根据发送端产生信号时 φ_n（0 或 π）代表数字信号(1 或 0)的规定，以及接收端 $x(t)$ 与 φ_n 关系的特性，可得抽样判决器对瞬时抽样值 x 有如下判决准则：

$$\left.\begin{array}{l} x > 0 \quad 判为0 \\ x < 0 \quad 判为1 \end{array}\right\} \tag{5-99}$$

2PSK 信号相干解调各点时间波形如图 5-20 所示。图中假设相干载波的基准相位与

2PSK 信号的调制载波的基准相位一致(通常默认为 0 相位)。

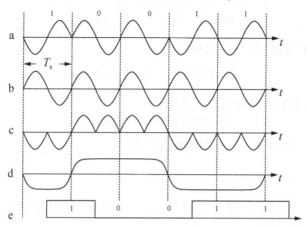

图 5-20 2PSK 信号相干解调时各点的时间波形

5.3.4　二进制相移键控系统的抗噪声性能

采用相干解调的 2PSK 系统的误码率分析过程与相干解调的 2ASK 系统的误码率分析过程基本相同，其性能分析模型如图 5-21 所示。

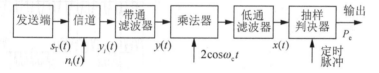

图 5-21 2PSK 信号相干解调系统性能分析模型

设图 5-21 中，在码元宽度 T_s 区间，发送端的 2PSK 信号可表示为

$$s_T(t) = \begin{cases} A\cos\omega_c t, & \text{发送 "1" 时} \\ -A\cos\omega_c t, & \text{发送 "0" 时} \end{cases} \tag{5-100}$$

则接收端带通滤波器输出合成信号 $y(t)$ 为

$$y(t) = \begin{cases} [a+n_c(t)]\cos\omega_c t - n_s(t)\sin\omega_c t, & \text{发送 "1" 时} \\ [-a+n_c(t)]\cos\omega_c t - n_s(t)\sin\omega_c t, & \text{发送 "0" 时} \end{cases} \tag{5-101}$$

$y(t)$ 经过相干解调(相乘—低通)后，送入抽样判决器的输入波形为

$$x(t) = \begin{cases} a+n_c(t), & \text{发送 "1" 符号} \\ -a+n_c(t), & \text{发送 "0" 符号} \end{cases} \tag{5-102}$$

由于 $n_c(t)$ 是均值为 0、方差为 σ_n^2 的高斯噪声，所以 $x(t)$ 的一维概率密度函数为

$$f_1(x) = \frac{1}{\sqrt{2\pi}\sigma_n} \exp\left(-\frac{(x-a)^2}{2\sigma_n^2}\right), \quad \text{发送 "1" 时} \tag{5-103}$$

$$f_0(x) = \frac{1}{\sqrt{2\pi}\sigma_n} \exp\left(-\frac{(x+a)^2}{2\sigma_n^2}\right), \quad \text{发送 "0" 时} \tag{5-104}$$

根据最佳判决门限的分析可知，在发送 "1" 码和发送 "0" 码等概率时，最佳判决门

限 $b^* = 0$。此时，发"1"错判为"0"的概率为

$$P(0/1) = P(x \leq 0) = \int_{-\infty}^{0} f_1(x)dx \tag{5-105}$$

同理，发送"0"错判为"1"的概率为

$$P(1/0) = P(x > 0) = \int_{0}^{\infty} f_0(x)dx \tag{5-106}$$

所以 2PSK 信号相干解调时系统的总误码率为

$$P_e = P(1)P(0/1) + P(0)P(0/1) \tag{5-107}$$

大信噪比($r \gg 1$)条件下，式(5-107)可近似为

$$P_e \approx \frac{1}{2\sqrt{\pi r}} e^{-r} \tag{5-108}$$

【例 5-4】 设某 2PSK 传输系统的码元速率为 1200Bd，载波频率为 2400Hz。发送数字信息为 0 1 0 0 1 1 0。试求：

(1) 若采用相干解调方式进行解调，试画出各点时间波形。

(2) 若发送"0"和"1"的概率分别为 0.6 和 0.4，试求出该 2PSK 信号的功率谱密度表达式。

解：(1) 相干解调原理框图及其各点时间波形如图 5-22 所示。

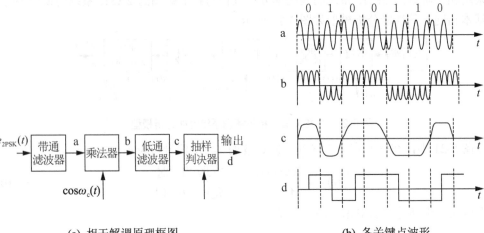

(a) 相干解调原理框图　　　　(b) 各关键点波形

图 5-22　2PSK 相干解调原理图及各点波形

(2) 2PSK 信号的功率谱密度为

$$P_{2PSK}(f) = \frac{1}{4}[P_s(f + f_c) + P_s(f - f_c)]$$

式中，$P_s(f)$ 是二进制双极性非归零信号 $s(t)$ 的功率谱密度，它的表达式为

$$P_s(f) = 4f_s P(1-P)|G(f)|^2 + \sum_{m=-\infty}^{\infty} |f_s(2P-1)G(mf_s)|^2 \delta(f - mf_s)$$

因为单个非归零矩形脉冲的频谱函数为

$$G(f) = T_s \left(\frac{\sin \pi T_s}{\pi f T_s} \right) = T_s \text{Sa}(\pi f T_s)$$

当 $f=mf_s$ 时，$G(mf_s)$ 的取值情况为：$m=0$ 时，$G(0)=T_sSa(0)=T_s \neq 0$；m 为不等于零的整数时，$G(mf_s)=T_sSa(n\pi)=0$，所以有

$$P_s(f)=4f_sP(1-P)|G(f)|^2+f_s^2(2P-1)^2|G(0)|^2\delta(f)$$

因此有

$$P_{2PSK}(f)=f_sP(1-P)\left[|G(f+f_c)|^2+|G(f-f_c)|^2\right]+\frac{1}{4}f_s^2(1-2P)^2|G(0)|^2[\delta(f+f_c)+\delta(f-f_c)]$$

将 $P=0.6, f_s=1200$ 和 $G(0)=T_s$ 代入上式，可得

$$P_{2PSK}(f)=288\left[|G(f+f_c)|^2+|G(f-f_c)|^2\right]+0.01[\delta(f+f_c)+\delta(f-f_c)]$$

其中，$f_c=2400$，$G(f)=T_sSa(\pi f T_s)$。

5.4 二进制差分相移键控系统

5.4.1 相位模糊问题及二进制差分相移键控信号的分析

1. 相位模糊问题

2PSK 信号只能采用相干解调，在相干解调方法中，都需要在接收端恢复出与发送端调制载波同频同相的本地载波，从接收信号中提取载波的方法通常是用倍频—分频法，即将接收信号做全波整流，滤出信号载波的倍频分量，再进行分频，恢复出原载波信号(详见第 9 章载波同步)。但在分频时存在着相位不确定性，即恢复出的本地载波与所需的相干载波可能同相，也可能反相，这依赖于分频器的初始相位等一些随机因素。这种相位关系的不确定性，也称为相位模糊现象，它使得解调出的数字基带信号与发送的数字基带信号正好相反，即"1"变成"0"，"0"变成"1"，导致判决其输出的数字信号全部出错。由于相位模糊问题的存在，实际应用中很少使用 2PSK 方式。为了解决这个问题，在 2PSK 的基础上进行改进，从而引出相对相移键控(2DPSK)，又称差分相移键控。

2. 2DPSK 信号分析

2PSK 信号的相位变化是以未调载波的相位作为参考值，即利用载波相位的绝对数值来表示数字基带信息，所以又称为绝对移相。而为了克服 2PSK 中存在的相位模糊问题所提出的 2DPSK 调制方式，它使用前后相邻码元载波相位的相对变化来表示数字信息，所以又称为相对相移键控或差分相移键控。

假设相对相位 $\Delta\varphi$ 是本码元初始相位 $\varphi_{本初}$ 与前一码元末尾相位 $\varphi_{前末}$ 的相位差，即

$$\Delta\varphi=\varphi_{本初}-\varphi_{前末} \tag{5-109}$$

可以定义数字基带信息与 $\Delta\varphi$ 之间的关系为

$$\Delta\varphi=\begin{cases}0, & \text{表示数字信息 "0"} \\ \pi, & \text{表示数字信息 "1"}\end{cases} \quad \text{或} \quad \Delta\varphi=\begin{cases}\pi, & \text{表示数字信息 "0"} \\ 0, & \text{表示数字信息 "1"}\end{cases} \tag{5-110}$$

于是可以将二进制数字信息与其对应的 2DPSK 信号的载波相位表示成如下关系：

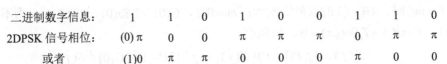

以上两行括号中的数字"0"和"1"分别表示参考载波的相位"0"和"π"。设参考相位为"0"相,对应的 2DPSK 信号波形如图 5-23 所示。

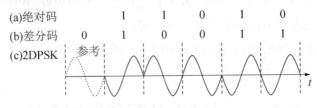

图 5-23 2DPSK 信号波形图

观察图 5-23 可得如下分析:

(1) 当载波频率 f_c 是码元速率 R_B 的整数倍时,载波的初始相位等于末尾相位,此时相对相位 $\Delta\varphi$ 也可以表示为

$$\Delta\varphi = \varphi_{本初} - \varphi_{前末} = \varphi_{本} - \varphi_{前} \tag{5-111}$$

(2) 由于初始的参考相位有两种可能,因此 2DPSK 波形也有两种形式。

(3) 数字信息"1"总是与相邻码元相位有突变相对应,数字信息"0"总是与相邻码元相位连续相对应。

(4) 2DPSK 信号波形也可以按下述方式得到:先求出二进制基带信号的差分码(相对码),再按差分码的规律进行 2PSK 调制即可得到 2DPSK 信号。注意其中差分码是按"1"变"0"不变的规定得出的,刚好满足式(5-110)所给相对相移与二进制基带信号的定义,并且差分码必须设置参考码元。

5.4.2 二进制差分相移键控信号的产生

从上面分析可知,2DPSK 信号可以看做是数字基带信号 $s(t)$ 先进行差分编码,再进行 2PSK 调制的结果,因此,只需要在 2PSK 调制器前加一个差分编码器就可以产生 2DPSK 信号。其原理框图如图 5-24 所示。

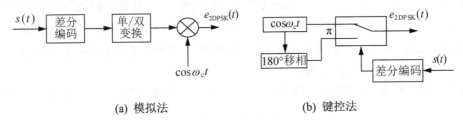

(a) 模拟法   (b) 键控法

图 5-24 2DPSK 信号产生原理框图

差分码分为传号差分码或空号差分码。传号差分码又称"1"差分码,其编码规则是

$$b_n = a_n \oplus b_{n-1} \tag{5-112}$$

式中,$\oplus$ 为模 2 加法;b_{n-1} 是 b_n 的前一码元,最初的 b_{n-1} 可任意设定。

图 5-23(c)中的 2DPSK 信号波形就是使用的传号差分码，即载波的相位遇到原数字信息"1"变化，遇到"0"则不变，载波相位利用这一相对变化过程携带数字信息。

式(5-112)称为差分码编码(码变换)过程，即把绝对码(a 码)变为差分码(b 码)；其逆过程称为差分译码(码反变换)，即

$$a_n = b_n \oplus b_{n-1} \tag{5-113}$$

5.4.3 二进制差分相移键控信号的解调

2DPSK 信号的解调有极性比较码变换法和差分检测法(或称相位比较法)两种方法。

1. 极性比较码变换法

极性比较码变换法是基于 2DPSK 信号产生的逆过程建立的。2DPSK 解调时首先对接收的 2DPSK 信号进行 2PSK 解调，得到差分码，再进行差分译码来恢复原基带信号。此方法中，对 2PSK 信号采用相干解调，同样需要一个与发送端载波同频同相的本地载波。由于载波相位模糊性的影响，使得解调出的差分码也可能是"1"和"0"倒置的，但由于差分译码是根据其前后相邻码元变化识别原数字信号，若相邻码元均错判，其相对变换关系并不会改变，从而解决了载波相位模糊性带来的问题。2DPSK 极性比较码变换法的原理框图如图 5-25 所示。

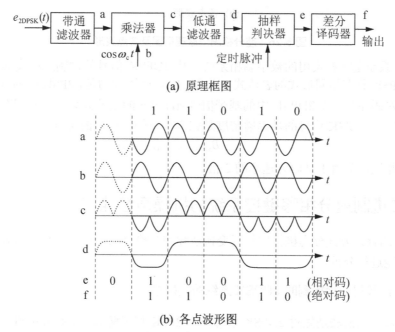

(b) 各点波形图

图 5-25　2DPSK 极性比较码变换法原理框图及各点波形

2. 差分检测法

差分检测法是基于 2DPSK 信号的概念建立起来的。我们知道，2DPSK 信号是用前后相邻码元对应载波相位的差值 $\Delta\varphi$ 来表示数字基带信号的，则应在解调端设法找到 2DPSK 信号前后相邻码元的相对相位 $\Delta\varphi$，再由相对相位所对应的信号来判决恢复原数字基带信号

即可。其原理框图如图 5-26 所示。

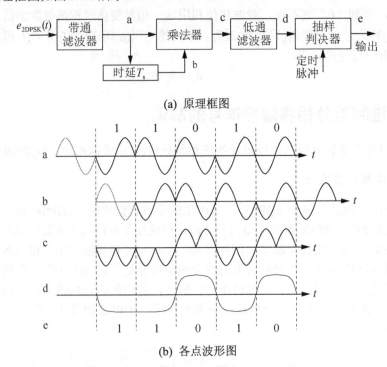

(a) 原理框图

(b) 各点波形图

图 5-26 差分检测法原理框图及各点波形

2DPSK 系统是一种实用的数字调相系统。从 2DPSK 信号的调制过程及其波形可知，2DPSK 与 2PSK 具有相同形式的表达式，见式(5-88)。所不同的是，2PSK 中的基带信号 $s(t)$ 对应的是绝对码序列；而 2DPSK 中的基带信号 $s(t)$ 对应的是差分编码后的相对码序列。因此 2DPSK 信号和 2PSK 信号的功率谱密度是完全一样的，信号的带宽为

$$B_{2DPSK} = B_{2PSK} = 2f_s \tag{5-114}$$

与 2ASK 也相同，数值上是码元速率的 2 倍。

5.4.4 二进制差分相移键控系统的抗噪声性能

2DPSK 的解调方式分为极性比较码变换法和差分检测法两种，下面分别对这两种方法的抗噪声性能进行分析。

1. 极性比较码变换检测时 2DPSK 系统的误码率

极性比较码变换法是先对 2DPSK 信号进行 2PSK 相干解调，然后再对判决出的差分码进行差分译码，从而得到原数字基带信息。由 2PSK 相干解调系统误码率分析可得到差分译码器输入端的误码率 P_e，即差分译码的输入误码率由式(5-108)来确定。所以只要求出差分译码后系统的误码率 P_e'，即得 2DPSK 系统的误码率。其分析模型如图 5-27 所示。

为了分析差分译码器中 b_n 出现错误对 a_n 的影响，作图 5-28 来加以说明。图中，用×表示错码的位置。此时若输入差分译码器的 $\{b_n\}$ 出现 1 位错码，则通过差分译码器后输出的绝对码序列 $\{a_n\}$ 产生 2 位错码；若 $\{b_n\}$ 中连续出现 2 个错码，则会引起 $\{a_n\}$ 中也有 2 个码

元错误；若$\{b_n\}$中连续出现n个$(n>2)$错误，则通过差分译码器后输出的$\{a_n\}$也只错2个。

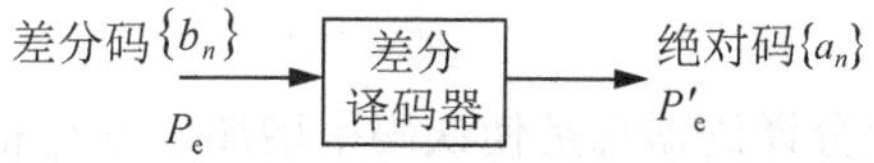

差分码$\{b_n\}$ → 差分译码器 → 绝对码$\{a_n\}$
P_e　　　　　　　　　　P_e'

图 5-27　极性比较码变换法误码分析模型

$\{b_n\}$	1	0	1	1	0	0	1	1	1	0
$\{a_n\}$		1	1	0	1	0	1	0	0	1	（无误码时）

| $\{b_n\}$ | 1 | 0 | 1 | × | 0 | 0 | 1 | 1 | 1 | 0 |
| $\{a_n\}$ | | 1 | 1 | × | × | 0 | 1 | 0 | 0 | 1 | （1个错码时） |

| $\{b_n\}$ | 1 | 0 | 1 | × | × | 0 | 1 | 1 | 1 | 0 |
| $\{a_n\}$ | | 1 | 1 | × | 1 | × | 1 | 0 | 0 | 1 | （连续2个错码时） |

| $\{b_n\}$ | 1 | 0 | 1 | × | × | × | ⋯ | × | 0 |
| $\{a_n\}$ | | 1 | 1 | × | 1 | 0 | 1 | ⋯ | 0 | × | （连续n个错码时） |

图 5-28　差分译码器对错码的影响

假定P_e为差分译码器输入端差分码序列$\{b_n\}$的误码率，并假设每个码元出错概率相等且统计独立，P_e'为差分译码器输出端绝对码序列$\{a_n\}$的误码率，由图 5-28 的分析可知

$$P_e' = 2P_1 + 2P_2 + \cdots + 2P_n + \cdots \tag{5-115}$$

式中，P_n为差分译码器输入端$\{b_n\}$序列连续出现n个错码的概率，它是n个码元同时出错而两端都有1个码元不出错的概率。由图 5-28 的分析可得

$$P_n = (1-P_e)P_e^n(1-P_e) = (1-P_e)^2 P_e^n \tag{5-116}$$

将式(5-116)代入式(5-115)可得

$$P_e' = 2(1-P_e)^2(P_e + P_e^2 + \cdots + P_e^n + \cdots)$$
$$= 2(1-P_e)^2 P_e(1 + P_e + P_e^2 + \cdots + P_e^n + \cdots) \tag{5-117}$$

由于误码率P_e总小于1，于是有

$$(1 + P_e + P_e^2 + \cdots + P_e^n + \cdots) = \frac{1}{1-P_e} \tag{5-118}$$

将式(5-118)代入式(5-117)可得

$$P_e' = 2(1-P_e)P_e \tag{5-119}$$

由式(5-119)可见，若P_e很小则有

$$\frac{P_e'}{P_e} \approx 2 \tag{5-120}$$

若P_e很大，即$P_e \approx 1/2$，则有

$$\frac{P_e'}{P_e} \approx 1 \tag{5-121}$$

将式(5-108)代入式(5-119)，可得 2DPSK 信号采用极性比较码变换法方式时系统误码率为

$$P_e' = \frac{1}{2}\left[1 - (\mathrm{erf}\sqrt{r})^2\right] \tag{5-122}$$

当 $P_e \ll 1$ 时,式(5-119)可近似为

$$P'_e = 2P_e \tag{5-123}$$

由以上分析可知,差分译码器总是使误码率增加。当 P_e 很小时,P'_e 比 P_e 增加了1倍。

2. 差分检测时2DPSK系统的误码率

2DPSK信号差分检测法是一种非相干解调方式,其性能分析模型如图5-29所示。

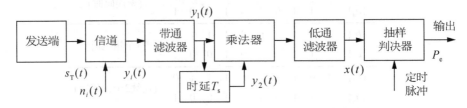

图 5-29 2DPSK 信号差分检测时误码率分析模型

分析差分检测时 2DPSK 系统的误码率需要同时考虑两个相邻的码元。由图 5-29 可知,解调过程中需要对间隔为 T_s 的前后两个码元进行比较,并且前后两个码元中都含有噪声。设当前发送的是"1"码,且令前一个码元也是"1"码,则送入乘法器的两个信号 $y_1(t)$ 和 $y_2(t)$ 可表示为

$$y_1(t) = a\cos\omega_c t + n_1(t) = [a + n_{1c}(t)]\cos\omega_c t - n_{1s}(t)\sin\omega_c t \tag{5-124}$$

$$y_2(t) = a\cos\omega_c t + n_2(t) = [a + n_{2c}(t)]\cos\omega_c t - n_{2s}(t)\sin\omega_c t \tag{5-125}$$

式中,a 为信号振幅;$n_1(t)$ 为叠加在 $y_1(t)$ 上的窄带高斯噪声;$n_2(t)$ 为叠加在 $y_2(t)$ 上的窄带高斯噪声,并且 $n_1(t)$ 和 $n_2(t)$ 相互独立。

那么低通滤波器的输出 $x(t)$ 为

$$x(t) = \frac{1}{2}\{[a + n_{1c}(t)][a + n_{2c}(t)] + n_{1s}(t)n_{2s}(t)\} \tag{5-126}$$

抽样后的样值为

$$x = \frac{1}{2}[(a + n_{1c})(a + n_{2c}) + n_{1s}n_{2s}] \tag{5-127}$$

对抽样值 x 的判决准则是

$$\left.\begin{array}{l} x > 0,\text{判为}0 \\ x < 0,\text{判为}1 \end{array}\right\} \tag{5-128}$$

此时将"1"错判为"0"的错误概率为

$$P(0/1) = P\{x < 0\} = P\left\{\frac{1}{2}[(a + n_{1c})(a + n_{2c}) + n_{1s}n_{2s}] < 0\right\} \tag{5-129}$$

利用恒等式

$$x_1 x_2 + y_1 y_2 = \frac{1}{4}\left\{\left[(x_1 + x_2)^2 + (y_1 + y_2)^2\right] - \left[(x_1 - x_2)^2 + (y_1 - y_2)^2\right]\right\} \tag{5-130}$$

则式(5-129)可改写为

$$P(0/1) = P\{[(2a + n_{1c} + n_{2c})^2 + (n_{1s} + n_{2s})^2 - (n_{1c} - n_{2c})^2 - (n_{1s} - n_{2s})^2] < 0\} \tag{5-131}$$

令

$$R_1 = \sqrt{(2a + n_{1c} + n_{2c})^2 + (n_{1s} + n_{2s})^2} \quad (5\text{-}132)$$

$$R_2 = \sqrt{(n_{1c} - n_{2c})^2 + (n_{1s} - n_{2s})^2} \quad (5\text{-}133)$$

则式(5-131)可化简为

$$P(0/1) = P\{R_1 < R_2\} \quad (5\text{-}134)$$

因为 n_{1c}、n_{2c}、n_{1s}、n_{2s} 是相互独立的高斯随机变量，且均值为 0，方差相等为 σ_n^2。根据高斯随机变量的代数和仍为高斯随机变量，且均值为各随机变量的均值的代数和，方差为各随机变量方差之和，则 $n_{1c} + n_{2c}$ 是均值为 0 且方差为 $2\sigma_n^2$ 的高斯随机变量。同理，$n_{1s} + n_{2s}$，$n_{1c} - n_{2c}$，$n_{1s} - n_{2s}$ 都是均值为 0 且方差为 $2\sigma_n^2$ 的高斯随机变量。由随机信号分析理论可知，R_1 的一维分布服从广义瑞利分布，R_2 的一维分布服从瑞利分布，其概率密度函数分别为

$$f(R_1) = \frac{R_1}{2\sigma_n^2} I_0\left(\frac{aR_1}{\sigma_n^2}\right) e^{-(R_1^2 + 4a^2)/4\sigma_n^2} \quad (5\text{-}135)$$

$$f(R_2) = \frac{R_2}{2\sigma_n^2} e^{-R_2^2/4\sigma_n^2} \quad (5\text{-}136)$$

将式(5-135)和式(5-136)代入式(5-134)可得

$$P(0/1) = P\{R_1 < R_2\} = \int_0^\infty f(R_1) \left[\int_{R_2 = R_1}^\infty f(R_2) dR_2\right] dR_1$$

$$= \int_0^\infty \frac{R_1}{2\sigma_n^2} I_0\left(\frac{aR_1}{\sigma_n^2}\right) e^{-(2R_1^2 + 4a^2)/4\sigma_n^2} dR_1 = \frac{1}{2} e^{-r} \quad (5\text{-}137)$$

式中，$r = \dfrac{a^2}{2\sigma_n^2}$ 为解调器输入端信噪比。

同理可求得将"0"错判为"1"的概率，即

$$P(1/0) = P(0/1) = \frac{1}{2} e^{-r} \quad (5\text{-}138)$$

因此，2DPSK 信号差分检测系统的总误码率为（设 $P(0) = P(1)$ ）

$$P_e = P(0)P(1/0) + P(1)P(0/1) = \frac{1}{2} e^{-r} \quad (5\text{-}139)$$

结合 5.3 节中 2PSK 系统抗噪声性能的分析可得如下结论。

(1) 2PSK 与 2DPSK 信号带宽均为 $2f_s$；

(2) 当解调器输入信噪比 r 增大时，误码率均下降；

(3) 当 r 相同时，2DPSK 系统的两种解调方式误码率均比 2PSK 系统误码率大，故 2DPSK 系统的抗噪声性能不及 2PSK 系统；

(4) 两者的解调方法中最佳判决门限均为 0；

(5) 2DPSK 系统不存在相位模糊问题。

【例 5-5】 在公用电话交换网中，信道带宽为 600～3000Hz 频带内传输 2DPSK 信号，若接收机输入信号幅度为 0.1V，接收输入信噪比为 9dB。试求：①码元速率 R_B；②接收机输入端高斯噪声双边功率谱密度 $n_0/2$；③差分检测误码率 P_e；④若保持 P_e 不变，改为 2ASK 传输，接收端采用包络检测，其他参量不变，计算接收输入信号幅度 a。

解：根据题意有，输入信号功率 $S_i = \dfrac{a^2}{2} = \dfrac{0.1^2}{2} = 5 \times 10^{-3}$ (W)；系统传输带宽 $B = 3000 - 600 = 2400$ (Hz)；接收端输入信噪比 $r = 9$ dB，即 $r = 7.94$。

(1) 信号带宽最大等于系统带宽 B，故 2DPSK 信号带宽 $B = 2R_B = 2400$ Hz，从而 $R_B = 1200$ Bd。

(2) 由于
$$\dfrac{S_i}{N_i} = \dfrac{5 \times 10^{-3}}{n_0 \cdot 2400} = 7.94$$

故
$$n_0 = \dfrac{5 \times 10^{-3}}{7.94 \times 2400} \approx 2.62 \times 10^{-7} \text{(W/Hz)}$$

(3)
$$P_e = \dfrac{1}{2} e^{-r} = \dfrac{1}{2} e^{-7.94} = 1.78 \times 10^{-4}$$

(4) P_e 不变，噪声功率谱及 $N_i = n_0 B$ 不变，根据 2ASK 信号包络检测时误码表达式，2ASK 功率应为 2DPSK 的 4 倍，或振幅为 2 倍关系，则有
$$a = 0.2 \text{V}$$

【例 5-6】 假设采用 2DPSK 方式在微波线路上传送二进制数字信息。已知码元速率 $R_B = 10^6$ Bd，信道中加性高斯白噪声的单边功率谱密度 $n_0 = 2 \times 10^{-10}$ W/Hz。今要求误码率不大于 10^{-4}。试求：①采用差分相干解调时，接收机输入端所需的信号功率；②采用相干解调—码反变换时，接收机输入端所需的信号功率。

解：(1) 接收端带通滤波器的带宽为
$$B = 2R_B = 2 \times 10^6 \text{(Hz)}$$

其输出的噪声功率为
$$\sigma_n^2 = n_0 B = 2 \times 10^{-10} \times 2 \times 10^6 = 4 \times 10^{-4} \text{(W)}$$

根据式(5-139)，2DPSK 信号采用差分相干接收的误码率为
$$P_e = \dfrac{1}{2} e^{-r} \leq 10^{-4}$$

求解可得
$$r \geq 8.52$$

又因为
$$r = \dfrac{a^2}{2\sigma_n^2}$$

所以，接收机输入端所需信号功率为
$$\dfrac{a^2}{2} \geq 8.52 \times \sigma_n^2 = 8.52 \times 4 \times 10^{-4} = 3.4 \times 10^{-3} \text{(W)}$$

(2) 相对于相干解调—码反变换的 2DPSK 系统，由式(5-123)可得
$$P_e' \approx 2P_e = 1 - \text{erf}(\sqrt{r})$$

根据题意有
$$P_e' \leq 10^{-4}$$

因而有
$$1 - \text{erf}(\sqrt{r}) \leq 10^{-4}$$

即
$$\text{erf}(\sqrt{r}) \geq 1 - 10^{-4} = 0.9999$$

查误差函数表，可得
$$\sqrt{r} \geq 2.75, \text{ 即 } r \geq 7.56$$

由 $r = \dfrac{a^2}{2\sigma_n^2}$，可得接收机输入端所需的信号功率为

$$\frac{a^2}{2} \geq 7.56 \times \sigma_n^2 = 7.56 \times 4 \times 10^{-4} = 3.02 \times 10^{-3} (\text{W})$$

5.5 四进制相移键控系统

5.5.1 四进制相移键控的产生

数字带通二进制调制系统中，每个码元只能携带 1 比特的信息，频带利用率比较低。而实际上频率资源是非常有限的，所以必须在传输过程中提高频带利用率。较有效地提高频带利用率的办法就是使每个码元携带多个比特的信息，这就是多进制调制系统。根据基带信号改变载波参数的不同，多进制数字调制可分为多进制幅移键控(MASK)、多进制频移键控(MFSK)和多进制相移键控(MPSK 和 MDPSK)，它们的定义与前面所讨论的 2ASK、2FSK、2PSK 和 2DPSK 基本相同，只是把其中的二进制改成 M 进制($M > 2$)即可。

由于 M 进制数字调制中，每个符号可以携带 $\log_2 M$ 比特信息，因此当信道频带受限时，可以使信息传输率(比特率)增加，提高频率利用率。但是同时也增加了信号功率，且在具体实现上设备相对复杂。随着社会对信息传输需求的增长和现代通信技术的发展，多进制数字调制已经得到了广泛的应用。这里主要对四进制相移键控 (QPSK 和 QDPSK) 系统展开讨论。

在 M 进制的相移键控信号中，已调波的初始相位或相对相位有 M 种，每种相位对应 M 进制数字基带信号的一种状态。用已调波的初始相位表示数字基带信号称为 M 进制绝对相移键控，用 MPSK 表示。用已调波的前后相邻码元相对相位表示数字基带信号称为 M 进制相对相移键控，用 MDPSK 表示。

1. QPSK 调制

MPSK 系统中最常用的是 4PSK，又称为 QPSK。由于 4 种不同的相位可以代表 4 种不同的数字信息，因此，对于输入的二进制数字基带信号可以先进行分组，使得每个码元含有 2 bit。例如，若输入二进制数字信息为 101101001…，则可将它们分成 10,11,01,00 等，然后用 4 种不同的相位来表示它们，每个四进制码元又被称为双比特码元，现在用 ab 来表示这两个比特，前一信息比特用 a 表示，后一信息比特用 b 表示。两个比特有 4 种组合，它们和相位 θ_k 之间的关系通常都按格雷码的规律安排，编码与载波相位之间的关系如表 5-2 所示，其相位矢量关系如图 5-30 所示。

表 5-2　QPSK 信号双比特码元与载波相位的关系

双比特码元		载波相位 θ_k	
a	*b*	A 方式	B 方式
0	0	90°	225°
0	1	0°	135°
1	1	270°	45°
1	0	180°	315°

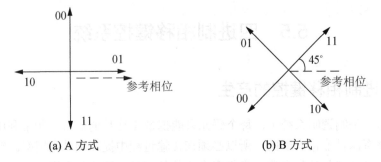

(a) A 方式　　　　　　(b) B 方式

图 5-30　QPSK 信号相位矢量图

QPSK 信号的产生方法有以下两种。

(1) 采用正交调制。正交调制可以看成由两个 2PSK 调制器构成。调制的思路是将相邻的二进制信号同时产生载波相互正交 2PSK 信号，然后再将这两路信号相加，合成 QPSK 信号。其原理框图如图 5-31 所示。图中输入的基带信号 $d(t)$ 是二进制单极性不归零码元，它被"串/并变换"电路变成两路码元 a 和 b 后，其每个码元的传输时间是输入码元的 2 倍，且单极性信号将变为双极性信号，其变换关系是将"1"变为"+1"、"0"变为"−1"。"串/并变换"过程如图 5-32 所示。这两路并行码元序列分别用来和两路正交载波相乘。这两路信号最后在相加电路中得到输出信号 $s(t)$。

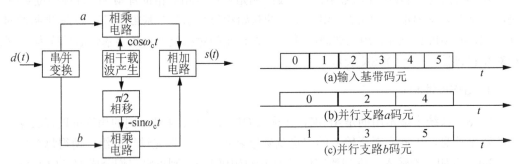

图 5-31　QPSK 信号正交调制法原理框图　　　图 5-32　码元串/并变换过程

(2) 相位选择法，其原理框图如图 5-33 所示。这种调制中载波发生器产生 4 种相位的载波，经逻辑选择电路，根据输入信息 a 和 b，决定选择哪个相位的载波输出，然后经过带通滤波器滤除高频分量。这种方式适合用于载频较高的场合。

2. QDPSK 调制

在 MPSK 调制体制中,类似于 2DPSK 体制,也有多进制差分相移键控(MDPSK)。它与 2DPSK 一样,是用相邻码元的载波相位的相对变化来表示数字基带信号。四进制的 DPSK 通常也称为 QDPSK。参照表 5-2 中的 A 方式对于 QPSK 信号的编码规则,可以写出 QDPSK 信号的编码规则,如表 5-3 所示。其中,$\Delta\theta_k$ 是相对于前一相邻码元的相位变化。

表 5-3 QDPSK 信号编码规则

a	b	$\Delta\theta_k$
0	0	90°
0	1	0°
1	1	270°
1	0	180°

QDPSK 信号的产生方法与 QPSK 信号的产生方法类似。只需要在图 5-31 中的发送端串/并变换后增加差分编码器,即可获得 QDPSK 信号。图 5-34 中给出了用正交调制法产生 QDPSK 信号的原理框图。图中 a 和 b 是经过正交调制后的一对码元,需要经过差分编码器变换成差分码 c 和 d 后再与载波相乘。由于当前的一对码元 a 和 b 产生的相移是附加在前一时刻已调载波相位之上的,而前一时刻载波相位有 4 种可能的取值,故码变换器的输入 a、b 和输出 c、d 间有 16 种可能的关系。这 16 种变换关系示于表 5-4 中。

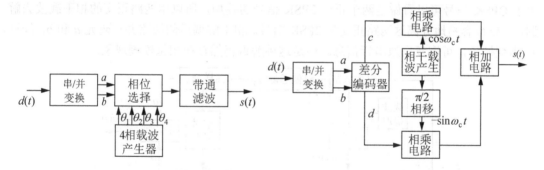

图 5-33 QPSK 信号相位选择法原理框图   图 5-34 正交调制法产生 QDPSK 信号原理框图

表 5-4 QDPSK 码变换关系

当前输入的一对码元及要求的相对相移			前一时刻经过码变换后的一对码元及所产生的相位			当前时刻应当给出的变换后的一对码元和相位		
a_k	b_k	$\Delta\theta_k$	c_{k-1}	d_{k-1}	θ_{k-1}	a_k	b_k	θ_k
0	0	90°	0	0	90°	0	0	180°
			0	1	0°	0	1	90°
			1	1	270°	1	1	0°
			1	0	180°	1	0	270°
0	1	0°	0	0	90°	0	0	90°
			0	1	0°	1	1	0°
			1	1	270°	1	0	270°
			1	0	180°	0	0	180°

续表

当前输入的一对码元及要求的相对相移			前一时刻经过码变换后的一对码元及所产生的相位			当前时刻应当给出的变换后的一对码元和相位		
a_k	b_k	$\Delta\theta_k$	c_{k-1}	d_{k-1}	θ_{k-1}	a_k	b_k	θ_k
1	1	270°	0	0	90°	1	1	0°
			0	1	0°	1	0	270°
			1	1	270°	0	0	180°
			1	0	180°	0	1	90°
1	0	180°	0	0	90°	1	0	270°
			0	1	0°	0	0	180°
			1	1	270°	0	1	90°
			1	0	180°	1	1	0°

QDPSK 信号的另一种产生方法和 QPSK 信号的选择法原理相同，只是在图 5-33 中串/并变换后增加一个差分编码器即可。

5.5.2 四进制相移键控的解调

1. QPSK 解调

QPSK 信号的解调可以用两个正交的载波信号实现相干解调，原理框图如图 5-35 所示。由于 QPSK 信号可以看做是两个正交 2PSK 信号的叠加，所以用两路正交的相干载波去解调，可以很容易地分离这两路正交的 2PSK 信号。相干解调后的两路并行码元 a 和 b，经过并/串变换后，可恢复出原串行信息。但是这种解调仍然存在相位模糊现象。

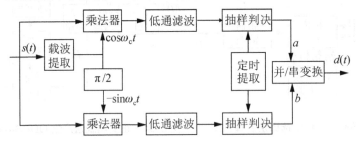

图 5-35　QPSK 信号解调原理框图

2. QDPSK 解调

QDPSK 信号的解调方法和 2DPSK 信号的解调方法类似也有两种，即极性比较法和差分检测法。QDPSK 信号极性比较法的解调原理框图如图 5-36 所示。由图可见，QDPSK 信号的极性比较法和 QPSK 的解调一样，只是多一步码反变换(差分译码)的过程，将差分码变成绝对码。

QDPSK 信号差分检测法解调原理框图如图 5-37 所示。由图可见，QDPSK 和 2DPSK 信号的差分检测法解调的原理基本一样，只是由于现在的接收信号包含正交的两路已调载波，所以需要用两个支路差分相干解调。这种解调方式中不存在相位模糊问题。

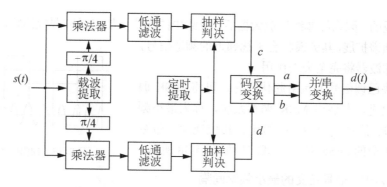

图 5-36　QDPSK 信号极性比较法解调原理框图

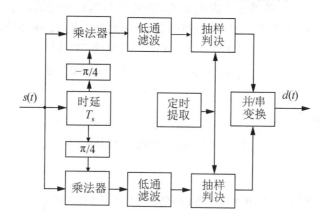

图 5-37　QDPSK 信号差分检测法解调原理框图

当解调器输入信噪比 $r \gg 1$ 时,极性比较法的 QPSK 系统和差分检测的 QDPSK 系统的误码率分别为

极性比较法 QPSK

$$P_e = \mathrm{erfc}\left(\sqrt{r}\sin\frac{\pi}{4}\right) \tag{5-140}$$

差分检测法 QDPSK

$$P_e = \mathrm{erfc}\left(\sqrt{2r}\sin\frac{\pi}{4\sqrt{2}}\right) \tag{5-141}$$

由式(5-140)和式(5-141)可知,极性比较法 QPSK 系统的抗噪声性能要优于差分检测的 QDPSK 系统,但是由于 QDPSK 系统不存在相位模糊问题,所以实际应用中 QDPSK 居多。

5.6　最小频移键控和高斯最小频移键控

5.6.1　最小频移键控信号的分析

在 5.5 节中讨论 QPSK 信号时,假设每个符号包络是矩形,则已调信号包络是恒定的,此时一条信号的频谱是无限宽的。然而实际信道总是有限带宽的,因此在发送 QPSK 信号时,常常会通过带通滤波器。限带后的 QPSK 信号已不能保持恒定的包络。当相邻的符号间发生 180°相移时,经限带后会出现包络为 0 的现象。这种现象在非线性限带信道中是特别不希望出现的。因为经非线性放大器后，包络中的起伏虽然可以减弱或消除，但与此同时会使信号的频谱扩展，其旁瓣将会干扰邻近的频道信号，发送时限带滤波器将完全失去作用。

为了解决已调信号的包络起伏问题，可将 2FSK 调制系统进行改进，发展出 MSK 调制系统，称为最小频移键控。MSK 信号是一种包络恒定、相位连续、带宽最小且严格正交的 2FSK 信号。其波形如图 5-38 所示。

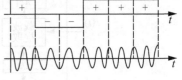

图 5-38 MSK 信号波形图

1. 保证 2FSK 信号正交的最小频率间隔

在讨论 MSK 信号前，必须先考虑正交的 2FSK 信号两种码元的最小容许频率间隔。理论上，如果两个信号相互正交，就可以把它们完全区分开。设 2FSK 信号码元的表示式为

$$s(t) = \begin{cases} A\cos(\omega_1 t + \varphi_1), & \text{当发送 "1" 时} \\ A\cos(\omega_0 t + \varphi_0), & \text{当发送 "0" 时} \end{cases} \quad (5\text{-}142)$$

式中，$\omega_1 \neq \omega_0$。

为满足正交的条件，则有

$$\int_0^{T_s} [\cos(\omega_1 t + \varphi_1)\cos(\omega_0 t + \varphi_0)] dt = 0 \quad (5\text{-}143)$$

即有

$$\frac{1}{2}\left|\int_0^{T_s} \cos[(\omega_1 + \omega_0)t + \varphi_1 + \varphi_0] + \cos[(\omega_1 - \omega_0)t + \varphi_1 - \varphi_0]\right| dt = 0 \quad (5\text{-}144)$$

式(5-144)积分结果为

$$\frac{\sin[(\omega_1+\omega_0)T_s + \varphi_1 + \varphi_0]}{\omega_1+\omega_0} + \frac{\sin[(\omega_1-\omega_0)T_s + \varphi_1 - \varphi_0]}{\omega_1-\omega_0} - \frac{\sin(\varphi_1+\varphi_0)}{\omega_1+\omega_0} - \frac{\sin(\varphi_1-\varphi_0)}{\omega_1-\omega_0} = 0 \quad (5\text{-}145)$$

假设 $\omega_1 + \omega_0 \gg 1$，式(5-145)左端第 1 和 3 项近似等于零，则它可以化简为

$$\cos(\varphi_1 - \varphi_0)\sin(\omega_1 - \omega_0)T_s + \sin(\varphi_1 - \varphi_0)[\cos(\omega_1 - \omega_0)T_s - 1] = 0 \quad (5\text{-}146)$$

由于 ω_1 和 ω_0 是任意常数，所以必须同时有

$$\sin(\omega_1 - \omega_0)T_s = 0 \quad (5\text{-}147)$$

$$\cos(\omega_1 - \omega_0)T_s = 1 \quad (5\text{-}148)$$

式(5-146)才为零。

式(5-147)要求 $(\omega_1 - \omega_0)T_s = n\pi$，式(5-148)要求 $(\omega_1 - \omega_0)T_s = 2m\pi$，其中 n 和 m 均为不等于 0 的整数。为了同时满足这两个条件，则

$$(\omega_1 - \omega_0)T_s = 2m\pi \quad (5\text{-}149)$$

即要求

$$f_1 - f_0 = m/T_s \quad (5\text{-}150)$$

取 $m = 1$，得最小频率间隔。故最小频率间隔等于 $1/T_s$。

以上分析中，假设初始相位 φ_1 和 φ_0 是任意的，它在接收端无法预知，所以只能采用非相干检波法接收。对于相干接收，则要求初始相位是确定的，在接收端是预知的，这时可令 $\varphi_1 - \varphi_0 = 0$。于是式(5-146)可化为

$$\sin(\omega_1 - \omega_0)T_s = 0 \quad (5\text{-}151)$$

此时仅要求满足

$$f_1 - f_0 = n/2T_s \tag{5-152}$$

所以，对相干接收，保证正交的 2FSK 信号的最小频率间隔等于 $1/(2T_s)$。

2. MSK 信号的相位连续性

MSK 信号的第 k 个码元可表示为

$$s_k(t) = \cos\left(\omega_s t + \frac{a_k\pi}{2T_s}t + \varphi_k\right), \quad (k-1)T_s < t \leq kT_s \tag{5-153}$$

式中，$\omega_s = 2\pi f_s$ 称为载波角频率；$a_k = \pm 1$（当输入码元为"1"时，$a_k = +1$；当输入码元为"0"时，$a_k = -1$）；T_s 为码元宽度；φ_k 为第 k 个码元的初始相位，它在一个码元宽度中是不变的。在式(5-153)中，当输入码元为"1"时，$a_k = +1$，码元频率 $f_1 = f_s + 1/(4/T_s)$；当输入码元为"0"时，$a_k = -1$，码元频率 $f_0 = f_s - 1/(4/T_s)$。此时 f_1 和 f_0 的差等于 $1/2T_s$，满足 2FSK 信号的最小频率间隔。

对于各种调制系统，波形相位连续的一般条件是前一码元末尾的总相位等于后一码元开始时的总相位，结合式(5-153)有

$$\frac{a_{k-1}\pi}{2T_s}\cdot kT_s + \varphi_{k-1} = \frac{a_k\pi}{2T_s}\cdot kT_s + \varphi_k \tag{5-154}$$

由式(5-154)表明，前一码元 a_{k-1} 在 kT_s 时刻的载波相位与当前码元 a_k 在 kT_s 时刻的载波相位相同，即有

$$\varphi_k = \varphi_{k-1} + \frac{k\pi}{2}(a_{k-1} - a_k) = \begin{cases} \varphi_{k-1}, & \text{当} a_k = a_{k-1} \text{时} \\ \varphi_{k-1} \pm k\pi, & \text{当} a_k \neq a_{k-1} \text{时} \end{cases} \tag{5-155}$$

在采用相干解调时，可以假设 φ_{k-1} 的初始参考值为 0，这时由式(5-155)可知

$$\varphi_k = 0 \text{ 或 } \pi \quad (\text{模} 2\pi) \tag{5-156}$$

于是式(5-153)可改写为

$$s_k(t) = \cos[\omega_s t + \theta_k(t)], \quad (k-1)T_s < t \leq kT_s \tag{5-157}$$

式中，$\theta_k(t) = \frac{a_k\pi}{2T_s}t + \varphi_k$，称为第 k 个码元的附加相位。

按照相位连续性的要求，在第 $k-1$ 个码元的末尾，其附加相位 $\theta_{k-1}(kT_s)$ 就应该是第 k 个码元的初始附加相位 $\theta_k(kT_s)$。所以每经过一个码元的持续时间，MSK 码元的附加相位就改变 $\pm\pi/2$。若 $a_k = +1$，则第 k 个码元的附加相位增加 $\pi/2$；若 $a_k = -1$，则第 k 个码元的附加相位减少 $\pi/2$。根据这一规律，画出 MSK 信号附加相位 $\theta_k(t)$ 的轨迹图，如图 5-39 所示。图中对应的输入序列 a_k 是 +1，+1，+1，-1，-1，+1，+1，+1，-1，-1，-1，-1，-1。从图 5-39 可以看出，附加

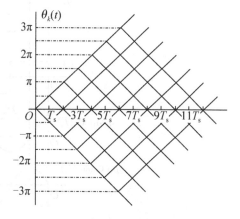

图 5-39 MSK 信号附加相位图

相位在码元间是连续的。

3. MSK 信号的正交表示

MSK 信号可以表示成两个频率为 f_s 的正交分量。将式(5-153)用三角公式展开可得

$$s_k(t) = \cos\left(\frac{a_k\pi}{2T_s}t + \varphi_k\right)\cos\omega_s t - \sin\left(\frac{a_k\pi}{2T_s}t + \varphi_k\right)\sin\omega_s t \qquad (5\text{-}158)$$

$$= \left(\cos\frac{a_k\pi t}{2T_s}\cos\varphi_k - \sin\frac{a_k\pi t}{2T_s}\sin\varphi_k\right)\cos\omega_s t - \left(\sin\frac{a_k\pi t}{2T_s}\cos\varphi_k + \cos\frac{a_k\pi t}{2T_s}\sin\varphi_k\right)\sin\omega_s t$$

考虑到相位连续性及式(5-156)有 $\sin\varphi_k = 0$，$\cos\varphi_k = \pm 1$。又由于 $a_k = \pm 1$，$\cos\frac{a_k\pi}{2T_s}t = \cos\frac{\pi t}{2T_s}$，

$\sin\frac{a_k\pi}{2T_s}t = a_k\sin\frac{\pi t}{2T_s}$，式(5-158)可改写为

$$s_k(t) = \cos\varphi_k\cos\frac{\pi t}{2T_s}\cos\omega_s t - a_k\cos\varphi_k\sin\frac{\pi t}{2T_s}\sin\omega_s t \qquad (5\text{-}159)$$

$$= p_k\cos\frac{\pi t}{2T_s}\cos\omega_s t - q_k\sin\frac{\pi t}{2T_s}\sin\omega_s t, \qquad (k-1)T_s < t \leq kT_s$$

式中，$p_k = \cos\varphi_k = \pm 1$，$q_k = a_k\cos\varphi_k = a_k p_k = \pm 1$。

式(5-159)可以说明，MSK 信号可以分解为同相分量(I 分量)和正交分量(Q 分量)两部分。I 分量的载波为 $\cos\omega_s t$，p_k 中包含输入的码元信息，$\cos(\pi t/2T_s)$ 是其正弦型加权函数；Q 分量的载波为 $\sin\omega_s t$，q_k 中包含输入的码元信息，$\sin(\pi t/2T_s)$ 是其正弦型加权函数。图 5-40 中给出了 MSK 信号的两个正交分量波形。

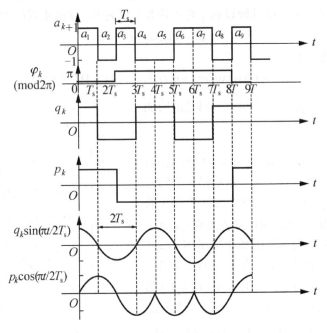

图 5-40　MSK 信号的两个正交分量

5.6.2 最小频移键控信号的产生和解调

1. MSK 信号的调制

根据式(5-159)可知，MSK 信号可用两个正交分量表示，其调制原理框图如图 5-41 所示。输入的是二进制码元 ±1，经差分编码后，串/并变换得到两路双极性不归零码，且相互错开一个 T_s 波形。再将它们分别和 $\cos(\pi t/2T_s)$、$\sin(\pi t/2T_s)$ 以及 $\cos\omega_s t$、$\sin\omega_s t$ 相乘，上下两路信号相加后即为 MSK 信号。

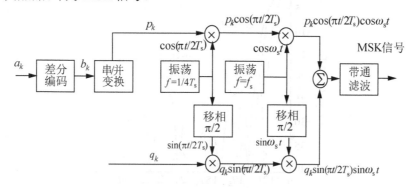

图 5-41　MSK 信号的调制

2. MSK 信号的解调

MSK 信号本质上是一种相位连续的 2FSK 信号，所以可以采用相干解调和非相干解调方法。此处给出采用延时判决相干解调来实现 MSK 信号的解调，其原理框图如图 5-42 所示。图 5-42 中两个积分判决器的积分时间长度均为 $2T_s$，但是错开时间为 T_s。上支路的积分判决器先给出第 $2i$ 个码元输出，然后下支路给出第 $2i+1$ 个码元输出。

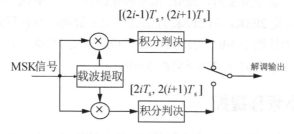

图 5-42　MSK 延迟解调法原理框图

5.6.3 最小频移键控信号的功率谱及误码性能

1. MSK 信号的功率谱

MSK 信号的归一化(平均功率为 1W 时)单边功率谱密度 $P_s(f)$ 的计算结果如下：

$$P_s(f) = \frac{32T_s}{\pi^2} \left[\frac{\cos 2\pi(f-f_s)T_s}{1-16(f-f_s)^2 T_s^2} \right]^2 \qquad (5\text{-}160)$$

式中，f_s 为信号载频；T_s 为码元持续时间。按照式(5-160)画出 MSK 信号功率谱密度曲线如图 5-43 所示。图中还给出了其他几种调制信号的功率谱密度曲线用于比较。由图可见，与 QPSK、QDPSK 信号相比，MSK 信号的功率谱密度更为集中，其旁瓣下降得更快。所以它对相邻频道的干扰更小。

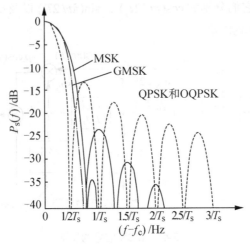

图 5-43　MSK、GMSK 和 OQPSK 等信号的功率谱密度

2. MSK 信号的误码性能

通过分析 2PSK 信号和 QPSK 信号的误码性能可以发现，QPSK 信号可以看做两路正交的 2PSK 信号，在作相干接收时这两路信号是不相关的，所以 2PSK 和 QPSK 的误码性能相同。现在 MSK 信号是用极性相反的半个正(余)弦波形去调制两个正交的载波，因此当用匹配滤波器接收每个正交分量时，MSK 信号的误码性能和 2PSK、QPSK 的性能一样。如果把 MSK 看成是正交 2FSK，用 2FSK 方法进行相干解调，并且每隔 T_s 时刻作出判决，则其性能要比 2PSK 的性能差 3dB。若将 MSK 看成正交的 2FSK，且采用非相干解调，则其误码性能比采用相干解调时还要再下降约 3.6dB。

5.6.4　高斯最小频移键控

MSK 信号具有包络恒定、相对窄带的带宽、相位连续等一些优点，但它的旁瓣对于要求较高传输速率的数字传输系统来说不能满足要求。例如在移动通信中，对信号带外辐射功率的限制是十分严格的，必须衰减 70～80dB 以上，MSK 信号仍不能满足这样的要求。为了进一步使信号的功率谱密度集中和减小对相邻频道的干扰，可以对 MSK 作进一步的改进，这就是 GMSK 方式。

GMSK 的实现比较简单，只需要在 MSK 调制器前加一个高斯低通滤波器，就可输出功率谱密度更紧凑，且满足较严格指标的调制信号。图 5-44 给出了 GMSK 的调制框图。

图 5-44 GMSK 调制框图

在 MSK 调制前用高斯低通滤波器作为 MSK 调制的前置滤波器。此高斯低通滤波器必须满足下列要求。

(1) 带宽窄且为锐截止型，从而抑制不需要的高频分量；
(2) 具有较低的过脉冲响应，以防频率调制产生多余的瞬时频偏；
(3) 能保持输出脉冲的面积不变，以满足相干检测的需要。

高斯低通滤波器的频率特性表示式为

$$H(f) = \exp[-(\ln 2/2)(f/B)^2] \tag{5-161}$$

式中，B 为滤波器的 3dB 带宽。

图 5-43 给出了 GMSK 的功率谱密度曲线。此曲线中采用 $BT_s = 0.3$，即滤波器的 3dB 带宽 B 等于码元速率的 0.3 倍。在移动通信的 GSM 体制的蜂窝网中就采用了 $BT_s = 0.3$ 的 GMSK 调制，从而得到更大的用户容量。

GMSK 体制的缺点是存在码间串扰(ISI)，并且频谱特性的改善是通过降低抗误码性能来换得的。前置滤波器的带宽越窄，输出功率谱就越紧凑，抗误码性能变得越差。但 GMSK 的频谱特性优于 MSK，它已被确定为欧洲移动通信的标准调制方式。

5.7 多进制正交幅度调制

5.7.1 多进制正交幅度调制的基本原理

在数字调制系统中单独使用载波的幅度或相位参数携带信息时，不能充分地利用信号平面，这可以由信号矢量图中各矢量端点的分布直接观察到。如果要充分地利用整个平面，就要将矢量端点更合理地分布于整个平面上。于是可以考虑采用幅度与相位相结合的调制方式来提高信号的利用率。

正交幅度调制(QAM)是一种相位和幅度联合调制系统。在介绍多进制相移键控时，其带宽占用小，信噪比要求低，因此多进制相移键控体制得到人们的青睐。但是在 MPSK 系统中，其矢量端点在一个圆上分布，随着 M 的增大，这些矢量端点之间的距离也随之减小，使得其噪声容限也随之减小，误码率难以保证。为了改善在 M 较大时的噪声容限，发展出了 QAM 体制。

在 QAM 体制中，信号的振幅和相位作为两个独立的参量同时受到调制。信号的第 k 个码元可表示为

$$s_k(t) = A_k \cos(\omega_0 t + \theta_k) \qquad kT_s < t \leq (k+1)T_s \tag{5-162}$$

式中，k 为整数；幅度 A_k 和相位 θ_k 分别可以取多个离散值。

式(5-162)可展开为

$$s_k(t) = A_k \cos\theta_k \cos\omega_0 t - A_k \sin\theta_k \sin\omega_0 t \tag{5-163}$$

令 $X_k = A_k \cos\theta_k$，$Y_k = -A_k \sin\theta_k$，则式(5-163)变为

$$s_k(t) = X_k \cos\omega_0 t + Y_k \sin\omega_0 t \tag{5-164}$$

X_k 和 Y_k 也是可以取多个离散值的变量。从式(5-164)看出，$s_k(t)$ 可以看做两个正交的幅移键控信号之和。

图 5-45 给出了几种典型的 QAM 调制的矢量图。通常把信号矢量端点的分布图称为星座图，所以 MQAM 也可以称为星座调制。

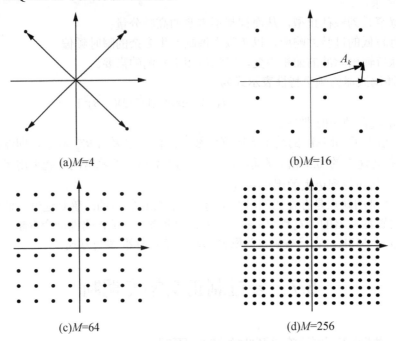

图 5-45　MQAM 信号矢量图(星座图)

下面将 16QAM 信号和 16PSK 信号的性能作一比较，说明 MQAM 比 MPSK 具有更好的抗干扰能力。图 5-46 中给出了 16QAM 和 16PSK 的星座图。

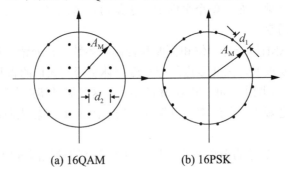

图 5-46　16QAM 和 16PSK 的星座图

设两个星座图表示的信号最大振幅为 A_M，则两个相邻矢量点的距离分别为

$$\text{16PSK} \qquad d_1 = A_M \left(\frac{\pi}{8}\right) \approx 0.39 A_M \tag{5-165}$$

$$16\text{QAM} \qquad d_2 = \frac{\sqrt{2}A_\text{M}}{3} \approx 0.47 A_\text{M} \qquad (5\text{-}166)$$

结果表明 $d_2 > d_1$，这个距离直接代表着噪声容限的大小。此结果是在最大功率(振幅)相等的情况下进行比较的，合理地比较两星座图的最小噪声容限应该是以平均功率相等为条件。可以证明，在平均功率相等的条件下，16QAM 比 16PSK 信号的噪声容限大 4.12dB。因此 16QAM 方式的抗噪声干扰能力优于 16PSK。

5.7.2 多进制正交幅度调制信号的产生与解调

由图 5-45 所示的 MQAM 矢量图可知，MQAM 和 MPSK 一样，可以采用正交调制的方法产生。不同的是 MPSK 在 $M > 4$ 时，同相与正交两路基带信号的电平不是相互独立的，而是相互关联的，以保证合成矢量端点落在单位圆上。而 MQAM 的同相和正交两路基带信号的电平则是相互独立的。MQAM 的调制原理框图如图 5-47 所示。在调制过程中，串/并变换使得信息速率为 R_b 的输入二进制信号分成两路速率为 $R_\text{b}/2$ 的二进制信号，2/L 电平转换将每个速率为 $R_\text{b}/2$ 的二进制信号变为速率为 $R_\text{b}/\log_2 M$ 的 L 电平信号，然后分别与两个正交的载波相乘，通过加法器相加后即产生 MQAM 信号。

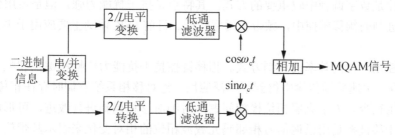

图 5-47　MQAM 调制原理框图

MQAM 信号的解调同样可以采用正交的相干解调方法，其原理框图如图 5-48 所示。同相支路和正交支路的 L 电平基带信号用由 $(L-1)$ 个门限电平的判决器判决后，分别恢复出速率等于 $R_\text{b}/2$ 的二进制序列，最后经过并/串变换器将两路二进制序列合成一个速率为 R_b 的二进制序列，即原始的基带信号。

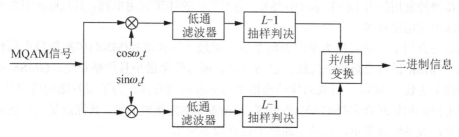

图 5-48　MQAM 解调原理框图

MQAM 调制解调过程表明，MQAM 信号可以看成两个正交的抑制载波双边带调幅信号的相加，因此 MQAM 与 MPSK 信号一样，其功率谱取决于同相支路和正交支路基带信号的功率谱。MQAM 与 MPSK 信号在相同 M 值时，功率谱相同，带宽均为基带信号带宽的2倍。在理想情况下，MQAM与MPSK信号的最高频带利用率均为$\log_2 M$ bit/s/Hz。

QAM调制系统特别适合用于频带资源有限的场合。例如，由于电话信道的带宽通常限制在语音频带300～3400Hz范围内，若希望在此频带中提高通过调制解调器传输数字信号的速率，则QAM是非常实用的。ITU-T的V.29和V.32建议中均采用16QAM体制，以2400Bd的码元速率传输9.6kbit/s的数字信息。

本章小结

数字带通传输系统包括数字调制和解调过程。数字调制是用数字基带信号去改变高频载波的某个参数(幅度、频率或相位)，从而实现频谱搬移，解调则是其逆过程。数字调制的主要目的是使信号能与信道特性相匹配。数字调制有幅移键控(ASK)、频移键控(FSK)、相移键控(PSK)三种基本方式。

幅移键控是最早应用的数字调制方式，是一种线性调制系统。其特点是设备简单、频带利用率较高，但抗噪声性能较差，而且解调时最佳判决门限与接收机输出信号的振幅有关，因此不容易使抽样判决器工作在最佳状态。

频移键控是数字调制中较重要的方式。其特点是抗干扰能力强，但是占用频带较宽，特别是在多进制的频移键控中，频带利用率较低。目前FSK体制主要应用于中、低速数据传输中。

相移键控是一种高效率的调制方式。相移键控抗干扰能力比幅移键控和频移键控都要强，因此在高、中速数据传输中得到了广泛应用。绝对移相系统解调时存在相位模糊问题，因此实际应用很少。为了克服相位模糊问题，对绝对移相调制进行改进，可形成相对移相调制。相对相移键控是用已调信号相邻码元载波相位的相对变化来表示基带信号。它可以通过对基带信号进行差分编码，再进行绝对移相来形成。解调时也只需要在完成绝对移相相干解调后，再进行差分译码即可恢复出原始信号。

为了使每个信号码元携带更多的信息量，在二进制数字调制的基础上提出了多进制数字调制。各种多进制数字调制的原理与二进制数字调制基本相同。在二进制调制中，被调载波的参数只能有两种取值；在多进制系统中，被调制载波的参数可以有多种取值。多进制的相移键控常用的有QPSK和QDPSK。由于它们的频带利用率高，且抗噪声性能好，所以在实际中应用比较多。

本章还介绍了一些其他类型的调制系统，如最小频移键控(MSK)和高斯最小频移键控(GMSK)。MSK的特点是相位连续、包络恒定、所占带宽最小且严格正交。GMSK则在功率谱特性上更优于MSK，已成为移动通信中的标准调制方式。为了更好地利用信号平面，可以采用振幅相位联合调制(QAM)的方式。QAM又称为星座调制，其优点是具有较好的功率利用率，设备组成简单，在数字通信中也有较多应用。

思考练习题

5-1 什么是数字调制？它和模拟调制有哪些异同点？

5-2 数字调制的基本方式有哪些？

5-3 什么是幅移键控？2ASK 信号的波形有什么特点？

5-4 试比较相干检测 2ASK 系统和包络检测 2ASK 系统的性能及特点。

5-5 什么是频移键控？2FSK 信号的波形有什么特点？

5-6 2FSK 信号的产生和解调常用的有哪些方法？

5-7 什么是绝对相移？什么是相对相移？它们有何区别？

5-8 2PSK 和 2DPSK 信号可以采用哪些方法产生和解调？

5-9 ASK、FSK、PSK、DPSK 信号的功率谱及传输带宽各有何特点？

5-10 二进制数字调制系统的误码率与哪些因素有关？试比较 3 种数字调制系统的抗噪声性能。

5-11 什么是多进制数字调制？与二进制数字调制相比较，多进制数字调制有哪些优缺点？

5-12 什么是 MSK 调制？它有什么特点？

5-13 什么是 GMSK 调制？它与 MSK 调制有何不同？

5-14 设发送的数字信息为 10110010，画出以下情况的 2ASK、2FSK、2PSK、2DPSK 信号波形。①载波频率为码元速率的 2 倍；②载波频率为码元速率的 1.5 倍。

5-15 2ASK 包络检测接收机输入端的平均信噪比 $r = 7$dB，输入端高斯白噪声的双边功率谱密度为 2×10^{-14}W/Hz。码元传输速率为 50Bd，设"1"、"0"等概率出现。试计算①最佳判决门限；②系统误码率；③其他条件不变，相干解调的系统误码率。

5-16 设 2FSK 调制系统的码元传输速率为 1000Bd，已调信号的载频为 1kHz 和 2kHz。①若发送数字信息为 01001101，试画出相应的 2FSK 信号波形；②试讨论这时的 2FSK 信号应该选择怎样的解调器解调；③若发送数字信息是等概率的，试画出它的功率谱密度图。

5-17 2FSK 系统的码元速率为 2×10^6Bd，"1"码和"0"码对应的载波频率分别为 $f_1 = 10$MHz，$f_2 = 15$MHz，在频率转换上相位不连续。①请问相干解调器中的两个带通滤波器和两个低通滤波器应具有怎样的幅频特性？画出示意图说明；②试求此 2FSK 信号占用的频带宽度。

5-18 若 2FSK 系统的码元传输速率为 2×10^6Bd，数字信息为"1"时的频率 $f_1 = 10$MHz，数字信息为"1"时的频率 $f_2 = 10.4$MHz；输入接收端解调器的信号峰值振幅 $a = 40$μV；信道加性噪声为高斯白噪声，且其单边功率谱密度为 6×10^{-18}W/Hz。试求：①2FSK 信号的第一零点带宽；②非相干接收时，系统的误码率；③相干接收时，系统的误码率。

5-19 已知输入系统的数字信息为 11010100，分别以下列两种情况画出 2PSK、2DPSK 及差分码的波形。①码元速率为 1200Bd，载波频率为 1.2kHz；②码元速率为 1200Bd，载波频率为 1.8kHz。

5-20 假设在某 2DPSK 系统中，载波频率为 2.4kHz，码元速率为 1200Bd，已知差分码序列为 1100010110。①试画出 2DPSK 信号的波形；②若采用差分相干解调法接收信号时，试画出解调系统的各点波形；③若发送信息符号"0"和发送"1"概率分别为 0.6 和 0.4，试求 2DPSK 信号的功率谱密度。

5-21 已知码元传输速率 $R_B = 1000$ Bd，接收机输入噪声的双边功率谱密度 $\dfrac{n_0}{2} = 10^{-10}$ W/Hz，现要求误码率 $P_e = 10^{-5}$。试分别计算出相干 2ASK、非相干 2FSK、差分相干 2DPSK

以及2PSK系统所要求的输入信号功率。

5-22 设发送的数字信息序列为1001101001。①试写出最小频移键控(MSK)信号的表达式；②若码元速率为1000Bd，载波频率为3kHz，试画出MSK信号的波形图；③试画出MSK信号的相位变化图形；④简要说明MSK信号与2FSK信号的异同点。

5-23 已知接收机输入信噪比为$r=10$dB，试分别计算差分检测QDPSK、相干解调QPSK系统的误码率。在大信噪比条件下，若误码率相同，求两者输入信噪比之间的关系。

5-24 什么是GMSK？其中文全称是什么？GMSK信号有何优缺点？

5-25 当M比较大时，为何称MQAM是一种高效的传输方式，与同进制的PSK相比，其误码率如何？频带利用率如何？

第 6 章 信 源 编 码

教学目标

通过本章的学习，了解信源编码的基本概念及其分类；熟悉语音编码的几种基本方式，如脉冲编码调制 PCM、差分脉冲编码调制 DPCM、增量调制等；掌握语音波形编码技术的基本原理与方法，并能对其进行性能分析；了解图像编码的基本原理及一些基本的国际标准与算法；掌握时分复用的基本概念、原理与方法；理解数字复接技术及其基本应用。

随着信息时代的到来，通信技术得到突飞猛进的发展，通信的最终目的就是将信息有效并且可靠地从信源端传输到信宿端。在这个过程中，编码器的作用是把信源发出的信息进行变换或处理，使之既能代表信源所发出的信息，又能较好地克服信道噪声的干扰。译码则是编码的逆过程，译码器要从已经受到干扰的编码信号中最大限度地提取有关信源输出的信息，在信宿端最大限度地近似重构出信源发出的信息。

通信信号的编码从如何提高系统的有效性和可靠性方面衍生出两大理论，即信源编码和信道编码。信源编码的目的是根据信源的统计特性对信源发出的信息进行编码，它是一种有效性编码，即如何用尽可能少的符号来表示信源信息，以提高信息传输率。信道编码则是为了对抗信道中的噪声和干扰，目的是提高传输系统的可靠性，即在信源编码的输出结果上增加一些冗余符号(又称监督码元)，并让这些符号满足一定的规律，在接收端根据这一规律就能够发现传输时因为信道噪声而产生的差错并纠正错误。

信源的作用是将待传输的信息转换成原始的电信号。前面已经介绍过，通信系统可以分为模拟通信系统和数字通信系统两大类，相应地，信源也可分为模拟信源(又称连续信源)和数字信源(又称离散信源)两大类。模拟信源是指取值连续或有无限多种状态的信源，它产生模拟的语音、图像和视频等信号；数字信源是指只有有限种符号(状态)的信源，它产生离散的数字信号，如数据、符号等。

数字通信系统具有许多优点，而实际上，由信息转换成的原始电信号一般为模拟信号，它是时间和幅值都连续变化的信号。而在数字通信系统中传输的是数字信号，即时间和幅值都是离散的信号。若要实现通信数字化，其前提是各种不同类型的信源均需以数字化形式来表示，即对于模拟信源需对其进行模/数(A/D)变换，将原始信号转换成时间离散和取值离散的信号。

本章首先简单介绍信源编码的基本概念，然后主要介绍语音信号的编码即模拟信号数字化的过程，接着对图像信号的编码进行简单介绍，最后介绍时分复用技术及数字复接技术。

6.1 概述

6.1.1 信源编码的基本概念

信源编码是一种以提高通信有效性为目的而对信源符号进行的变换，为了减少或消除信源剩余度而进行的信源符号变换。具体地说，就是针对信源输出符号序列的统计特性来寻找某种方法，把信源输出符号序列变换为最短的码字序列，使后者的各码元所载荷的平均信息量最大，同时又能保证无失真地恢复原来的符号序列。由于用于通信的语音信号和图像信号都是模拟信号，为了适应数字化传输需要，常常也将模拟信号的数字化归入信源编码的范畴。因此，从实现原理上看，信源编码有两重含义：一是对模拟信源输出的模拟信号进行数字化即 A/D 转换，其目的是将信源的模拟信号转化成数字信号，实现模拟信号的数字化传输；二是对数字信源输出数据进行压缩以减少数字信息中的冗余度，即通常说的数据压缩，其目的是设法减少码元数目和降低码元速率。

通信中模拟信源通常都是输出模拟信号(如模拟话机输出的语音信号)，为了对信息有效地进行存储、处理、传输和交换，首先应将模拟信号数字化，通过 A/D 变换变为数字信号后再在信道中传输。接收端只要进行和发送端相反的变换即 D/A 变换，就可以恢复出发送端传输的原始信号。图 6-1 所示为模拟信号的数字化传输过程示意图。

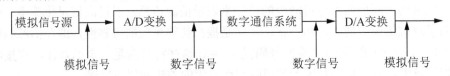

图 6-1 模拟语音信号数字化传输过程示意图

对数字信源，为了降低码元速率，则需要将信源输出的符号序列变换成最短的码字序列，使后者的各码元所载荷的平均信息量最大，同时又能保证无失真地恢复原来的码字序列。即需要减少信源输出符号序列的冗余度，提高符号的平均信息量。其核心是研究压缩编码算法，用尽可能低的数据传输速率获得尽可能好的质量。

既然信源编码的基本目的是提高码字序列中码元的平均信息量，那么，一切旨在减少冗余度而对信源输出符号序列所施行的变换或处理，都可以在这种意义下归入信源编码的范畴，例如过滤、预测、域变换和数据压缩等。一般来说，减少信源输出符号序列中的冗余度、提高符号平均信息量的基本途径有两个：一是使序列中的各个符号尽可能地互相独立；二是使序列中各个符号的出现概率尽可能地相等。前者称为解除相关性，后者称为概率均匀化。这种编码实质上是对信源的原始符号按一定规则进行的一种变换，是从信源符号到码符号的一种映射。若要实现无失真编码，这种映射必须是一一对应的，并且是可逆的。

数据压缩编码按其码字的特点可分如下几种。

(1) 二元码。若码符号集为 $X=\{0,1\}$，所得码字都是二元序列，则称为二元码。
(2) 等长码(或称固定长度码)。若一组码中所有码字的码长都相同，即 $l_i = l\,(i=1, 2, \cdots,$

q)，则称为等长码。

(3) 变长码。若一组码中所有码字的码长各不相同，即任意码字由不同长度 l_i 的码符号序列组成，则称为不等长码或变长码。

(4) 非奇异码。若一组码中所有码字都不相同，即所有信源符号映射到不同的码符号序列，则称码 C 为非奇异码。

(5) 奇异码。若一组码中有相同的码字，则称码 C 为奇异码。

(6) 同价码。若码符号集 $X=\{x_1, x_2, \cdots, x_r\}$ 中的每个码符号 x_i 所占的传输时间都相同，则所得的码 C 为同价码。

一般二元码是同价码。对同价码来说，等长码中每个码字的传输时间都相同；而变长码中每个码字的传输时间不一定相同。电报中常用的莫尔斯码是非同价码，其码符号点(·)和划(-)所占的传输时间不相同。

(7) 码的 N 次扩展码。假定某码 C，它把信源 S 中的符号 s_i 变换成码 C 中的码字 W_i，则码 C 的 N 次扩展码是所有 N 个码字组成的码字序列的集合。

(8) 唯一可译码。若码的任意一串有限长的码符号序列只能被唯一地译成所对应的信源符号序列，则此码称为唯一可译码，或单义可译码。否则，就称为非唯一可译码或非单义可译码。

若要所编的码是唯一可译码，不但要求编码时将不同的信源符号变换成不同的码字，而且必须要求任意有限长的信源序列所对应的码符号序列各不相同，即要求码的任意有限长 N 次扩展码都是非奇异码。因为只有任意有限长的信源序列所对应的码符号序列各不相同，才能把该码符号序列唯一地分割成一个个对应的信源符号，从而实现唯一的译码。

6.1.2 信源编码的技术类型

根据通信业务的不同，信源编码一般可分为语音编码和图像编码。

语音通信是最重要、最基本的通信形式之一。随着语音通信技术的发展，压缩语音信号的传输带宽，降低信道的传输速率，一直是人们追求的目标。语音编码的根本目的是使表达语音信号的比特数目最小。为适应不同场合的语音传输要求，发展了多种类型的语音编码方法，如图 6-2 所示。

波形编码的基本原理是在时间轴上对模拟语音信号按照一定的速率进行抽样，再将幅度样本分层量化，并用二进制代码表示；在接收端则将收到的数字序列经过译码恢复到原模拟语音信号，保持原始语音的波形形状。波形编码的语音质量好，编码速率高，如 PCM 编码类(A 律或 μ 律 PCM、ADPCM)的编码速率为 64～16kb/s。而参量编码是根据语音信号产生的数学模型，通过对语音信号特征参数的提取后进行编码(将特征参数变换成数字代码进行传输)，在接收端则将特征参数结合数学模型恢复语音，力图使重建语音保持尽可能高的可懂度，重建语音信号的波形同原始语音信号的波形可能会有相当大的区别，如线性预测(LPC)编码类，其编码速率低至 1.2～2.4kb/s，缺点是自然度低，对环境噪声敏感。混合编码则是将波形编码与参量编码相结合，编码中既包括若干语音特征参量又包括部分波形编码信息，以达到波形编码高质量和参量编码低速率的目的。目前，语音压缩编码技术主要有两个努力方向：一个是中低速率的语音编码的实用化及如何在实用化过程中进一步减低编码速率和提高其抗干扰、抗噪声能力;另一个是如何进一步地降低其编码速率。在技术上,随着研究的深入,语音编码研究除了继续在激励源优化、感知器编码等方面努力外,还在不断地引入非线性预测、多精度时频分析技术(包括子波分析技术)、高阶统计分析技术等新的分析技术。这些技术可能更能挖掘人耳的听觉掩蔽等感知机理,更能以类似人耳的特性作语音的分析与合成,使语音编码器以更接近于人耳的处理方式工作,从而在低速率语音编码的研究中取得突破。

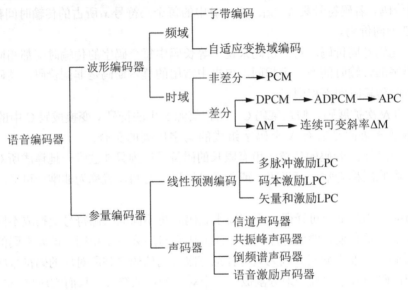

图 6-2　语音编码技术分类

表示图像需要大量的数据,但图像数据是高度相关的,或者说存在冗余信息。去掉这些冗余信息后可以有效压缩图像,同时又不会损害图像的有效信息。数字图像的冗余主要表现为空间冗余、时间冗余、视觉冗余、信息熵冗余、结构冗余和知识冗余,围绕如何去掉这些冗余,出现了多种图像编码方法。

根据编码过程中是否存在信息损耗可将图像编码分为无损压缩和有损压缩。无损压缩是指压缩后无信息损失,解压缩时能够从压缩数据精确地恢复原始图像;有损压缩则不能精确重建原始图像,存在一定程度的失真。

根据对压缩编码后的图像进行重建的准确程度,图像编码方法可分为 3 类:信息保持编码、保真度编码和特征提取。

(1) 信息保持编码也称无失真编码,它要求在编译码过程中保证图像信息不丢失,从而可以完整地重建图像。信息保持编码的压缩比较低,一般不超过 3:1,主要应用在图像的数字存储方面,常用于医学图像编码中。

(2) 保真度编码主要利用人眼的视觉特性,在允许的失真条件下或一定的保真度准则下,最大限度地压缩图像。保真度编码可以实现较大的压缩比,主要用于数字电视技术、静止图像通信、娱乐等方面。对于上述图像,过高的空间分辨率和过多的灰度层次,不仅增加了数据量,而且人眼也接收不到,因此在编码过程中,可以丢掉一些人眼不敏感的信息,在保证一定的视觉效果条件下提高压缩比。

(3) 特征提取主要用于图像识别、分析和分类等技术中，往往并不需要全部图像信息，而只要对感兴趣的部分特征信息进行编码即可压缩数据，例如，对遥感图像进行农作物分类时，就只需对用于区别农作物与非农作物，以及农作物类别之间的特征进行编码，而可以忽略道路、河流、建筑物等其他背景信息。

依据编码原理，一般可以将信源编码分为统计编码、预测编码、变换编码和识别编码。

1. 统计编码

依据编码对象出现的概率分配不同长度的代码，以保证总的代码长度最短，即出现概率越大的，所给代码越短。这样代码的平均长度可达最短，码元速率也比较小。此种方法典型的代表有哈夫曼编码、香农-费诺编码等。

要进行统计编码，需要知道信号分布的概率情况。一般确定概率分布的方法有两种：一种是假设它是一种大体上能代表信号概率的数学模式，如正态分布、指数分布等。另一种是根据实际信号，统计其概率分布，此方法比较符合实际。统计编码是信源编码最基本的一种方法，它在文件传真中得到应用。

2. 预测编码

利用信号之间的相关性，预测未来的信号，对预测的误差进行编码。预测编码在语音、图像、文件传真等信号的压缩编码中得到广泛应用。

3. 变换编码

利用信号在不同函数空间分布的不同，选择合适的函数变换将信号从一种信号空间变换到另一种更有利于压缩编码的信号空间再进行编码。

变换编码中最常见的函数变换有离散傅里叶变换(DFT)、沃尔什(Walsh)变换、离散余弦变换(DCT)、哈尔(Haar)变换等。变换编码在图像编码中得到广泛应用。

4. 识别编码

分解文字、语音和图像的基本特征，与汇集这些基本特征的样本集对照识别，选择最小的样本编码传送。识别编码可用于印刷或打字机等有标准形状的文字、符号和数据的且需要进行编码的应用场合。

图像编码已经发展了几十年，在此期间还出现了多种新的压缩方法，如利用人工神经网络(Artificial Neural Network，ANN)的压缩编码、分形编码(Fractal Coding)、小波编码(Wavelet Coding)、基于对象的压缩编码(Object Based Coding)和基于模型的压缩编码(Model Based Coding)等。

不管是语音编码还是图像编码，实际应用中都需根据信号的特点和系统的要求来选择合适的编码方法，当然也可以同时使用几种方法。总之，语音和图像信号的构成各有其特点，针对不同场合的具体应用，其编码方法也不尽相同。

6.2 语音的波形编码

本节针对语音信号介绍一些主要的波形编码的方法,如脉冲编码调制(PCM)、差分脉冲编码调制(DPCM)、增量调制(ΔM)等。

6.2.1 脉冲编码调制

脉冲编码调制(PCM)就是把一个时间连续、取值连续的模拟信号变换成时间离散、取值离散的数字信号后在信道中传输,是对模拟信号先抽样,再对样值幅度量化,再编码的过程。为了将模拟信号数字化,发送端首先应将模拟消息的信号抽样,使其成为一系列离散的抽样值,然后再将抽样值(模拟量)量化为相应的量化值,并经编码变换为数字信号,用数字通信方式传输,在接收端则相应地将接收到的数字信号恢复成模拟消息。PCM 基本原理框图如图 6-3 所示。

(1) 抽样。时间上的离散化,即对模拟信号进行周期性扫描,把时间上连续的信号变成时间上离散的信号。该模拟信号经过抽样后应当能包含原信号中的所有信息,也就是说能无失真地恢复原模拟信号。它的抽样速率的下限是由抽样定理确定的。

(2) 量化。幅值上的离散化,把经过抽样得到的瞬时值进行幅度离散,即用一组规定的电平,把瞬时抽样值用最接近的电平值来表示。一个模拟信号经过抽样量化后,得到已量化的脉冲幅度调制信号,仅为有限个数值。

(3) 编码。就是用一组二进制码组来表示每一个有固定电平的量化值。编码过程也称为 A/D 变换。

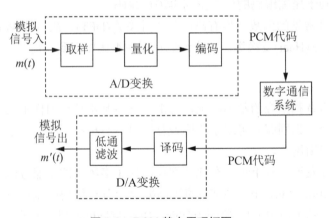

图 6-3 PCM 基本原理框图

1. 抽样与恢复

1) 低通抽样定理

抽样定理告诉我们:如果对某一带宽有限的时间连续信号(模拟信号)进行抽样,且抽样速率达到一定数值时,那么根据这些抽样值就能准确地恢复原信号。这就是说,若要传输模拟信号,不一定要传输模拟信号本身,可以只传输按抽样定理得到的抽样值。抽样定理是模拟信号数字化的理论基础。

下面介绍低通信号的抽样定理,并对其证明。

定义:对一个频带限制在$(0, f_m)$内的时间连续信号$f(t)$,如果以$f_m/2$的时间间隔进行抽样,那么根据这些抽样值就能完全恢复原信号。或者说,如果一个连续信号$f(t)$的频谱中最高频率不超过f_m,当抽样频率$f_s \geq 2f_m$时,抽样后的信号就包含原信号的全部信息。换句话说,在信号最高频率分量的每一个周期内起码应该抽样两次,才能在接收端无失真地还原出原始信号。

证明:设连续信号$m(t)$、抽样信号$m_s(t)$、冲激序列$\delta_T(t)$,其频谱分别对应为$M(\omega)$、$M_s(\omega)$、$\delta_T(\omega)$(见图6-4),$m(t)$信号频谱限制在ω_m之内。抽样信号$m_s(t)$视为原始信号与冲激序列相乘的结果,即

$$m_s(t) = m(t) \cdot \delta_T(t) = m(t)\delta_T(t - nT_s) \tag{6-1}$$

式中,$T_s = 1/f_s$为抽样间隔;冲激信号$\delta_T(t)$的频谱对应为

$$\delta_T(\omega) = \frac{2\pi}{T_s} \delta(\omega - n\omega_s) \tag{6-2}$$

利用卷积定理可得

$$M_s(\omega) = \frac{1}{2\pi}[M(\omega) * \delta_T(\omega)]$$

$$= \frac{1}{2\pi}\left[M(\omega) * \frac{2\pi}{T_s}\delta_T(\omega)\right] = \frac{1}{T_s}\sum_{n=-\infty}^{\infty} M(\omega - n\omega_s) \tag{6-3}$$

式(6-3)表明:抽样后的信号频谱等于把原信号的频谱搬移$0, \pm\omega_s, \pm2\omega_s, \pm3\omega_s, \cdots$如图6-4所示。可以看出,如果抽样频率不小于原始信号最高频率的2倍,即$\omega_s \geq 2\omega_m$,则各个重复频谱不会出现重叠,此时如果用截止角频率为ω_m的理想低通滤波器从抽样信号$m_s(t)$的频谱中滤出原连续信号的频谱,即能不失真地恢复$m(t)$。

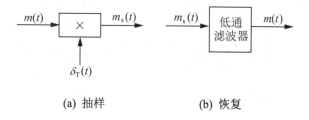

(a) 抽样　　　　　　　　(b) 恢复

图6-4　抽样与恢复原理框图

设理想低通滤波器的传输函数为$H(\omega)$,则还原过程等于将$M_s(\omega)$与$H(\omega)$相乘,由图6-4(b)与图6-5(f)可知,此时滤波器输出频谱为

$$M_s(\omega)H(\omega) = \frac{1}{T_s}M(\omega) \tag{6-4}$$

由式(6-1)可知,有

$$m_s(t) = m(t) \cdot \delta_T(t) = m(nT_s)\sum_{n=-\infty}^{\infty}\delta_T(t - nT_s) \tag{6-5}$$

而理想低通滤波器的传输函数为

$$h(t) = \frac{\omega_m}{\pi} \text{Sa}(\omega_m t) \tag{6-6}$$

据式(6-4)由卷积定理得

$$m(t) = T_s m_s(t) * h(t) = T_s m_s(t) * \frac{\omega_m}{\pi} \text{Sa}(\omega_m t) = \frac{T_s \omega_m}{\pi} \sum_{n=-\infty}^{\infty} m(nT_s) \text{Sa}[\omega_m(t - nT_s)] \tag{6-7}$$

如果 $T_s = \frac{2\pi}{\omega_s} = \frac{2\pi}{2\omega_m} = \frac{\pi}{\omega_m}$，则 $\frac{T_s \omega_m}{\pi} = 1$，可得

$$m(t) = \sum_{n=-\infty}^{\infty} m(nT_s) \text{Sa}[\omega_m(t - nT_s)] \tag{6-8}$$

式(6-8)表明：任何一个有限频带的信号 $m(t)$ 都可以展开成以抽样函数为基本信号的无穷级数，级数中各分量的相应系数就是原信号在相应抽样时刻 $t = nT_s$ 上的抽样值，如图6-5所示。也就是说，任何一个带限的连续信号完全可以用其抽样值来表示。

严格地说，频带有限的信号并不存在，但对许多实际的基带信号，其功率谱密度在高频部分是比较小的，去掉一些高频分量，对信号引入的误差不大，可以利用预滤波器先对模拟信号滤波，滤波器的截止角频率为 ω_m，这样经过滤波后的基带信号最高频率就受限在 ω_m 而成为限带信号，然后再以 $\omega_s \geq 2\omega_m$ 的速率抽样。由于信号不会严格带限且实际滤波器特性的不理想，通常取抽样频率为原始信号最高频率的2.5～5倍。

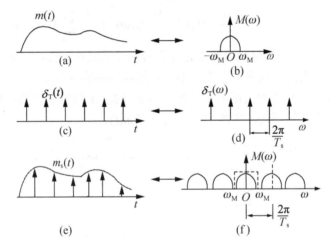

图6-5　抽样过程的波形与频谱分析图

若抽样间隔大于 $\frac{1}{2f_m}$，则 $M(\omega)$ 和 $\delta_T(\omega)$ 的卷积在相邻的周期内会出现频谱的混叠，因而不能恢复出原始信号的频谱 $M(\omega)$。可见 $T = \frac{1}{2f_m}$ 是抽样的最大间隔，称为奈奎斯特间隔，而该最小抽样速率称为奈奎斯特抽样速率。

【例6-1】 在语音信号的数字化过程中，抽样速率应选多大为合适？

解：一般语音信号的最高频率为3400Hz，按抽样定理可知，抽样速率应不小于最高频率的2倍，即2×3400Hz=6800Hz，而实际当中我们会选取略大于2倍的频率，所以在PCM系统中，选取的抽样频率为8kHz。

2) 带通抽样定理

若信号的频率范围是 $f_L \leq f \leq f_H$，带宽为 $B=f_H-f_L$，当 $f_L>B$ 时，通常称为带通信号。通信系统中的许多信号是带通信号，对带通信号进行抽样，当然可以按照低通抽样定理来选取抽样速率 f_s，即满足 $f_s \geq 2f_H$，虽然可以满足频谱不混叠的要求，但这样选取的 f_s 太高了，会使得 $0 \sim f_L$ 范围内的一大段频谱得不到利用，降低了信道利用率，为此需按照带通信号抽样定理来进行抽样。

带通抽样定理：一个频率限制在 f_L 与 f_H 之间、带宽为 $B=f_H-f_L$ 的带通信号 $m(t)$，如果最小抽样速率 $f_s=2f_H/m$，m 是一个不超过 f_H/B 的最大整数，则 $m(t)$ 可完全由其抽样值确定。

实际应用带通抽样定理时，分以下两种情况。

① 若 $B \geq f_L$，仍然按照低通抽样定理选取抽样速率，即 $f_s \geq 2f_H$。

② 若 $B<f_L$，则抽样速率取为

$$f_s = 2B\left(1+\frac{k}{n}\right)$$

其中，n 是 f_H/B 的整数部分，k 是 f_H/B 的小数部分。

3) 脉冲振幅调制 PAM

在前述低通抽样和带通抽样中，采用的抽样脉冲是理想的冲击序列，均属理想抽样。实际的抽样脉冲总有一定的时间宽度，是一种矩形脉冲序列。实际上，抽样的过程完全类似于调制，只不过通常调制技术是采用连续振荡波形(正弦波)作为载波。因此，实际抽样可以理解为采用在时间上离散的矩形脉冲串作为载波的一种调制，这时的调制是用基带信号 $m(t)$ 去改变脉冲的某些参数而达到的，人们常把这种调制称为脉冲调制。按基带信号改变脉冲参数(幅度、宽度、时间位置)的不同，脉冲调制可分为脉幅调制(PAM)、脉宽调制(PDM)和脉位调制(PPM)等类型，其调制波形如图 6-6 所示。

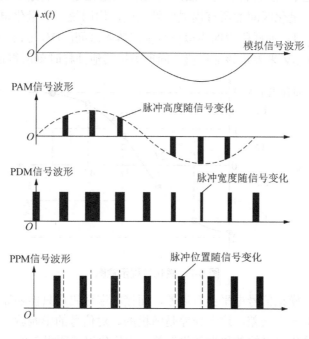

图 6-6 PAM、PDM 和 PPM 信号波形图

从图 6-6 可以看到，脉宽调制(PDM)是指脉冲载波的宽度随基带信号变化的一种调制方式，脉位调制(PPM)是指脉冲载波的位置随基带信号变化的一种调制方式。脉幅调制(PAM)是脉冲载波的幅度随基带信号变化的一种调制方式。如果脉冲载波是由冲激脉冲组成的，则前面所说的抽样定理，就是脉冲振幅调制的原理。但是，实际上真正的冲激脉冲串是不可能实现的，而通常只能采用窄脉冲串来实现，因此，研究窄脉冲作为脉冲载波的PAM方式，将更加具有实际意义。

2. 量化

量化是指信号幅度的离散化。经过抽样后得到的信号虽然从时间上来说离散化了，但其幅度仍然是连续变化的，存在无穷多个取值。当这些连续变化的抽样值通过噪声信道传输时，接收端不能准确地估计所发送的抽样，所以我们在发送端进行了分层处理，用有限个预先规定的电平值来表示抽样值，且电平间隔大于干扰噪声，则接收端有可能准确估计所发送的抽样。

利用预先规定的有限个电平来表示模拟抽样值的过程就称为量化，即用一组规定的电平值，将瞬时抽样值用最接近的电平值来表示。

通常对量化器设定一个量化范围(-V,+V)，超过此范围的模拟信号则被称为过载。在该范围内用分层电平将其分成多个量化区间，每个量化区间设定一个量化电平，凡落入该区间的抽样值统一用预先设定的量化电平来表示。

举例来说，如图 6-7 所示，模拟信号 $m(t)$ 的抽样间隔为 T_s，量化范围为(-2V,+2V)，将该范围分为 4 个量化区间：(-2V,-1V)、(-1V,0)、(0,+1V)、(+1V,+2V)，其中，每个区间的两个端点即为分层电平，图 6-7 中的分层电平分别为-2V、-1V、0V、1V、2V。每个区间预先设定一个量化电平，按照取中间值法，4 个区间的量化电平分别为-1.5V、-0.5V、+0.5V、1.5V。凡是落入某一量化区间的所有模拟信号幅值，均用统一的量化电平来表示。图 6-7 中，在抽样时刻 $2T_s$ 时，抽样所得的模拟信号幅值落入区间(-1V, 0V)，则不管抽样值为何值，量化之后均用-0.5V 来表示该抽样值，同理类推其他抽样时刻所得抽样值的量化过程。

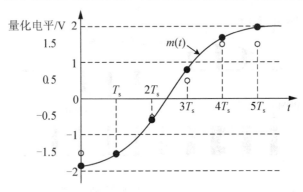

图 6-7　量化过程示意图

显然，量化前后模拟信号电平会有误差，而接收端译码后只能还原出量化值，即等于在原模拟信号上叠加一个误差，这个误差是随机的，对信号的影响就相当于噪声，称为量化噪声。取样值与量化电平的差称为量化误差，由量化误差所引起的噪声称为量化噪声。

设模拟信号为 $m(t)$，量化信号为 $m_q(t)$，量化误差为 $e(t)$，则有

$$e(t) = m(t) - m_q(t)$$

通常取 $t = kT_s$。量化噪声功率 N_q 定义为量化误差的均方值，即

$$N_q = E[e^2(t)] = E[m(t) - m_q(t)]^2 \tag{6-9}$$

量化器输出的噪声功率越小越好，显然，量化误差和量化器分层电平的划分(确定各量化间隔的宽度)、各量化电平的选择以及模拟信号的抽样值出现在某个量化间隔的可能性(即在 $-V \sim +V$ 范围的概率分布)有关。量化器设计的任务就是要寻找一组分层电平和量化电平使输出的量化噪声最小。

量化根据量化间隔是否等距离分割又分为均匀量化和非均匀量化。

1) 均匀量化

均匀量化是指量化间隔相等的量化。设量化器的动态范围为 $[-V, V]$，将其等分成 L 个区间，量化间隔等于 Δ，则有

$$\Delta_k = \Delta = \frac{2V}{L} \quad k = 1, 2, \cdots, L \tag{6-10}$$

理论分析表明，在量化区间平数 $L \gg 1$ 情况下，最佳的量化电平为分层电平的中点。因此，量化误差 $e(t)$ 分布在 $\pm \frac{\Delta}{2}$ 之间。如果量化间隔 Δ 比 $m(t)$ 的动态范围小得多，则可认为量化误差的振幅在 $\left(-\frac{\Delta}{2}, +\frac{\Delta}{2}\right)$ 的范围内是均匀分布的，其概率密度函数可以表示为

$$P(e) = \begin{cases} \frac{1}{\Delta}, & |e| \leqslant \frac{\Delta}{2} \\ 0, & \text{其他} \end{cases}$$

所以量化噪声的平均功率为

$$N_q = \int_{-\frac{\Delta}{2}}^{+\frac{\Delta}{2}} e^2 P(e) \mathrm{d}e = \frac{1}{\Delta} \int_{-\frac{\Delta}{2}}^{+\frac{\Delta}{2}} e^2 \mathrm{d}e = \frac{\Delta^2}{12} \tag{6-11}$$

由式(6-11)可以看出，均匀量化器不过载时的量化噪声功率与输入的模拟信号取值分布情况(即概率分布)无关，而只与量化间隔 Δ 有关。

通常我们用量化信噪比 SNR_q 来衡量量化器的性能，它表征了量化后与量化前信号近似程度的好坏。量化信噪比 SNR_q 定义为输入信号的平均功率与量化噪声的平均功率之比，即

$$\mathrm{SNR}_q = \frac{S_q}{N_q} = \frac{\overline{m^2(t)}}{\overline{e^2(t)}}$$

【例 6-2】 设 $m(t)$ 为一正弦信号，$m(t) = V_m \cos \omega_m t$，试求其经过均匀量化器后的信噪比。

解：信号的平均功率为

$$S_q = \overline{m^2(t)} = \frac{V_m^2}{2}$$

量化噪声的平均功率为

$$N_q = \frac{\Delta^2}{12}$$

其中，Δ 为量化间隔，则量化信噪比为

$$(\text{SNR}_q)_{\text{dB}} = 10\lg\frac{S_q}{N_q} = 10\lg\left(\frac{V_m^2/2}{\Delta^2/12}\right) = 7.78 + 20\lg\left(\frac{V_m}{\Delta}\right)(\text{dB}) \tag{6-12}$$

又

$$\Delta = \frac{2V}{L} \tag{6-13}$$

当采用二进制对量化信号编码时，设每个抽样值的编码位数为 n，则 $L=2^n$，故有

$$N_q = \frac{\Delta^2}{12} = \frac{1}{12}\left(\frac{2V}{L}\right)^2 = \frac{V^2}{3(2^n)^2}$$

此时有

$$(\text{SNR})_{\text{dB}} = 10\lg\left(\frac{3}{2} \cdot 2^{2n} \cdot \frac{V_m^2}{V^2}\right) \approx 6n + 2 + 20\lg\left(\frac{V_m}{V}\right)(\text{dB}) \tag{6-14}$$

由例 6-2 可以看出：

(1) 对给定输入电平，编码比特数 n 每增加 1 位，信噪比增加 6dB；

(2) 对给定的 n，在输入信号不过载的情况下，无论信号大小，噪声功率都是一样的。大信号的信号功率大，则信噪比高；小信号的信号功率小，则信噪比低。

式(6-14)中，当正弦信号满幅运用时，$V = V_m$，所得信噪比为最大信噪比，但在实际通信中，信号并非正弦信号，且幅度多变。例如对于语音信号，大声讲话和小声讲话电压峰值的比为 1000∶1，而且对于语音信号，大多数时间出现的是小幅度信号。因此，实际中应使量化范围 $V > V_m$，这时的信噪比也不可能为最大信噪比。

我们把 $20\lg\left(\frac{V_m}{V}\right)$ 的取值范围称为量化器的动态范围，即达到一定信噪比要求时允许的输入信号的变化范围(一般要求信噪比不小于 26dB)。

【例 6-3】 电话传输标准中要求在信号动态范围大于 40dB 的条件下信噪比不低于 26dB，若要达到这一要求，对编码的位数有何要求？

解：根据式(6-14)，有

$$(\text{SNR})_{\text{dB}} \approx 6n + 2 + 20\lg\left(\frac{V_m}{V}\right)$$

即

$$26 \leqslant 6n + 2 - 40 \text{ 或 } n \geqslant 10.7$$

故最少需要编 11 位码。

由例 6-3 可以看出，越宽的动态范围，要求编码位数越多，也就是编码速率越高，结果导致信号带宽的增加。

从例 6-2 和例 6-3 可以看出均匀量化的两个主要缺点：一是大信号的信噪比高，而小信号的信噪比低；另一个是宽动态范围的量化器要求高的编码速率，导致信号带宽的增加。所以均匀量化主要用在统计特性为均匀分布的信号，如图像信号、遥控信号数字化接口上。

语音信号的统计特性是大信号出现的概率小，而小信号出现的概率大，基于这种情况，为了提高小信号的量化信噪比，通常对语音信号采用非均匀量化。

2) 非均匀量化

量化间隔不相等的量化称为非均匀量化。

在语音通信中，小信号出现的概率大，而大信号出现的概率小，怎样才能提高小信号的量化信噪比呢？在小信号时降低其量化噪声，就能提高信噪比，降低量化噪声则需要减小量化间隔。因此，如果我们在量化时，使量化间隔随输入信号电平的大小改变，小信号时分层细一些量化间隔小一些，大信号时量化间隔大一些，这样就使输入信号与量化噪声之比在小信号到大信号的整个范围内基本一致。

实际中我们采用压扩的方法实现非均匀量化。如图 6-8 所示，输入信号先经过一个压缩器，然后再进行均匀量化，在接收端则利用扩张器完成相反的操作，使压缩的波形复原。压缩器和扩张器的特性恰好相反，这样压扩过程不会引起失真。压缩器和扩张器合在一起统称为压扩器。

图 6-9 给出了压缩器的压缩特性曲线。可以看到，输入信号 x 在经过压缩后，在小信号范围区域明显得到了拉伸，而大信号范围区域则得到了压缩。小信号的幅度得到了较大的放大，大信号的幅度则进行了压缩。

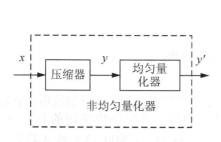

图 6-8 非均匀量化框图

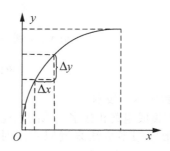

图 6-9 压缩特性曲线

对经过压缩之后的信号进行均匀量化，等于是对压缩之前的信号进行了非均匀量化，而且是小信号实现小的量化间隔，大信号实现大的量化间隔。这样使小信号的量化噪声减小了，小信号的量化信噪比得到了提高。

从图 6-9 也可以看出，压缩曲线类似一条对数曲线，称为对数压缩特性。但由于输入的语音信号为双极性信号，压缩特性曲线关于原点对称并通过原点。但对数特性曲线在 $x \to 0$ 时，$\ln x \to -\infty$，这与压缩特性曲线不符，我们可以对 $x=0$ 处的特性进行修改，得到近似可行的对数特性。

现在国际上一般使用两种不同标准的近似对数压缩特性，即 A 律和 μ 律。A 压缩律主要用于英法德等欧洲各国及中国和非洲地区。μ 律压缩则在美国、加拿大和日本等地使用。

(1) A 律压缩特性。设量化器的量化区宽度为 (-1,+1)，即对输入信号 x 进行了归一化处理，使 $0 \le x \le 1$，A 律压缩特性曲线公式如下(由于压缩曲线 $f(x)$ 是奇对称的，这里只给出 $x>0$ 的部分)：

$$f(x) = \begin{cases} \dfrac{Ax}{1+\ln A}, & 0 \le x \le \dfrac{1}{A} \\ \dfrac{1+\ln Ax}{1+\ln A}, & \dfrac{1}{A} \le x \le 1 \end{cases} \tag{6-15}$$

式中，A 为常数，国际上取值为 87.6。该特性由两部分组成，在 $0 \le x \le 1/A$ 时是一段直线，对应均匀量化；在 $1/A \le x \le 1$ 时具有对数特性，对应非均匀量化，如图 6-10(a)所示。

(2) μ 律压缩特性。同样我们只给出 $x>0$ 的部分，于是有

$$f(x) = \frac{\ln(1+\mu x)}{\ln(1+\mu)}, \quad 0 \leqslant x \leqslant 1 \tag{6-16}$$

式(6-16)中，μ 为常数，取值 255。其中 $\mu = 0$ 为均匀量化。μ 律压缩特性曲线如图 6-10(b) 所示。

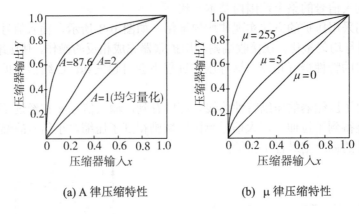

(a) A 律压缩特性　　　　　(b) μ 律压缩特性

图 6-10　压缩特性曲线

3) 数字压扩技术

随着集成电路和数字技术的迅速发展，数字压扩技术得到了广泛的应用，它是利用数字电路形成很多折线来近似实现对数压缩特性曲线。在实际中采用的有 7 折线 μ 律（μ=100）、13 折线 A 律（A=87.6）、15 折线 μ 律（μ=255）等。下面以 13 折线 A 律为例来说明数字压扩技术的基本原理。

13 折线 A 律主要用于欧洲各国及中国、非洲地区所采用的 PCM30/32 路基群中。如图 6-11 所示，图中 x 和 y 分别表示压缩器归一化输入和归一化输出信号幅度。将 x 轴的区间(0,1)不均匀地分成 8 段，分段的规律是每次以 1/2 取段。然后，每段再均匀地 16 等分，每一等分作为一个量化分层。于是在 0～1 范围内共有 8×16=128 个量化区间，但各段上的间隔是不均匀的。同样在 y 轴上，将(0,1)区间均匀地分成 8 段，每段再 16 等分，所以 y 轴也被分为 128 个量化区间，但它们是均匀的。

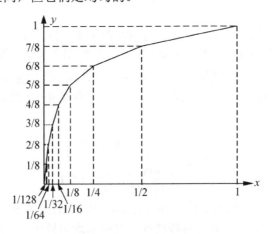

图 6-11　13 折线的形成

将 x 轴和 y 轴的相应段的交点连接起来,则得到 8 个折线段。可以看出,第一和第二段(0,1/128)及(1/128,1/64)两段所对应的折线段斜率是相同的,即可以连成一条直线,实际得到 7 段不同斜率的折线段,再将 $x<0$ 部分考虑进来,从负方向同样可以得到 7 段不同的折线段,而且正方向的 1、2 段和负方向的 1、2 段斜率均相同,可看做一条直线,于是共得到 13 条折线,所以被称为 13 折线。

经验证,用该方法所得的 13 折线最接近于 $A=87.6$ 时所得到的 A 律压缩特性曲线。表 6-1 给出了 A 律 13 折线各段斜率、端点坐标及与对数特性曲线公式理论计算结果的对比。

可见,A 律 13 折线十分接近式(6-15)的理论计算结果。

表 6-1 A 律折线段斜率及端点坐标

A 折线段	1	2	3	4	5	6	7	8	
斜率 dy/dx	16	16	8	4	2	1	1/2	1/4	
x	0	1/128	1/64	1/32	1/16	1/8	1/4	1/2	1
y	0	1/8	2/8	3/8	4/8	5/8	6/8	7/8	1
$f(x)$	0	1/8	1.91/8	2.92/8	3.94/8	4.94/8	5.97/8	6.97/8	1

3. 编码和译码

编码就是用二进制代码表示量化后的抽样值。PCM 编码一般采用二元码,二元码的电路比较简单,可以承受较高的噪声电平的干扰及再生。下面主要介绍 A 律 13 折线的编码和译码。

前面提到,A 律 13 折线将(0,1)的区间分成了 128 个量化电平,再加上对称的 $x<0$ 的区域也有 128 个量化电平,一共 256 个量化电平,所以编码时采用 8 位($2^8=256$)编码。

在 PCM 中广泛使用的码型有自然(普通)二进制码、折叠二进制码、格雷二进制码。

表 6-2 是编码位数 $n=4$ 时的各种码型的例子。

表 6-2 常用二进制码型

量化电平编号	自然二进制码	折叠二进制码	格雷二进制码
0	0 0 0 0	0 1 1 1	0 0 0 0
1	0 0 0 1	0 1 1 0	0 0 0 1
2	0 0 1 0	0 1 0 1	0 0 1 1
3	0 0 1 1	0 1 0 0	0 0 1 0
4	0 1 0 0	0 0 1 1	0 1 1 0
5	0 1 0 1	0 0 1 0	0 1 1 1
6	0 1 1 0	0 0 0 1	0 1 0 1
7	0 1 1 1	0 0 0 0	0 1 0 0

续表

量化电平编号	自然二进制码	折叠二进制码	格雷二进制码
8	1 0 0 0	1 0 0 0	1 1 0 0
9	1 0 0 1	1 0 0 1	1 1 0 1
10	1 0 1 0	1 0 1 0	1 1 1 1
11	1 0 1 1	1 0 1 1	1 1 1 0
12	1 1 0 0	1 1 0 0	1 0 1 0
13	1 1 0 1	1 1 0 1	1 0 1 1
14	1 1 1 0	1 1 1 0	1 0 0 1
15	1 1 1 1	1 1 1 1	1 0 0 0

上述几种码型中，自然二进制码与最普通的二进制数相对应，编码操作简单，也可简化译码器的设计，直接可从二进制译出量化电平值，但其缺点是：相邻两个量化电平的码字之间的汉明距离有大于 1 的情况，这样，在编码过程中，无论哪一个比特判决有误，都有可能使量化电平产生大的误差，这种现象在编码器中是不希望发生的。

与此相反，格雷二进制码则使得相邻两个电平的码字之间的距离始终保持为 1，因此又称为单位距离码。在编码过程中，如果判决有误则使量化电平产生的误差较小，但格雷二进制码编码较为复杂，在译码时也需将编码转换成自然二进制码后再译码。

折叠二进制码的优点一是：它的下半部分(即量化电平 8～15)与自然二进制码的编码相同，但上半部分除了最高位码是相反的之外，其余三位码在表中是上下对称的，是以量化电平 7、8 中间的那条线为上下对称的，故称为折叠二进制码。可以用这种码的最高位表示信号的正与负，其余各位表示信号的绝对值，正半周负半周的幅度编码只需一个编码器，使编码电路节省一半。所以折叠二进制码适合表示双极性的编码。

折叠二进制码的优点二是：如果传输过程中出现误码，对小信号影响较小(小信号从表中而言即量化电平出现在折叠线附近)，例如发生第一位错码，由 1000 错为 0000，在折叠二进制码中，量化电平只差了 1 级，而自然二进制码中，则错了 8 级。后三位 000 幅度编码对应的是小信号。对大信号影响大一点，如 1011 错为 0011，则量化电平差了 7 级，在自然二进制码中差了 8 级。幅度编码 011 对应较大的信号。因为语音信号的特点是小信号出现的概率大，大信号出现的概率小，所以平均而言，它的幅度误差较小。

由于折叠二进制码具备上述两个优点，所以在 PCM 电话系统中主要采用折叠二进制码。

1) 编码

A 律 13 折线用 8 位二进制码表示一个样值。这 8 位码的安排如下：

$$c_1 \qquad c_2 c_3 c_4 \qquad c_5 c_6 c_7 c_8$$

极性码　　　段落码　　　段内码

(1) 信号样值的正负极性用 1 位码表示，即 c_1(称为极性码)，通常正极性用 1 表示，负极性用 0 表示。

(2) A 律 13 折线将 x 轴正半部分分成了 8 段，第 1 到第 8 段分别为(0,1/128)、(1/128,1/64)、(1/64,1/32)、(1/32,1/16)、(1/16,1/8)、(1/8,1/4)、(1/4,1/2)、(1/2,1)，各段长度不同，第 1、2 段最短(只有 1/128)，第 8 段最长(为 1/2)。为了表示抽样值落在这 8 个段中的哪一段，需要

有 3 位编码来表示,也就是 $c_2c_3c_4$(称为段落码)。段落码的确定如表 6-3 所示。

表 6-3 段落码 $c_2c_3c_4$ 的确定

段落序号	$c_2c_3c_4$	量化器输入信号范围(单位:Δ)
1	000	0~16
2	001	16~32
3	010	32~64
4	011	64~128
5	100	128~256
6	101	256~512
7	110	512~1024
8	111	1024~2048

(3) 对每一段又进行了 16 等分,即把 8 段的每一段又分成了 16 小段,为了表示抽样值落在这 16 小段中的哪一小段,需要有 4 位编码来表示,这就是 $c_5c_6c_7c_8$(称为段内码)。段内码的确定如表 6-4 所示。

表 6-4 段内码 $c_5c_6c_7c_8$ 的确定

小段电平序号	$c_5c_6c_7c_8$	小段电平序号	$c_5c_6c_7c_8$
0	0000	8	1000
1	0001	9	1001
2	0010	10	1010
3	0011	11	1011
4	0100	12	1100
5	0101	13	1101
6	0110	14	1110
7	0111	15	1111

(4) 每一段 16 等分后,不同段的每一小段的量化间隔是不相同的,如第一段和第二段长度为 1/128,则 16 等分后,量化间隔为 $\frac{1}{128} \times \frac{1}{16} = \frac{1}{2048}$,第 8 段长度为 1/2,则 16 等分后,其量化间隔为 1/32,显然,第 1、2 段的量化间隔是最小的。我们以最小的量化间隔 1/2048 作为一个最小的均匀量化级,用 Δ 来表示,则在 1~8 段落内的每一小段的量化间隔应为 1Δ、1Δ、2Δ、4Δ、8Δ、16Δ、32Δ、64Δ。它们之间的关系如表 6-5 所示。

每一段的量化间隔不等,也就是对 x 的非均匀编码,若以 Δ 为量化间隔进行均匀量化,则在正半周量化区内就有 2048 个量化电平,需要 $n=\log_2(2048)=11$bit 的编码,现在用非均匀编码,只需要 7 位编码。

表 6-5 各段落长度及起始电平表(内容居中)

段落	1	2	3	4	5	6	7	8
小段量化间隔	1Δ	1Δ	2Δ	4Δ	8Δ	16Δ	32Δ	64Δ
段落起始电平	0Δ	16Δ	32Δ	64Δ	128Δ	256Δ	512Δ	1024Δ
段落长度	16Δ	16Δ	32Δ	64Δ	128Δ	256Δ	512Δ	1024Δ

【例 6-4】 设输入信号最大值为 5V,现有样点值 3.6V,采用 13 折线量化,以 Δ 为单位求其量化电平,并求出 A 律 13 折线 PCM 编码,计算量化误差。

解: 首先求其归一化值:3.6/5=0.72,归一化值 0.72 对应 0.72×2048Δ=1474.56Δ,显然应落入第 8 段。第 8 段起始电平 1024Δ,量化间隔 64Δ,将其分成 16 小段如下:

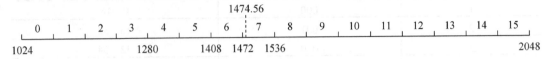

可见,电平 1474.56Δ 落在第 8 段中序号电平为 7 的小段中(见虚线),其量化输出为 (1472+1536)Δ/2=1504Δ,量化误差为 1504Δ−1474.56Δ=29.44Δ。

1474.56Δ>0,c_1=1;样值处于第 8 段,查表 6-3 知 $c_2c_3c_4$=111;样值落在第 8 段中序号电平为 7 的小段,查表 6-4 知 $c_5c_6c_7c_8$=0111。故编码后输出 PCM 码为 11110111。

【例 6-5】 设码组的 8 位码 PCM 编为 11100100,求该码组对应的量化电平是多少?

解: 极性码 c_1=1,则样值为正极性。段落码 $c_2c_3c_4$=110,则样值落在第 7 段,由表 6-5 知,起始电平为 512Δ,小段量化间隔为 32Δ,段内码 $c_5c_6c_7c_8$=0100,查表 6-4 知,样值落在序号为 4 的小段,小段内起始电平为 32Δ×4=32Δ。

所以量化电平应为 512Δ + 128Δ + 32Δ ÷ 2 = +656Δ。

上面介绍了编码的基本原理,那具体怎么来实现呢?下面主要介绍针对 A 律 13 折线所提出的逐次比较型编码器的基本原理。图 6-12 为其原理框图。

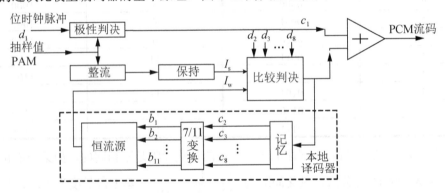

图 6-12 逐次比较型编码器原理框图

抽样值进入编码器后,一方面对其进行极性判决,得到第一位极性码 c_1。正极性时,c_1 为 1 码;负极性时,c_1 为 0 码。另一方面将抽样信号进行整流变为单极性信号,并对其进行保持展宽。

比较判决器通过样值 I_s 和标准电流 I_w 进行比较,从而对输入信号的抽样值实现非线性化和编码。每比较一次输出 1 位二进制码。当 $I_s>I_w$ 时,输出 1 码;当 $I_s<I_w$ 时,输出 0 码。由于 13 折线法中用 7 位二进制码表示段落和段内码,所以对一个输入信号的抽样值需进行 7 次比较。所以最主要的问题就是如何得到标准电流 I_w。每次的标准电流由本地译码器提供。

本地译码器由串/并变换和记忆、7/11 变换电路及恒流源网络组成。由比较器输出反馈至本地译码器的 c_2~c_8 共 7 位非线性码是串行的,将其变换成并行码并用记忆电路寄存下来。因为除第一次比较外,其余各次比较都要依据前几次比较的结果来确定标准电流 I_w 的值,因此前面 6 次状态都要记忆下来。

7/11 变换电路是数字压缩器。采用均匀量化的 7 位非线性码等效于 11 位线性码,比较器只能比较 7 次,而恒流源提供的基本权值电流支路有 11 个,需要 11 个控制脉冲来控制,所以必须经过变换,把 7 位非线性码变换成 11 位线性码,如表 6-6 所示。

逐次比较过程如下。

由于 A 律 13 折线正方向分 8 段,按照码位安排,第一位极性码已定,在判决幅度码时,第一次比较应先决定样值 I_s 是属于 8 大段的前 4 段还是后 4 段。这时本地译码器输出的权值应该是中间值,即 $I_w = 128\Delta$。

若 $I_w > 128\Delta$,则信号在后 4 段即 5、6、7、8 段,这时比较器输出 1 码,即 $c_2 = 1$;

若 $I_w < 128\Delta$ 则信号在前 4 段即 1、2、3、4 段,这时比较器输出 0 码,即 $c_2 = 0$。

表 6-6 7/11 非线性码与线性码的转换

段落	非线性码						线性码										
	c_2	c_3	c_4	c_5	c_6	c_7	c_8	b_{11}	b_{10}	b_9	b_8	b_7	b_6	b_5	b_4	b_3	b_2	b_1
1	0	0	0	W	X	Y	Z	0	0	0	0	0	0	0	W	X	Y	Z
2	0	0	1	W	X	Y	Z	0	0	0	0	0	0	1	W	X	Y	Z
3	0	1	0	W	X	Y	Z	0	0	0	0	0	1	W	X	Y	Z	0
4	0	1	1	W	X	Y	Z	0	0	0	0	1	W	X	Y	Z	0	0
5	1	0	0	W	X	Y	Z	0	0	0	1	W	X	Y	Z	0	0	0
6	1	0	1	W	X	Y	Z	0	0	1	W	X	Y	Z	0	0	0	0
7	1	1	0	W	X	Y	Z	0	1	W	X	Y	Z	0	0	0	0	0
8	1	1	1	W	X	Y	Z	1	W	X	Y	Z	0	0	0	0	0	0

第二次比较,把已确定的 4 段分成 2 段,I_w 应为该 4 段的中间值,以确定该信号样值是在该 4 段的前 2 段还是后 2 段。

第三次比较,把第二次比较确定的两段再一分为二,I_w 应为该 2 段的中间值,确定样值是在该 2 段的前一段还是后一段。

经过三次比较,得到了段落码 $c_2c_3c_4$,该段的起始电平也已确定,信号样值处在哪一段也已知,接下来可继续进行第 4~第 7 次的比较,以确定剩下的 4 位段内码。下面举一实例说明其比较过程。

【例 6-6】 设有归一化样值 $I_s = +364\Delta$,采用逐次比较法确定其编码后的码字。

解:逐次比较法编码过程如下。

(1) 极性码编码。因为极性为正,所以 $c_1 = 1$。

(2) 段落码编码。第 1 次比较时 $I_w = 128\Delta$,因为 $I_s = +364\Delta > 128\Delta$,所以比较器输出 $c_2 = 1$,样值落在 8 段落中的后 4 段,即 5、6、7、8 段。第 2 次比较时 $I_w = 512\Delta$ 应为该 4 段的中间值即第 7 段的起始电平,此时 $I_s = +364\Delta < 512\Delta$,比较器输出 $c_3 = 0$,样值落在该 4 段中的

前 2 段，即 5、6 段。第 3 次比较时 $I_w = 256\Delta$ 应为该 2 段的中间值即第 6 段的起始电平，此时 $I_s = +364\Delta > 256\Delta$，比较器输出 $c_4 = 1$。于是得到段落码 $c_2c_3c_4 = 101$，可知落在第 6 段。

(3) 段内码编码。同上方法确定样值落在第 6 段的哪一个小段，第 6 段量化间隔 16Δ，经过第 4 次比较即得到段内码第 1 位码的编码，此时本地译码器输出参考电平等于段落中间电平，即

$$I_w = 256\Delta + 8 \times 16\Delta = 384\Delta，因 I_s < I_w，输出 c_5 = 0$$

第 5 次比较，参考电平为前半段的中间电平，即

$$I_w = 256\Delta + 4 \times 16\Delta = 320\Delta，因 I_s > I_w，输出 c_6 = 1$$

第 6 次比较，参考电平为

$$I_w = 256\Delta + 4 \times 16\Delta + 2 \times 16\Delta = 352\Delta，因 I_s > I_w，输出 c_7 = 1$$

第 7 次比较，参考电平为

$$I_w = 256\Delta + 4 \times 16\Delta + 2 \times 16\Delta + 1 \times 16\Delta = 368\Delta$$

因 $I_s < I_w$，输出 $c_8 = 0$，故段内码为 0110，最后得到输出码字为 11010110。样值的量化电平为 $(352+368)\Delta/2 = 360\Delta$，量化误差为 $364\Delta - 360\Delta = 4\Delta$。

2) 译码

译码就是由数字信号恢复出模拟信号，是编码的反过程。完成译码功能的器件称为译码器。

译码器的任务是根据 13 折线 A 律压扩特性将输入串行 PCM 码进行 D/A 变换还原为 PAM 信号。常用的译码器大致有 3 种类型，即加权网络型、级联型和混合型。图 6-13 给出的是加权网络型译码器原理框图。

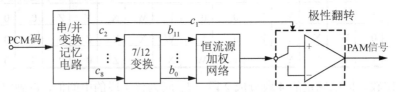

图 6-13 加权网络型 PCM 译码器原理图

PCM 码流进来之后先进行串/并变换并寄存下来，再进行线性到非线性的变换，此处采用的是 7/12 变换，与本地译码器的 7/11 变换不同，是为了进一步提高信号量化信噪比，在译码时多了一个 $\Delta/2$ 量化级，使译码前后误差不超过 $\Delta/2$，故标准电流支路变成了 7/12 变换。

7/12 变换根据 7 位非线性幅度码的状态产生 12 个恒流源电流，这 12 个恒流源分别为 $\Delta/2$、Δ、2Δ、4Δ、8Δ、16Δ、32Δ、64Δ、…、1024Δ。

在逻辑脉冲的控制下，在恒流源加权网络输出端产生相应的 PAM 信号。同时根据 c_1 的状态判断 PAM 信号的极性，使得译码后信号极性得到恢复。

6.2.2 差分脉冲编码调制

语音信号在数字化之前带宽为 4kHz，而采用 PCM 编码之后的数码率为 64kb/s，显然

它们在传输时占用的信道带宽通常比模拟信号大许多倍,如何降低其数码率成为一个很重要的问题。下面要介绍的差分脉冲编码调制(DPCM)及 ADPCM 就是利用了信号之间的相关性,即相邻信号样值幅度的相似性进行的语音压缩编码,我们把速率低于 64kb/s 的编码都称为语音的压缩编码。

1. DPCM 基本原理

在 PCM 中,波形的每个样本独立进行编码。然而,以奈奎斯特速率或更高速率采样的绝大多数信号(包括语音信号),其相邻样本之间呈现明显的相关性即相似性,换言之,相邻采样幅度间的平均变化较小。所以,利用采样中剩余度的编码方案可以将语音信号的码率降低。

一种简单的解决方法就是对相邻样本之差编码而不是对样本本身编码,由于相邻样本存在很大的相关性,样本之差比实际样本幅度小很多,而表示此差值信号只需要较少的位数。这种对差值进行量化编码的方法称为差分脉冲编码调制 DPCM。

如何确定两个相邻样本之差呢?方法之一是利用前面的 n 个样本根据一定的规律来预测当前的样本,即得到实际样值与预测样值的误差。下面讨论只根据前面一个样值来预测当前样值。

如图 6-14 所示,x_n 为经过抽样后的信号,x'_n 为经过预测器后的预测信号,x_n^* 为重建信号(即带有量化误差的抽样信号x_n),e_n 为预测误差信号,e_{qn} 为对差值信号的量化,c_n 为对差值信号经量化后的编码信号即 DPCM 信号。

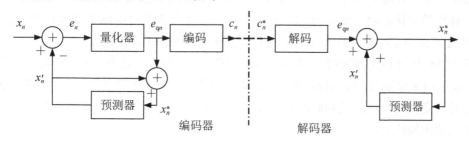

图 6-14　DPCM 编译码原理图

预测器的工作模型是

$$x'_n = \sum_{i=1}^{p} a_i x^*_{k-i}$$

式中,p 为预测阶数,即对前面 p 个抽样信号的样值进行预测;a_i 为预测系数。可以看出,预测值是对前面 p 个带有量化误差的抽样信号值的加权和。如果 $p=1$,$a_i=1$,则预测值就为前一个带量化误差的抽样值。将预测误差信号 $e_n = x_n - x'_n$ 送入量化器进行量化并编码即可得到 DPCM 信号。

2. 自适应差分脉冲编码调制

自适应差分脉冲编码调制(Adaptive Difference Pulse Code Modulation,ADPCM)是在 DPCM 的基础上发展而来的。DPCM 系统性能的改善与提高是以最佳的量化与预测为前提的,但语音信号是一个非平稳的随机过程且在较大的动态范围内变化,为了能在宽的动态范围内获得好的性能,引入了自适应的系统。有自适应系统的 DPCM 称为自适应差分脉冲编码调制。

ADPCM 是一种性能较好的波形编码。它的核心思想是:

(1) 自适应量化取代固定量化。利用自适应的思想改变量化阶的大小,即使用小的量化阶(Step Size)去编码小的差值,使用大的量化阶去编码大的差值。

(2) 自适应预测取代固定预测。即预测系数 a_i 随着信号的统计特性而进行自适应的调整,从而提高预测信号的精度。

在实际的应用中,32kb/s 的 ADPCM 语音编码的质量已达到 64kb/s 的 PCM 要求,ITU-T 为此制定了国际标准如 G.721、G.726 等。它在卫星通信、微波通信和移动通信等方面得到了广泛应用。例如欧洲数字无绳电话 DECT、个人手持电话系统 PHS(小灵通)等都采用了 32kb/s 的 ADPCM 语音编码。

6.2.3 增量调制

增量调制(ΔM)系统的工作原理和 DPCM 系统类似,可以说是 DPCM 系统的一个特例。同样是将实际样值与预测样值的差值进行量化编码,不同的是,在 DPCM 中,将差值量化成多个量化电平,再对这多个量化电平进行编码,编码不止 1 位,与量化电平的个数有关。而在 ΔM 系统中只用 1 位对量化的差值信号编码,也就是将差值量化成两个量化电平 $\pm\Delta$,即只对样值的变化编码:变化为正时编成"1"码;变化为负时编成"0"码。也就是说,当 DPCM 系统中量化电平数为 2 时,DPCM 系统就成为 ΔM 系统。

在 PCM 中,信号的代码表示模拟信号的抽样值,而且为了减小量化噪声需要较长的编码,一般采用 8 位编码,编码位数越多,则需要带宽越宽,编译码电路也会更复杂。ΔM 将模拟信号仅变换成 1 位二进制码组成的数字信号序列,在接收端也只需要一个简单的译码器便可还原出原信号。

1. ΔM 原理

在 PCM 的编译码过程中,是用一个阶梯波来近似模拟信号。类似地,在 ΔM 中,也可以用一个阶梯波来近似模拟信号,如图 6-15 所示。设抽样间隔为 T_s,$m(t)$ 为模拟信号,$m'(t)$ 为阶梯波信号,即对模拟信号量化之后的信号。

与 PCM 不同的是,在 ΔM 中,前后相邻两个抽样值的量化间隔都为一个固定的 Δ 值,即台阶高度。如果后一抽样时刻模拟信号值大于前一时刻抽样量化值,则阶梯波上升一个高度为 Δ 的台阶;如果后一抽样时刻模拟信号值小于前一时刻抽样量化值,则下降一个高度为 Δ 的台阶。显然,如果 T_s 和 Δ 值取得足够小,阶梯波 $m'(t)$ 就能很好地近似模拟信号 $m(t)$。

可见,ΔM 实际上是对模拟信号在某个抽样时刻的样值与上一个抽样时刻量化值的差值进行量化和编码。如果差值为正,量化成 $+\Delta$,编成"1"码;如果差值为负,量化成 $-\Delta$,编成"0"码。

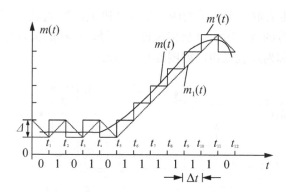

图 6-15 增量调制曲线图

设输入模拟信号 $m(t)$ 在 nT_s 时刻的抽样值为 $m(n)$，则阶梯波 $m'(t)$ 在前一个抽样时刻的量化值为 $m'(n-1)$，于是差值信号 $e(n) = m(n) - m'(n-1)$。

对 $e(n)$ 进行量化，即

$$e_q(n) = \begin{cases} +\Delta, & e(n) > 0 \\ -\Delta, & e(n) < 0 \end{cases}$$

式中，$e(n) > 0$ 时输出 1 码，$e(n) < 0$ 时输出 0 码，则有

$$m'(n) = m'(n-1) + e_q(n) = m'(n-1) \pm \Delta$$

在信道上传输的是对 $e_q(n)$ 进行编码后的二进制序列，每一个量化值只进行了 1 位编码，图 6-15 中传输的二进制代码即是 010101111110。

可以看出，在编码中最重要的问题是如何得到阶梯波 $m'(n)$，因为译码器的工作就是如何从编码中恢复阶梯波。下面先讨论接收端译码器的实现，即在接收端如何恢复出阶梯波。

在接收端，收到 1 个"1"码，表示信号相对于前一时刻的抽样值上升了一个量化台阶 Δ，如果有连续个"1"则表示信号一直在上升，而收到 1 个"0"码则表示信号相对于前一时刻的抽样值下降了一个量化台阶 Δ，如果有连续个"0"则表示信号一直在下降。

这种功能的译码器可以用一积分器来实现，积分器遇到 1 码（即有 $+E$ 脉冲），就以固定斜率 Δ/T_s 上升或下降。经过 T_s，对应正脉冲就上升了一个 Δ，对应负极性脉冲，则下降一个 Δ，这样，积分器输出的波形是由折线构成的斜变波形，如图 6-15 中所示的虚线波形 $m_1(t)$。经过低通滤波器去除高频分量便可以得到消息信号的近似波形。

可以看到，积分器输出波形并不是阶梯波，而是一个斜变波，但因为它在 T_s 时间内上升下降的高度为 Δ，即在抽样时刻上斜变波形与阶梯波形有着完全相同的值，因而，斜变波形同样与原来的模拟信号相似。由于积分器实现起来容易且能符合译码要求，故常被采用。

同理，在编码器端可以用同样的方法得到斜变波 $m_1(t)$，将原模拟信号与斜变信号在抽样时刻的抽样值相减即可得到差值信号，再对差值信号进行判决得到编码输出。其原理框图如图 6-16 所示。图中，$c(t)$ 为编码之后的增量调制信号。$p(t)$ 为经过脉冲发生器后得到的对应于 1 和 0 的正负脉冲。

2. ΔM 量化噪声

在 ΔM 中量化误差产生的噪声主要有两种：一般量化噪声(颗粒噪声)和斜率过载噪声。

ΔM 系统的质量主要取决于所选的两个参数 Δ 和 T_s，当 T_s 较大或者 Δ 比较小，阶梯波的变化速度跟不上信号的变化时，就会偏离模拟信号，这样的失真称为斜率过载，此时会产生比较大的噪声，称为过载噪声，如图 6-17 所示。

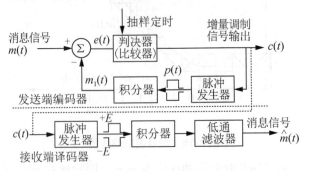

图 6-16　增量调制编译码器原理框图

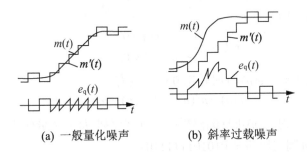

图 6-17　过载噪声示意图

当阶梯波的变化可以跟上模拟信号的变化时，所产生的噪声就是一般的量化误差引起的随机噪声，也称为颗粒噪声，它由模拟信号与量化信号的差值引起，是不可避免的。但过载噪声可以通过适当设计 Δ 和 T_s，使信号的最大斜率 K_{max} 小于跟踪斜率 Δ/T_s，即满足

$$K_{max} = \left|\frac{d}{dt}x(t)\right|_{max} \leqslant \frac{\Delta}{T_s} \tag{6-17}$$

就可以避免过载失真。当实际信号斜率超过最大斜率 K_{max} 时，则产生过载噪声。

设输入正弦信号 $m(t)=A\sin\omega t$，它的最大斜率为 $A\omega$，则不发生斜率过载的条件为

$$A\omega = A2\pi f \leqslant \frac{\Delta}{T_s} \tag{6-18}$$

得不过载的正弦信号的最大幅度为

$$A_{max} = \frac{\Delta}{2\pi f T_s} \tag{6-19}$$

式(6-19)表明，当 Δ/T_s 一定时，为了不产生过载，正弦信号的幅度与其频率应当成反比关系，即 f 增高时，允许 A 减小；f 降低时，允许 A 增加。而语音信号正好具备这样的特点，所以比较适合增量调制系统。

式(6-18)可以改写成：

$$f_s = \frac{1}{T_s} \geqslant \frac{A}{\Delta}2\pi f$$

由于$A/\Delta \gg 1$，所以为了不发生过载现象，ΔM的抽样频率要比PCM的抽样频率高得多。例如：$A=1V$，$\Delta =10mV$，则要求：$f_s \geq \dfrac{A}{\Delta}2\pi f = 628f$，即抽样速率为原始信号最高频率的628倍。

下面讨论ΔM系统的量化信噪比。假设不发生过载现象，则量化误差的幅度不会超过$\pm\Delta$，假设误差取值在$(-\Delta,+\Delta)$间服从均匀分布，则其概率密度函数为

$$p(e) = \begin{cases} \dfrac{1}{2\Delta}, & -\Delta \leq e \leq +\Delta \\ 0, & 其他 \end{cases}$$

得到量化噪声的平均功率为

$$N_q' = E[e^2(t)] = \int_{-\Delta}^{+\Delta} e^2 p(e) de = \dfrac{\Delta^2}{3} \tag{6-20}$$

可以近似认为，N_q'均匀分布在$0 \leq f \leq f_s$的频带范围内，即噪声的功率谱密度为$\dfrac{\Delta^2}{3f_s}$，因此在接收端经过截止频率为f_m的低通滤波器后，其输出的量化噪声功率为

$$N_q = \int_0^{+f_m} \dfrac{\Delta^2}{3f_s} df = \dfrac{\Delta^2 f_m}{3f_s} \tag{6-21}$$

因为正弦信号的平均功率$S = A^2/2$，由式(6-19)临界条件下正弦信号的幅度，得最大信号功率

$$S_0 = \dfrac{A^2_{\max}}{2} = \dfrac{\Delta^2}{8\pi^2}\left(\dfrac{f_s}{f}\right)^2 \tag{6-22}$$

因此求得临界条件下的最大量化信噪比

$$\dfrac{S_0}{N_q} = \dfrac{3f_s^3}{8\pi^2 f^2 f_m} \approx 0.04 \dfrac{f_s^3}{f^2 f_m} \tag{6-23}$$

或用dB表示

$$(SNR_q)_{dB} = 10\lg\left(\dfrac{S_0}{N_q}\right) = (30\lg f_s - 20\lg f - 10\lg f_m - 14.2)dB \tag{6-24}$$

可知，抽样速率提高1倍，信噪比增加9dB；而信号频率提高1倍，信噪比下降6dB。当ΔM用于语音编码时，语音信号的最高频率f_m一般为3400Hz。若ΔM和PCM采用相同的抽样速率，即$f_s = 2f$，且令$f = f_m$，则$S_0/N_q = 3/\pi^2$，这么小的信噪比是不允许的，所以ΔM抽样速率要高出PCM的抽样速率很多才能保证通话质量。

下面比较PCM系统与ΔM系统的性能。

(1) 从抽样速率来看，PCM抽样速率由抽样定理决定，$f_s \geq 2f_m$即可，而信号的最高频率f_m一般不会太高。ΔM中传送的不是信号本身的样值而是差值，不能由抽样定理来确定抽样频率，它与斜率过载条件及信噪比有关。为保证不发生过载，并且与PCM达到相同的信噪比时，ΔM的抽样速率要高出PCM很多。

(2) 从带宽来看，由于ΔM的抽样速率高于PCM，故传输ΔM信号的带宽比传输PCM

信号的带宽要宽。在 PCM 中，若 f_s=8kHz，n=8 位编码，则编码速率为 64kbit/s。若要得到与 PCM 相同的传输质量，ΔM 要求抽样频率为 100kHz，又因 ΔM 中采用 n=1 位编码，所以编码速率为 100kbit/s。

3. 量化信噪比

对正弦信号而言，PCM 系统和 ΔM 系统的量化信噪比分别为

$$(SNR_q)_{PCM} \approx (6n+2)\text{dB} \tag{6-25}$$

$$(SNR)_{\Delta M} = 10\lg\left(\frac{S_0}{N_q}\right) = (30\lg f_s - 20\lg f - 10\lg f_m - 14.2)\text{dB} \tag{6-26}$$

在两者采用相同的码元速率 f_b 条件下来讨论。PCM 系统中，f_s=8kHz，所以 f_b=8nkHz，则在 ΔM 系统中也要求 f_b=8nkHz。而 ΔM 系统中抽样速率与码元速率相等，即在 ΔM 中，抽样速率为 8nkHz，同时取 f=800Hz(语音信号能量通常集中在这个频段)，f_m=3000Hz，由式(6-24)可知

$$(SNR)_{\Delta M} = (30\lg n + 10.3)\text{dB} \tag{6-27}$$

由此可得出两种系统的信噪比与编码位数之间的关系曲线，如图 6-18 所示。由曲线大致看出，在 n=4～5 时，PCM 和 ΔM 量化信噪比比较接近，当 n<4 时，ΔM 的信噪比优于 PCM 系统；反之，当 n>5 时，PCM 的信噪比优于 ΔM 系统。

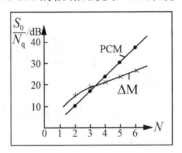

图 6-18 PCM 与 ΔM 系统的信噪比比较图

从对信道误码的影响来看，ΔM 系统对误码不太敏感，对误码率要求较低，一般为 10^{-4}～10^{-3}。而对 PCM 而言，误码影响较严重，特别是高位码元，所以对信道误码率要求较高，一般在 10^{-6}～10^{-5}。ΔM 系统相对 PCM 系统设备简单，目前 ΔM 一般用于一些通信容量小而且质量要求不高的场合。

4. 自适应增量调制

上述的 ΔM 编码方法简单，对所有的信号电平都采用一个固定的量化间隔 Δ，如果信号变化太多太快，则很容易产生量化误差。自适应增量调制的基本思想是：根据信号斜率的变化自动改变台阶。即当信号变化快时，用大台阶；当信号变化慢时，用小台阶，既能避免过载的发生又能减小一般量化噪声。自适应增量台阶与一般增量台阶比较示意图如图 6-19 所示。

要使自适应增量调制(ADM)系统中的量化台阶能跟随信号变化而发生改变，首先要做

的就是检测信号斜率的变化。这可以通过一个数字检测器来完成。当信号斜率很大时,编码输出连 0 或连 1 的个数也会越多;当信号斜率小时,0、1 交替频繁。利用这一特点可以用数字检测器在一定时间内检测 0、1 的个数并转为控制电压,使斜率大时产生大的量化级,斜率小时产生小的量化级。

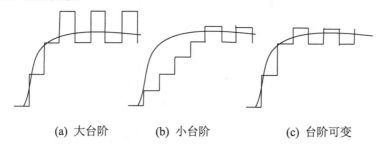

(a) 大台阶　　　　(b) 小台阶　　　　(c) 台阶可变

图 6-19　自适应增量台阶与一般增量台阶比较示意图

6.3　图　像　编　码

语音信号在数字化之前带宽为 4kHz,经过 PCM 数字化之后的码率为 64kb/s,显然它们在传输时占用的信道带宽要比模拟信号大许多倍,如何降低其码率成为一个很重要的问题。除了前面介绍的 ADPCM,其传输速率为 32kb/s,CCITT 又于 1991 年制定了 16kb/s 建议,采用低延迟码激励预测编码(LD-CELP),后来还出现了更低速率的语音编码,大多采用改进的线性预测编码,如码激励线性预测等。

同样,图像信号在数字化之后能达到更高的码率,如彩色电视信号数字化后的数码率高于 100Mb/s。随着多媒体技术的发展,图像数据的压缩编码技术也受到人们的普遍关注。本节主要介绍图像编码的一些基本知识。

6.3.1　图像压缩方法简介

相比语音而言,图像的数据量要大得多。图像数据是多媒体、网络通信等技术重点研究的压缩对象。不加压缩的图像数据是计算机的处理速度、通信信道的容量等所无法承受的。例如一幅 640×480×256 色的中等质量静态图像,其数据量达到了 300kbit。高清晰度电视(HDTV)的码率可达 400Mb/s 以上,尽管人们在存储介质、总线结构及网络性能方面不断有新的突破,但数据量的增长速度远远超过了硬件设施的水平,以上矛盾仍无法缓解。因此,在现有条件下,对图像信号本身进行压缩就很有必要。

图像数据虽然包含有大量的数据,但图像数据是高度相关的,也就是说,相邻的数据是极相似的,一幅图像内部以及视频序列中相邻图像之间存在大量的冗余信息,如果能够去掉这些冗余信息,就可以实现图像的压缩。

实现图像压缩的方法有很多,人们还在不断研究新的方法,常见的有 20 多种,图像压缩编码方法的分类如图 6-20 所示。

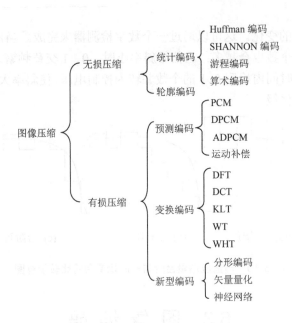

图 6-20 图像压缩编码方法分类

6.3.2 常见图像压缩标准与算法

近年来，图像编码技术得到了迅速发展和广泛应用。目前已经制定了一系列图像编码国际标准，这些标准反映了当前图像编码的发展水平。这些标准包括：①JPEG 静止图像压缩标准；②会议电视图像压缩标准；③MPEG-1 存储介质图像编码标准；④视频编码标准；⑤极低码率编码标准；⑥MPEG-4 多媒体通信编码标准等。限于篇幅，下面只以 JPEG 静止图像压缩标准为例来进行介绍。

JPEG 标准是由联合图形专家小组开发的，主要是为解决静态图形压缩问题，JPEG 是联合图形专家小组的缩写(Joint Photographic Expert Group)。这是由国际标准化组织(ISO)和国际电报电话咨询委员会(CCITT)两家联合成立的一个专家小组，它一直致力于建立适于彩色和单色的、多灰度连续色调的、静态数字图像的压缩国际标准，这个标准适于黑白及彩色照片。JPEG 标准允许使用者根据具体要求作出选择，在保证图像质量的前提下，达到很高的数据压缩比(约为 40∶1)。举例来说，如果利用普通电话线传输一幅彩色照片需要 12min，利用 JPEG 压缩技术传输仅需 18s。JPEG 图像的文件格式是 JPG。JPG 文件在较高压缩比条件下，与非压缩的 24 位图像格式 Targa(TGA)文件或 TIF 文件相比，在图像效果上没有太大的差别。正是由于其具有高压缩比，使得 JPEG 被广泛应用于多媒体和网络程序中。其原理框图如图 6-21 所示。

JPEG 编码的基本步骤如下。

(1) 将原始图像分成 8×8 的样值子块，对每个子块图像进行 DCT 变换(Discrete Cosine Transform，离散余弦变换)；

(2) 根据最佳视觉特性构造量化表，设计自适应量化器并对 DCT 的频率系数进行量化；

(3) 为了增加连续 0 个数，对量化后的系数进行 Z 字形重排，对直流系数进行 DPCM 编码，对交流系数进行 RLC 编码；

(4) 用哈夫曼编码对量化系数进行熵编码，进一步压缩数据量。

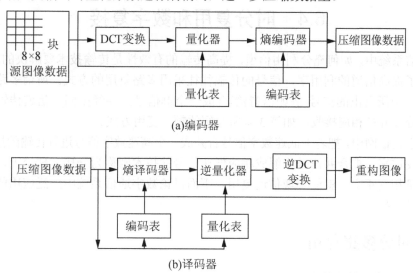

图 6-21　JPEG 编译码示意图

可以看出，在 JPEG 压缩标准中，用到了 DCT 变换编码、预测编码、游程编码、哈夫曼编码等多种编码方式。

DCT 变换编码属于正交变换编码方式，用于去除图像数据的空间冗余。变换编码就是将图像光强矩阵(时域信号)变换到系数空间(频域信号)上进行处理的方法。在空间上具有强相关的信号，反映在频域上是在某些特定的区域内能量常常被集中在一起，或者是系数矩阵的分布具有某些规律。利用这些规律在频域上可以减少量化比特数，达到压缩的目的。图像经 DCT 变换后，DCT 系数之间的相关性已经很小，而且大部分能量集中在少数的系数上，因此，DCT 变换在图像压缩中非常有用，是有损图像压缩国际标准 JPEG 的核心。从原理上讲可以对整幅图像进行 DCT 变换，但由于图像各部位上细节的丰富程度不同，这种整体处理的方式效果不好。为此，发送者首先将输入图像分解为 8×8 或 16×16 的块。每个图像块产生 64 个 DCT 系数，其中左上角第一个值是直流(DC)系数，它包含了图像的大部分能量，其余 63 个系数为交流(AC)系数。

为进一步减少数据量，舍弃一些高频的系数，并对余下的系数进行量化。量化的目的是为了压缩数据量，但也会造成数据的损失导致图像质量的下降，在 JPEG 压缩算法中采用线性均匀量化器。

一般来说，8×8 矩阵中量化后的 DCT 系数(分数值)大部分都被截取为零值。也就是说，除了直流分量，在交流分量的系数中存在着大量的 0 值。接下来的操作中，对直流分量进行了预测编码，因为多个相邻的 8×8 子图像也存在相关性，对每个子图像的直流分量进行预测编码，即对直流系数的差值进行编码以减小编码的位数。而对于交流系数，因为交流系数中 0 的个数较多，可以采用游程编码(RLE)。为了使连 0 的个数增多，还采用了 Z 字形扫描。然后，用哈夫曼编码对 DCT 系数再进行一次编码，进一步提高其压缩率。哈夫曼编码是一种统计编码，即对出现概率高的系数采用短的码字，而对出现概率低的系数采用长的码字，以此降低平均码字的长度，提高信息的传输效率。

6.4 时分复用和数字复接

在通信系统中,如何充分利用信道,提高传输的有效性是传输技术要解决的重要课题,通常,为了提高信道的利用率,信号的传输往往采用多路复用的方式。所谓多路复用是把多个不同信源所发出的信号(例如语音)组合成一个群信号,并经由同一信道传输,在接收端再将其分离并被相应接收,如第 3 章所介绍的频分复用方式。

在数字通信网中,把若干低速数字信号合并成一个高速数字信号进行传输的技术称为数字复接。反过来,把合并信号分解成相应低速信号的技术则称为分接。理论上,只要使各组信号分量相互正交,就能实现信道复用。下面讨论数字通信系统中广泛应用的时分复用(TDM)方式。

6.4.1 时分多路复用

1) 时分复用的基本概念

时分复用(TDM)是建立在抽样定理基础上的。抽样定理指出:满足一定条件下,时间连续的模拟信号可以用时间上离散的抽样脉冲值代替。因此,如果抽样脉冲占据较短时间,在抽样脉冲之间就留出了时间空隙,利用这种空隙便可以传输其他信号的抽样值。时分复用就是利用各路信号的抽样值在时间上占据不同的时隙,来达到在同一信道中传输多路信号而互不干扰的一种方法。

与频分复用相比,时分复用具有以下主要优点:

(1) TDM 多路信号的合路和分路都是数字电路,比 FDM 的模拟滤波器分路简单、可靠。

(2) 信道的非线性会在 FDM 系统中产生交调失真和多次谐波,引起路间干扰,因此 FDM 对信道的非线性失真要求很高。而 TDM 系统的非线性失真要求可降低。

时分复用是采用同一物理连接的不同时段来传输不同的信号,以达到多路传输的目的。TDM 以时间作为信号分割的参量,故必须使各路信号在时间轴上互不重叠。

TDM 的具体实现方法如图 6-22 所示。假设有 N 路信号(图中是 3 路)进行时分多路复用,首先将各路信号通过相应的低通滤波器变成带限信号,然后送到抽样开关(或转换开关,ST),抽样时各路每轮一次的时间称为一帧,长度记为 T_s,它就是旋转开关旋转一周的时间,即一个抽样周期。一帧中相邻两个抽样脉冲之间的时间间隔叫作路时隙(简称时隙),即每路信号的每个样值允许占用的时间间隔,记为 T_a。ST 每隔 T_a 将各路信号依次抽样一次,这样 N 个样值按先后顺序错开纳入抽样间隔 T_s 之内,合成的复用信号就是 N 个抽样消息之和,在信道中传输的合成信号就是 N 路在时间域上周期地互相错开的 PAM 信号,即 TDM-PAM 信号,如图 6-23 所示。

上述概念可以推广到 N 路信号进行时分复用。由于信道的传输速率超过每一路信号的数据传输率,因此可将信道按时间分成若干片段轮换给多个信号使用。每一时间片由复用的一路信号单独占用,在规定的时间内,多路数字信号都可按要求传输到达,从而实现一条物理信道上同时传输多路数字信号。假设每路数据比特率是 9.6kb/s,线路的最大比特率为 76.8kb/s,则可传输 8 路信号。

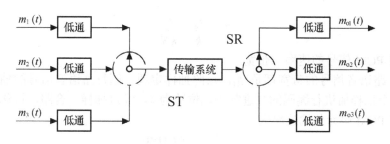

图 6-22 时分多路复用原理示意图

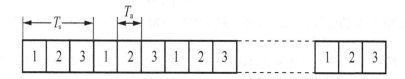

图 6-23 TDM-PAM 信号的帧和时隙

多路复用信号可以直接送入信道传输,或者加到调制器上变换成适于信道传输的形式再送入信道。在接收端,合成的时分复用信号由分路开关 SR 依次送入各路相应的重建 LPF,LPF 的输出即恢复原来的连续信号。要注意的是,在 TDM 中,发送端的转换开关和接收端的分路开关必须同步,这样才能正确地在接收端还原出原来的每路信号。

2) 时分复用的 PCM 系统(TDM-PCM)

TDM-PAM 系统目前在通信中几乎不再采用,抽样信号一般都在量化编码后以数字信号的形式传输。PCM 和 PAM 的区别在于,PCM 要在 PAM 的基础上再进行量化和编码。为简便起见,假设有 3 路语音信号进行 PCM 复用,则其原理框图如图 6-24 所示。

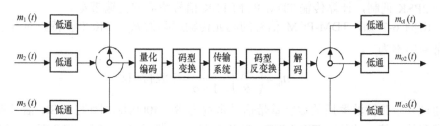

图 6-24 3 路 PCM 信号进行时分复用原理示意图

在发送端,3 路语音信号 $m_1(t)$、$m_2(t)$ 和 $m_3(t)$ 经过低通滤波后变成低通型信号,其最高频率为 f_H,在各路发送定时脉冲控制下,再经过抽样得到 3 路在时间上依次错开的 PAM 信号,然后将 3 路合成得到 TDM-PAM 信号,最后对其进行量化和编码,选择合适的传输码型,经数字传输系统(基带或频带传输)到达接收端。

在接收端,对信码(TDM-PCM 信号)首先进行码型反变换,然后解码得到 3 路合在一起的 TDM-PAM 信号,再经过分路开关把各路 PAM 信号区分开来,最后经过低通滤波重建原始的语音信号 $m_{o1}(t)$、$m_{o2}(t)$ 和 $m_{o3}(t)$。

设复用路数为 N,每个抽样值编码的二进制码元位数为 k,一位二进制码元占用的时间称为位时隙(记为 T_b),则位时隙 T_b、路时隙 T_a 和帧长度 T_s 之间满足关系

$$T_b = \frac{T_a}{k} = \frac{T_s}{kN} \qquad (6\text{-}28)$$

3) TDM-PCM 信号的速率与带宽

假设 N 路语音信号的带宽都是 f_H，按照抽样定理，则每路语音信号的抽样速率都是 $f_s = 2f_H$，对每个抽样值进行编码的二进制码元位数为 k，经过抽样、合路、量化和编码后，得到的 TDM-PCM 码元传输速率为

$$R_B = kNf_s \text{ (Bd)} \qquad (6\text{-}29)$$

对应的信息速率为

$$R_b = kNf_s \text{ (bps)} \qquad (6\text{-}30)$$

根据 PCM 带宽的计算方法，即可得到 TDM-PAM 信号和 TDM-PCM 信号传输波形为矩形脉冲时的第一零点带宽。

【例 6-7】 对 10 路最高频率为 3400Hz 的语音信号进行 TDM-PCM 传输，抽样频率为 8000Hz。抽样合路后对每个抽样值按照 8 级量化，并编为自然二进码，码元波形是矩形脉冲，且占空比为 0.5。计算 TDM-PCM 基带信号的第一零点带宽。

解： 根据式(6-29)，TDM-PCM 信号的码元速率为

$$R_B = kNf_s = \log_2 M \cdot N \cdot f_s = 3 \times 10 \times 8000 = 24000 \text{ (波特)}$$

码元速率与码元宽度成倒数关系，故码元宽度 $T_b = R_B/2$。又因占空比为 0.5，故脉冲宽度 $\tau = 0.5 T_b$。于是得 TDM-PCM 基带信号的第一零点带宽为

$$B = \frac{1}{\tau} = 480000\text{Hz} = 480\text{kHz}$$

【例 6-8】 对 10 路最高频率为 3400Hz 的语音信号进行 TDM-PCM 传输，抽样频率为 8000Hz。抽样合路后对每个抽样值按照 8 级量化，并编为二进制码，然后通过升余弦滤波器再进行 2PSK 调制，计算传输 TDM-PCM-PSK 信号所需的传输带宽。

解： 由例 6-7 知，TDM-PCM 信号的码元传输速率为 $R_B = 24000$ 波特。对升余弦滤波器，频带利用率为

$$\eta_B = \left(\frac{R_B}{B}\right) = \frac{2}{1+\alpha} = 1 \text{ 波特/Hz}$$

故通过升余弦滤波器后的数字基带信号带宽为 $B = 24000\text{Hz}$。因为 2PSK 信号带宽是基带信号带宽的 2 倍，故传输 TDM-PCM-PSK 信号所需带宽为 $B_C = 2B = 48000\text{Hz} = 48\text{kHz}$。

TDM 方式目前又分为两种：同步时分复用和统计时分复用。同步时分复用是指每路信号在一帧中所占时隙的位置是预先指定且固定不变的，因此如果某时刻没有消息要传，则时隙会出现空闲。为了提高信道利用率，就出现了统计时分复用方式。统计时分复用是指每路信号在一帧中所占的时隙不是固定的而是动态分配的，主要用于计算机网络通信中。在公共电话通信网 PSTN 中，主要采用的是同步时分复用方式。

同步时分复用方式又分为两类：准同步系列 PDH(用于公共电话网 PSTN)和同步系列 SDH(用于光纤通信等骨干网络)。PSTN 系统目前采用 PDH 和 SDH 结合的方式，小用户接入及交换采用 PCM/PDH，核心骨干网络采用 SDH。

6.4.2 准同步数字系列

在数字通信系统中，传送的信号都是数字化的脉冲序列。这些数字信号流在数字交换

设备之间传输时,其速率必须完全保持一致,才能保证信息准确无误地传送,这就称为"同步"。

采用准同步数字系列(PDH)的系统,是在数字通信网的每个节点上都分别设置高精度的时钟,这些时钟的信号都具有统一的标准速率。尽管每个时钟的精度都很高,但是有一些微小的差别。为了保证通信的质量,要求这些时钟的差别不能超过规定的范围。因此,这种同步方式严格来说不是真正的同步,所以称为"准同步"。

目前国际上存在两类 PDH 标准:基于 A 律压缩的 30/32 路 PCM 系统(欧洲标准,用于欧洲、中国等),即以 2048kb/s 为基群的数字速率系列,又称为 E 系列;基于 μ 律压缩的 24 路 PCM 系统(美洲标准,用于北美、日本、中国台湾等),即以 1544kb/s 为基群的数字速率系列,又称为 T 系列。

1. PCM30/32 路数字复接系统的帧结构

该系统使用 32 个时隙构成一帧,2 个时隙用于同步和信令传输,其他 30 个时隙分配给数字电话信道。每条语音信道以 8kHz 的速率轮流抽样,然后将样值进行 A 律 13 折线非线性 8 位编码,各路信号再以时分复用方式进行复接。

如图 6-25 所示,每 16 帧组成一个复帧,编号从 $F_0 \sim F_{15}$。在每一帧中,除了 TS0(第 0 个时隙)和 TS16(第 16 个时隙),其他时隙用来传输数字电话信号,每一个时隙对应一路信号。时隙 TS0 在偶数帧中用作帧同步信号,在奇数帧中用作"帧定位丢失报警"信号。时隙 TS16 用来传送信令。

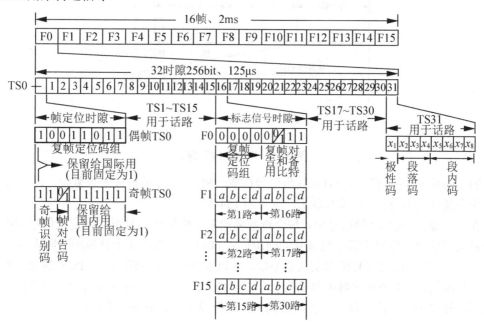

图 6-25 PCM30/32 帧结构图

在 PCM 中,抽样速率为 8kHz,也就是每隔 125μs 抽一样次。即每一帧的时长为 125μs,而在这 125μs 内,要传输的位数为 32×8=256bit (32 个时隙,每个时隙存储 8 位数据),即经过复用后,数码率为 32×8bit/125μs =2048kb/s。

30路64kb/s的语音信息+2时隙的控制信号构成一帧,由16帧构成一个复帧,由此所组成的一个系统称为一个基群系统,速率为2048kb/s。基群系统还可复接为高次群系统。4个基次群可复接为一个二次群,4个二次群可复接为一个三次群,4个三次群可复接为一个四次群,4个四次群可复接为一个五次群。各次群的复接情况及速率如表6-7所示。

表6-7 PCM30/32路系统数字系列的速率

数字系列等级	零次群	基群	二次群	三次群	四次群	五次群
速率(kb/s)	64	2048	8448	34368	139264	564992
话路数	1	30	120	480	1920	7680

对于基群以上的高次群复接系统,由于每条输入支路的时钟独立而且标称速率相同,所以采用的是准同步复接方式。

2. PCM24路数字复接系统的帧结构

该系统使用24个时隙和一个帧定位比特构成一帧,每条话路以8kHz速率抽样,然后对抽样值进行μ律15折线非线性编码,各路信号以时分复用方式组合。

如图6-26所示,由12帧构成一个复帧,每一帧内除了24路语音信号外,只多加了1bit作为帧同步信号。每一帧共有24×8+1=193(bit),这193bit在125μs的时间内传输,所以传输速率为193bit/125μs=1544kb/s。

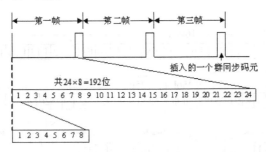

图6-26 PCM24帧结构

24路64kb/s的语音信号+1bit同步信号构成一帧,由12帧构成一个复帧,这样所组成的一个系统称为PCM24路基群系统,速率为1544kb/s。

在一个复帧中的12帧信号中,每个奇数帧的第一位同步信号组成帧定位信号101010,每个偶数帧的第一位同步信号组成复帧同步信号001110,系统属于分散插入同步方式。

同样,基群系统也可复接为高次群系统。与PCM30/32不同的是,在PCM24路系统中,以美国标准为例,4个基次群可复接为一个二次群,7个二次群可复接为一个三次群,6个三次群可复接为一个四次群,其各次群的复接情况及速率如表6-8所示。

表6-8 PCM24路系统数字系列速率

日本	1.5Mb/s(24路)	6.3Mb/s(96路)	32Mb/s(480路)	100Mb/s(1440路)	400Mb/s(5760路)
美国	1.5Mb/s(24路)	6.3Mb/s(96路)	45Mb/s(672路)	274Mb/s(4032路)	

6.4.3 同步数字序列

在以往的电信网中，大多使用 PDH 设备。这种系列设备对传统的点到点通信有较好的适应性。而随着数字通信的迅速发展，点到点的直接传输越来越少，大部分数字传输都要经过转接，因而 PDH 系列设备不再适合现代电信业务开发和现代化电信网管理的需要。同步数字序列(SDH)就是为适应这种新的需要而出现的传输体系。

PDH 在现代网络通信中，已暴露出一些固有的弱点，存在的主要问题如下。

(1) PDH 的主要业务是为语音设计的，而现代通信的趋势是宽带化、智能化和个性化，PDH 不能满足需求。

(2) PDH 传输线路主要是点对点连接，缺乏网络拓扑的灵活性，使数字设备的利用效率低，网络调度性差，缺乏自愈功能。

(3) 存在相互独立的两大类或三种地区性标准(日本、北美和欧洲)，由于没有统一的世界性标准，这三者之间互不兼容，因而造成国际互通难以实现。

(4) 现有的 PDH 技术中只有 1.544Mb/s 和 2.048Mb/s 的基群信号采用同步复用，其余高速等级信号都采用异步复用，这样需要逐级码速调整来实现复用和解复用，增加了设备的复杂性、体积和功耗，使信号产生损伤，同时也难以实现低速和高速信号间的直接互通。

(5) 由于缺少统一的标准光接口规范，各个厂家自行开发线路码型，使在同一数字等级上光接口的信号速率不一样，大大地限制了组网应用的灵活性。

(6) PDH 技术体系中没有运用于网络运行、管理、维护和指配(Operations, Administration Maintenance & Provisioning, OAM&P)的比特，只能通过线路编码来安排一些插入比特用于监控，用于网络管理的信息明显不足，不能满足动态组网和新业务接入要求。

基于 PDH 体系的这些缺点，必须从结构上对其进行改进，因此，结合了高速、大容量光纤传输技术和智能网络技术的 SDH 技术应运而生。

贝尔实验室首先提出了同步光网络的概念(Synchronous Optical Network，SONET)。它由一整套分等级的标准数字传送结构组成，适于各种经适配处理的净负荷在物理媒质上进行传送，以标准的光接口实现各厂家设备在光路上互通。

ITU 在 1988 年接受了 SONET，并重新命名为 SDH，进行了部分修改，不仅适用于光纤，也适用于微波通信和卫星通信。

SDH 技术在 20 世纪 90 年代中后期得到广泛应用，目前已基本取代了 PDH 设备。SDH 有以下特点。

(1) SDH 具有世界标准，使 1.5Mb/s 和 2Mb/s 两大数字体系在 STM-1 上得到统一。

(2) 高度灵活性。SDH 传输网具有信息透明性，可以传输各种净负荷及混合体。

(3) 灵活的复用映射结构，便于上下各种业务。

(4) 使用指针调整技术，可以容忍各路信号频率和相位上的差异。

(5) 能容纳各种新的业务信号，如宽带 ISDN、FDDI(光纤分布式数据接口)、ATM(异步转移模式)等。

(6) SDH 帧结构中安排了丰富的开销比特，使网络的操作维护管理功能大大加强，便于集中统一管理，大大节约了维护费用的开支。

(7) 采用自愈环的网络结构，可靠性高、业务恢复时间短、经济性好，十分适应现代传输网的发展趋势。

本章小结

本章首先介绍了信源编码的基本概念，然后从语音和图像这两个最主要的信源分别来展开讨论，重点介绍了语音的波形编码技术，并对通信系统中的时分复用技术及数字复接技术进行了介绍。

信源编码的目的是根据信源的统计特性对信源发出的信息进行编码，提高的是系统的有效性，而信道编码是针对信道当中存在的噪声增加冗余编码，对传输的信号进行纠错检错，提高系统的可靠性，这两个概念是互相对立的。

语音的波形编码中，PCM 是根据波形的抽样参数来进行编码，它有 3 个步骤：抽样、量化、编码。抽样是对模拟信号时间上的离散化，量化是对抽样信号幅值上的离散化，编码是用二进制代码来表示量化后的抽样值。一般语音信号抽样频率为 8kHz，采用非均匀量化，中国采用的是 A 律 13 折线法，对量化值进行了 8 位折叠二进制编码，经数字化后其码率达到 64kb/s。

DPCM 是根据信号中存在的相关性，对抽样量化前后样值的差值进行编码，差值远小于样值，所以可以用较少的位数进行编码，从而节约带宽。ΔM 是 DPCM 的一个特例，只对差值的正负进行 1 位编码。但其抽样速率不能再用抽样定理来判决，为避免过载噪声，其抽样速率远大于 PCM 中的抽样速率。

图像编码是目前多媒体通信中最重要的技术之一，目前有多种编码方法如变换编码、预测编码、统计编码等。国际上也制定了多种图像压缩的标准，如 JPEG、H.263、MPEG 系列等。

时分复用技术是数字通信系统中提高信道利用率的重要方法之一。它将信道按时间分成若干片段轮换地给多个信号使用。每一时间片由复用的一个信号单独占用，在规定的时间内，多个数字信号都可按要求传输到达，从而也实现了一条物理信道上传输多个数字信号。

数字复接技术用于将多个低速信号时分复用到一个高速信号中。数字传输系统中存在两种传输方式：PDH 和 SDH。其中 PDH 又有多种复接形式，如 PCM30/32 路复接系统、PCM24 路复接系统等。

思考练习题

6-1 什么是信源编码？什么是信道编码？二者有何区别？

6-2 信源编码按码字的特点有哪些分类？

6-3 信源编码有哪些技术类型？

6-4 语音的波形编码的主要方法有哪些？

6-5 脉冲编码调制技术中，主要有哪几个步骤？

6-6 什么是低通抽样定理？

6-7 已知信号 $f(t)=\cos100\pi t+\cos200\pi t$，其抽样速率应为多少？

6-8 已知信号 $f(t)$ 的最高频率为 f_m，由矩形脉冲对 $f(t)$ 进行瞬时抽样，矩形脉冲的宽度为 2V、幅度为 1V，试确定已抽样信号及其频谱的表达式。

6-9 量化有哪几种方式？在语音编码中采用的是哪种方式？为什么？

6-10 采用二进制编码的 PCM 信号，一帧的话路为 N，信号最高频率为 f_m，量化级为 M，求该二进制编码信号的码元速率。

6-11 对幅度为 1V 的正弦信号均匀量化 PCM 编码，要求最小信噪比为 30dB，问需要多少量化间隔？每个抽样值需多少位编码？

6-12 PCM 编码器每样值编为 12bit，其最小 SNR_q 为 30dB，采用均匀量化，求其动态范围？

6-13 什么是 A 律 13 折线法？

6-14 已知 A 律 13 折线 8 位编码为 01111010，求该代码的量化电平。

6-15 采用 A 律 13 折线法，设最小的量化级为 Δ，已知抽样脉冲值为 -634Δ。
(1) 试求此时编码器的输出码组并计算量化误差。
(2) 写出对应于该 7 位码的均匀量化 11 位码。

6-16 13 折线 A 律 PCM 编码器的输入 $x=+182\Delta$。试求：
(1) 极性码；
(2) 所在的段落和段落码；
(3) 该段落的量化间隔；
(4) 所在的量化区间和段内码，编码器的输出码字。

6-17 已知某信号的最高频率为 4kHz，经抽样量化后采用二进制编码，量化级为 128，当采用 30 路信号复用时，求该复用系统的码元速率和其所需传输带宽。

6-18 已知我国采用 PCM30/32 路基群传送语音信号，求该系统所占带宽及所传送的码元速率。

6-19 幅度为 1V、频率为 4kHz 的单音信号送入量化层 $\Delta=0.1V$ 的 ΔM 调制器内，为了防止过载，其抽样速率最小应为多少？

6-20 对频率为 1kHz 的正弦信号进行 ΔM 编码，抽样速率为 32kHz，低通滤波器的截止频率为 4kHz，分别计算出输出信噪比和编码速率。

6-21 试述增量调制的基本原理。

6-22 什么是 DPCM。

6-23 图像编码的方法有哪些？

6-24 图像编码有哪些国际标准？

6-25 什么是时分复用 TDM？

6-26 3 路模拟信号最高频率分别为 2kHz、4kHz 和 8kHz，现对它们进行时分复用，各信号用各自的奈奎斯特特率抽样，每样值用 8bit 编码，求时分信道的码元速率。

6-27 什么是 PDH？目前国际上存在哪两类基本的 PDH 标准？

6-28 什么是 SDH？SDH 和 PDH 相比有哪些优点？

第7章 信道编码

教学目标

通过本章的学习，熟悉信道编码的概念，了解信道编码的目的及意义；掌握差错控制编码的基本原理，熟悉差错控制的工作方式及几种常用的差错控制编码，了解其性能优劣；熟悉码距、码重对编码器检错、纠错能力的影响；掌握线性分组码实现检错、纠错的基本原理，熟悉生成矩阵和监督矩阵的概念，了解汉明码的基本构成；理解循环码的概念，掌握其编译码过程及如何用电路实现循环码的编译码；了解卷积码的概念及其图形表示方式。

7.1 信道编码的基本概念

在实际信道传输数字信号过程中，由于信道传输特性的不理想及噪声干扰、码间串扰等原因，所收到的数字信号不可避免地会发生错误，即出现误码。为了在已知信噪比的情况下达到一定的误码率指标，首先应合理设计基带信号，选择高效的调制、解调方式，并采用时域或频域均衡技术，使误码率尽可能降低；但若误码率仍然不能满足要求，则必须采用信道编码，即差错控制编码，将误码率进一步降低，以满足传输要求。

信道编码不同于信源编码。信源编码的目的是为了提高数字信号的有效性，通过编码，尽可能压缩信源的冗余度，去掉的冗余度是随机的、无规律的。而信道编码的目的在于提高数字通信的可靠性，通过加入冗余码来减少误码的发生，但同时也降低了信息的传输速率，也就是以降低有效性来提高可靠性。在信道编码过程中增加的冗余度是特定的、有规律的，所以可以在接收端进行检错和纠错。通常差错控制编码是在发送端被传输的信息序列上附加一些监督码元，这些监督码元与信息码元之间以某种特定的规则相互关联；接收端则按照既定的规则检测信息码元与监督码元之间的关系，如果发现两者间的监督关系被破坏，则说明传输过程中出现了错误，从而实现检测错误并纠正错误，这就是差错控制编码的基本原理。可以进行差错控制编码也是数字通信系统的优点之一，而研究各种编码和译码方法就是差错控制编码所要解决的根本问题。

7.1.1 差错控制编码的基本方式和类型

1. 常用差错控制工作方式

按照噪声或干扰所引起的错码分布规律的不同，信道可以分为3类：随机信道、突发信道和混合信道。恒参高斯白噪声信道是典型的随机信道，其中差错的出现是随机的，而且错码之间是统计独立的，具有脉冲干扰的信道是典型的突发信道，其信道中错码是成串集中出现的，即在相对短促的时间内会出现大量错码，而在这些短促的时间段之间存在较长的无错码区间，短波信道和对流层散射信道是混合信道的典型例子，随机错误和突发错误占有相当的比例。对于不同类型的信道,应采用不同的差错控制方式。

差错控制的基本工作方式有检错重发、前向纠错、反馈校验和混合纠错 4 种。它们的基本构成及工作原理如图 7-1 所示。

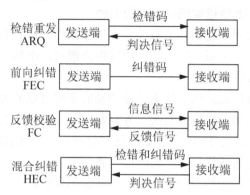

图 7-1　差错控制的工作方式

(1) 检错重发(ARQ)方式又称自动请求重传。在发送码元序列中加入差错控制码,使得发送序列本身具有一定的检错能力,接收端收到后经检验如果发现传输中有错误,则通过反向信道把这一判断结果通知给发送端,要求发送端把该部分数据重新传送一次,直到接收端认为已经正确收到信息为止。采用检错重发技术时,通信系统需要有双向信道传送重发指令。

(2) 前向纠错(FEC)方式。这种差错控制方法中,在发送码元序列中加入了差错控制码元(又称监督码元),使得发送序列本身具有一定的纠错能力,接收端收到信码后自动地纠正传输中的错误。采用 FEC 时不需要反向信道,也不存在因反复重发而产生的时延,实时性比较好。但为了能够纠正错码,而不是仅仅检测到有错码,跟检错重发相比,要加入更多的差错控制码元,编译码设备较复杂。

(3) 反馈校验(FC)方式。又称反馈检测法,该方式不需要在发送序列中加入差错控制码元,接收端将接收到的消息原封不动地发回发送端,由发送端将反馈信息和原发送信息进行比较,发现有错码就重发这段信息。FC 方式的优点是方法和设备简单,无须检纠错编译码系统;缺点是需要双向信道,且传输效率低,实时性差。

(4) 混合纠错(HEC)方式。HEC 是 FEC 和 ARQ 方式的结合使用。发送端发送具有自动纠错同时又具有检错能力的编码,接收端收到信码后,检查差错情况,如果错误在编码的纠错能力范围内,则自动纠错,如果超过编码的纠错能力,但能检测出来,则经过反馈信道请求发送端重发。这种方式具有前向纠错和检错重发的优点,可达到较低的误码率,因此近年来得到广泛应用,但也需要双向信道和比较复杂的编译码设备和控制系统。

差错控制编码常称为纠错编码。不同的编码方式有不同的检错或纠错能力。有的编码方法只能检错,不能纠错。一般来说,付出的代价越大,检纠错的能力就越强。这里所指的代价,就是指增加的监督码元位数,它通常用冗余度或多余度来衡量。设编码序列中信息码元位数为 k,监督码元位数为 r,码字位数为 $n=k+r$,则比值 k/n 称为编码效率简称码率,又称编码速率,比值 r/k 称为冗余度,比值 r/n 称为多余度。例如,编码序列中平均每两个信息码元就添加一个监督码元,则这种编码的多余度为 1/3,编码速率为 2/3,冗余度为 1/2。一般来说，编码效率越高，冗余度越小，纠错能力就越弱。

2. 差错控制编码分类

差错控制系统中使用的信道编码可以有很多种。

按照信息码元和监督码元之间的函数关系可以分为线性码和非线性码。若信息码元与监督码元之间的关系为线性关系，即满足一组线性方程组，则称为线性码。反之，若不存在线性关系，则称为非线性码。

按照信息码元和监督码元之间的约束关系涉及的范围可以分为分组码和卷积码。分组码的监督码元仅与本码组的信息码元有关；卷积码则不一样，虽然编码后序列也划分为码组，但监督码元不但与本组信息码元有关，而且与前面若干码组的信息码元也有约束关系。在线性分组码中，把具有循环移位特性的码称为循环码。

按照纠错码组中信息码元是否隐蔽，可划分为系统码和非系统码。在差错控制编码中，通常信息码元和监督码元在分组内有确定的位置，一般是信息码元集中在码组的前 k 位，而监督码元集中在后 $r = n - k$ 位。在系统码中，编码后的信息码元保持原样不变，而非系统码中信息码元则改变了原有的信号形式。系统码的性能大体上与非系统码相同，但是在某些卷积码中非系统码的性能优于系统码。由于非系统码中的信息位与原始信息码完全不同，会给观察和译码都带来麻烦，因此较少使用。

按照纠正错误的类型不同，可以分为纠正随机错误的码和纠正突发错误的码。前者主要用于发生零星独立错误的信道，后者则用于对付以突发错误为主的信道。

按照构造差错控制编码的数学方法来分，又可以分为代数码、几何码和算术码。代数码建立在近代数学基础上，是目前发展最为完善的编码。

7.1.2 码重、码距与检错、纠错能力

差错控制编码的基本思想是在被传输的信息码元中增加一些监督码元，在两者之间建立某种校验关系，呈现某种关联性。当这种校验关系因传输错误而受到破坏时，可以被发现并予以纠正。这种检错和纠错能力是用信息量的冗余度来换取的。

现在用一个例子说明差错控制编码的基本原理。设有一种 3 位二进制数字构成的码组，则该码组共有 8 种不同的组合：000、001、010、011、100、101、110、111。假设这 8 种码组都可用于传递消息，如果在传输过程中发生一个误码，则一个码组会错误地变成另一种码组。由于每一种码组都是可用的，没有多余的信息量，因此接收端不可能发现传输出错，以为发送的就是另一种码组。但是如果只选用其中 000、011、101、110 这 4 种码组(这些码组称为许用码组)来传递消息，这相当于只传递 00、01、10、11 这 4 种信息，而第 3 位是附加的监督码元。这时的监督码元与前面两位信息码元一起，保证码组中"1"码的个数为偶数。除去上面 4 种许用码组以外的另外 4 种码组不能满足这种校验关系，称为禁用码组，它们不可能出现在编码后的发送码元中，因此，接收端一旦接收到禁用码组，就表明传输过程中发生了错误。用这种简单的校验关系可以发现 1 个和 3 个错误，但不能纠正错误。

要想能够纠正错误，还要增加冗余度。例如，若规定许用码组只有两个：000 和 111，

其他都是禁用码组,则能够检测两个以下错码,或能够纠正一个错码。假设收到禁用码组"100"时,若当作仅有一个错码,则可以判断错码发生在"1"的位置,从而纠正为"000"。因为"111"发生任何一位错误时都不会变成"100"这种形式。但是若发生错码的个数超过 1 个,则存在两种可能性:"000"错一位和"111"错两位,因此只能检测出存在错码而无法纠正错码。

对于上述 3 位二进制数字构成的码组例子,我们可用一个立方体来表示,如图 7-2 所示。图中立方体各顶点分别表示 8 个码组,三位码元分别表示 x、y、z 轴的坐标。

在信道编码中,定义码组中非零码元的数目为码组的重量,简称码重。例如,011 码组的码重为 2,001 码组的码重为 1。把两个码组中对应码元位置上具有不同二进制码元的位数定义为两个码组的距离,称为汉明距离,简称码距。在上述 3 位二进制码组例子中,8 种码组均为许用码组时,两码组间的最小距离为 1,我们称这种编码的最小码距为 1,记作 $d_{\min}=1$。在选择 4 种码组为许用码组时,$d_{\min}=2$;采用 2 种许用码组时,$d_{\min}=3$。由图 7-3 中的立方体可知,码距就是从一个定点沿立方体各边移到另一个顶点所经过的最少边数。

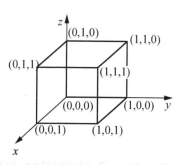

图 7-2 码距的几何意义

一种编码的最小码距 $d_{\min}$ 的大小直接关系着这种编码的检错和纠错能力。

(1) 为检测 e 个错码,要求最小码距为
$$d_{\min} \geqslant e+1 \tag{7-1}$$

该结论可以用图 7-3(a)加以说明。图中 A 表示某码组,当误码不超过 e 个时,该码组的位置移动将不会超出以 A 为圆心以 e 为半径的圆。只要其他任何许用码组都不落入此圆内,则 A 发生 e 个误码时就不可能与其他许用码组混淆。这意味着其他许用码组必须位于以 A 为圆心,以 $e+1$ 为半径的圆上或圆外。因此该码的最小码距 $d_{\min}$ 为 $e+1$。

(2) 为了纠正 t 个错码,要求最小码距为
$$d_{\min} \geqslant 2t+1 \tag{7-2}$$

图 7-3(b)中有两个许用码组 A 和 B。当两个码组各自误码不超过 t 个时,发生误码后两码组的位置移动将各自不超出以 A 和 B 为圆心、以 t 为半径的圆。只要这两个圆不相交,即当误码小于 t 个时,根据它们落在哪个圆内可以正确地判断为 A 或 B,即可实现纠正错误。

(3) 为了纠正 t 个错码同时检测 e 个错码,要求最小码距为
$$d_{\min} \geqslant t+e+1 \tag{7-3}$$

式(7-3)所指的纠正 t 个错码同时检测 e 个错码,是指当误码不超过 t 个时,误码能自行纠正,而当错码超过 t 个时则不可能纠正错误但仍可以检测 e 个错码。在图 7-3(c)中,A 和 B 分别为两个许用码组,在最坏情况下 A 发生 e 个错码,而 B 发生 t 个错码,为了保证此时两码组仍不发生混淆,则要求以 A 为圆心 e 为半径的圆不能与以 B 为圆心 t 为半径的圆不发生交叠,即最小码距为 $d_{\min} \geqslant t+e+1$。

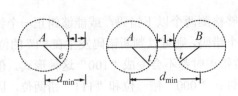

(a) 检测 e 个错码　　(b) 纠正 t 个错码

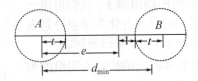

(c) 纠正 t 个错码，同时检测 e 个错码

图 7-3　码距与检错和纠错能力的关系

7.1.3　几种常用的差错控制码

差错控制编码的基本要求是：检错和纠错能力尽量强；编码效率尽量高；编码规律尽量简单。实际中要根据具体指标的要求，保证有一定的检纠错能力和编码效率，并且易于实现。本小节将介绍一些常用的简单差错控制编码，可以用来检测错误。

1. 奇偶监督码

奇偶监督码又称奇偶校验码，分为奇数监督和偶数监督两种，两者的原理相同，都是在原信息码后面附加 1 个监督元，使得码组中"1"的个数是奇数或者偶数。无论信息位是多少位，监督位或校验位都只有 1 位。

设码字 $A=(a_{n-1},a_{n-2},\cdots,a_1,a_0)$，则偶监督码有

$$a_{n-1} \oplus a_{n-2} \oplus \cdots \oplus a_1 \oplus a_0 = 0 \tag{7-4}$$

式中，a_0 即为监督位，其他为信息位。由于每一个码字均按同一规则构成约束关系式(7-4)，故又称为一致监督码。接收端译码时，按式(7-4)将码字(码组)中的各码元进行模 2 加，若结果为"0"，则认为无错；若结果为"1"，就可以断定该码组传输后有奇数个错误。

奇监督码的情况相似，只是码组中"1"的数目为奇数，即满足条件

$$a_{n-1} \oplus a_{n-2} \oplus \cdots \oplus a_1 \oplus a_0 = 1 \tag{7-5}$$

而检错能力与偶监督码相同。

奇偶监督码的编码效率为 $R=(n-1)/n$。

不难看出，这种奇偶校验只能发现奇数个错误，而不能检测出偶数个错误，因此它的检错能力不强，但是其编码方法简单而且实用性强，在计算机数据传输中得到广泛应用。

2. 行列奇偶监督码

奇偶监督码不能发现偶数个错误。为了改善这种情况，引入了行列奇偶监督码，又称二维奇偶监督码。这种编码不仅对水平方向的码元实施监督，而且对垂直方向的码元实施监督。行列奇偶监督码先把上述奇偶监督码的若干码组，每个写成一行，再按列的方向增

加每一列的监督位，如图7-4所示。图中 $a_0^1 \ a_0^2 \ \cdots \ a_0^m$ 为 m 行奇偶监督码中的 m 个监督位，$c_{n-1} \ c_{n-2} \ \cdots c_0$ 为按列进行监督时所增加的监督位。

这种编码有可能检测偶数个错码，因为每行的监督位 $a_0^1 \ a_0^2 \ \cdots \ a_0^m$ 虽然不能用于检测本行中的偶数个错码，但按列的方向有可能由 $c_{n-1} \ c_{n-2} \ \cdots \ c_0$ 监督位检测出来。当然，有些偶数个错码仍不可能检测出来，例如构成矩阵的4个错码，如图中的 $a_{n-2}^2, a_1^2, a_{n-2}^m, a_1^m$ 发生错误的话，就检测不出来。

$$\begin{array}{cccc} a_{n-1}^1 & a_{n-2}^1 & \cdots & a_1^1 & a_0^1 \\ a_{n-1}^2 & a_{n-2}^2 & \cdots & a_1^2 & a_0^2 \\ \cdots & \cdots & \cdots & \cdots & \cdots \\ a_{n-1}^m & a_{n-2}^m & \cdots & a_1^m & a_0^m \\ c_{n-1} & c_{n-2} & \cdots & c_1 & c_0 \end{array}$$

图7-4　行列奇偶监督码

这种行列奇偶监督码适用于检测突发错误。因为突发错误常常成串出现，随后又有较长一段无错区间，所以在某一行中出现多个奇数或偶数错码的机会较多，这种行列监督的形式正适合检测这类错码。行列奇偶监督码检错能力较强，不仅可以用来检错，还可以用来纠正一些错码。当某一行中出现奇数个错码时，就能够确定错码位置，从而予以纠正。

3. 恒比码

恒比码又称等重码或定"1"码，它是从某确定码长的码组中挑选那些"1"和"0"的比例为恒定值的码组作为许用码组，即码组中"1"和"0"的位数保持恒定的比例。这种编码在检测时，只要计算接收码组中"1"的数目是否正确，就知道有无错误。

目前我国电传通信中采用的是3∶2恒比码，又称"5中取3"恒比码，即每个码组的长度为5位，许用码组中都有3个"1"码，许用码组的数目等于从5中取3的组合数10。用这10个许用码组表示10个阿拉伯数字，如表7-1所示，而每个汉字则用4位十进制数来表示。实践证明，采用这种码后，我国汉字电报的差错率大为降低。

表7-1　3∶2恒比码

数　字	码　字	数　字	码　字	数　字	码　字
0	01101	4	11010	8	01110
1	01011	5	00111	9	10011
2	11001	6	10101		
3	10110	7	11100		

国际无线电报通信中广泛采用的是3∶4恒比码，即每个码组的长度为7位，码组中"1"和"0"的比例是3∶4，可用码组数量为 $C_7^3 = 35$，分别表示26个英文字母及其他符号。采用3∶4恒比码可使通信的误码率低于 10^{-6}。

恒比码的主要优点是简单，适于传输电传机或其他键盘设备产生的字母和符号。对于信源来的二进制随机数字序列，采用这种编码就不太合适。

4. 群计数码

群计数码是将信息码元分组后，计算每组码元中"1"的个数，然后将这个数目的二进制表示作为监督码元附加在信息码元之后组成码字。例如一组信息码元为11100101，其中有5个"1"，用二进制数字表示为"101"，传输的码组即为11100101101。接收端只要检测监督码元所表示的"1"的个数与信息码元中"1"的个数是否相同来判断错误与否。

这种编码的检错能力很强,除了能检测发生"1"变"0"和"0"变"1"这样成对的错误之外,还能检测出所有形式的错误。

5. 重复码

一种 $k=1$ 的 (n,k) 分组码,其编码规则是 $n-1$ 个监督码元均是信息码元的重复。例如(3,1)重复码的两个码字是"000"和"111"。构成重复码的方法就是在发送某一信源符号时,不是发送一个,而是连续重发多个。显然,连续重发的个数越多,其纠错能力就越强,当然,编码效率也越低。

【例7-1】(5,1)重复码若用于检错,能检出几位错码?若用于纠错,能纠正几位错码?若同时用于检错和纠错,各能检测、纠正几位错误?

解:(5,1)重复码只有两个许用码组。信息码元为"0"时,码组是"00000";信息码元为"1"时,码组是"11111",故最小码距 $d_{min}=5$。用于检错时,能检出 4 位错码;用于纠错时,能纠正 2 位错码;若同时用于检错和纠错,能纠正 1 位错误同时检测 3 位错误。

7.2 线性分组码

线性分组码是纠错码中非常重要的一类码,虽然对于同样码长的非线性码来说线性码可用码字较少,但由于线性码的编码和译码容易实现,而且是讨论其他各种纠错码的基础,至今仍广泛应用于各种通信系统中。

7.2.1 线性分组码的定义及性质

1. 定义

线性分组码是一种同时具有分组特性和线性特性的纠错码。

所谓分组特性是指将信码进行分组,并为每组信息码元附加若干监督码元。分组码一般用符号 (n,k) 表示,其中 n 是一个码字(又称码组、码矢)的总位数,又称为码组的长度,k 是码组中信息码元的数目,$n-k=r$ 为码组中监督码元的数目。因此,分组码的任一码字 A 可表示为

$$A = (a_{n-1}a_{n-2}\cdots a_r a_{r-1}a_{r-2}\cdots a_1 a_0)$$

式中,$a_{n-1}a_{n-2}\cdots a_r$ 为信息码元;$a_{r-1}a_{r-2}\cdots a_1 a_0$ 为监督码元。在分组码中,监督码元仅监督本码组中的信息码元。

所谓线性特性是指信息码元与监督码元之间的关系可以用一组线性方程式来表示,任一监督码元都是本码组中信息码元的线性叠加(二进制编码是模 2 加)。如(7,4)线性分组码的码字为 $A=(a_6 a_5 a_4 a_3 a_2 a_1 a_0)$,前 4 位 $a_6 a_5 a_4 a_3$ 是信息码元,后 3 位 $a_2 a_1 a_0$ 是监督码元,则监督码元的产生可用以下线性方程组描述:

$$\left.\begin{array}{l} a_2 = a_6 \oplus a_5 \oplus a_4 \\ a_1 = a_6 \oplus a_5 \oplus a_3 \\ a_0 = a_6 \oplus a_4 \oplus a_3 \end{array}\right\} \quad (7\text{-}6)$$

式(7-5)称为监督方程式。该方程组的构建必须满足其中的 3 个方程线性无关。根据以上监督方程式可得(7,4)分组码的全部码字如表 7-2 所示。

表 7-2 (7,4)分组码的许用码组

信息位 $a_6a_5a_4a_3$	监督位 $a_2a_1a_0$	信息位 $a_6a_5a_4a_3$	监督位 $a_2a_1a_0$
0000	000	1000	111
0001	011	1001	100
0010	101	1010	010
0011	110	1011	001
0100	110	1100	001
0101	101	1101	010
0110	011	1110	100
0111	000	1111	111

经分析,上述码组之间的最小码距 $d_{\min}=3$,因此它能纠正 1 位错误或检测 2 位错误。

从生成线性分组码各码字的角度看,可将(n,k)线性分组码的每一个码字看成 n 维线性空间中的一个矢量。长为 n 的码字共有 2^n 个,它们组成一个 n 维的线性空间;而(n,k)线性分组码只有 2^k 个许用码字($k<n$),它们构成一个 k 维的线性子空间。由此定义:

(n,k)线性分组码 C 是码字 A 的 n 维矢量的集合,即

$$C = \{A | A = mG\} \tag{7-7}$$

式中,m 为任意的 k 维矢量,称为信息矢量。矩阵 G 称为生成矩阵,它有 k 行 n 列,记为

$$G = \begin{bmatrix} g_{0,0} & g_{0,1} & \cdots & g_{0,n-1} \\ g_{1,0} & g_{1,1} & \cdots & g_{1,n-1} \\ \cdots & \cdots & \cdots & \cdots \\ g_{k-1,0} & g_{k-1,1} & \cdots & g_{k-1,n-1} \end{bmatrix}_{k \times n} \tag{7-8}$$

下面举例说明上述定义是如何生成码字的。

【例 7-2】 3 重复码是一个(3,1)线性分组码,其生成矩阵 $G=[1\ 1\ 1]$,则由定义得码字为

$$(a_2\ a_1\ a_0) = (m_0)(1\ 1\ 1) = (m_0\ m_0\ m_0)$$

令 $m_0=0$,得码字(0 0 0);令 $m_0=1$,得码字(1 1 1)。

【例 7-3】 (4,3)偶监督码是一个(4,3)线性分组码,已知其生成矩阵 $G = \begin{bmatrix} 1 & 0 & 0 & 1 \\ 0 & 1 & 0 & 1 \\ 0 & 0 & 1 & 1 \end{bmatrix}$,

则由定义得码字为

$$(a_3\ a_2\ a_1\ a_0) = (m_2\ m_1\ m_0)\begin{bmatrix} 1 & 0 & 0 & 1 \\ 0 & 1 & 0 & 1 \\ 0 & 0 & 1 & 1 \end{bmatrix} = (m_2\ m_1\ m_0\ m_2 \oplus m_1 \oplus m_0)$$

(4,3)分组码的许用码组如表 7-3 所示。

表 7-3　(4,3)分组码的许用码组

信息码元($m_2\ m_1\ m_0$)	监督码元($m_2 \oplus m_1 \oplus m_0$)
000	0
001	1
010	1
011	0
100	1
101	0
110	0
111	1

2. 性质

线性分组码的主要性质如下：
(1) 任意两许用码组之和(逐位模 2 加)仍为一许用码组，即线性码具有封闭性。
(2) 任意码字是生成矩阵的行矢量的线性组合。
(3) 最小码距等于码组中非全零码的最小码重。

7.2.2　生成方程和生成矩阵 G

描述监督码元和信息码元之间相互关系的方程，称为生成方程，即

$$A = mG \tag{7-9}$$

式中，G 为 $k \times n$ 阶的生成矩阵，且各行线性无关。

若生成矩阵 G 可以分成以下两部分：

$$G = [I_k\ \ Q] = [I_k\ \ P^T] \tag{7-10}$$

则称 G 为典型生成矩阵。其中 I_k 是 k 阶单位方阵，Q 为 $k \times r$ 阶的矩阵。

非典型形式的生成矩阵经过运算也可以化为典型形式。

同样，典型生成矩阵的各行也必须是线性无关的。每行都是一个许用码组，k 行许用码组经过运算可以生成 2^k 个不同的许用码组。因此，如果找到了码的生成矩阵 G，就可以产生全部码字，从而确定编码方法。

仍以(7,4)分组码为例，将监督方程式(7-6)改写为矩阵形式为

$$\begin{bmatrix} a_2 \\ a_1 \\ a_0 \end{bmatrix} = \begin{bmatrix} 1 & 1 & 1 & 0 \\ 1 & 1 & 0 & 1 \\ 1 & 0 & 1 & 1 \end{bmatrix} \begin{bmatrix} a_6 \\ a_5 \\ a_4 \\ a_3 \end{bmatrix} \tag{7-11}$$

或者

$$[a_2 a_1 a_0] = [a_6 a_5 a_4 a_3] \begin{bmatrix} 1 & 1 & 1 \\ 1 & 1 & 0 \\ 1 & 0 & 1 \\ 0 & 1 & 1 \end{bmatrix} = [a_6 a_5 a_4 a_3] Q \tag{7-12}$$

式中，Q 为一个 $k \times r$ 阶矩阵，它是 P 的转置，即

$$Q = P^{\mathrm{T}} \tag{7-13}$$

可见，若已知 Q 或 P，根据式(7-12)同样可以由信息码元算出监督码元。

在 Q 的左边加上一 k 阶单位方阵，即可得到生成矩阵。前述(7,4)分组码的生成矩阵为

$$G = [I_k \; Q] = \begin{bmatrix} 1 & 0 & 0 & 0 & \vdots & 1 & 1 & 1 \\ 0 & 1 & 0 & 0 & \vdots & 1 & 1 & 0 \\ 0 & 0 & 1 & 0 & \vdots & 1 & 0 & 1 \\ 0 & 0 & 0 & 1 & \vdots & 0 & 1 & 1 \end{bmatrix} \tag{7-14}$$

式(7-14)显然是一个典型生成矩阵。由典型生成矩阵得出的码组 A 中，信息位的位置不变，监督位附加于其后，这种形式的编码称为系统码。

7.2.3 监督方程和监督矩阵 H

监督方程式(7-6)同样可以改写为

$$\left. \begin{array}{l} 1 \cdot a_6 + 1 \cdot a_5 + 1 \cdot a_4 + 0 \cdot a_3 + 1 \cdot a_2 + 0 \cdot a_1 + 0 \cdot a_0 = 0 \\ 1 \cdot a_6 + 1 \cdot a_5 + 0 \cdot a_4 + 1 \cdot a_3 + 0 \cdot a_2 + 1 \cdot a_1 + 0 \cdot a_0 = 0 \\ 1 \cdot a_6 + 0 \cdot a_5 + 1 \cdot a_4 + 1 \cdot a_3 + 0 \cdot a_2 + 0 \cdot a_1 + 1 \cdot a_0 = 0 \end{array} \right\} \tag{7-15}$$

式中，已将模2加符号"⊕"简写为"+"。这组线性方程可用矩阵形式表示为

$$\begin{bmatrix} 1 & 1 & 1 & 0 & 1 & 0 & 0 \\ 1 & 1 & 0 & 1 & 0 & 1 & 0 \\ 1 & 0 & 1 & 1 & 0 & 0 & 1 \end{bmatrix} \begin{bmatrix} a_6 \\ a_5 \\ a_4 \\ a_3 \\ a_2 \\ a_1 \\ a_0 \end{bmatrix} = \begin{bmatrix} 0 \\ 0 \\ 0 \end{bmatrix} \tag{7-16}$$

简记为

$$HA^{\mathrm{T}} = 0^{\mathrm{T}} \quad \text{或} \quad AH^{\mathrm{T}} = 0 \tag{7-17}$$

式中，$H = \begin{bmatrix} 1110100 \\ 1101010 \\ 1011001 \end{bmatrix}$，$A = [a_6 a_5 a_4 a_3 a_2 a_1 a_0]$，$0 = [000]$。

H 称为监督矩阵，信息码元与监督码元之间的校验关系完全由 H 确定。H 为 $r \times n$ 阶矩阵，各行之间彼此线性无关。若 H 矩阵可以分成以下两部分

$$H = \begin{bmatrix} 1110 & \vdots & 100 \\ 1101 & \vdots & 010 \\ 1011 & \vdots & 001 \end{bmatrix} = [P I_r]_{r \times n} \tag{7-18}$$

式中，P 为 $r \times k$ 阶矩阵，I_r 为 r 阶单位方阵，则具有式(7-18)形式的 H 矩阵称为典型监督矩阵。监督矩阵若不是典型形式，也可以经过运算将其化为典型形式，除非典型形式监督矩阵的各行不是线性无关的。由典型监督矩阵及信息码元也很容易算出各监督码元。

【例7-4】 已知某线性分组码监督矩阵 $H = \begin{bmatrix} 1 & 1 & 1 & 0 & 1 & 0 & 0 \\ 1 & 1 & 0 & 1 & 0 & 1 & 0 \\ 1 & 0 & 1 & 1 & 0 & 0 & 1 \end{bmatrix}$,列出所有的许用码组。

解:本题中 $n=7$,$r=3$,$k=4$。H 是典型形式的监督矩阵,即 $H = [P \quad I_r]_{r \times n}$,得 P 阵。故生成矩阵为

$$G = [I_k \quad P^T] = \begin{bmatrix} 1 & 0 & 0 & 0 & 1 & 1 & 1 \\ 0 & 1 & 0 & 0 & 1 & 1 & 0 \\ 0 & 0 & 1 & 0 & 1 & 0 & 1 \\ 0 & 0 & 0 & 1 & 0 & 1 & 1 \end{bmatrix}$$

根据式(7-9),得许用码组有 0000000、1000111、0001011、1001100、0010101、1010010、0011110、1011010、0100110、1100001、0101101、1101010、0110011、1110100、0111000、1111111。

通过以上讨论发现,线性分组码的全部码字既可由生成矩阵 G 得到,也可由监督矩阵 H 确定。生成矩阵 G 和监督矩阵 H 可通过 P 阵或 Q 阵互换。一般来说,在讨论编码问题时,通常采用生成矩阵 G;在讨论译码问题时,往往采用监督矩阵 H。

根据式(7-17),H 矩阵与码字的转置之乘积必为 **0** 阵,可以此作为判断接收码字 A 是否出错的依据。

7.2.4 线性分组码的译码——伴随式(校正子)S

发送码组 $A = (a_{n-1} a_{n-2} \cdots a_1 a_0)$ 在传输过程中可能发生错码。设收到的码组为

$$B = (b_{n-1} b_{n-2} \cdots b_1 b_0) \tag{7-19}$$

则发送码组和接收码组之差为

$$B - A = E \tag{7-20}$$

E 称为错误图样(误差矢量),也就是传输中产生的错码行矩阵,即

$$E = [e_{n-1} e_{n-2} \cdots e_1 e_0] \tag{7-21}$$

其中 e_i 是接收码组 B 与发送码组 A 的对应位之差,即

$$e_i = \begin{cases} 0, & \text{当 } b_i = a_i \\ 1, & \text{当 } b_i \neq a_i \end{cases} \tag{7-22}$$

若 $e_i = 0$,就表示接收码元无错;若 $e_i = 1$,则表示接收码元有错。

式(7-20)可改写为 $B = A + E$,定义伴随式(又称校正子)S 为 $S = BH^T$,则在接收端计算伴随式为

$$S = BH^T = (A+E)H^T = AH^T + EH^T = EH^T \tag{7-23}$$

由于 B 是 $1 \times n$ 阶矩阵,H^T 是 $n \times r$ 阶矩阵,因此伴随式 S 是 $1 \times r$ 阶矩阵,即 r 维行矢量。又由于 $AH^T = 0$,因此伴随式 S 只与错误图样 E 有关,这意味着伴随式 S 和错误图样 E 之间有确定的线性变换关系。若 S 和 E 之间一一对应,则 S 将能代表错码的位置。根据式(7-23),在接收端就可以利用监督矩阵来检测接收码组 B 中的错误。通常在接收端的译码器中有专门的伴随式计算电路,从而实现检错和纠错。接收端的译码过程分为以下3步:

(1) 计算接收码组 B 的伴随式 S；

(2) 从伴随式 S 确定错误图样 E，判定错码位置(E 的选取应为信道中最可能出现的错误图样)；

(3) 从接收码字 B 中减去错误图样 E，即为纠错后的码字。

下面以(7,4)分组码为例说明伴随式 S 与错误图样 E 之间的关系。(7,4)分组码可以纠正 1 位错误，由于 $r=3$，故共有 3 个校正子，记伴随式 $S=(S_1\ S_2\ S_3)$，$S_1S_2S_3$ 有 8 种组合，正好可以表征 7 种错误情况和 1 种正确情况，如表 7-4 所示。一般来说，伴随式 S 有 2^r 种形式的组合，分别代表无错和 2^r-1 种有错的图样。

由表 7-4 中规定可知，仅当 1 位错码的位置在 a_2、a_4、a_5 或 a_6 时，校正子 S_1 为 1，否则 S_1 为 0。因此有监督关系

$$S_1 = a_6 \oplus a_5 \oplus a_4 \oplus a_2 \tag{7-24}$$

同理有

$$S_2 = a_6 \oplus a_5 \oplus a_3 \oplus a_1 \tag{7-25}$$

$$S_3 = a_6 \oplus a_4 \oplus a_3 \oplus a_0 \tag{7-26}$$

表 7-4 (7,4)分组码中校正子与错码的位置关系

错误码位	$E=(e_6e_5e_4e_3e_2e_1e_0)$	$S=(S_1\ S_2\ S_3)$
正确	0000000	000
a_0	0000001	001
a_1	0000010	010
a_2	0000100	100
a_3	0001000	011
a_4	0010000	101
a_5	0100000	110
a_6	1000000	111

在编码时，a_6、a_5、a_4、a_3 为信息码元，取决于被传输的信息。监督位 a_2、a_1 和 a_0 则应根据信息位的取值按监督关系来确定，即监督位应使式(7-24)~式(7-26)中 S_1、S_2 和 S_3 的值为 0(表示码组中无错码)。于是有

$$\begin{cases} a_6 \oplus a_5 \oplus a_4 \oplus a_2 = 0 \\ a_6 \oplus a_5 \oplus a_3 \oplus a_1 = 0 \\ a_6 \oplus a_4 \oplus a_3 \oplus a_0 = 0 \end{cases} \quad \text{或} \quad \begin{cases} a_2 = a_6 \oplus a_5 \oplus a_4 \\ a_1 = a_6 \oplus a_5 \oplus a_3 \\ a_0 = a_6 \oplus a_4 \oplus a_3 \end{cases}$$

这就是式(7-6)的由来。该式给出了监督位与信息位的关系，当给定信息位后，可直接按该式计算出监督位。由此得到 16 个许用码组，如表 7-2 所示。接收端收到每个码组后，计算出 S_1、S_2 和 S_3，如果不全为 0，则可按表 7-4 确定误码的位置，然后予以纠正。例如，接收码组为 $B=(0000011)$，根据式(7-24)~式(7-26)可算出 $S_1S_2S_3=011$，由表 7-4 可知在 a_3 位置上有一个错码，从而将接收码组 B 纠正为 $A=(0001011)$。

【例 7-5】 设线性码的生成矩阵为

$$G = \begin{bmatrix} 0 & 0 & 1 & 0 & 1 & 1 \\ 1 & 0 & 0 & 1 & 0 & 1 \\ 0 & 1 & 0 & 1 & 1 & 0 \end{bmatrix}$$

(1) 确定(n,k)码中的n,k；
(2) 求典型监督矩阵H；
(3) 写出监督方程；
(4) 列出所有码字；
(5) 列出错码图样表；
(6) 确定最小码距d_{min}。

解：(1) 由于生成矩阵G是$k \times n$阶，所以$k=3$，$n=6$，该(n,k)码是(6,3)码。

(2) 将给出的生成矩阵G进行初等行运算：原矩阵的第2、3、1行分别作为典型阵的第1、2、3行，可得典型生成矩阵

$$G = \begin{bmatrix} 1 & 0 & 0 & 1 & 0 & 1 \\ 0 & 1 & 0 & 1 & 1 & 0 \\ 0 & 0 & 1 & 0 & 1 & 1 \end{bmatrix} = [I_k Q]$$

和

$$Q = \begin{bmatrix} 1 & 0 & 1 \\ 1 & 1 & 0 \\ 0 & 1 & 1 \end{bmatrix}, \quad P = Q^T = \begin{bmatrix} 1 & 1 & 0 \\ 0 & 1 & 1 \\ 1 & 0 & 1 \end{bmatrix}$$

于是，监督矩阵H为

$$H = [P I_r] = \begin{bmatrix} 1 & 1 & 0 & 1 & 0 & 0 \\ 0 & 1 & 1 & 0 & 1 & 0 \\ 1 & 0 & 1 & 0 & 0 & 1 \end{bmatrix}$$

(3) 监督码元和信息码元之间的关系称为监督方程(监督关系式)。监督矩阵H的每行中"1"的位置表示相应码元之间存在的监督关系，即

$$a_5 \oplus a_4 \oplus a_2 = 0$$
$$a_4 \oplus a_3 \oplus a_1 = 0$$
$$a_5 \oplus a_3 \oplus a_0 = 0$$

也可由

$$HA^T = 0^T \text{ 或 } AH^T = 0$$

即

$$\begin{bmatrix} 1 & 1 & 0 & 1 & 0 & 0 \\ 0 & 1 & 1 & 0 & 1 & 0 \\ 1 & 0 & 1 & 0 & 0 & 1 \end{bmatrix} \begin{bmatrix} a_5 \\ a_4 \\ a_3 \\ a_2 \\ a_1 \end{bmatrix} = \begin{bmatrix} 0 \\ 0 \\ 0 \end{bmatrix}$$

得到上面三个监督方程。

(4) 设A为许用码组，则由

$$A = [a_6 a_5 a_4] G = [a_6 a_5 a_4] \cdot \begin{bmatrix} 1 & 1 & 0 & 1 & 0 & 0 \\ 0 & 1 & 1 & 0 & 1 & 0 \\ 1 & 0 & 1 & 0 & 0 & 1 \end{bmatrix}$$

可得全部码字，如表7-5所示。

表 7-5 (6,3)分组码许用码组

信息位			监督位			信息位			监督位		
a_5	a_4	a_3	a_2	a_1	a_0	a_5	a_4	a_3	a_2	a_1	a_0
0	0	0	0	0	0	1	0	0	1	0	1
0	0	1	0	1	1	1	0	1	1	1	0
0	1	0	1	1	0	1	1	0	0	1	1
0	1	1	1	0	1	1	1	1	0	0	0

也可先将 $2^k = 2^3 = 8$ 组信息码元按自然码列出，然后利用上面 3 个监督方程，算出每组信息码后面的 3 位监督码元。

(5) 错误图样，即校正子和错码位置的关系。因为 $r=3$，所以有 3 个校正子，相应地有 3 个监督关系式。将上面 3 个监督方程改写为

$$b_5 \oplus b_4 \oplus b_2 = S_1$$
$$b_4 \oplus b_3 \oplus b_1 = S_2$$
$$b_5 \oplus b_3 \oplus b_0 = S_3$$

则可得错误图样，如表 7-6 所示。

表 7-6 (6,3)码错误图样

$S_3S_2S_1$	000	001	010	011	100	101	110	111
误码位置	无错	a_0	a_1	a_2	a_3	a_4	a_5	a_6

(6) 分组码中最小码距为码组中非零码的数目(全 0 码除外)或码的最小重量，由表 7-5 得最小码距 $d_{\min} = 3$，它能纠正 1 个误码或检测 2 个误码。

【例 7-6】 已知某(7,3)码生成矩阵为

$$G = \begin{bmatrix} 1 & 0 & 0 & 1 & 0 & 1 & 1 \\ 0 & 1 & 0 & 1 & 1 & 1 & 0 \\ 0 & 0 & 1 & 0 & 1 & 1 & 1 \end{bmatrix}$$

求可纠正差错图案和对应伴随式。

解：生成矩阵为典型阵形式 $G = [I_k Q]$，故监督矩阵为

$$H = [Q^T I_r] = \begin{bmatrix} 1 & 1 & 0 & 1 & 0 & 0 & 0 \\ 0 & 1 & 1 & 0 & 1 & 0 & 0 \\ 1 & 1 & 1 & 0 & 0 & 1 & 0 \\ 1 & 0 & 1 & 0 & 0 & 0 & 1 \end{bmatrix}$$

H 有 4 行，且各行线性无关，因此伴随式有 16 种不同的取值。除全 0 伴随式外，另外 15 种非 0 伴随式表示可纠正 15 种错误图案。因此 15 种可纠正错误图样当中有 7 种为单比特错，8 种为双比特错或 3 比特错(伴随式 S 与可纠正错误图案 E 之间满足方程 $S = EH^T$)。

设从左到右的比特位置序号是 7 到 1。若单比特错误在第 i 位，则对应的伴随式是 H 的第 i 列。若双比特错误位置在第 i、j 位($i \neq j$)，则其对应伴随式是 H 的第 i 列和第 j 列之和。同样，3 比特错误的伴随式是 H 中对应 3 个位置的列之和。由此可以根据伴随式写出

相应的错误图样，如表 7-7 所示。

表 7-7 (7,3)码错误图样

序号	伴随式	错误图样	错误个数	序号	伴随式	错误图样	错误个数
1	0001	0000001	1	9	1001	1000010	2
2	0010	0000010	1	10	1010	1000001	2
3	0011	0000011	2	11	1011	1000000	1
4	0100	1001000	1	12	1100	1010000	2
5	0101	0010010	2	13	1101	1010001	3
6	0110	0010001	2	14	1110	0100000	1
7	0111	0010000	1	15	1111	1000100	2
8	1000	0001000	1		0000	无错	0

7.2.5 汉明码

各种不同的编码方法具有不同的检纠错能力，而最基本的纠错就是纠正 1 位错误。为了纠正 1 位错码，在分组码中最少需要几位监督码元？编码效率能否提高？从这种思想出发，便导致了汉明码的诞生。

能纠正单个错误且对监督位的利用最充分的线性分组码称为汉明码。汉明码具有以下特点。

(1) 监督码元位数 $r = n - k = m$；

(2) 信息码元位数 $k = 2^m - m - 1$；

(3) 码长 $n = 2^m - 1$；

(4) 无论码长多少，最小码距（又称汉明距离）$d_{\min} = 3$；

(5) 纠错能力 $t = 1$。

这里 m 为不小于 2 的正整数。给定 m 后，即可构造出具体的汉明码 (n, k)。

汉明码的监督矩阵有 m 行、n 列，n 列分别由除全 0 之外的 m 位码组构成，每个码组只在某列中出现一次。以 $m = 3$ 为例，完全可以构造出与式(7-18)不同的监督矩阵，如

$$H = \begin{bmatrix} 1110 & \vdots & 100 \\ 0111 & \vdots & 010 \\ 1101 & \vdots & 001 \end{bmatrix} = [P I_r] \tag{7-27}$$

其对应的生成矩阵 G 为

$$G = [I_k P^T] = \begin{bmatrix} 1000 & \vdots & 101 \\ 0100 & \vdots & 111 \\ 0010 & \vdots & 110 \\ 0001 & \vdots & 011 \end{bmatrix} \tag{7-28}$$

汉明码的译码同样可以采用计算校正子，然后确定错误图样并加以纠正。汉明码中伴随式的非 0 形式与错误图样一一对应，而且伴随式的图样除全 0 外为 $(2^r - 1)$ 个，正好等于码长，因而最充分地利用了监督位所提供的信息，故称完备码。

汉明码如果再加上1位对所有码元都进行校验的监督位，则监督码元由 m 增至 $m+1$，信息位不变，码长由 2^m-1 增至 2^m，通常把这种 $(2^m, 2^m-1-m)$ 码称为扩展汉明码或增余汉明码。扩展汉明码的最小码距增加为 $d_{\min}=4$，能纠正1位错误同时检测2位错误。

设汉明码的监督矩阵为 $\boldsymbol{H}$，则扩展汉明码的监督矩阵为

$$\boldsymbol{H}_E = \begin{bmatrix} 1 & 1 & 1 & \cdots & 1 \\ & & & & 0 \\ & \boldsymbol{H} & & & 0 \\ & & & & \vdots \\ & & & & 0 \end{bmatrix} \tag{7-29}$$

即在 $\boldsymbol{H}$ 矩阵最右列添加一列全0，再在最上(或最下)行添加一行全1。与式(7-27)所示的(7,4)汉明码的监督矩阵相对应的(8,4)扩展汉明码的监督矩阵为

$$\boldsymbol{H}_E = \begin{bmatrix} 1 & 1 & 1 & 1 & 1 & 1 & 1 & 1 \\ 1 & 1 & 1 & 0 & 1 & 0 & 0 & 0 \\ 0 & 1 & 1 & 1 & 0 & 1 & 0 & 0 \\ 1 & 1 & 0 & 1 & 0 & 0 & 1 & 0 \end{bmatrix} \tag{7-30}$$

在某些情况下，需要采用长度小于 2^m-1 的汉明码，称为缩短汉明码，只需要将原汉明码的码长及信息位 k 同时缩短 s 位，即可得到 $(n-s, k-s)$ 的缩短汉明码，这里 s 为小于 k 的任何正整数。

以(15,11)汉明码为例，它的监督矩阵用前述方法可以构造为

$$\boldsymbol{H} = \begin{bmatrix} 1 & 1 & 1 & 1 & 0 & 1 & 0 & 1 & 1 & 0 & 0 & 1 & 0 & 0 & 0 \\ 0 & 1 & 1 & 1 & 1 & 0 & 1 & 0 & 1 & 1 & 0 & 0 & 1 & 0 & 0 \\ 0 & 0 & 1 & 1 & 1 & 1 & 0 & 1 & 0 & 1 & 1 & 0 & 0 & 1 & 0 \\ 1 & 1 & 1 & 0 & 1 & 0 & 1 & 1 & 0 & 0 & 1 & 0 & 0 & 0 & 1 \end{bmatrix} \tag{7-31}$$

为了得到(12,8)缩短汉明码，只需要将码组中前3位置为0，这意味着前3位码对校验关系不发生影响，因而监督矩阵中前3列可以删除。由此可得(12,8)缩短汉明码的监督矩阵为

$$\boldsymbol{H} = \begin{bmatrix} 1 & 0 & 1 & 0 & 1 & 1 & 0 & 0 & 1 & 0 & 0 & 0 \\ 1 & 1 & 0 & 1 & 0 & 1 & 1 & 0 & 0 & 1 & 0 & 0 \\ 1 & 1 & 1 & 0 & 1 & 0 & 1 & 1 & 0 & 0 & 1 & 0 \\ 0 & 1 & 0 & 1 & 1 & 0 & 0 & 1 & 0 & 0 & 0 & 1 \end{bmatrix} \tag{7-32}$$

上述"扩展"和"缩短"的处理方法不但适用于汉明码，而且可以推广应用于所有的线性分组码。

纠正单个错误的汉明码中，r 位校正子 $\boldsymbol{S}$ 与误码图样 $\boldsymbol{E}$ 一一对应，最充分地利用了监督位所能提供的信息，这种码称为完备码。在一般情况下，对于能纠正 t 个错误的线性分组码 (n,k)，应满足不等式

$$2^r = 2^{n-k} \geqslant 1 + C_n^1 + C_n^2 + \cdots + C_n^t = \sum_{i=0}^{t} C_n^i \tag{7-33}$$

这里 C_n^i 为 n 中取 i 的组合，其物理意义是 n 位码组中有 i 个错码的错误图样数目($i \neq 0$)。式(7-33)取等号时，校正子与错码不超过 t 个的所有错误图样一一对应，监督码元

得到最充分的利用，这种(n,k)码即为完备码。

【例 7-7】 一码长 $n=15$ 的汉明码，监督码元位数 r 应为多少？编码效率 R 多大？试制定伴随式与错误图样对照表并写出监督码元与信息码元之间的关系式。

解：(1) 由码长 n 与监督码元个数 r 的关系式 $n=2^r-1$ 知，$n=15$ 时 $r=4$。

(2) 编码效率 $R=k/n=(n-r)/n=11/15$。

(3) 伴随式与错误图样对照关系的确定原则是：错误图样的样本空间必须是唯一和独立的，不能出现完全相同的错误图样对应同一个监督矩阵元素。由此写出伴随式与错误图样的对照表之一，如表 7-8 所示。

表 7-8 例 7-7 中伴随式与错误图样对照表

错位	a_{14}	a_{13}	a_{12}	a_{11}	a_{10}	a_9	a_8	a_7	a_6	a_5	a_4	a_3	a_2	a_1	a_0
S_3	1	1	1	1	1	1	1	0	0	0	0	1	0	0	0
S_2	1	1	1	1	0	0	0	1	1	1	0	0	1	0	0
S_1	1	1	0	0	1	1	0	1	1	0	1	0	0	1	0
S_0	1	0	1	0	1	0	1	1	0	1	1	0	0	0	1

根据 $S_0 S_1 S_2 S_3$ 的值与错码的位置关系，得到

$$\begin{cases} S_3 = a_{14}+a_{13}+a_{12}+a_{11}+a_{10}+a_9+a_8 \\ S_2 = a_{14}+a_{13}+a_{12}+a_{11}+a_7+a_6+a_5+a_2 \\ S_1 = a_{14}+a_{13}+a_{10}+a_9+a_7+a_6+a_4+a_1 \\ S_0 = a_{14}+a_{12}+a_{10}+a_8+a_7+a_5+a_4+a_0 \end{cases}$$

(4) 在上式中令 $S_0 S_1 S_2 S_3 = 0000$，即得与表 7-5 对应的监督方程为

$$\begin{cases} a_3 = a_{14}+a_{13}+a_{12}+a_{11}+a_{10}+a_9+a_8 \\ a_2 = a_{14}+a_{13}+a_{12}+a_{11}+a_7+a_6+a_5 \\ a_1 = a_{14}+a_{13}+a_{10}+a_9+a_7+a_6+a_4 \\ a_0 = a_{14}+a_{12}+a_{10}+a_8+a_7+a_5+a_4 \end{cases}$$

7.2.6 线性分组码的实现

下面以(7,4)汉明码为例说明线性分组码的编译码实现电路。

1. 编码

对(7,4)汉明码，通过编码生成的码组为 $A=(a_6\ a_5\ a_4\ a_3\ a_2\ a_1\ a_0)$。将例 7-4 得到的(7,4)汉明码生成矩阵 G 重写如下：

$$G = \begin{bmatrix} 1 & 0 & 0 & 0 & 1 & 1 & 1 \\ 0 & 1 & 0 & 0 & 1 & 1 & 0 \\ 0 & 0 & 1 & 0 & 1 & 0 & 1 \\ 0 & 0 & 0 & 1 & 0 & 1 & 1 \end{bmatrix}_{4\times 7} = [\boldsymbol{I}_4\ \ \boldsymbol{P}^{\mathrm{T}}]_{4\times 7}$$

根据生成矩阵 G 和信息码元 $(a_6 a_5 a_4 a_3)$ 即可产生全部码字：

由此可得编码方程为

$$(a_6a_5a_4a_3a_2a_1a_0) = (a_6a_5a_4a_3) \cdot G$$

$$\begin{cases} a_6 = a_6 \\ a_5 = a_5 \\ a_4 = a_4 \\ a_3 = a_3 \\ a_2 = a_6 \oplus a_5 \oplus a_4 \\ a_1 = a_6 \oplus a_5 \oplus a_3 \\ a_0 = a_6 \oplus a_4 \oplus a_3 \end{cases}$$

根据编码方程，采用移位寄存器和模 2 加法器实现的一种(7,4)汉明码编码器电路如图 7-5 所示。

2. 译码

译码就是对接收码组 $B = (b_6 \ b_5 \ b_4 \ b_3 \ b_2 \ b_1 \ b_0)$ 进行纠错，恢复出原发送码组 $A = (a_6 \ a_5 \ a_4 \ a_3 \ a_2 \ a_1 \ a_0)$。

首先根据表 7-4 中(7,4)汉明码的错误图样或式(7-24)～式(7-26)得校正子 $S_0S_1S_2$ 计算方程为

$$\begin{cases} S_2 = b_2 + b_4 + b_5 + b_6 \\ S_1 = b_1 + b_3 + b_5 + b_6 \\ S_0 = b_0 + b_3 + b_4 + b_6 \end{cases}$$

再从伴随式 S 确定错误图样 E，判定错码位置。最后从接收码字 B 中减去错误图样 E，即得到纠错后的码字，以此构成的(7,4)汉明码译码电路如图 7-6 所示。

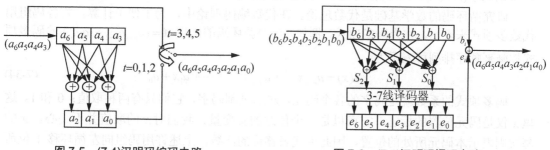

图 7-5 (7,4)汉明码编码电路　　　　图 7-6 (7,4)汉明码译码电路

7.3 循 环 码

7.3.1 循环码的含义与特点

线性分组码中，有一种重要的码称为循环码。它是在严密的代数学理论基础上建立起来的，是目前研究得最成熟的一类码。循环码的编码和译码设备都不太复杂(由循环性决定)，而且检纠错能力较强。循环码还具有易于实现的特点，很容易用带反馈的移位寄存器实现其硬件，而且性能较好，不但可用于纠正独立的随机错误，也可用于纠正突发错误。

循环码就是具有循环特性的线性分组码。它是一种分组的系统码，通常前 k 位为信息码元，后 r 位为监督码元，且具有线性分组码的封闭性。循环码还具有独特的循环性。所谓循环性是指任一许用码组经过循环移位后所得到的码组仍为一许用码组。举例来说，设 $(a_{n-1}a_{n-2}\cdots a_1 a_0)$ 为一循环码字，则 $(a_{n-2}a_{n-3}\cdots a_0 a_{n-1})$、$(a_{n-3}a_{n-4}\cdots a_{n-1}a_{n-2})$、$\cdots$ 也还是许用的循环码字。不论左移或者右移，也不论移位位数是多少，其结果仍为许用的循环码字。表 7-9 给出了一种 (7,3) 循环码和 (6,3) 循环码的全部码字。

表 7-9 (7,3)循环码和(6,3)循环码的全部码字

序 号	(7,3)循环码码字	(6,3)循环码码字
1	0000000	000000
2	0011101	001001
3	0100111	010010
4	0111010	011011
5	1001110	100100
6	1010011	101101
7	1101001	110110
8	1110100	111111

从表中可直观地看出这种码的循环性。(7,3)循环码有 2 个循环圈：一个是序号为 1 的全 0 码字组成的循环圈，其码重 $W=0$；另一个是其他 7 个码字组成的循环圈，其码重 $W=4$。而 (6,3) 循环码有 4 个循环圈，分别是码重 $W=0$ 的全 0 码字、码重 $W=6$ 的全 1 码字、码重 $W=2$ 的码字(序号 2、3、5)和码重 $W=4$ 的码字(序号 4、6、7)。

研究循环码的数学基础是代数理论。在代数编码理论中，为了便于计算，将各码组用代数多项式来表示，称为码多项式。例如，(n,k) 循环码的码字 $A=(a_{n-1}a_{n-2}\cdots a_1 a_0)$ 的码多项式按降幂顺序排列可表示为

$$A(x) = a_{n-1}x^{n-1} + a_{n-2}x^{n-2} + \cdots + a_1 x + a_0 \tag{7-34}$$

码多项式的系数就是码字的各个码元，对二进制码字，它们只有两种取值：0 和 1。这里 x 仅是码元位置的标志，它可以是一个任意的实变量，我们对 x 的取值并不关心。x 的幂次则表示本码元所处的位置，因此也代表移位的次数。上述许用码组向左循环移 1 位所得码组的码多项式为

$$A^{(1)}(x) = a_{n-2}x^{n-1} + a_{n-3}x^{n-2} + \cdots + a_0 x + a_{n-1} \tag{7-35}$$

左移 i 位后所得码组的码多项式为

$$A^{(i)}(x) = a_{n-i-1}x^{n-1} + a_{n-i-2}x^{n-2} + \cdots + a_{n-i+1}x + a_{n-i} \tag{7-36}$$

采用码多项式的好处是便于进行移位计算，它对应循环码的循环移位操作。为了说明循环码的移位过程，下面首先介绍有关"模运算"的概念及运算方法。

我们知道，在整数运算中有模 n 的运算。例如模 2 运算中有 $1+1=2\equiv 0$、$1+2=3\equiv 1$、$2\times 3=6\equiv 0$ 等。一般来说，若一个整数 m 可以表示为

$$\frac{m}{n} = Q + \frac{p}{n}, \quad p < n \tag{7-37}$$

式中，Q 为整数，则在模 n 运算下，有

$$m \equiv p \quad (\text{模 } n) \tag{7-38}$$

也就是说，在模 n 运算下，一个整数 m 等于它被 n 除得的余数。这好比我们所用的时钟，它采用十二进制(模 12)，因此 13 点钟就是 1 点钟的位置。

在码多项式中也有类似的按模运算规则。任一多项式 $F(x)$ 被一个 n 次多项式 $N(x)$ 除，得到的商式 $Q(x)$ 和一个次数小于 n 的余式 $R(x)$，即

$$F(x) = N(x)Q(x) + R(x) \tag{7-39}$$

式(7-39)可记为

$$F(x) \equiv R(x) \quad \text{模 } N(x) \tag{7-40}$$

例如

$$x^4 + x^2 + 1 \equiv x^2 + x + 1 \quad \text{模 } (x^3 + 1) \tag{7-41}$$

因为

$$\begin{array}{r} x \\ x^3+1 \overline{)\, x^4 + x^2 + 1} \\ \underline{x^4 + x} \\ x^2 + x + 1 \end{array}$$

在码多项式计算过程中，由于是按模 2 计算，因此加法与减法是等价的，故余项不是写成 $x^2 - x + 1$ 而是写成 $x^2 + x + 1$。

在循环码中可以证明：若码字 $A(x)$ 是一个长为 n 的许用码组，则 $x^i A(x)$ 在按模 $x^n + 1$ 运算下，也是该编码中的一个许用码组，即假设有

$$x^i A(x) \equiv A'(x) \quad \text{模 } (x^n + 1) \tag{7-42}$$

则 $A'(x)$ 也是该编码中的一个许用码组。因为 $A'(x)$ 是码组 $A(x)$ 向左循环移位 i 次的结果。

7.3.2 循环码的生成多项式、生成矩阵和监督矩阵

1. 生成多项式 $g(x)$

在循环码各码组对应的码多项式中，幂次最低的码多项式(全 0 码字除外)称为生成多项式，用 $g(x)$ 表示。

循环码完全由其码组长度 n 及生成多项式 $g(x)$ 所决定。对于 (n,k) 循环码，可以证明，$g(x)$ 具有以下性质。

(1) $g(x)$ 是一个能除尽 $x^n + 1$ 的码多项式。或者说，$g(x)$ 是 $x^n + 1$ 的一个因式。

(2) $g(x)$ 是一个 r 次多项式，常数项为 1，即

$$g(x) = x^r + a_{r-1}x^{r-1} + \cdots + a_1 x + 1 \tag{7-43}$$

(3) 其他码多项式都是 $g(x)$ 的倍式。假设信息码多项式是 $M(x)$，则码多项式为

$$C(x) = M(x) \cdot g(x) \tag{7-44}$$

例如，在表 7-9 所示的 (7,3) 循环码中，不难找到

$$g(x) = A_1(x) = x^4 + x^3 + x^2 + 1$$

其他码多项式都是生成多项式 $g(x)$ 的倍式，即

$$\begin{cases} A_0(x) = 0 \cdot g(x) \\ A_2(x) = (x+1) \cdot g(x) \\ A_3(x) = x \cdot g(x) \\ \vdots \\ A_7(x) = x^2 \cdot g(x) \end{cases}$$

为了寻找生成多项式 $g(x)$，需要对 x^n+1 进行因式分译。对于某些码长为 n 的循环码，x^n+1 只有很少几个因式，这些码长的循环码就较少；而对于另外一些码长为 n 的循环码，x^n+1 可能有较多的因式，这些码长的循环码就较多。选择不同的因式及其乘积作为生成多项式，就可构成不同类型和码组的循环码。如选择码长 $n=7$，对 x^7+1 做因式分解有

$$x^7+1 = (x+1)(x^3+x+1)(x^3+x^2+1)$$

可见，以此可以构成码长为 7 位的多种循环码：取 $g(x)=x+1$ 可构成(7,6)循环码；取 $g(x)=x^3+x+1$ 或 $g(x)=x^3+x^2+1$ 可构成(7,4)循环码；取 $g(x)=(x+1)(x^3+x+1)$ 或 $g(x)=(x+1)(x^3+x^2+1)$ 可构成(7,3)循环码；取 $g(x)=(x^3+x+1)(x^3+x^2+1)$ 可构成(7,1)循环码。

2. 生成矩阵 $G(x)$ 和监督矩阵 $H(x)$

循环码的生成矩阵很容易由多项式得到，表示为

$$G(x) = \begin{bmatrix} x^{k-1}g(x) \\ x^{k-2}g(x) \\ \vdots \\ xg(x) \\ g(x) \end{bmatrix}_{k \times n} \tag{7-45}$$

例如表 7-9 中的(7,3)循环码，其生成矩阵为

$$G(x) = \begin{bmatrix} x^2 g(x) \\ x g(x) \\ g(x) \end{bmatrix} = \begin{bmatrix} x^6+x^5+x^4+x^2 \\ x^5+x^4+x^3+x \\ x^4+x^3+x^2+1 \end{bmatrix} \tag{7-46}$$

或者

$$G = \begin{bmatrix} 1 & 1 & 1 & 0 & 1 & 0 & 0 \\ 0 & 1 & 1 & 1 & 0 & 1 & 0 \\ 0 & 0 & 1 & 1 & 1 & 0 & 1 \end{bmatrix} \tag{7-47}$$

对照表 7-9 不难看出，生成矩阵的三行均为(7,3)循环码的码字。

式(7-47)显然不是 $[I_k Q]$ 形式的典型阵。将其进行简单的行变换，化为典型阵形式即

$$G' = \begin{bmatrix} 1 & 0 & 0 & 1 & 1 & 1 & 0 \\ 0 & 1 & 0 & 0 & 1 & 1 & 1 \\ 0 & 0 & 1 & 1 & 1 & 0 & 1 \end{bmatrix}_{3 \times 7} \tag{7-48}$$

与之对应的监督矩阵即为

$$H = [Q^T I_r] = \begin{bmatrix} 1 & 0 & 1 & 1 & 0 & 0 & 0 \\ 1 & 1 & 1 & 0 & 1 & 0 & 0 \\ 1 & 1 & 0 & 0 & 0 & 1 & 0 \\ 0 & 1 & 1 & 0 & 0 & 0 & 1 \end{bmatrix}_{4 \times 7} \tag{7-49}$$

监督矩阵也可以利用循环码的性质求得。对 (n,k) 循环码，$g(x)$ 是 x^n+1 的一个因式，因此可令

$$h(x) = \frac{x^n+1}{g(x)} = x^k + h_{k-1}x^{k-1} + \cdots + h_1(x) + 1 \tag{7-50}$$

该式称 $h(x)$ 为监督多项式。与式(7-45)对应，可以证明，监督矩阵可以表示为

$$H(x) = \begin{bmatrix} x^{r-1}h^*(x) \\ x^{r-2}h^*(x) \\ \vdots \\ xh^*(x) \\ h^*(x) \end{bmatrix}_{r \times n} \tag{7-51}$$

式中，$h^*(x)$ 是 $h(x)$ 的逆多项式，即

$$h^*(x) = x^k + h_1 x^{k-1} + h_2 x^{k-2} + \cdots + h_{k-1}(x) + 1 \tag{7-52}$$

【例7-8】 已知(7,4)循环码的生成多项式为 $g(x) = x^3 + x + 1$。

(1) 求其生成矩阵和监督矩阵。

(2) 写出系统循环码的全部码字。

(3) 若接收码字 $B = (0110001)$，给出纠错后的结果。

解：(1) 由式(7-45)可得

$$G(x) = \begin{bmatrix} x^3 g(x) \\ x^2 g(x) \\ x g(x) \\ g(x) \end{bmatrix} = \begin{bmatrix} x^6 + x^4 + x^3 \\ x^5 + x^3 + x^2 \\ x^4 + x^2 + x \\ x^3 + x + 1 \end{bmatrix}$$

因此，生成矩阵为

$$G = \begin{bmatrix} 1 & 0 & 1 & 1 & 0 & 0 & 0 \\ 0 & 1 & 0 & 1 & 1 & 0 & 0 \\ 0 & 0 & 1 & 0 & 1 & 1 & 0 \\ 0 & 0 & 0 & 1 & 0 & 1 & 1 \end{bmatrix} = \begin{bmatrix} 1 & 0 & 0 & 0 & 1 & 0 & 1 \\ 0 & 1 & 0 & 0 & 1 & 1 & 1 \\ 0 & 0 & 1 & 0 & 1 & 1 & 0 \\ 0 & 0 & 0 & 1 & 0 & 1 & 1 \end{bmatrix} = [I_4 \quad Q]$$

监督矩阵为

$$H = [Q^T I_r] = \begin{bmatrix} 1 & 1 & 1 & 0 & 1 & 0 & 0 \\ 0 & 1 & 1 & 1 & 0 & 1 & 0 \\ 1 & 1 & 0 & 1 & 0 & 0 & 1 \end{bmatrix}$$

(2) 由信息码组和生成矩阵可得全部码字，根据式(7-9)求得这些码字如表 7-10 所示。

表 7-10 (7,4)循环码的全部码字

序号	信息码元	监督码元	序号	信息码元	监督码元	序号	信息码元	监督码元	序号	信息码元	监督码元
1	0000	000	5	0100	111	9	1000	101	13	1100	010
2	0001	011	6	0101	100	10	1001	110	14	1101	001
3	0010	110	7	0110	001	11	1010	011	15	1110	100
4	0011	101	8	0111	010	12	1011	000	16	1111	111

(3) 接收码字为 $C = (1110001)$ 时，译码伴随式 $S = HC^T = (1\ 0\ 1)^T$，它是 H 矩阵的第 1 列，故有 1 位错误，即码字的第 1 位。纠错结果是 $A = (0110001)$。

7.3.3 循环码的编译码方法

1. 编码过程及实现

生成循环码的码字有两种方法：一种是利用生成矩阵产生，另一种是利用多项式除法产生。前者电路实现难度较大；后者编码电路实现比较简单，且编码没有时延。下面介绍利用多项式除法产生码字的原理及实现方法。

我们知道，生成多项式 $g(x)$ 是一个 $n-k=r$ 次多项式，也是 (x^n+1) 的因式，循环码中的所有码多项式都可以被 $g(x)$ 整除。根据这一原则，就可以对给定的信息进行编码。设信息码多项式为 $m(x)$，做除法运算，即

$$\frac{x^{n-k}m(x)}{g(x)} = Q(x) + \frac{r(x)}{g(x)} \tag{7-53}$$

式中，$Q(x)$ 称为商式；$r(x)$ 称为余式。

由于信息码多项式 $m(x)$ 的最高幂次为 $k-1$，因此 $x^{n-k}m(x)$ 的次数一定小于 n。用 $g(x)$ 去除 $x^{n-k}m(x)$，得到余式 $r(x)$，$r(x)$ 的次数必小于 $g(x)$ 的次数。将此余式加于信息位之后作为监督位，即将 $r(x)$ 与 $x^{n-k}m(x)$ 相加，得到的多项式必为一码多项式，因此它必能被 $g(x)$ 整除，且商式的次数不大于 $k-1$。因此循环码的码多项式可表示为

$$A(x) = x^{n-k}m(x) + r(x) \tag{7-54}$$

式中，$x^{n-k}m(x)$ 代表信息位；$r(x)$ 是 $x^{n-k}m(x)$ 与 $g(x)$ 相除得到的余式，代表监督位。

根据以上分析，循环码的编码步骤可归纳如下：

(1) 用 x^{n-k} 乘 $m(x)$。这一运算实际上是把信息码元后附加上 r 个"0"，给监督位留出地方。例如，信息码元为 110，即 $k=3$、$m(x)=x^2+x$，如选取 $r=4$ 或 $n=7$，则有

$$x^{n-k}m(x) = x^4(x^2+x) = x^6+x^5 \leftrightarrow 1100000$$

即在 110 后面附加了 0000。

(2) 用 $g(x)$ 去除 $x^{n-k}m(x)$，得到商式 $Q(x)$ 和余式 $r(x)$。例如，若选生成多项式 $g(x) = x^4+x^2+x+1$，则有

$$\frac{x^{n-k}m(x)}{g(x)} = \frac{x^6+x^5}{x^4+x^2+x+1} = x^2+x+1+\frac{x^2+1}{x^4+x^2+x+1}$$

上式相当于

$$\frac{1100000}{10111} = 111 + \frac{101}{10111}$$

(3) 编出码组为 $A(x) = x^{n-k}m(x) + r(x)$。上例中，编出 $A(x) = 1100000 + 101 = 1100101$。

循环码的编码电路主体由生成多项式构成的除法电路，再加上适当的控制电路组成。选取 $g(x) = x^4 + x^3 + x^2 + 1$ 时，(7,3)循环码的编码电路如图 7-7 所示。

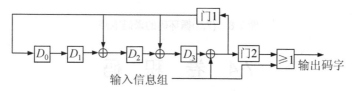

图 7-7　(7,3)循环码编码电路

$g(x)$ 的次数等于移位寄存器的级数；$g(x)$ 的 $x^0, x^1, x^2, \cdots, x^{n-k}$ 的非零系数对应移位寄存器的反馈抽头。首先，将移位寄存器清零，3 位信息码元输入时，门 1 断开，门 2 接通，直接输出信息码元。第 3 次移位脉冲到来时，将除法电路运算所得的余数存入移位寄存器。第 4～7 次移位时，门 2 断开，门 1 接通，输出监督元。具体的编码过程如表 7-11 所示，此时输入的信息元为 110。

表 7-11　(7,3)循环码的编码过程

移位次序	输入	门1	门2	移位寄存器 D_0	D_1	D_2	D_3	输出	移位次序	输入	门1	门2	移位寄存器 D_0	D_1	D_2	D_3	输出
0	—	断开	接通	0	0	0	0	—	4	0	接通	断开	0	1	0	0	1
1	1			1	0	1	1	1	5	0			0	0	1	0	0
2	1			0	1	0	1	1	6	0			0	0	0	1	0
3	0			1	0	0	1	0	7	0			0	0	0	0	1

2. 译码过程及实现

对于循环码，由于任意的码多项式 $A(x)$ 都应能被生成多项式 $g(x)$ 整除，所以在接收端可以将接收码组 $B(x)$ 用生成多项式去除。当传输中未发生错误时，接收码组和发送码组相同，即 $A(x) = B(x)$，故接收码组 $B(x)$ 必定能被 $g(x)$ 整除。若码组在传输中发生错误，则 $B(x) \neq A(x)$，$B(x)$ 除以 $g(x)$ 时不能除尽，有余项存在。所以可以用余项是否为零来判断码组中有无错码。在接收端为纠错而采用的译码方法比检错时要复杂。同样，为了能够纠错，要求每个可纠正的错误图样必须与一个特定的余式有一一对应的关系。

循环码的纠错过程可按以下步骤进行。

(1) 用生成多项式 $g(x)$ 去除接收码组 $B(x) = A(x) + E(x)$，得出余式 $r(x)$。

(2) 按余式 $r(x)$ 用查表的方法或通过某种运算得到错误图样 $E(x)$，就可以确定错码位置。

(3) 从 $B(x)$ 中减去 $E(x)$，便得到已纠正错误的原发送码组 $A(x)$。

这种译码方法称为捕错译码法。通常一种编码可以有不同的几种纠错译码方法，对于循环码来说，除了用捕错译码法外，还有大数逻辑译码等算法。作判决的方法也有不同，有硬判决和软判决的区别。(7,3)循环码的译码电路如图 7-8 所示。

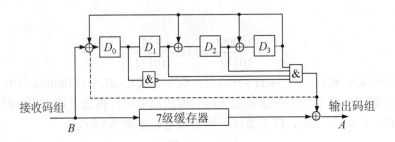

图 7-8 (7,3)循环码的译码电路

7.4 卷 积 码

7.4.1 卷积码的基本原理

在分组码中,通常把 k 个信息比特的序列编成 n 个比特的码组,每个码组的 $n-k$ 个监督位仅与本码组的 k 个信息位有关,而与其他码组无关。为了达到一定的纠错能力和编码效率,分组码的码组长度通常都比较大。编译码时要把整个信息码组储存起来,因此而产生的时延会随着 n 的增加而增加。

卷积码则是另一种形式的编码。它是由伊利亚斯发明的一种非分组码。通常卷积码更适用于前向纠错,因为对于许多实际的应用,它的性能优于分组码,且运算较简单。在卷积码编码时虽然也把 k 个比特的信息段编成 n 个比特的码组,但是监督码元不仅和当前的 k 个比特信息段有关,而且还和前面 $m=N-1$ 个信息段有关。所以一个码组中的监督码元监督着 N 个信息段。我们将 N 称为编码约束度,并将 Nn 称为编码约束长度。卷积码被记作 (n,k,N),其中 k 和 n 通常都很小,特别适合用于以串行形式传输信息,时延小。

卷积码编码器的一般原理框图如图 7-9 所示。它包括 3 部分:Nk 级移存器、n 个模 2 加法器和一个旋转开关。每个模 2 加法器的输入端数目可以不同,它们连接到一些移存器的输出端。模 2 加法器的输出端接到旋转开关上。将时间分成等间隔的时隙,在每个时隙中有 k 比特从左端进入移存器,并且移存器各级暂存的信息向右移 k 位。旋转开关每时隙旋转一周,输出 n 比特。由图可知,输出的 n 个比特不但与当前的 k 个输入比特有关,而且与以前的 $(N-1)k$ 个输入信息比特有关。整个编码过程可以看成是输入信息序列与由移存器和模 2 加法器链接方式所决定的另一个序列的卷积,卷积码也因此而得名。

最常用的卷积码中,通常 $k=1$。此时,移存器共 N 级。每个时隙中,只有 1 比特信息输入移存器,且移存器各级暂存的内容向右移 1 位,旋转开关一周输出 n 比特。所以码率为 $1/n$。图 7-10 中给出了一个 (3,1,3) 卷积码编码器,其码率为 1/3。

若输入信息比特序列是 $\cdots b_{i-2}b_{i-1}b_ib_{i+1}\cdots$ 则当输入 b_i 时,此编码器输出 3 个比特 $c_id_ie_i$。其输入和输出的关系为

$$\begin{aligned} c_i &= b_i \\ d_i &= b_i \oplus b_{i-2} \\ e_i &= b_i \oplus b_{i-1} \oplus b_{i-2} \end{aligned} \tag{7-55}$$

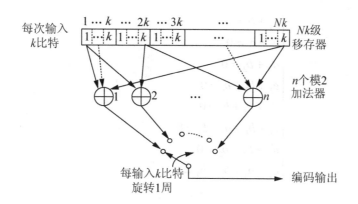

图 7-9　卷积码编码器一般原理框图

式中，b_i 为当前输入的信息位；b_{i-1} 和 b_{i-2} 为移存器存储的前 2 位信息。

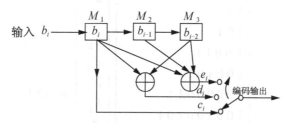

图 7-10　一种(3,1,3)卷积码编码器框图

7.4.2　卷积码的代数表示

式(7-55)中给出的卷积码也是一种线性码。一个线性码可以由一个监督矩阵 H 或生成矩阵 G 所确定。下面以图 7-11 所给出的(3,1,3)卷积码为例来讨论其监督矩阵 H 和生成矩阵 G。首先设在第一个信息位 b_i 进入编码器之前，各级移存器多处于"0"状态，则监督位 d_i、e_i 和信息位 b_i 之间的关系可写为

$$\begin{cases} d_1 = b_1 \\ e_1 = b_1 \\ d_2 = b_2 \\ e_2 = b_2 + b_1 \\ d_3 = b_3 + b_1 \\ e_3 = b_3 + b_2 + b_1 \\ d_4 = b_4 + b_2 \\ e_4 = b_4 + b_3 + b_2 \\ \vdots \end{cases} \qquad (7\text{-}56)$$

式(7-56)也可以改写为

$$\begin{cases} d_1 + b_1 = 0 \\ e_1 + b_1 = 0 \\ d_2 + b_2 = 0 \\ e_2 + b_2 + b_1 = 0 \\ d_3 + b_3 + b_1 = 0 \\ e_3 + b_3 + b_2 + b_1 = 0 \\ d_4 + b_4 + b_2 = 0 \\ e_4 + b_4 + b_3 + b_2 = 0 \\ \vdots \end{cases} \tag{7-57}$$

将式(7-57)写成矩阵形式有

$$\begin{bmatrix} 1\,1 \\ 1\,0\,1 \\ 0\,0\,0\,1\,1 \\ 1\,0\,0\,1\,0\,1 \\ 1\,0\,0\,0\,0\,0\,1\,1 \\ 1\,0\,0\,1\,0\,0\,1\,0\,1 \\ 0\,0\,0\,1\,0\,0\,0\,0\,0\,1\,1 \\ 0\,0\,0\,1\,0\,0\,1\,0\,0\,1\,0\,1 \\ \cdots \end{bmatrix} \begin{bmatrix} b_1 \\ d_1 \\ e_1 \\ b_2 \\ d_2 \\ e_2 \\ b_3 \\ d_3 \\ e_3 \\ b_4 \\ d_4 \\ e_4 \end{bmatrix} = [O] \tag{7-58}$$

其中监督矩阵为

$$\boldsymbol{H} = \begin{bmatrix} 1\,1 \\ 1\,0\,1 \\ 0\,0\,0\,1\,1 \\ 1\,0\,0\,1\,0\,1 \\ 1\,0\,0\,0\,0\,0\,1\,1 \\ 1\,0\,0\,1\,0\,0\,1\,0\,1 \\ 0\,0\,0\,1\,0\,0\,0\,0\,0\,1\,1 \\ 0\,0\,0\,1\,0\,0\,1\,0\,0\,1\,0\,1 \\ \cdots \end{bmatrix} \tag{7-59}$$

从式(7-59)中可看出，卷积码的监督矩阵 $\boldsymbol{H}$ 是一个半无穷矩阵。在式(7-59)中，如果把矩阵每 3 列为一组分开，不难发现，每 3 列的结构是相同的，只是后 3 列比前 3 列向下移动了 2 行。虽然对于半无穷矩阵是不便于研究的，但是我们只研究产生前 9 个码元(因为约束长度为 9)的监督矩阵就足够了。不难发现这种截短监督矩阵 H_1 的最左边是 n 列、$(n-k)N$ 行的一个子矩阵，且向右的每 n 列都相对于前 n 列降低 $n-k$ 行。于是式(7-59)可以写成

$$H_1 = \begin{bmatrix} 1\,1 \\ 1\,0\,1 \\ 0\,0\,0\,1\,1 \\ 1\,0\,0\,1\,0\,1 \\ 1\,0\,0\,0\,0\,1\,1 \\ 1\,0\,0\,1\,0\,0\,1\,0\,1 \end{bmatrix} = \begin{bmatrix} P_1 & I_2 & & & & \\ P_2 & O_2 & P_1 & I_2 & & \\ P_3 & O_2 & P_2 & O_2 & P_1 & I_2 \end{bmatrix} \tag{7-60}$$

式中，$I_2 = \begin{bmatrix} 1\,0 \\ 0\,1 \end{bmatrix}$ 为二阶单位方阵；P_i 为 1×2 阶矩阵，$i=1,2,3$；O_2 为二阶全零方阵。

一般来说，卷积码的截短监督矩阵具有如下形式：

$$H_1 = \begin{bmatrix} P_1 & I_{n-k} & & & & & & & \\ P_2 & O_{n-k} & P_1 & I_{n-k} & & & & & \\ P_3 & O_{n-k} & P_2 & O_{n-k} & P_1 & I_{n-k} & & & \\ \vdots & \vdots & \vdots & \vdots & \vdots & & & & \\ P_N & O_{n-k} & P_{N-1} & O_{n-k} & P_{N-2} & O_{n-k} & \cdots & P_1 & I_{n-k} \end{bmatrix} \tag{7-61}$$

式中，I_{n-k} 为 $n-k$ 阶单位方阵；P_i 为 $k\times(n-k)$ 阶矩阵；O_{n-k} 为 $n-k$ 阶全零方阵。

由式(7-56)还可以将输出码元序列写成

$$[b_1 d_1 e_1 b_2 d_2 e_2 b_3 d_3 e_3 b_4 d_4 e_4 \cdots] = [b_1 b_1 b_1 b_2 b_2 (b_2+b_1) b_3 (b_3+b_1)(b_3+b_2+b_1) b_4 (b_4+b_2)(b_4+b_3+b_2)]$$

$$= [b_1 b_2 b_3 b_4 \cdots] \begin{bmatrix} 111 & 001 & 011 & 000 & 0\cdots \\ 000 & 111 & 001 & 011 & 0\cdots \\ 000 & 000 & 111 & 001 & 0\cdots \\ 000 & 000 & 000 & 111 & 0\cdots \\ 000 & 000 & 000 & 000 & 1\cdots \\ 000 & 000 & 000 & 000 & 0\cdots \\ 000 & 000 & 000 & 000 & 0\cdots \\ \cdots & \cdots & \cdots & \cdots & \cdots \end{bmatrix} \tag{7-62}$$

于是可得此码的生成矩阵 G 为

$$G = \begin{bmatrix} 111 & 001 & 011 & 000 & 0\cdots \\ 000 & 111 & 001 & 011 & 0\cdots \\ 000 & 000 & 111 & 001 & 0\cdots \\ 000 & 000 & 000 & 111 & 0\cdots \\ 000 & 000 & 000 & 000 & 1\cdots \\ 000 & 000 & 000 & 000 & 0\cdots \\ 000 & 000 & 000 & 000 & 0\cdots \\ \cdots & \cdots & \cdots & \cdots & \cdots \end{bmatrix} \tag{7-63}$$

从式(7-63)中可发现，它也是一个半无穷矩阵，其特点是每一行的结构相同，只是比上一行向右退了 3 列。

类似于式(7-60)也有截短生成矩阵

$$G_1 = \begin{bmatrix} 111 & 001 & 011 \\ 000 & 111 & 001 \\ 000 & 000 & 111 \end{bmatrix} = \begin{bmatrix} I_1 & Q_1 & O & Q_2 & O & Q_3 \\ & & I_1 & Q_1 & O & Q_2 \\ & & & & I_1 & Q_1 \end{bmatrix} \quad (7\text{-}64)$$

式中，I_1 为一阶单位方阵；Q_i 为 2×1 阶矩阵。

卷积码的截短生成矩阵具有式(7-65)所示的一般形式：

$$G_1 = \begin{bmatrix} I_k & Q_1 & O_k & Q_2 & O_k & Q_3 & \cdots & O_k & Q_N \\ & & I_k & Q_1 & O_k & Q_2 & \cdots & O_k & Q_{N-1} \\ & & & & I_k & Q_1 & \cdots & O_k & Q_{N-2} \\ & & & & & & \cdots & \vdots & \\ & & & & & & & I_k & Q_1 \end{bmatrix} \quad (7\text{-}65)$$

式中，I_k 为 k 阶单位方阵；Q_i 为 $(n-k) \times k$ 阶矩阵；O_k 为 k 阶全零方阵。

根据卷积码的代数表示，有了监督矩阵 H 或生成矩阵 G 可以构造出相应的卷积码。

7.4.3 卷积码的图形表示

卷积码的译码方式中其大数逻辑译码方式是基于卷积码的代数表示之上的，而其维特比译码方式是基于卷积码的几何表述之上的。所以在介绍卷积码的译码算法之前，先引入集中几何表述方法。

1. 树形图

现以图 7-11 所示的(3,1,3)为例，介绍卷积码的树形图。图 7-11 画出了此树形图。将图 7-10 中移存器 M_1、M_2、M_3 的初始状态 000 作为码树的起点。现规定：输入信息位为"0"，则状态向上支路移动；输入信息位为"1"，则状态向下支路移动。这样可以得到如图 7-11 所示的树形图。当输入码元序列为 1101 时，第一个信息位 $b_1=1$ 输入后，各移存器存储的信息分别为 $M_1=1$、$M_2=M_3=0$，由式(7-55)可知，此时输出为 $c_1d_1e_1=111$，码树的状态将从起点 a 向下到达状态 b；此后第二个输入信息位 $b_2=1$，故码树状态将从状态 b 向下达到状态 d。这时 $M_2=1$、$M_3=0$，由式(7-55)可知，$c_2d_2e_2=110$。第三位和后继各位输入时，编码器将按照图中箭头所示的路径前进，得到输出序列为 111 110 010 100 $\cdots$ 由此树形图还可以看到，从第四级支路开始，码树的上半部和下半部相同。那么从第四个输入信息位开始，输出码元已经与第一位输出信息位无关，即此编码器的约束度 $N=3$。

树形图原则上还可以用于译码。在译码时，按照汉明距离最小的准则沿上面的码树进行搜索。例如，若接收码元序列为 111 010 010 110 $\cdots$ 和发送序列相比可知，第 4 和第 11 码元为错码。当接收到 4～6 个码元"010"时，将这 3 个码元和对应的第 2 级的上下两个支路比较，它和上支路"001"的汉明距离等于 2，和下支路"110"的汉明距离等于 1，所以选择走下支路。类似地，当接收到第 10～12 个码元"110"时，和第 4 级的上下支路比较，它和上支路的"011"的汉明距离等于 2，和下支路"100"的汉明距离等于 1，所以走下支路。这样，就能够纠正 2 个错码。一般来说，码树搜索译码法并不实用，因为随着信息序列的增长，码树分支数目按指数规律增长；在上面的码树图中，只有 4 个信息位，分支已有 $2^4=16$ 个。但是它为以后实用译码算法建立了初步基础。

第 7 章 信道编码

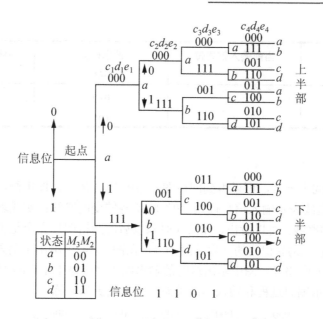

图 7-11 (3,1,3)卷积码树形图

2. 状态图

上面的码树可以改进为下述的状态图(State Diagram)。由上例的译码器结构可知,输出码元 $c_id_ie_i$ 取决于当前输入信息位 b_i 和前 2 位信息位 b_{i-1} 和 b_{i-2} (即移存器 M_2 和 M_3 的状态)。在图 7-11 中已经为 M_2 和 M_3 的 4 种状态规定了代表符号 a、b、c 和 d。所以,可以将当前输入信息位、移存器前一状态、移存器下一状态和输出码元之间的关系归纳于表 7-12 中。由表 7-12 可以看出,前一状态 a 只能转到下一状态 b 或 c,前一状态 b 只能转到下一状态 c 或 d,等等。按照表 7-12 中的规律,可以画出状态图,如图 7-12 所示。在图 7-12 中,虚线表示输入信息位为"0"时状态转变的路线;实线表示输入信息位为"1"时状态转变的路线。线条旁的 3 位数字是编码输出比特。利用这种状态图可以方便地从输入序列得到输出序列。

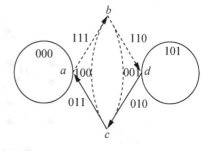

图 7-12 (3,1,3)卷积码状态图

表 7-12 移存器状态和输入输出码元的关系

移存器前一状态 M_3M_2	当前输入信息位 b_i	输出码元 $c_id_ie_i$	移存器下一状态 M_3M_2
a(00)	0	000	a(00)
	1	111	b(01)
b(01)	0	001	c(10)
	1	110	d(11)
c(10)	0	011	a(00)
	1	100	b(01)

续表

移存器前一状态 M_3M_2	当前输入信息位 b_i	输出码元 $c_id_ie_i$	移存器下一状态 M_3M_2
$d(11)$	0	010	$c(10)$
	1	101	$d(11)$

3. 网格图

将状态图在时间上展开，可以得到网格图，如图 7-13 所示。图中画出了 5 个时隙。在图 7-13 中，仍用虚线表示输入信息位为 "0" 时状态转变的路线；实线表示输入信息位为 "1" 时状态转变的路线。可以看出，在第 4 时隙以后的网格图形完全是重复第 3 时隙的图形。这也反映了此(3,1,3)卷积码的约束长度为 3，在图 7-14 中给出了输入信息位为 11010 时，在网格图中的编码路径。图中示出这时的输出编码序列是 111 110 010 100 011 …由上述可见，用网格表示编码过程和输入输出关系比树形图更为简练。

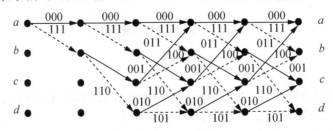

图 7-13 (3,1,3)卷积码网格图

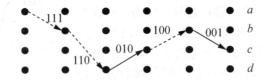

图 7-14 (3,1,3)卷积码编码路径举例

7.4.4 卷积码的译码方法

卷积码的译码方式有 3 种：大数逻辑译码、维特比译码和序列译码。其中维特比译码具有最佳性能，但硬件实现复杂；大数逻辑译码性能最差，但硬件简单；序列译码在性能和硬件方面介于维特比译码和大数逻辑译码之间。

1. 大数逻辑译码

大数逻辑译码又称门限译码，它曾经是卷积码最常用的译码方法，虽然目前维特比译码和序列译码已成为主要的译码方法，但是由于大数逻辑译码设备简单，译码速度快，并且适合用于有突发错误的信道，因此在某些情况下仍有实用价值。

大数逻辑译码的概念是以分组码为基础，它既可以用于分组码也可以用于卷积码。当大数逻辑译码用于卷积码时，它把卷积码看成是在译码约束长度含义下的分组码。它的基本思想也是计算一组校正子，其定义与分组码时类似。接收端先将接收信息位暂存在移存器中，并从接收码元的信息位和监督位计算出校正子。然后将计算得出的校正子暂存，并用它来检测错码的位置。与分组码中不同的是卷积码的校正子是一个序列。这是因为信息和编码输出都是以序列形式出现的。

2. 维特比译码

维特比译码算法是维特比于 1967 年提出的。由于这种译码方法比较简单，计算速度快，故得到广泛应用，特别是在卫星通信和蜂窝通信系统中应用更为广泛。维特比译码是一种最大似然译码算法。最大似然译码算法的基本思路是：把接收码字与所有可能的码字比较，选择一种码距最小的码字作为译码输出。若发送一个 k 位序列，则有 2^k 种可能的发送序列。计算机应存储这些序列，以便用于比较。当 k 较大时，存储量太大，使实用性受到限制。维特比算法对此作了简化，即把接收码字分段累计处理，每接收一段码字，计算、比较一次，保留码距最小的路径，直至译完整个序列。

3. 序列译码

在卷积码 (n,k,N) 中 N 值很大的情况下，可以采用序列译码。序列译码早在维特比译码之前就已提出，它也是以最大似然译码原理为基础。如同维特比译码，序列译码也是以汉明距离为准则，选择与接收序列最接近的路径作为译码输出。与维特比译码不同的是，序列译码只是延伸一条具有最小汉明距离的路径，而不是把所有可能的路径保留，然后进行比较、选择。由于序列译码中一次只搜索一条路径，在有限搜索情况下，这条路径并不能肯定是最好的，它只能认为是一种寻找正确路径的试探方法。它总是在一条单一的路径上，以序列的方式进行搜索。译码器每向前延伸一条支路就进行一次判断，选择呈现出具有最大似然概率的路径。如果所作的判决是错误的，则以后的路径就是错误的。根据路径量度变化，译码器最终可以识别路径是否正确。当译码器识别出路径是错误时，就后退搜索并试探其他路径，直到选择一条正确的路径为止。为了恢复正确路径，需要进行大量计算，并建立一定的算法。

本 章 小 结

在数字信号传输过程中，为了提高信道的可靠性，常通过信道编码的方式来实现差错控制。信道编码即差错控制编码，其基本原则是发送端在信息码元中按照一定的规律加入一些冗余的码元，这些冗余码元被称为监督码元。而接收端则利用监督码元与信息码元之间的约束关系来进行判断，衡量传输过程中是否存在误码。利用这些差错控制编码，接收端可以发现或纠正传输过程中的误码。

差错控制的方式一般有 4 种：检错重发、前向纠错、反馈校验和混合纠错。检错重发方式的通信系统需要有双向信道传送重发指令。常用的检错重发系统有 3 种，即停止等待 ARQ 系统、拉后 ARQ 系统和选择重发 ARQ 系统。前向纠错方式中不需要反向信道，也不存在因反复重发而产生的时延，因此实时性比较好，但是其引入的监督码元更多，译码设备较复杂。反馈校验方式的优点是方法和设备简单，无须纠检错编译系统；缺点是需要双向信道，而且传输效率低，实时性差。混合纠错方式是前向纠错和检错重发方式的结合，这种方式具有前向纠错和检错重发的优点，可达到较低的误码率，因此近年来得到广泛应用。

某种编码的纠错和检错能力取决于码组间的最小码距。在保持误码率恒定的条件下，采用纠错编码所节省的信噪比称为编码增益。

本章重点介绍前向纠错差错控制编码，它一般可以分为分组码和卷积码两大类。

分组码是指将信息码元进行分组，并为每组信息码元附加若干监督码元的编码。在分组码中，如果信息位和监督位之间的关系可以由线性方程组来确定，则称这种编码为线性分组码。线性分组码的纠错和检错是利用监督关系式计算校正子来实现的，由监督关系式可以构成监督矩阵或生成矩阵。在线性分组码中，汉明码和循环码较为常用。汉明码是能够纠正 1 位误码的效率较高的线性分组码。循环码则是满足循环移位后的码组仍为许用码组的一类编码。

卷积码的监督码元不但与本信息段码元有关，而且还与前面多段信息段构成监督关系。对于许多实际的应用，卷积码的性能优于分组码，且运算较简单。

利用交织编码，可以纠正传输中的突发错误。

思考练习题

7-1 通信系统中采用差错控制的目的是什么？

7-2 信道编码和信源编码有什么不同？纠错码能检错或纠错的根本原因是什么？

7-3 差错控制的基本工作方式有哪几种，各有什么特点？

7-4 什么是分组码？其结构有什么特点？

7-5 编码的最小距离与其纠检错能力有什么关系？

7-6 系统分组码的监督矩阵、生成矩阵各有什么特点？相互之间有什么关系？

7-7 什么是循环码？循环码的生成多项式如何确定？

7-8 分组码和卷积码有什么区别？

7-9 设有 8 个码组 "000000" "001110" "010101" "011011" "100011" "101101" "110110" 以及 "111000"，试求它们的最小码距。

7-10 已知两个码组为 "0000" 和 "1111"，若用于检错，试问能检出几位错码？若用于纠错，能纠正几位错误？若同时用于检错和纠错，能检测和纠正几位错误？

7-11 已知某线性码监督矩阵如下，列出所有许用码组。

$$H = \begin{bmatrix} 1 & 1 & 1 & 0 & 1 & 0 & 0 \\ 1 & 1 & 0 & 1 & 0 & 1 & 0 \\ 1 & 0 & 1 & 1 & 0 & 0 & 1 \end{bmatrix}$$

7-12 已知(7,4)码的生成矩阵为

$$G = \begin{bmatrix} 1 & 0 & 0 & 0 & 1 & 1 & 1 \\ 0 & 1 & 0 & 0 & 1 & 0 & 1 \\ 0 & 0 & 1 & 0 & 0 & 1 & 1 \\ 0 & 0 & 0 & 1 & 1 & 1 & 0 \end{bmatrix}$$

写出所有许用码组，并求其监督矩阵。若接收到的码组为 1101101，计算校正子。

7-13 对于一个码长为 13 的线性码，若要纠正 2 个随机错误，需要多少个不同的校正子？至少需要多少位监督码元？

7-14 已知一个 (15,11) 汉明码的生成多项式为 $g(x) = x^4 + x^3 + 1$，试求其生成矩阵。

7-15 试证明 $x^{10} + x^8 + x^5 + x^4 + x^2 + x + 1$ 是 (15,5) 循环码的生成多项式。求出此循环码的生成矩阵，并写出消息码为 $m(x) = x^4 + x + 1$ 的码多项式。

7-16 设一个 (15,7) 循环码由 $g(x) = x^8 + x^7 + x^6 + x^4 + 1$ 生成。若接收码组为 $A(x) = x^{14} + x^5 + x + 1$，试问其中有无错码。

7-17 已知 (7,3) 分组码的监督关系式为

$$\begin{cases} x_6 + x_3 + x_2 + x_1 = 0 \\ x_6 + x_2 + x_1 + x_0 = 0 \\ x_6 + x_5 + x_1 = 0 \\ x_6 + x_4 + x_0 = 0 \end{cases}$$

求其监督矩阵、生成矩阵、全部码字及纠错能力。

7-18 一个卷积码编码器如图 7-15 所示。已知 $k=1, n=2, N=3$。试写出生成矩阵 G 的表达式。

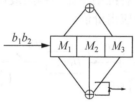

图 7-15 题 7-18 图

7-19 已知一卷积码，其中 $k=1, n=3, N=4$，其基本生成矩阵 $g = [111001010011]$。试求其生成矩阵 G，并写出输入码组为 $[1001\cdots]$ 时的输出码。

7-20 已知一个 (2,1,2) 卷积码编码器的输出和输入的关系为

$$c_1 = b_1 \oplus b_2, \quad c_2 = b_2 \oplus b_3$$

试画出该编码器的电路框图。

第 8 章 最佳接收技术

教学目标

通过本章的学习，理解数字通信系统中最佳接收的基本概念和各种最佳接收准则；主要掌握最大输出信噪比准则和匹配滤波器设计；掌握最小均方误差准则；掌握最小差错概率准则；掌握最佳基带传输系统；熟悉在各种最佳准则情况下的最佳接收机模型。

8.1 引　言

通信系统中信道特性不理想以及信道噪声的存在，都将直接影响接收系统的性能，而一个通信系统的质量优劣在很大程度上又取决于接收系统的性能。在噪声背景下，数字信号接收过程是一个统计判决问题，其分析模型如图 8-1 所示。因此，研究如何从噪声中最好地提取有用信号，以及在某一种准则下如何构成最佳接收机，使接收性能达到最佳等问题均具有非常重要的理论意义和应用价值。

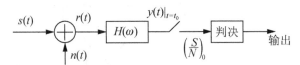

图 8-1　数字通信系统在噪声背景下的统计分析模型

"最佳"是一个相对的概念，它是就某一准则而言的。也就是说，在某一准则下最佳的接收机，而在另一准则下不一定是最佳的。在数字通信系统中，最常用的准则是最大输出信噪比准则。在这个准则下获得的最佳线性滤波器称为匹配滤波器。实际上，研究最佳接收机的意义在于为人们提出一个理论上的模型，为人们在实际中设计接收机指明了努力方向。

在前面章节中，由数字基带传输和带通传输的抗噪声性能分析可知，对于给定的传输方式，其抗噪声性能与接收机的结构有关。例如，对于 ASK 系统，相干接收的误码率比非相干接收的要低。因此，我们自然会联想到，对于给定的数字传输方式，是否存在使误码率最低的最佳接收机，这就是"最佳接收"的问题。

所谓的"最佳接收"，即是研究存在噪声时，如何以某种最佳的方式处理信号，以便得到所需要的结果。为此，必须对输入接收机的信号加噪声混合波形进行运算，这种运算称为检测方式。其中，最佳接收机即是采用抗干扰能力最强的检测方式的接收机。

此外，需要说明的是，我们为什么单独提出"数字"信号的"最佳接收"呢？这是由数字信号本身具有的特点决定的。即数字信号(以二进制为例)无论对信号如何变形，只要最终能恢复出正确的"1"和"0"就达到了通信的目的。所以只要不引起误码，对信号进行一系列的处理是可行的。

本章我们将介绍通信中最常用的最大输出信噪比准则和最小差错概率准则，并在此基础上得出符合这些准则的最佳接收机结构,然后分析、比较其性能。

8.2 最大输出信噪比准则和匹配滤波接收机

在数字通信的接收端需要解决的问题是,如何有效地消除信号在传输过程中所受到的干扰,以便正确判决、接收发送端所发送的信号。我们可以试想,如果在接收的某个时刻,有最大的信噪比,也恰在此时刻作判决,这对正确接收信号显然是非常有利的。本节我们就介绍最大输出信噪比准则下的最佳接收。

8.2.1 最大输出信噪比准则

假设发送的确知信号为 $s(t)$,它是 $(0,T)$ 上的时间受限信号;信号在信道上受到双边功率谱密度是 $n_0/2$ 的加性白噪声 $n(t)$ 的干扰。

下面要求设计一个线性滤波器,使输出的有用信号在某一时刻达到最大,以便在该时刻抽样后正确地判决所发送的信号,实现正确接收。此接收系统的原理框图如图 8-2 所示。

图 8-2 接收系统的原理框图

依据上述设计任务的要求,我们可用最大的输出信噪比作为判决准则,经过对信号特殊处理,使得输出信号在特定的时刻达到最大信噪比。而理论和实践也都证明了:在白噪声干扰下,如果线性滤波器的输出端,在某时刻 t_0 使信号的瞬时功率与噪声的平均功率之比最大,就可以使判决电路产生错误判决的概率极小。我们称这样的线性滤波器为最大输出信噪比下的最佳线性滤波器。通常而言,以"最大信噪比"为准则的最佳接收机又称为"匹配滤波接收机"。

8.2.2 匹配滤波接收机

1. 匹配滤波原理

匹配滤波器是指输出信噪比(信号瞬时功率与噪声平均功率之比)最大的最佳线性滤波器,其原理框图如图 8-3 所示。设发送信号 $s(t)$ 的频谱是 $S(\omega)$;信道噪声为白噪声 $n(t)$,且双边功率谱密度为 $P_n(\omega) = \dfrac{n_0}{2}$。由此可分析与之相匹配的线性滤波器。

在线性滤波器输入端,加入信号与噪声的混合波形为

$$x(t) = s(t) + n(t) \tag{8-1}$$

现在的问题是,线性滤波器是否存在某时刻 t_0,使该时刻的信号瞬时功率与噪声平均功率的比值能到最大?如果存在,则该最大值是多少?

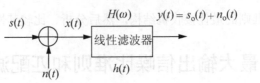

图 8-3 匹配滤波器原理框图

根据图 8-3 可知，线性滤波器输出为

$$y(t) = s_o(t) + n_o(t) \tag{8-2}$$

由信号分析有关理论，可得到信号 $s_o(t)$ 和噪声 $n_o(t)$ 的平均功率分别为

$$s_o(t) = \frac{1}{2\pi}\int_{-\infty}^{\infty} S_o(\omega)e^{j\omega t}d\omega = \frac{1}{2\pi}\int_{-\infty}^{\infty} S(\omega)H(\omega)e^{j\omega t}d\omega \tag{8-3}$$

$$N_o = \frac{1}{2\pi}\int_{-\infty}^{\infty} P_{n_o}(\omega)d\omega = \frac{1}{2\pi}\int_{-\infty}^{\infty} P_{n_i}(\omega)|H(\omega)|^2 d\omega = \frac{1}{2\pi}\int_{-\infty}^{\infty} \frac{n_0}{2}|H(\omega)|^2 d\omega = \frac{n_o}{4\pi}\int_{-\infty}^{\infty} |H(\omega)|^2 d\omega \tag{8-4}$$

因此，在 t_0 时刻线性滤波器输出信号瞬时功率与噪声平均功率之比表示为

$$r_o = \frac{|s_o(t_0)|^2}{N_o} = \frac{\left|\frac{1}{2\pi}\int_{-\infty}^{\infty} H(\omega)S(\omega)e^{j\omega t_0}d\omega\right|^2}{\frac{n_o}{4\pi}\int_{-\infty}^{\infty} |H(\omega)|^2 d\omega} \tag{8-5}$$

可见，输出信噪比 r_o 与信号频谱 $S(\omega)$ 和线性滤波器的传输特性 $H(\omega)$ 有关。在输入信号给定的情况下，r_o 则仅与 $H(\omega)$ 有关。

根据施瓦兹不等式，有

$$\left|\frac{1}{2\pi}\int_{-\infty}^{\infty} X(\omega)Y(\omega)d\omega\right|^2 \leqslant \frac{1}{2\pi}\int_{-\infty}^{\infty} |X(\omega)|^2 d\omega \cdot \frac{1}{2\pi}\int_{-\infty}^{\infty} |Y(\omega)|^2 d\omega \tag{8-6}$$

当且仅当 $X(\omega) = KY^*(\omega)$ 时，等号成立。

如果令 $\begin{cases} X(\omega) = H(\omega) \\ Y(\omega) = S(\omega)e^{j\omega t_0} \end{cases}$，则有

$$r_o = \frac{\left|\frac{1}{2\pi}\int_{-\infty}^{\infty} H(\omega)S(\omega)e^{j\omega t_0}d\omega\right|^2}{\frac{n_o}{4\pi}\int_{-\infty}^{\infty} |H(\omega)|^2 d\omega} \leqslant \frac{\frac{1}{4\pi^2}\int_{-\infty}^{\infty} |H(\omega)|^2 d\omega \cdot \int_{-\infty}^{\infty} |S(\omega)e^{j\omega t_0}|^2 d\omega}{\frac{n_o}{4\pi}\int_{-\infty}^{\infty} |H(\omega)|^2 d\omega} \tag{8-7}$$

$$= \frac{\frac{1}{2\pi}\int_{-\infty}^{\infty} |S(\omega)|^2 d\omega}{\frac{n_o}{2}} = \frac{2}{n_o} \cdot \frac{1}{2\pi}\int_{-\infty}^{\infty} |S(\omega)|^2 d\omega$$

若输入信号 $s(t)$ 的码元能量为 E，则有

$$E = \frac{1}{2\pi}\int_{-\infty}^{\infty} |S(\omega)|^2 d\omega = \int_{-\infty}^{\infty} s^2(t)dt \tag{8-8}$$

因此，式(8-7)可变为

$$r_o \leqslant \frac{2E}{n_0} \tag{8-9}$$

当线性滤波器的传输特性 $H(\omega)$ 满足 $H(\omega) = K \cdot S^*(\omega)\mathrm{e}^{-\mathrm{j}\omega t_0}$ 时，式(8-9)取等号，即可得到线性滤波器的最大输出信噪比 $r_{o\max}$，且

$$r_{o\max} = \frac{2E}{n_0} \tag{8-10}$$

因此，在白噪声干扰背景下，按上述准则设计的线性滤波器，将能在给定时刻 t_0 上获得最大的输出信噪比 $2E/n_0$。这种滤波器就是最大信噪比意义上的最佳线性滤波器。由于它的传输特性与信号频谱的复共轭相一致(除相乘因子外)，故又称它为匹配滤波器。

根据傅里叶逆变换，可得该匹配滤波器的单位冲激响应为

$$\begin{aligned} h(t) &= \frac{1}{2\pi}\int_{-\infty}^{\infty} H(\omega)\mathrm{e}^{\mathrm{j}\omega t}\mathrm{d}\omega = \frac{1}{2\pi}\int_{-\infty}^{\infty} KS^*(\omega)\mathrm{e}^{-\mathrm{j}\omega t_0}\mathrm{e}^{\mathrm{j}\omega t}\mathrm{d}\omega \\ &= \frac{1}{2\pi}\int_{-\infty}^{\infty}\left[\int_{-\infty}^{\infty} s(\tau)\mathrm{e}^{-\mathrm{j}\omega\tau}\mathrm{d}\tau\right]^* \mathrm{e}^{-\mathrm{j}\omega(t_0 - t)}\mathrm{d}\omega = K\int_{-\infty}^{\infty}\left[\frac{1}{2\pi}\int_{-\infty}^{\infty}\mathrm{e}^{\mathrm{j}\omega(\tau - t_0)}\mathrm{d}\omega\right]s(\tau)\mathrm{d}\tau \\ &= K\int_{-\infty}^{\infty} s(\tau)\delta(\tau - t_0 + t)\mathrm{d}\tau = Ks(t_0 - t) \end{aligned} \tag{8-11}$$

由式(8-11)可知，$h(t)$ 可由信号 $s(t)$ 的镜像 $s(-t)$ 在时间上右移 t_0 而得到，且是物理可实现的，如图8-4所示。

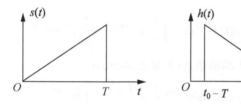

图 8-4 匹配滤波器的冲激响应

由图 8-3，匹配滤波器的输入信号为 $s(t)$，则输出信号 $s_o(t)$ 为

$$s_o(t) = s(t) * h(t) = \int_{-\infty}^{\infty} s(t-\tau)h(\tau)\mathrm{d}\tau \tag{8-12}$$

联合式(8-11)、式(8-12)，且令 $t_0 - \tau = x$，可得

$$s_o(t) = K\int_{-\infty}^{\infty} s(x)s(x+t-t_0)\mathrm{d}x = KR(t-t_0) \tag{8-13}$$

可见，匹配滤波器可以看成是一个计算输入信号自相关函数的相关器，其在 t_0 时刻得到最大输出信噪比 $r_{o\max} = 2E/n_0$。由于输出信噪比与常数 K 无关，所以通常取 $K=1$。

2. 匹配滤波器的实现

对物理可实现的匹配滤波器，其输出最大信噪比时刻 t_0 必须在输入信号结束之后，即 $t_0 \geqslant T$。对于接收机来说，t_0 是时延，通常总是希望时延尽可能小，因此一般情况可取 $t_0 = T$。

匹配滤波器可以由硬件或软件来实现。硬件上，匹配滤波器的实现方法有 LC 谐振式动态滤波器、模拟计算式动态滤波器、数字式动态滤波器、声表面波滤波器等。随着软件

无线电技术的发展,匹配滤波器日益趋向于用软件技术来实现。

8.2.3 典型实例分析

【例 8-1】 设输入信号为单个矩形脉冲(见图 8-5(a)),试求该信号的匹配滤波器传输函数和输出信号波形。

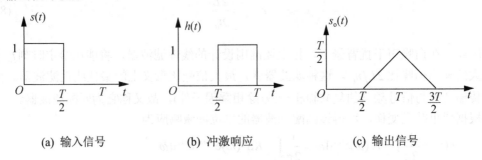

(a) 输入信号　　　　　　(b) 冲激响应　　　　　　(c) 输出信号

图 8-5 对应于单个矩形脉冲的匹配滤波器

解：由图 8-5(a)知,输入信号为

$$s(t) = \begin{cases} 1, & 0 \leqslant t \leqslant \dfrac{T}{2} \\ 0, & \text{其他} \end{cases}$$

其对应的频谱函数为

$$S(\omega) = \int_{-\infty}^{\infty} s(t)\,\mathrm{e}^{-\mathrm{j}\omega t}\,\mathrm{d}t = \int_{0}^{T/2} \mathrm{e}^{-\mathrm{j}\omega t}\,\mathrm{d}t = \frac{1}{\mathrm{j}\omega}\left(1 - \mathrm{e}^{-\mathrm{j}\frac{T}{2}\omega}\right)$$

由此,得到匹配滤波器的传输函数为(参见图 8-5(b))

$$H(\omega) = S^*(\omega)\mathrm{e}^{-\mathrm{j}\omega t_0} = \frac{1}{\mathrm{j}\omega}\left(\mathrm{e}^{\mathrm{j}\frac{T}{2}\omega} - 1\right)\mathrm{e}^{-\mathrm{j}\omega t_0}$$

当 $t_0 = T$ 时,有

$$H(\omega) = \frac{1}{\mathrm{j}\omega}\left(\mathrm{e}^{\mathrm{j}\frac{T}{2}\omega} - 1\right)\mathrm{e}^{-\mathrm{j}\omega T}$$

匹配滤波器的冲激响应为

$$h(t) = s(T - t)$$

因此,匹配滤波器的输出为(参见图 8-5(c))

$$s_\mathrm{o}(t) = R(t - t_0) = \int s(x)s(x + t - t_0)\,\mathrm{d}x = \begin{cases} -\dfrac{T}{2} + t, & \dfrac{T}{2} \leqslant t < T \\ \dfrac{3T}{2} - t, & T \leqslant t \leqslant \dfrac{3T}{2} \\ 0, & \text{其他} \end{cases}$$

由此可知,匹配滤波器的输出在 $t = T$ 时刻得到最大的能量 $E = \int_{0}^{T} s(t)\,\mathrm{d}t = T/2$。

【例 8-2】 试求对图 8-6(a)所示的射频脉冲波形匹配的匹配滤波器之特性,并确定其输出波形。

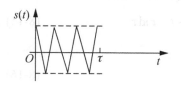
(a) 输入信号波形

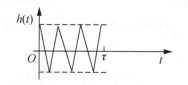
(b) 匹配滤波器的冲击响应

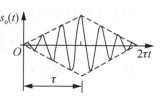
(c) 输出信号波形

图 8-6　射频脉冲波形及其匹配滤波器

解：如图 8-6(a)所示，输入信号为

$$s(t) = \begin{cases} \cos \omega_0 t, & 0 \leq t \leq \tau \\ 0, & \text{其他} \end{cases}$$

$s(t)$ 是一段余弦波，其频谱为

$$S(\omega) = \int_{-\infty}^{\infty} s(t) e^{-j\omega t} dt = \int_0^{\tau} \cos \omega_0 t \, e^{-j\omega t} dt$$

$$= \frac{1 - e^{-j(\omega - \omega_0)\tau}}{-2j(\omega - \omega_0)} + \frac{e^{j(\omega + \omega_0)\tau} - 1}{2j(\omega + \omega_0)}$$

由此，可得其匹配滤波器的传输特性为

$$H(\omega) = S^*(\omega) e^{-j\omega t_0} = \frac{\left(e^{j(\omega - \omega_0)\tau} - 1\right) e^{-j\omega t_0}}{2j(\omega - \omega_0)} + \frac{\left(e^{j(\omega + \omega_0)\tau} - 1\right) e^{-j\omega t_0}}{2j(\omega + \omega_0)}$$

当 $t_0 = \tau$ 时，有

$$H(\omega) = \frac{e^{-j\omega \tau}}{2} \left[\frac{e^{j(\omega - \omega_0)\tau}}{j(\omega - \omega_0)} + \frac{e^{j(\omega + \omega_0)\tau}}{j(\omega + \omega_0)} \right] - \frac{e^{-j\omega \tau}}{2} \left[\frac{1}{j(\omega - \omega_0)} + \frac{1}{j(\omega + \omega_0)} \right]$$

相应地，匹配滤波器的冲激响应为

$$h(t) = s(t_0 - t) = \cos \omega_0 (t_0 - t), \qquad 0 \leq t \leq \tau$$

当 $t_0 = \tau$ 时，有

$$h(t) = s(t_0 - t) = \cos \omega_0 (\tau - t), \qquad 0 \leq t \leq \tau$$

如图 8-6(b)所示，余弦函数的周期为 $T_0 = \dfrac{2\pi}{\omega_0}$，若 $\tau = KT_0$（K 为整数），则有

$$h(t) = \cos \omega_0 t, \qquad 0 \leq t \leq \tau$$

由此，输出波形为

$$s_o(t) = \begin{cases} (t/2) \cos \omega_0 t, & 0 \leq t \leq \tau \\ [(2\tau - t)/2] \cos \omega_0 t, & \tau \leq t \leq 2\tau \\ 0, & \text{其他} \end{cases}$$

波形图如图 8-6(c)所示。

8.2.4　匹配滤波器在最佳接收中的应用

由前面的分析可知，对信号 $s(t)$ 匹配的滤波器，其冲激响应为

$$h(t) = Ks(T-t) \tag{8-14}$$

由于 $s(t)$ 只在 $(0,T)$ 内有值，因此当 $y(t)$ 加入匹配滤波器时，其输出为

$$u_o(t) = \int_{t-T}^{t} y(\tau)h(t-\tau)d\tau = K\int_{t-T}^{t} y(\tau)s(T-t+\tau)d\tau \tag{8-15}$$

在 $t=T$ 时，输出为

$$u_o(T) = K\int_0^T y(\tau)s(\tau)d\tau \tag{8-16}$$

由于匹配滤波器在 $t=T$ 时的输出值恰好等于相关器的输出值($K=1$)，也即匹配滤波器可以作为相关器，因此，对二进制信号而言，采用匹配滤波器结构形式的最佳接收机结构如图 8-7 所示。

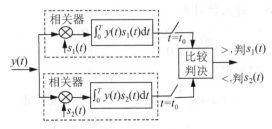

图 8-7 二进制信号的最大信噪比准则(匹配滤波器)接收机

8.3 最小差错概率准则和最佳接收机

8.3.1 数字信号接收的统计模型

在通信系统中，发送端所发的信号对接收端来说是不确定的，从信息量的观点来看，也正是由于有不确定性，因而才具有意义。因为这些不确定，就要求我们用统计学的方法来研究和分析问题。为此可以建立一个数字通信系统的统计模型，如图 8-8 所示。

图 8-8 中，消息空间、信号空间、噪声空间、观察空间和判决空间分别代表着发送的消息、发送的信号、信道引入的噪声、接收端收到的波形和最终判决的所有可能状态的集合。各个空间的状态用它们的统计特性来描述。

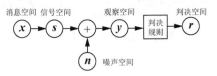

图 8-8 数字通信系统的统计模型

1. 消息空间

在数字通信系统中，消息是离散的状态，且假设消息的状态集合为

$$x = \{x_1, x_2, \cdots, x_m\} \tag{8-17}$$

若消息集合中每一个状态的发送是统计独立的，且第 i 个状态 x_i 出现的概率为 $p(x_i)$，

则消息 x 的一维概率分布为

$$\begin{bmatrix} x_1 & x_2 & \cdots & x_m \\ p(x_1) & p(x_2) & \cdots & p(x_m) \end{bmatrix} \tag{8-18}$$

式中，$p(x_i)$ 是消息 x_i 发生的概率，$i=1,2,\cdots,m$。根据概率的性质，可有 $\sum_{i=1}^{m} p(x_i) = 1$。

若消息各状态 $x_1, x_2, \cdots, x_m$ 出现的概率相等，则有

$$p(x_1) = p(x_2) = \cdots = p(x_m) = \frac{1}{m} \tag{8-19}$$

2. 信号空间

消息是各种物理量，本身不能直接在数字通信系统中进行传输，因此需要将消息变换为相应的电信号 $s(t)$，用参数 s 来表示。将消息变换为信号可以有各种不同的变换关系，通常最直接的方法是建立消息与信号之间一一对应的关系，将消息变换为与其一一对应的信号后以便传输。

用信号 s_i 表示消息 x_i，构成与消息 x_i 一一对应的信号 $s_i(i=1,2,\cdots,m)$。这样，信号集合 s 由 m 个状态所组成，或者说信号空间的信号也有 m 种，即

$$s = \{s_1, s_2, \cdots, s_m\} \tag{8-20}$$

对应概率场记为

$$\begin{bmatrix} s_1 & s_2 & \cdots & s_m \\ p(s_1) & p(s_2) & \cdots & p(s_m) \end{bmatrix} \tag{8-21}$$

相应地，信号集合各状态出现的概率与消息集合各状态出现的概率相等，即 $p(s_i) = p(x_i)(i=1,2,\cdots,m)$，同时也满足 $\sum_{i=1}^{m} p(s_i) = 1$。

若消息各状态出现的概率相等，则有

$$p(s_1) = p(s_2) = \cdots = p(s_m) = \frac{1}{m} \tag{8-22}$$

式中，$p(s_i)$ 是描述信号发送概率的参数，通常称为先验概率，它是信号统计检测的第一数据。

3. 噪声空间

假设在传输过程中，信道引入的是零均值加性高斯噪声 $n(t)$，双边功率谱密度为 $n_0/2$，它在抽样点上所得的样值随机变量是相互独立的，且具有相同的高斯分布规律，均值均为 0，方差也都等于高斯白噪声 $n(t)$ 的方差 σ_n^2。

在一个码元周期 $(0,T)$ 内的观察区间上，k 个噪声样值随机变量构成的噪声空间记为 $n = \{n_1, n_2, \cdots, n_k\}$。在前面各章分析系统抗噪声性能时，常用噪声的一维概率密度函数来描述噪声的统计特性。在本章中，为了更全面地描述噪声的统计特性，采用噪声的多维联合概率密度函数。噪声的 k 维联合概率密度函数 $f(n)$ 为

$$f(n) = f(n_1, n_2, \cdots, n_k) \tag{8-23}$$

式中，$n_1, n_2, \cdots, n_k$ 为噪声 n 在各时刻的可能取值。

根据随机信号分析理论可知，若噪声是高斯白噪声，则它在任意两个时刻上得到的样

值都是互不相关的，同时也是统计独立的；若噪声是带限高斯型的，按抽样定理对其抽样，则它在抽样时刻上的样值也是互不相关的，同时也是统计独立的。根据随机信号分析，若随机信号各样值是统计独立的，则其 k 维联合概率密度函数等于其 k 个一维概率密度函数的乘积，即

$$f(n_1, n_2, \cdots, n_k) = f(n_1) \cdot f(n_2) \cdots f(n_k) \tag{8-24}$$

式中，$f(n_i)$ 是噪声 n 在 t_i 时刻的取值 n_i 的一维概率密度函数，若 n_i 的均值为 0、方差为 σ_n^2，则其一维概率密度函数为

$$f(n_i) = \frac{1}{\sqrt{2\pi}\sigma_n} \exp\left(-\frac{n_i^2}{2\sigma_n^2}\right) \tag{8-25}$$

相应地，噪声 n 的 k 维联合概率密度函数为

$$f(n) = \frac{1}{(\sqrt{2\pi}\sigma_n)^k} \exp\left(-\frac{1}{2\sigma_n^2} \sum_{i=1}^{k} n_i^2\right) \tag{8-26}$$

根据帕塞瓦尔定理，当 k 很大时有

$$\frac{1}{\sigma_n^2} \sum_{i=1}^{k} n_i^2 = \frac{1}{n_0} \int_0^T n^2(t) dt \tag{8-27}$$

式中，$n_0 = \sigma_n^2 / f_m$ 是噪声的单边功率谱密度，且 f_m 是发送信号的最高截止频率。

4. 观测空间

信号通过信道叠加噪声后到达观察空间，观察空间的观察波形为

$$y = n + s \tag{8-28}$$

由于在一个码元期间 T 内，信号集合中各状态 $s_1, s_2, \cdots, s_m$ 中只有一个被发送，因此在观察期间 T 内观察波形为

$$y(t) = s_i(t) + n(t), \quad i = 1, 2, \cdots, m \tag{8-29}$$

式中，$n(t)$ 是均值为 0、方差为 σ_n^2 的高斯过程，则当出现信号 $s_i(t)$ 时，根据高斯随机过程性质，$y(t)$ 的概率密度函数 $f(y|s_i)$ 可表示为

$$f(y|s_i) = \frac{1}{(\sqrt{2\pi}\sigma_n)^k} \exp\left\{-\frac{1}{n_0} \int_0^T [y(t) - s_i(t)]^2 dt\right\}, \quad i = 1, 2, \cdots, m \tag{8-30}$$

$f(y|s_i)$ 称为似然函数，它是信号统计检测的第二数据。由此，根据 $y(t)$ 的统计特性，按照某种准则，即可对 $y(t)$ 作出判决，判决空间中可能出现的状态 $r_1, r_2, \cdots, r_m$ 与信号空间中的各状态 $s_1, s_2, \cdots, s_m$ 相对应。

8.3.2 最小差错概率准则

在数字通信系统中，差错概率(即误码率)是衡量其质量的重要指标，因此，让差错概率最小就成为最直观且最合理的准则。参照这样的准则设计的最佳接收机称为最小差错概率接收机。由于在传输过程中，信号会受到畸变和噪声的干扰，发送信号 $s_i(t)$ 不一定判为 r_i，而是判决空间的所有状态都可能出现，这样将会造成错误接收，我们期望错误接收的概率越小越好。

在噪声干扰环境中，按照何种方法接收信号才能使得错误概率最小？我们以二进制数字通信系统为例分析其原理。在二进制数字通信系统中，发送信号只有两种状态，记为

$$\alpha_1 = 1, \alpha_0 = 0 \tag{8-31}$$

假设发送信号 $s_1(t)$ 和 $s_0(t)$ 在观察时刻的取值分别对应为 α_1 和 α_0，且 $s_1(t)$ 和 $s_0(t)$ 的先验概率分别为 $P(s_1)$ 和 $P(s_0)$，则有

$$y(t) = \begin{cases} s_1(t) + n(t), & \text{发 } \alpha_1 \text{ 时} \\ s_0(t) + n(t), & \text{发 } \alpha_2 \text{ 时} \end{cases} \tag{8-32}$$

由此，出现 $s_1(t)$ 信号时 $y(t)$ 的概率密度函数 $f(y|s_1)$ 为

$$f(y|s_1) = \frac{1}{(\sqrt{2\pi}\sigma_n)^k} \exp\left\{-\frac{1}{n_0}\int_0^T [y(t) - \alpha_1]^2 \mathrm{d}t\right\} \tag{8-33}$$

同理，出现 $s_2(t)$ 信号时 $y(t)$ 的概率密度函数 $f(y|s_0)$ 为

$$f(y|s_0) = \frac{1}{(\sqrt{2\pi}\sigma_n)^k} \exp\left\{-\frac{1}{n_0}\int_0^T [y(t) - \alpha_0]^2 \mathrm{d}t\right\} \tag{8-34}$$

以上两个似然函数曲线如图 8-9 所示。

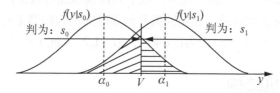

图 8-9 二进制数字接收系统似然函数

图 8-9 中，V 为判决门限，接收信号判决准则如下：

$$\left.\begin{array}{l} y(t) \geq V, \quad \text{判收到的是 } \alpha_1 \\ y(t) < V, \quad \text{判收到的是 } \alpha_0 \end{array}\right\} \tag{8-35}$$

如果发送的是 $s_1(t)$，但是观察时刻得到的观察值落在区间外，被判为 α_0，这时将会造成错误判决，其条件误码概率为

$$P(s_0|s_1) = \int_{-\infty}^{V} f(y|s_1) \mathrm{d}y \tag{8-36}$$

同理，如果发送的是 $s_0(t)$，但是观察时刻得到的观察值落在区间外，被判为 α_1，这时将会造成错误判决，其条件误码概率为

$$P(s_1|s_0) = \int_{V}^{\infty} f(y|s_0) \mathrm{d}y \tag{8-37}$$

因此，系统的总误码率为

$$\begin{aligned} P_e &= P(s_1)P(s_0|s_1) + P(s_0)P(s_1|s_0) \\ &= P(s_1)\int_{-\infty}^{V} f(y|s_1) \mathrm{d}y + P(s_0)\int_{V}^{\infty} f(y|s_0) \mathrm{d}y \end{aligned} \tag{8-38}$$

对 V 求导，并令导数 $\dfrac{\mathrm{d}P_e}{\mathrm{d}V} = 0$，可得最佳判决门限必须满足

$$\frac{f(V_0|s_1)}{f(V_0|s_0)} = \frac{P(s_0)}{P(s_1)} \tag{8-39}$$

由此可得到，满足最小差错概率准则的判决规则如下：

$$\begin{cases} \dfrac{f(y|s_1)}{f(y|s_0)} > \dfrac{P(s_0)}{P(s_1)}, & \text{判为} s_1 \\ \dfrac{f(y|s_1)}{f(y|s_0)} < \dfrac{P(s_0)}{P(s_1)}, & \text{判为} s_0 \end{cases} \quad \text{或} \quad \frac{f(y|s_1)}{f(y|s_0)} \overset{s_1}{\underset{s_2}{\gtrless}} \frac{P(s_0)}{P(s_1)} \tag{8-40}$$

以上判决规则称为似然比准则。在加性高斯白噪声条件下，似然比准则和最小差错概率准则是等价的。

当 $s_1(t)$ 和 $s_2(t)$ 的发送概率相等时，即 $P(s_1) = P(s_0)$ 时，则有

$$\begin{cases} f(y|s_1) > f(y|s_0) & \text{判为} \alpha_1 \text{（即} s_1 \text{）} \\ f(y|s_1) < f(y|s_0) & \text{判为} \alpha_0 \text{（即} s_0 \text{）} \end{cases} \quad \text{或}$$

$$f(y|s_1) \overset{\alpha_1}{\underset{\alpha_0}{\gtrless}} f(y|s_0) \tag{8-41}$$

式(8-41)中对应的判决规则称为最大似然准则，其物理概念是，接收到的波形 y 中，哪个似然函数大就判为哪个信号出现。此外，以上判决规则还可以推广到多进制数字通信系统中。对于 m 个可能发送的信号，在先验概率相等时的最大似然准则为

$$f(y|s_i) > f(y|s_j), \quad \text{判为} \alpha_i \text{（即} s_i \text{）}, \quad (i=1,2,\cdots,m; j=1,2,\cdots,m; i \neq j) \tag{8-42}$$

8.3.3 最佳接收机结构

将式(8-30)代入式(8-41)，可得

$$\frac{P(s_1)}{(\sqrt{2\pi}\sigma_n)^k} \exp\left[-\frac{1}{n_0}\int_0^T [y(t)-s_1(t)]^2 dt\right]$$
$$\overset{s_1}{\underset{s_0}{\gtrless}} \frac{P(s_0)}{(\sqrt{2\pi}\sigma_n)^k} \exp\left[-\frac{1}{n_0}\int_0^T [y(t)-s_0(t)]^2 dt\right] \tag{8-43}$$

经整理，得到

$$n_0 \cdot \ln\frac{1}{P(s_1)} + \int_0^T [y(t)-s_1(t)]^2 dt \overset{s_0}{\underset{s_1}{\gtrless}} n_0 \cdot \ln\frac{1}{P(s_0)} + \int_0^T [y(t)-s_0(t)]^2 dt \tag{8-44}$$

将中括号展开，并假设发送信号等能量，即 $E = \int_0^T s_1^2(t) dt = \int_0^T s_0^2(t) dt$

令

$$U_1 = \frac{n_0}{2}\ln P(s_1), \quad U_0 = \frac{n_0}{2}\ln P(s_0) \tag{8-45}$$

则判决规则可整理成为

$$U_1 + \int_0^T y(t)s_1(t)dt \overset{s_1}{\underset{s_0}{\gtrless}} U_0 + \int_0^T y(t)s_0(t)dt \tag{8-46}$$

根据式(8-46)，画出满足最小差错概率准则的最佳接收机结构，如图 8-10 所示。

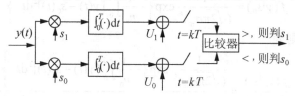

图 8-10 最小差错率准则下的二进制最佳接收机结构

8.4 确知信号的最佳接收机

在数字通信系统中，接收机输入信号根据其特性的不同可分为两大类，一类是确知信号，另一类是随参信号。所谓确知信号是指一个信号出现后，它的所有参数(如幅度、频率、相位、到达时刻等)都是确知的，如数字信号通过恒参信道到达接收机输入端的信号。在随参信号中，根据信号中随机参量的不同又分为随机相位信号、随机振幅信号和随机振幅随机相位信号(又称起伏信号)。本节主要讨论确知信号的最佳接收问题。

8.4.1 二进制确知信号的最佳接收

分析最佳接收时，接收端原理图如图 8-11 所示。

图 8-11 接收端原理图

设到达接收机输入端的两个确知信号分别为 $s_1(t)$ 和 $s_2(t)-s_0(t)$，它们的持续时间为 $(0, T)$，且有相等的码元能量，即

$$E = E_1 = \int_0^T s_1^2(t)dt = E_2 = \int_0^T s_0^2(t)dt \tag{8-47}$$

噪声 $n(t)$ 是高斯白噪声，均值为 0、单边功率谱密度为 n_0。要求设计的接收机能在噪声干扰下以最小的差错概率检测信号。根据 8.3 节的分析知道，在加性高斯白噪声条件下，最小差错概率准则与似然比准则是等价的。因此，可直接利用似然比准则对确知信号作出判决。

在观察时间 $(0, T)$ 内，接收机输入端的信号为 $s_1(t)$ 和 $s_0(t)$，则合成波为

$$y(t) = \begin{cases} s_1(t) + n(t), & 发送 s_1(t) 时 \\ s_0(t) + n(t), & 发送 s_0(t) 时 \end{cases} \tag{8-48}$$

由前面的分析可知，当出现 $s_1(t)$ 或 $s_0(t)$ 时观察空间的似然函数分别为

$$f(y|s_1) = \frac{1}{(\sqrt{2\pi}\sigma_n)^k} \exp\left\{-\frac{1}{n_0}\int_0^T [y(t)-s_1(t)]^2 dt\right\} \tag{8-49}$$

$$f(y|s_0) = \frac{1}{(\sqrt{2\pi}\sigma_n)^k} \exp\left\{-\frac{1}{n_0}\int_0^T [y(t)-s_0(t)]^2 dt\right\} \tag{8-50}$$

其似然比判决规则为

$$\frac{f(y_0|s_1)}{f(y_0|s_0)} = \frac{\dfrac{1}{(\sqrt{2\pi}\sigma_n)^k} \exp\left\{-\dfrac{1}{n_0}\int_0^T [y(t)-s_1(t)]^2 dt\right\}}{\dfrac{1}{(\sqrt{2\pi}\sigma_n)^k} \exp\left\{-\dfrac{1}{n_0}\int_0^T [y(t)-s_0(t)]^2 dt\right\}} \tag{8-51}$$

用 $P(s_1)$ 和 $P(s_0)$ 分别表示发送 $s_1(t)$ 和 $s_0(t)$ 的先验概率，通常，在先验概率 $P(s_1)$ 和 $P(s_0)$ 给定的情况下，U_1 和 U_0 均为常数。由此得

$$U_1 + \int_0^T y(t)s_1(t)dt > U_0 + \int_0^T y(t)s_0(t)dt，判为 s_1(t) \tag{8-52}$$

$$U_1 + \int_0^T y(t)s_1(t)dt < U_0 + \int_0^T y(t)s_0(t)dt，判为 s_0(t) \tag{8-53}$$

根据式(8-52)和式(8-53)的判决规则，可得到最佳接收机的结构如图 8-12 所示。其中比较器是比较抽样时刻 $t = T$ 时上下两个支路样值的大小。这种最佳接收机的结构是按比较观察波形 $y(t)$ 与 $s_1(t)$ 和 $s_0(t)$ 的相关性而构成的，因而也称为相关接收机。其中乘法器与积分器构成相关器。接收过程是分别计算观察波形 $y(t)$ 与 $s_1(t)$、$s_0(t)$ 的相关函数，在抽样时刻 $t = T$，$y(t)$ 与哪个发送信号的相关值大就判为哪个信号出现。

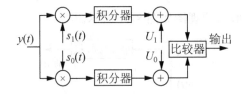

图 8-12　二进制确知信号最佳接收机的一般结构

对二进制确知信号最佳接收机的结构讨论如下。

(1) 从最佳接收机的结构组成角度考察，它是 $s_1(t)$、$s_0(t)$ 分别与 $y(t)$ 相关构成的，故又称为相关接收机。

(2) 通过比较进行判决，判决时刻应选在码元结束时刻，即 $t = T$ 点。每次比较后应立即将积分器的积分电压清除掉。

(3) 若 $P(s_1) = P(s_0)$，则 $U_1 = U_0$，则图 8-12 中的两个加法器可省略。

(4) 相关接收机可用匹配滤波器代替。$P(s_1) = P(s_0)$ 时的匹配滤波器形式如图 8-13 所示。

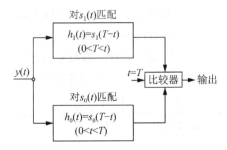

图 8-13　用匹配滤波器代替相关器的最佳接收机结构

(5) 若 $s_1(t) = -s_2(t)$，则最佳接收机可简化为如图 8-14 所示。此时判决准则为 $r(kT) > 0$，判为 s_1；否则判为 s_0。

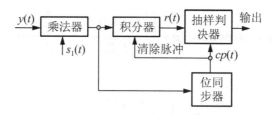

图 8-14　$s_1(t) = -s_2(t)$ 时的最佳接收机结构

(6) 若 s_1、s_0 中有一个是 0，不妨设 $s_2(t) = 0$，这时最佳接收机仍如图 8-14 所示。但判决准则为 $r(kT) > E_1/2$，判为 s_1；否则判为 s_0。

8.4.2　二进制确知信号的最佳接收机误码性能

1. 最佳接收机误码性能

由前面分析可知，相关器形式的最佳接收机与匹配滤波器形式的最佳接收机是等价的，因此可以从两者中任选一个来分析最佳接收机的误码性能。下面从相关器形式的最佳接收机角度来分析。

图 8-12 所示最佳接收机，输出的总误码率为

$$P_e = P(s_1)P(s_0|s_1) + P(s_0)P(s_1|s_0) \tag{8-54}$$

式中，$P(s_1)$ 和 $P(s_0)$ 分别表示发送 $s_1(t)$ 和 $s_0(t)$ 的先验概率；$P(s_0|s_1)$ 是发送 $s_1(t)$ 时错判为 $s_0(t)$ 的概率；$P(s_1|s_0)$ 是发送 $s_0(t)$ 时错判为 $s_1(t)$ 的概率。

经推导，式(8-54)可表示为

$$P_e = P(s_1)[1 - \Phi(z_{T1})] + P(s_0)[1 - \Phi(z_{T0})] \tag{8-55}$$

其中 $z_{T1} = \dfrac{\dfrac{n_0}{2}\ln\dfrac{P(s_1)}{P(s_0)} + (1-\rho)E_a}{\sqrt{n_0(1-\rho)E_a}}$，$z_{T0} = \dfrac{\dfrac{n_0}{2}\ln\dfrac{P(s_1)}{P(s_0)} - (1-\rho)E_a}{\sqrt{n_0(1-\rho)E_a}}$

$E_a = \sqrt{E_1 E_0}$（平均能量），$E_1 = \int_0^T s_1^2(t)dt$（$s_1$ 能量），$E_0 = \int_0^T s_0^2(t)dt$（$s_0$ 能量）

$$\rho = \frac{\int_0^T s_1(t)s_0(t)dt}{\sqrt{E_1 E_0}} \text{（相关系数）}$$

式(8-55)计算比较复杂，现讨论如下。

(1) 误码率 P_e 取决于先验概率 $P(s_1)$ 和 $P(s_0)$、噪声功率谱密度 n_0、信号能量 E_1 和 E_0、相关系数 ρ，与信号的具体结构无关。

(2) 先验等概即 $P(s_1) = P(s_0)$ 时，P_e 最大；先验不等概时，P_e 略有下降。

(3) 当 $P(s_1) = P(s_0)$、$E_1 = E_0 = E_a$（等能量）时，式(8-55)可简化为

$$P_e = \frac{1}{2}\text{erfc}\left(\sqrt{\frac{(1-\rho)E_b}{2n_0}}\right) \tag{8-56}$$

以下又分两种情况讨论：

① 对 2PSK 信号，有

$$s_1(t) = A\cos\omega_c t, \quad s_0(t) = -A\cos\omega_c t, \quad \rho = \frac{\int_0^T s_1(t)s_0(t)dt}{\sqrt{E_1 E_0}} = -\frac{\frac{A^2}{2}T}{\frac{A^2}{2}T} = -1 \quad (s_1 \text{和} s_0 \text{超正交})$$

得误码率计算公式为

$$P_e = \frac{1}{2}\text{erfc}\left(\sqrt{\frac{E_b}{n_0}}\right) \tag{8-57}$$

② 对 FSK 信号，有 $s_1(t) = A\cos\omega_1 t$，$s_0(t) = A\cos\omega_2 t$。若 $\int_0^T s_1(t)s_0(t)dt = 0$，即 $\rho = 0$（s_1 和 s_0 正交），得误码率计算公式为

$$P_e = \frac{1}{2}\text{erfc}\left(\sqrt{\frac{E_b}{2n_0}}\right) \tag{8-58}$$

比较式(8-57)和式(8-58)可知，为达到相同的误码率 P_e，FSK 信号的功率要比 PSK 信号大一倍(3dB)。

通过对式(8-56)的分析可见，当 $\rho = -1$（称 s_1 和 s_0 超正交）时，误码率 P_e 最小，即二进制确知信号的最佳形式为 $\rho = -1$ 的形式，如 2PSK 信号。$\rho = 0$（称 s_1 和 s_0 正交）的形式误码性能稍差，如 2FSK 信号。当 $\rho = 1$ 时，有 $P_e = 0.5$，此时无法判定信号，通信完全失效。

2. 与实际接收机性能比较

在第 5 章中，采用一般相干解调和非相干解调方法，得到了 2ASK、2FSK、2PSK 等系统的误码率性能，下面将其与最佳接受系统性能作比较，如表 8-1 所示。

从表 8-1 可以看出，两种结构形式的接收机误码率表示式具有相同的数学形式，实际接收机中的信噪比 $r = \frac{S}{N}$ 与最佳接收机中的能量噪声功率谱密度之比 $\frac{E_b}{n_0}$ 相对应。

表 8-1 实际接收机与最佳接收机误码率比较

接收方式	实际接收机误码率 P_e	最佳接收机误码率 P_e	备 注
相干 PSK	$\frac{1}{2}\text{erfc}(\sqrt{r})$	$\frac{1}{2}\text{erfc}\left(\sqrt{\frac{E_b}{n_0}}\right)$	r 是 1 码的倍噪比，也是 1.0 码的平均信噪比
相干 FSK	$\frac{1}{2}\text{erfc}\left(\sqrt{\frac{r}{2}}\right)$	$\frac{1}{2}\text{erfc}\left(\sqrt{\frac{E_b}{2n_0}}\right)$	E_b 是 1 码的比特能量
相干 ASK	$\frac{1}{2}\text{erfc}\left(\sqrt{\frac{r}{4}}\right)$	$\frac{1}{2}\text{erfc}\left(\sqrt{\frac{E_b}{4n_0}}\right)$	r 是 1 码的信噪比，E_b 是 1 码的比特能量
非相干 ASK	$\frac{1}{2}e^{-\frac{r}{2}}$	$\frac{1}{2}e^{-\frac{E_b}{2n_0}}$	r 是 1 码的信噪比，E_b 是 1 码的比特能量

假设接收机输入端信号功率相同，信道也相同，下面比较两种结构形式接收机的误码性能。由表 8-1 可以看出，横向比较两种结构形式的接收机误码性能可等价于比较 r 与 E_b/n_0

的大小。在相同的假设条件下，若 $r > E_b/n_0$，则实际接收机误码率小于最佳接收机误码率，即实际接收机性能优于最佳接收机性能；若 $r < E_b/n_0$，则实际接收机误码率大于最佳接收机误码率，即最佳接收机性能优于实际接收机性能；若 $r = E_b/n_0$，则实际接收机误码率等于最佳接收机误码率，即实际接收机性能与最佳接收机性能相同。

下面分析 r 与 E_b/n_0 之间的关系。由前面分析可知，实际接收机输入端总是有一个带通滤波器，其作用有两个：一是使输入信号尽可能顺利通过；二是使噪声尽可能少通过，以减小噪声对信号检测的影响。

信噪比 $r = S/N$ 是指带通滤波器输出端的信噪比。设噪声为高斯白噪声，单边功率谱密度为 n_0，带通滤波器的等效矩形带宽为 B，则带通滤波器输出端的信噪比为

$$r = \frac{S}{N} = \frac{S}{n_0 B} \tag{8-59}$$

由式(8-59)可知，信噪比 r 与带通滤波器带宽 B 有关。

对于最佳接收系统，接收机前端没有带通滤波器，其输入端信号能量与噪声功率谱密度之比为

$$\frac{E_b}{n_0} = \frac{ST}{n_0} = \frac{S}{n_0(1/T)} \tag{8-60}$$

式中，S 为信号平均功率；T 为码元时间宽度。

比较式(8-59)和式(8-60)可看出，对系统性能的比较最终可归结为对实际接收机带通滤波器带宽 B 与码元时间宽度 T 的比较。若 $B < 1/T$，则实际接收机性能优于最佳接收机；若 $B > 1/T$，则最佳接收机性能优于实际接收机；若 $B = 1/T$，则实际接收机与最佳接收机性能相同。

在实际接收机中，为使信号顺利通过，带通滤波器的带宽必须满足 $B > 1/T$，比如取 $B = 4/T$。在此情况下，实际接收机性能比最佳接收机差。综上所述，在相同条件下，最佳接收机性能一定优于实际接收机。

8.5 最佳基带传输系统

在前面的讨论中，都是在给定信号的条件下，构造一种最佳接收机使对信号检测的差错概率达到最小。从分析结果可看出，最佳接收机的性能不仅与接收机的结构有关，而且与发送端选择的信号形式有关。因此，仅仅从接收机考虑使得接收机最佳，并不一定能够达到使整个通信系统最佳。本节我们将发送、信道和接收作为一个整体，从系统的角度来讨论通信系统的最佳化问题。为了使问题简化，我们以基带传输系统为例进行分析。

8.5.1 最佳基带传输系统的组成

在基带传输系统中，既能消除码间串扰，又能实现最小差错概率的系统就是最佳基带传输系统。

在加性高斯白噪声信道下的基带传输系统组成如图 8-15 所示。图中，$G_T(\omega)$ 为发送滤波器传输函数，$G_R(\omega)$ 为接收滤波器传输函数，$C(\omega)$ 为信道传输特性。在理想信道条件下

$C(\omega)=1$；$n(t)$ 为高斯白噪声，其双边功率谱密度为 $n_0/2$。

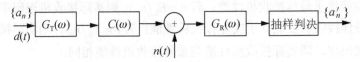

图 8-15 基带传输系统组成

最佳基带传输系统的准则是：判决器输出误码率最小。由基带传输系统和最佳接收原理可知，影响系统误码性能的因素有两个：码间干扰和加性噪声。对于码间干扰的影响，可以通过系统传输函数的设计，使得抽样时刻样值的码间干扰为零。对于加性噪声的影响，则可以通过接收滤波器的设计，尽可能减小噪声影响，但不能消除噪声影响。最佳基带传输系统的设计就是通过对发送滤波器、接收滤波器和系统总的传输函数综合设计，使系统输出误码率最小。

在图 8-15 中，发送滤波器的输入基带信号为

$$d(t)=\sum_n a_n \delta(t-nT_s) \tag{8-61}$$

对于理想信道 $C(\omega)=1$，此时系统总的传输函数为

$$H(\omega)=G_T(\omega)C(\omega)G_R(\omega)=G_T(\omega)G_R(\omega) \tag{8-62}$$

通过对基带传输系统的分析可知，当系统总的传输函数 $H(\omega)$ 满足式(8-63)时则可以消除抽样时刻的码间干扰，即

$$H(\omega)=\begin{cases}\sum_m H\left(\omega+\dfrac{2\pi m}{T_s}\right)=K, & |\omega|\leq\dfrac{\pi}{T_s} \\ 0, & |\omega|>\dfrac{\pi}{T_s}\end{cases} \tag{8-63}$$

式(8-63)是设计系统总传输函数的依据。式中 T_s 为码元时间间隔，K 为常数。由匹配滤波器理论可知，判决器输出误码率大小与抽样时刻所得样值的信噪比有关，信噪比越大，输出误码率就越小。

发送信号经过信道到达接收滤波器输入端，有

$$s_i(t)=d(t)*g_T(t)=\sum_n a_n g_T(t-nT_s) \tag{8-64}$$

为了使接收滤波器输出在抽样时刻得到最大信噪比，接收滤波器传输函数 $G_R(\omega)$ 应满足与其输入信号频谱复共轭一致，即

$$G_R(\omega)=G_T^*(\omega)\mathrm{e}^{-\mathrm{j}\omega t_0} \tag{8-65}$$

为了不失一般性，可取 $t_0=0$。将式(8-62)和式(8-65)结合可得以下方程组：

$$\left.\begin{array}{l}H(\omega)=G_T(\omega)G_R(\omega)\\ G_R(\omega)=G_T^*(\omega)\end{array}\right\} \tag{8-66}$$

求解式(8-66)可得

$$|G_T(\omega)|=|G_R(\omega)|=|H(\omega)|^{1/2} \tag{8-67}$$

选择合适的相位，使式(8-67)满足

$$G_T(\omega) = G_R(\omega) = H^{1/2}(\omega) \tag{8-68}$$

从式(8-68)可看出，在设计最佳基带传输系统时，首先选择一个无码间干扰的系统总的传输函数 $H(\omega)$，然后将 $H(\omega)$ 开平方一分为二，一半作为发送滤波器的传输函数 $G_T(\omega) = \sqrt{H(\omega)}$，另一半作为接收滤波器的传输函数 $G_R(\omega) = \sqrt{H(\omega)}$。此时构成的基带系统就是一个在发送信号功率一定的约束条件下，误码率最小的最佳基带传输系统。

8.5.2 最佳基带传输系统的误码性能

由前面分析，可得到最佳基带传输系统组成框图如图 8-16 所示。

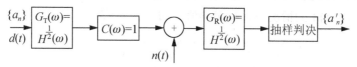

图 8-16 最佳基带传输系统组成框图

在图 8-16 中，$n(t)$ 是高斯白噪声，其双边功率谱密度为 $n_0/2$；$H(\omega)$ 选择为余弦滚降函数，且满足

$$\frac{1}{2\pi}\int_{-\infty}^{\infty}|H(\omega)|\mathrm{d}\omega = 1 \tag{8-69}$$

为了使最佳基带传输系统的误码性能分析具有一般性，以多进制数字基带系统的误码率为讨论对象。设传输的数据符号 a_n 具有 L(假设 L 为偶数)种电平取值：$\pm A$，$\pm 3A$，…，$\pm(L-1)A$，这些取值都是相互独立的，并且出现概率相等。由此，得到发送滤波器输出信号平均功率为

$$\begin{aligned}\overline{P} &= E\left\{\lim_{M\to\infty}\frac{1}{2MT_s}\int_{-MT_s}^{MT_s}\sum_{k=-M}^{M}[a_k g_T(t-kT_s)]^2\mathrm{d}t\right\}\\ &= \frac{\overline{a^2}}{2\pi T_s}\int_{-\infty}^{\infty}g_T^2(t-kT_s)\mathrm{d}t = \frac{\overline{a^2}}{2\pi T_s}\int_{-\infty}^{\infty}|G_T(\omega)|^2\mathrm{d}\omega \\ &= \frac{\overline{a^2}}{2\pi T_s}\int_{-\infty}^{\infty}|H(\omega)|\mathrm{d}\omega = \frac{\overline{a^2}}{T_s}\end{aligned} \tag{8-70}$$

式中，$\overline{a^2}$ 为输入基带信号电平的均方值，且容易推算出：

$$\overline{a^2} = \frac{2}{L}\sum_{i=1}^{L/2}[A(2i-1)]^2 = \frac{A^2}{3}(L^2-1) \tag{8-71}$$

将式(8-71)代入式(8-70)可得

$$\overline{P} = \frac{A^2}{3T_s}(L^2-1) \tag{8-72}$$

接收滤波器输出在抽样时刻的样值为

$$r(kT_s) = A_k + n_0(kT_s) = A_k + V \tag{8-73}$$

式中，V 是接收滤波器输出噪声在抽样时刻的样值，它是均值为 0、方差为 σ_n^2 的高斯噪声，其一维概率密度函数为

$$f(V) = \frac{1}{\sqrt{2\pi}} \sigma_n \exp\left(-\frac{V^2}{2\sigma_n^2}\right) \tag{8-74}$$

式中，方差 σ_n^2 为

$$\sigma_n^2 = \frac{1}{2\pi} \int_{-\infty}^{\infty} p_{no}(\omega) d\omega = \frac{1}{2\pi} \int_{-\infty}^{\infty} \frac{n_0}{2} |G_R(\omega)|^2 d\omega \tag{8-75}$$

由图 8-17 可以看出，判决器的判决门限电平应设置为 $0, \pm 2A, \pm 4A, \cdots, \pm(L-2)A$。发生错误判决的情况有：

(1) 在 $A_k = \pm A, \pm 3A, \cdots, \pm(L-3)A$ 的情况下，噪声样值 $|V|>A$；

(2) 在 $A_k = (L-1)A$ 的情况下，噪声样值 $V<-A$；

(3) 在 $A_k = -(L-1)A$ 的情况下，噪声样值 $V>A$。

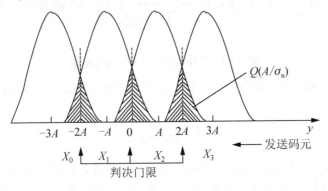

图 8-17 信号判决示意图

因此，错误概率为

$$p_e = \frac{1}{L}[(L-2)P(|V|>A) + P(V<-A) + P(V>A)]$$
$$= \frac{1}{L}[(L-2)P(|V|>A) + \frac{1}{2}P(V>-A) + \frac{1}{2}P(V>A)] \tag{8-76}$$
$$= \frac{L-1}{L} P(|V|>A)$$

根据噪声样值分布的对称性，可得

$$P(|V|>A) = 2P(V>A) = 2\int_A^{\infty} f(V) dv = \frac{2}{\sqrt{2\pi}} \int_A^{\infty} \exp\left(-\frac{v^2}{2\sigma_n^2}\right) dv \tag{8-77}$$

将式(8-77)代入式(8-76)可得

$$p_e = \frac{L-1}{L}\left[\frac{2}{\sqrt{2\pi}} \int_{\frac{A}{\sigma_n}}^{\infty} \exp\left(-\frac{V^2}{2}\right) dv\right]$$
$$= \frac{L-1}{L} \mathrm{erfc}\left(\frac{A}{\sqrt{2}\sigma_n}\right) = \frac{L-1}{L} \mathrm{erfc}\left(\sqrt{\frac{A^2}{n_0}}\right) \tag{8-78}$$

又由式(8-72)可得

$$A^2 = \frac{3\overline{P}T_s}{L^2-1} = \frac{3E}{L^2-1} \tag{8-79}$$

式中，$E = \overline{P}T_s$ 为接收信号码元平均能量。最后可得最佳基带传输系统误码率为

$$P_e = \frac{L-1}{L}\mathrm{erfc}\left[\sqrt{\frac{3E}{(L^2-1)n_0}}\right] \tag{8-80}$$

图 8-18 是误码率 P_e 与信噪比 E/n_0 的关系曲线。

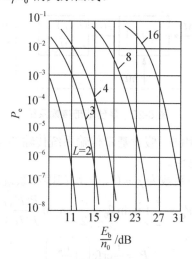

图 8-18　误码率 P_e 与信噪比 E/n_0 的关系曲线

以上结论是以数字基带传输系统为例分析得出的，其结论也可以推广到数字带通传输系统。对于二进制传输系统，有 $L=2$，此时误码率公式可简化为

$$P_e = \frac{1}{2}\mathrm{erfc}\left(\sqrt{\frac{E}{n_0}}\right) \tag{8-81}$$

这表明，二进制最佳基带传输系统的误码性能与采用最佳发送波形时的二进制确知信号最佳接收机的误码性能相等。进一步说明，采用最佳发送波形的最佳接收机也就构成了最佳系统。

8.5.3　典型实例分析

【例 8-3】　假设基带传输系统传输的是双极性信号(见图 8-19)，$g_1(t) = -g_0(t) = g(t)$，试求在这种情况下的最佳基带传输系统及其误码率。

解：发"0"时，发送波形为 $s_0(t) = g_T(t)$；发"1"时，发送波形为 $s_1(t) = -g_T(t)$。且互相关系数 $\rho = -1$。最佳接收机冲激响应应为

$$g_R(t) = g_T(T_s - t)$$

根据傅里叶变换的性质，可得

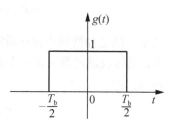

图 8-19　双极性信号

$$G_R(\omega) = G_T^*(\omega)\mathrm{e}^{-\mathrm{j}\omega T_s}$$

假设信道为理想信道，即 $C(\omega) = 1$，则有

$$\begin{cases} H(\omega) = G_T(\omega) \cdot G_R(\omega) \\ G_R(\omega) = G_T^*(\omega) e^{-j\omega T_s} \end{cases} \to G_R(\omega) = G_T(\omega) = \sqrt{H(\omega)}$$

由此，可得等概双极性信号的最佳基带传输系统如图 8-20 所示。

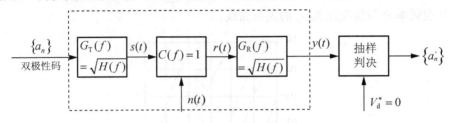

图 8-20 最佳基带传输系统

【例 8-4】 条件与上例相同，假设基带传输系统传输的是单极性信号，试求在这种情况下的最佳基带系统及其误码率。

解：两波形之间的互相关系数为 $\rho = 0$。判决门限和系统的误码率为

$$V_d^* = \frac{a}{2} + n_0 \ln \lambda_0 = \frac{a}{2} + n_0 \ln \frac{P(H_0)}{P(H_1)}$$

$$P_e = \frac{1}{2} \mathrm{erfc}\left(\sqrt{\frac{E_b}{4n_0}}\right)$$

若发送符号等概，则可得 $V_d = E_b / 2$。

在上述例题中，如果不采用最佳接收滤波器，基带传输系统的抗噪声性能将如何呢？下面以双极性信号为例进行分析。普通接收机分析模型如图 8-21 所示。

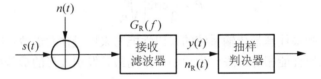

图 8-21 普通接收机分析模型

对于双极性基带信号，在一个码元时间内，抽样判决器输入端得到的波形可表示为

$$y(kT_s) = \begin{cases} A + n_R(kT_s), & y(kT_s) > V_d \quad 判为 "1" \\ -A + n_R(kT_s), & y(kT_s) < V_d \quad 判为 "0" \end{cases}$$

其中，信道加性噪声 $n(t)$ 通常被假设为均值为 0、双边功率谱密度为 $n_0/2$ 的平稳高斯白噪声，而接收滤波器又是一个线性网络，故判决电路输入噪声 $n_R(t)$ 也是均值为 0 的平稳高斯噪声，即

$$P_n(f) = \frac{n_0}{2} |G_R(f)|^2 \qquad 噪声功率谱$$

$$\sigma_n^2 = \int_{-\infty}^{\infty} \frac{n_0}{2} |G_R(f)|^2 \, df \qquad 噪声平均功率$$

当发送"1"时，$A + n_R(kT_s)$ 的一维概率密度函数为

$$f_1(x) = \frac{1}{\sqrt{2\pi}\sigma_n} \exp\left[-\frac{(x-A)^2}{2\sigma_n^2}\right]$$

当发送"0"时，$-A+n_R(kT_s)$ 的一维概率密度函数为

$$f_0(x) = \frac{1}{\sqrt{2\pi}\sigma_n}\exp\left[-\frac{(x+A)^2}{2\sigma_n^2}\right]$$

由此，可得到最佳判决门限及误码率为

$$V_d^* = \frac{\sigma_n^2}{2A}\ln\frac{P(0)}{P(1)}, \quad P_e = \frac{1}{2}\mathrm{erfc}\left(\frac{A}{\sqrt{2}\sigma_n}\right)$$

本 章 小 结

所谓最佳接收，是指在同样的信道噪声和接收信号条件下，使得正确接收的概率最大，而错误接收的概率最小。实际上，"最佳"都是相对一定的标准或准则来说的，设计最佳数字接收系统最常用的准则有最大输出信噪比准则和最小差错概率准则。

根据最大输出信噪比准则，需要针对信号合理设计匹配滤波器。若输入信号为 $s(t)$，信道噪声 $n(t)$ 是双边谱密度为 $n_0/2$ 的加性高斯白噪声，则要求的匹配滤波器的单位冲激响应及其传输函数分别是 $h(t) = s(t_0 - t)$、$H(\omega) = S^*(\omega)e^{-j\omega t_0}$。其中 t_0 是抽样判决的时刻，应选在码元结束时刻即 $t_0 = T$ 处。此时，匹配滤波器的输出是输入信号的自相关函数延时了 t_0，即 $s_0(t) = R_{si}(t-t_0)$，而最大输出信噪比为 $r_{omax} = \sqrt{2E/n_0}$。E 是信号 $s(t)$ 的码元能量。

最小差错概率(误码率)准则又称似然比准则，即

$$\frac{f(y|s_1)}{f(y|s_0)} > \frac{P(s_0)}{P(s_1)}, \quad \text{判为 } s_1; \quad \frac{f(y|s_1)}{f(y|s_0)} < \frac{P(s_0)}{P(s_1)}, \quad \text{判为 } s_0$$

其中，$f(y|s_1)$、$f(y|s_0)$ 分别是出现 s_1、s_0 时 $y(t)$ 的概率密度函数，称为似然函数。当发送 s_1 和 s_0 的概率相等即 $P(s_1) = P(s_0)$ 时，得最大似然比准则即

$$f(y|s_1) > f(y|s_0), \quad \text{判为 } s_1; \quad f(y|s_1) < f(y|s_0), \quad \text{判为 } s_0$$

工程上常见的情况是各个符号的先验概率相等。在等概条件下，对二进制最佳相干接收机的讨论又分两种情况：①对等能量信号(如 2PSK、2FSK 信号)，最佳接收机的结构如图 8-12 所示，但不需要 2 个加法器；②对一个信号为 0 的二进制信号(如 2ASK 信号)，最佳接收机的结构如图 8-14 所示。

将最佳接收机与实际接收机的性能进行比较，发现其误码率具有相同的数学表示形式，只需将最佳接收机中的能量噪声功率谱密度之比 E_b/n_0 与实际接收机中的信噪比 $r = S/N$ 对应即可。但在实际接收机的设计中，一般为让信号顺利通过，要使得带通滤波器的带宽 B 大于码元速率 $1/T$，因此，在相同条件下，最佳接收机的性能一定是优于实际接收机。

实际应用中还需将发送机、信道和接收机作为一个整体来考虑其最佳化问题。以最佳基带传输系统为例，要求其发送滤波器和接收滤波器的传输函数满足 $G_T(\omega) = G_R(\omega) = \sqrt{H(\omega)}$，其中 $H(\omega)$ 是满足无码间串扰要求的系统总传输函数。

思考练习题

8-1 在数字通信中，为什么说"最小差错概率准则"是最直观和最合理的准则？

8-2 什么是似然比准则？什么是最大似然比准则？

8-3 二进制确知信号的最佳接收机结构如何？它是怎样得到的？

8-4 什么是二进制确知信号的最佳形式？

8-5 试述确知的二进制 PSF、FSK 及 ASK 信号的最佳接收机的误码性能有何不同？并加以解释。

8-6 如何才能使实际接收机的误码性能达到最佳接收机的水平？

8-7 什么是匹配滤波器？对于与矩形包络调制信号相匹配的滤波器的实现方法有哪些？它们各有什么特点？

8-8 相关器和匹配滤波器如何才能等效？

8-9 什么是最佳基带传输系统？

8-10 什么是理想信道？在理想信道下的最佳基带传输系统的结构具有什么特点？

8-11 试构成先验等概率的二进制确知 ASK(OOK)信号的最佳接收机结构。若非零信号的码元能量为 E_b 时，试求该系统的抗高斯白噪声的性能。

8-12 设二进制 FSK 信号为

$$\begin{cases} s_1(t) = A\sin\omega_1 t, & 0 \leq t \leq T_s \\ s_2(t) = A\sin\omega_2 t, & 0 \leq t \leq T_s \end{cases}$$

且 $\omega_1 = 4\pi/T_s$、$\omega_1 = \omega_2$、$s_1(t)$ 和 $s_2(t)$ 等概率出现。试求：

(1) 构成相关检测器形式的最佳接收机的结构；

(2) 画出各点可能的工作波形；

(3) 若接收机输入高斯噪声功率谱密度为 $n_0/2(\text{W/Hz})$，试求系统的误码率。

8-13 在功率谱密度为 $n_0/2$ 的高斯白噪声下，设计一个针对图 8-22 所示 $f(t)$ 的匹配滤波器。试求：

(1) 如何确定最大输出信噪比的时刻；

(2) 匹配滤波器的冲激响应和输出波形，并绘出图形；

(3) 最大输出信噪比的值。

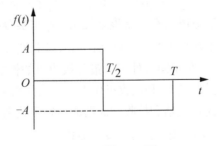

图 8-22 题 8-13 图

8-14 在图 8-23 中，设系统输入 $s(t)$ 及 $h_1(t)$、$h_2(t)$ 分别如图 8-23(b)所示，试绘图解出 $h_1(t)$ 及 $h_2(t)$ 的输出波形，并说明 $h_1(t)$ 及 $h_2(t)$ 是否是 $s(t)$ 的匹配滤波器。

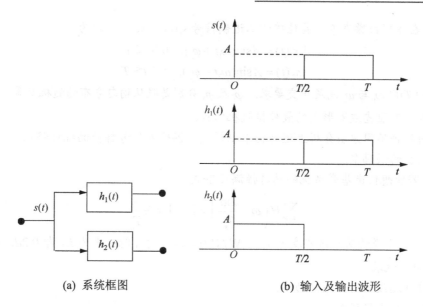

(a) 系统框图　　　　　　　　(b) 输入及输出波形

图 8-23　题 8-14 图

8-15　设 2PSK 方式的最佳接收机与实际接收机有相同的输入信噪比 E_b/n_0，如果 $E_b/n_0 = 10\text{dB}$，普通接收机的带通滤波器带宽为 $6/T(\text{Hz})$，T 是码元宽度，则两种接收机的误码性能相差多少？

8-16　设到达接收机输入端的二进制信号码元 $s_1(t)$ 及 $s_2(t)$ 的波形如图 8-24 所示，输入高斯噪声功率谱密度为 $n_0/2(\text{W/Hz})$。试求：

(1) 画出匹配滤波器形式的最佳接收机结构；

(2) 确定匹配滤波器的单位冲激响应及可能的输出波形；

(3) 系统的误码率。

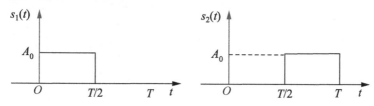

图 8-24　题 8-16 图

8-17　将题 8-16 中的 $s_1(t)$ 及 $s_2(t)$ 改为图 8-25 所示的波形，试重做该题。

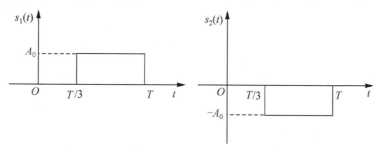

图 8-25　题 8-17 图

8-18 在高斯白噪声下，最佳接收二进制信号 $s_1(t)$ 及 $s_2(t)$，即为

$$\begin{cases} s_1(t) = A\sin(\omega_1 t + \varphi_1), & 0 \leqslant t \leqslant T \\ s_2(t) = A\sin(\omega_2 t + \varphi_2), & 0 \leqslant t \leqslant T \end{cases}$$

式中，在$(0,T)$内 ω_1 与 ω_2 满足正交要求；φ_1 及 φ_2 分别是服从均匀分布的随机变量。试求：

(1) 构成匹配滤波器形式的最佳接收机结构；

(2) 用两种不同方法分析上述结构中抽样判决器输入信号样值的统计特性；

(3) 系统的误码率。

8-19 若理想信道基带系统的总特性满足下式：

$$\sum_i H\left(\omega + \frac{2\pi i}{T_s}\right) = T_s, \quad |\omega| \leqslant \frac{\pi}{T_s}$$

信道高斯噪声的功率谱密度为 $n_0/2(\text{W}/\text{Hz})$，信号的可能电平为 L，即 $0, 2d, \cdots, 2(L-1)d$ 等概率出现。试求：

(1) 接收滤波器输出噪声功率；

(2) 系统最小误码率。

8-20 设信息代码为 010010，载波频率为信息速率的 2 倍。试求：

(1) 画出 2DPSK 最佳相干接收机框图；

(2) 画出无噪声时最佳相干接收机各点波形。

8-21 在二进制双极性基带传输系统中，设信道输出信号是峰-峰值等于 $2A$ 的矩形脉冲，信道噪声是单边功率谱密度为 n_0 的高斯噪声。试证明，最佳接收机的误码率不大于非最佳接收机的误码率。

第9章 同步原理

教学目标

通过本章的学习，了解通信系统中各种常用的同步方式，如载波同步、位同步、群同步和网同步，了解这些同步方式的基本区别，掌握各类同步方式的基本原理与实现方法，并能初步分析这些同步方式的性能。

在通信系统中，同步具有相当重要的作用，它直接影响通信系统性能的优劣。所谓同步，就是要使系统的收端电路与发端电路在时间、频率和相位上保持步调一致。从同步的功用来分，同步可以分为载波同步、位同步(码元同步)、群同步(帧同步)和网同步(通信网中用)4 种。

不管是模拟通信系统还是数字通信系统，当对已调波采用同步解调或相干检测时，接收端需要提供一个与发射端调制载波同频同相的相干载波，而这个相干载波的获取就称为载波提取，或称为载波同步。

在数字通信系统中，接收端解调时面对的是一串相继的信号码元序列，需要知道每个码元的起止时刻，并在最佳抽样时刻进行判决，因此在接收端需要一个码元的定时脉冲序列，其重复频率必须与发送码元脉冲序列一致，同时在最佳判决时刻(或称为最佳相位时刻)对接收码元进行抽样判决，这就是位同步信号。

数字通信中的信息数字流，总是用若干码元组成一个"字"，又用若干"字"组成一"句"。因此，在接收这些数字流时，同样也必须知道这些"字""句"的起止时刻。而在接收端产生与"字""句"起止时刻相一致的定时脉冲序列，就被称为"字"同步和"句"同步，统称为群同步或帧同步。

有了上面 3 种同步方式就可以保证点与点的数字通信，但还需使整个数字通信网内有一个统一的时间节拍标准，这就是网同步需要讨论的问题。

除了按照功用来区分同步外，还可以按照传输同步信息方式的不同，把同步分为外同步法(插入导频法)和自同步法(直接法)两种。外同步法是指发送端发送专门的同步信息，接收端把这个专门的同步信息检测出来作为同步信号；自同步法是指发送端不发送专门的同步信息，而在接收端设法从收到的信号中提取同步信息。

不论采用哪种同步方式，对正常的信息传输来说，都是非常必要的，因为只有在收发之间建立了同步才能开始传输信息。因此，在通信系统中，通常都是要求同步信息传输的可靠性高于信号传输的可靠性。

本章主要介绍几种常见同步技术的基本原理和实现方法，并简要分析其性能指标。

9.1 载波同步

获取与发端载波同频同相的本地载波，一般有两类方法：一类是不专门发送导频，而在接收端直接从发送信号中提取载波，这类方法称为直接法，也称为自同步法；另一类是在发送有用信号的同时，在适当的频率位置上，插入一个(或多个)称作导频的正弦波，接收端就利用导频提取出载波，这类方法称为插入导频法，也称为外同步法。

9.1.1 直接法

当已调波本身含有载波分量时(如 AM、ASK 信号，频谱中包含载波频率的离散谱)，可以直接用窄带滤波器(NBPF)从已调波中提取载波成分。有些信号(如 DSB 信号等)虽然本身不包含载波分量，但对该信号进行某些非线性变换以后，就可以直接从中提取出载波分量，这就是直接法提取同步载波的基本原理。下面介绍几种直接提取载波的方法。

1. 平方变换法和平方环法

第 3 章曾经介绍过，设调制信号为 $m(t)$，$m(t)$ 中无直流分量，ω_c 为载波频率，则抑制载波的 DSB 信号为

$$s(t) = m(t)\cos\omega_c t$$

接收端解调时，将 DSB 信号 $s(t)$ 经过一个平方律部件，则得到：

$$e(t) = m^2(t)\cos^2(\omega_c t) = \frac{1}{2}m^2(t) + \frac{1}{2}m^2(t)\cos 2\omega_c t \tag{9-1}$$

由式(9-1)可知，$m(t)$ 中虽然无直流分量，但 $m^2(t)$ 中是有直流分量的(因为 $m^2(t) \geqslant 0$，其均值即直流分量肯定大于 0，即存在直流分量)。而式(9-1)中的第二项表明，只要 $m^2(t)$ 中含有直流成分，$e(t)$ 中必包含 $\cos 2\omega_c t$ 的独立成分。故可以对平方信号 $e(t)$ 用一窄带滤波器(中心频率为 $2\omega_c$)进行滤波，滤出 $2\omega_c$ 的频率后再对其进行二分频，即可得到所需的载波频率，如图 9-1 所示。可以证明，平方变换法载波提取对 2PSK 信号也是适用的。

图 9-1 平方变换法提取载波原理图

由于 NBPF 总有一定的带宽，致使一部分信号和噪声也会通过，它们会叠加在有用的载波信号上，引起载波信号的相位抖动。为了提高载波的质量，改善平方变换法的性能，可以在平方变换法的基础上，把窄带滤波器用锁相环替代，构成图 9-2 所示原理框图，这样就实现了平方环法提取载波。由于锁相环具有良好的跟踪、窄带滤波和记忆性能，因此平方环法比一般的平方变换法具有更好的性能，因而得到广泛应用。

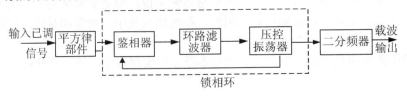

图 9-2 平方环法提取载波原理框图

以上两个电路中都进行了二分频，经过二分频后提取出的载波都存在 180°的相位模糊问题。即由 $2f_c$ 窄带滤波器得到的是 $\cos 2\omega_c t$，它经过二分频以后得到的可能是 $\cos\omega_c t$ 也

可能是 $\cos(\omega_c t + \pi)$。这种相位的不确定性称为相位模糊。对移相信号而言，为了解决这个问题，可以采用前面提到的相对移相的方法。

【例 9-1】 试证明：

(1) 对 SSB 信号不能用平方变换法提取载波；
(2) 对 2PSK 信号可以用平方变换法提取载波；
(3) 对 4PSK 信号可以用 4 次方变换法提取载波。

解：(1) 以单音调制为例，设调制信号 $m(t) = \cos\Omega t$，则 SSB 信号为

$$s_{SSB}(t) = \frac{1}{2}\cos(\omega_c - \Omega)t$$

对其进行平方变换，得

$$e(t) = \frac{1}{4}\cos^2(\omega_c - \Omega)t = \frac{1}{8}[1 + \cos 2(\omega_c - \Omega)t]$$

由于 $e(t)$ 中没有 ω_c 或 $2\omega_c$ 的频率成分，所以 SSB 信号不能用平方变换法提取载波。

(2) 2PSK 信号可表示为

$$s_{2PSK}(t) = \cos(\omega_c t + N\pi), \quad N = 0,1$$

对其进行平方变换，得

$$s_{2PSK}^2(t) = \cos^2(\omega_c t + N\pi) = \frac{1}{2}[1 + \cos(2\omega_c t + 2N\pi)] = \frac{1}{2}(1 + \cos 2\omega_c t)$$

可见，可以用 NBPF 提取 $2f_c$ 频率成分，再经二分频后即得 f_c 载波成分。

(3) 4PSK 信号可表示为

$$s_{4PSK}(t) = \cos\left(\omega_c t + \frac{N\pi}{2}\right), \quad N = 0,1,2,3$$

对其进行平方变换，得

$$s_{4PSK}^2(t) = \frac{1}{2}[1 + \cos(2\omega_c t + N\pi)] = \frac{1}{2} + s_1(t)$$

隔直后再对 $s_1(t)$ 进行平方变换，得

$$s_1^2(t) = \frac{1}{8}[1 + \cos(4\omega_c t + 2N\pi)] = \frac{1}{8}[1 + \cos(4\omega_c t)]$$

可见，可以用 NBPF 提取 $4f_c$ 频率成分，再经四分频后即得 f_c 载波成分。

2. 同相正交环法

图 9-3 所示，压控振荡器 (Voltage Controlled Oscillator, VCO) 输出的信号 $v_1 = \cos(\omega_c t + \theta)$，其经过 90°相移的信号 $v_2 = \sin(\omega_c t + \theta)$ 为正交信号，v_1 称为同相载波信号，v_2 称为正交载波信号。所以通常称这种环路为同相正交环，或者称为科斯塔斯环(Costas)。

同相正交环法是采用特殊鉴相功能的锁相环组成的。鉴相器要鉴别输入信号中被抑制了的载波分量与本地压控振荡器 VCO 之间的相位误差。它含有两个相干解调器，它们的输入是接收到的已调信号，分别同两个正交本地载波即 v_1、v_2 进行相干解调，两路相干解调的输出分别经过低通滤波器后，送入乘法器，相乘的结果送入环路滤波器，环路滤波器的输出控制 VCO。由于该系统的闭环作用，就能使 VCO 输出的本地载波自动地跟踪接收信号的相位。同步时，同相支路的输出即为所需的解调信号，此时正交支路的输出为 0。

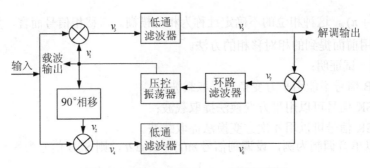

图 9-3 同相正交环(Costas)法提取载波

将 v_1 和 v_2 分别与输入进来的已调信号相乘得到 v_3 和 v_4：

$$v_3 = m(t)\cos\omega_c t\cos(\omega_c t + \theta) = \frac{1}{2}m(t)[\cos\theta + \cos 2(\omega_c t + \theta)]$$

$$v_4 = m(t)\cos\omega_c t\sin(\omega_c t + \theta) = \frac{1}{2}m(t)[\sin\theta + \sin 2(\omega_c t + \theta)]$$

将 v_3 和 v_4 分别经过低通滤波器得

$$v_5 = \frac{1}{2}m(t)\cos\theta \tag{9-2}$$

$$v_6 = \frac{1}{2}m(t)\sin\theta \tag{9-3}$$

将 v_5、v_6 经过乘法器后得

$$v_7 = v_5 v_6 = \frac{1}{8}m^2(t)\sin 2\theta \tag{9-4}$$

式中，θ 是压控振荡器输出信号与输入已调信号载波之间的相位误差。当 θ 较小时，$\sin\theta \approx \theta$。式(9-4)可以近似地表示为

$$v_7 \approx \frac{1}{4}m^2(t)\theta \tag{9-5}$$

式(9-5)中 v_7 的大小与 θ 成正比，它就相当于一个鉴相器的输出。用 v_7 去调整压控振荡器输出信号的相位，最后就可以使稳态相位误差 θ 减小到很小的数值。这样压控振荡器的输出 v_1 就是所需要提取的载波。不仅如此，θ 减小到很小时，式(9-2)的 v_5 就接近于调制信号 $m(t)$，因此，同相正交环法同时还具有解调功能，目前在许多接收机中已经得到了使用。但同相正交环电路实现相对较复杂。

9.1.2 插入导频法

插入导频法又称外同步法，它是指在已调波不含有独立的载波成分的情况下，把载波信号与已调波一同发射出去，目的是使接收端可以采用 NBPF 来提取载波。插入导频可以在频域进行，也可以在时域进行，分别称为频域插入导频法和时域插入导频法。

1. 频域插入导频法

在模拟通信系统中，DSB 信号本身不含有载波；VSB 信号虽然一般都含有载波分量，但很难从已调信号的频谱中将它分离出来；SSB 信号更是不存在载波分量。在数字通信系统中，2PSK 信号中的载波分量为零。对这些信号的载波提取，都可以用插入导频法，特别

是 SSB 信号，只能用插入导频法提取载波。下面以 DSB 信号为例来介绍插入导频法。

对于抑制载波的双边带调制而言，在载频处，已调信号的频谱分量为零，同时对调制信号 $m(t)$ 进行适当的处理，就可以使已调信号在载频附近的频谱分量很小，这样就可以插入导频，这时插入的导频对信号的影响最小，如图 9-4 所示。

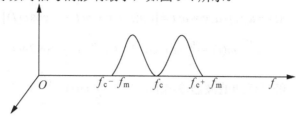

图 9-4 导频与信号频谱的关系

应该注意，此时插入的导频并不是加在调制器的那个载波，而是将该载波移相 90° 后的所谓"正交载波"。

根据上述原理，就可构成插入导频的发送端原理框图如图 9-5 所示，则输出信号 $u_o(t)$ 为

$$u_o(t) = m(t)a_c\cos\omega_c t - a_c\sin\omega_c t \tag{9-6}$$

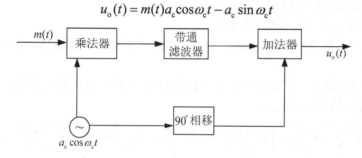

图 9-5 发送端插入导频原理框图

由式(9-6)知，发送端信号是一种抑制载波的双边带信号，同时叠加了一个正交载波作为导频。若在接收端收到的信号即为发送端所发出的 $u_o(t)$ 信号，则接收端用一个中心频率为 f_c 的窄带滤波器就可以得到导频 $-a_c\sin\omega_c t$，再将它移相 90°，就可得到与调制载波同频同相的信号 $a_c\cos\omega_c t$。由此得到接收端的原理框图如图 9-6 所示，此时经过乘法器后的 $v(t)$ 为

$$v(t) = u_o(t)\cdot a_c\cos\omega_c t = [(m(t)a_c\cos\omega_c t - a_c\sin\omega_c t)]\cdot a_c\cos\omega_c t$$

$$= \frac{a_c^2}{2}m(t) + \frac{a_c^2}{2}m(t)\cos 2\omega_c t - \frac{a_c^2}{2}\sin 2\omega_c t \tag{9-7}$$

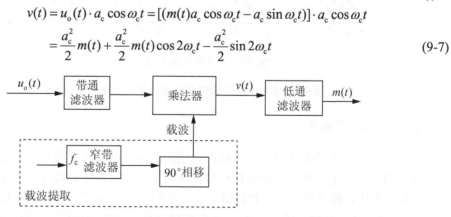

图 9-6 发送端插入导频时接收端提取载波及解调原理框图

可见，$v(t)$ 经过低通滤波器后，滤掉了 $2\omega_c$ 的频率分量，即得到调制信号 $m(t)$。然而，如果发送端加入的导频不是正交载波，而是调制载波，这时发送端的输出信号可表示为

$$u_o(t) = m(t)a_c\cos\omega_c t + a_c\cos\omega_c t$$

则有

$$v(t) = u_o(t) \cdot a_c\cos\omega_c t = [m(t)a_c\cos\omega_c t + a_c\cos\omega_c t] \cdot a_c\cos\omega_c t$$

$$= \frac{a_c^2}{2}m(t) + \frac{a_c^2}{2}m(t)\cos 2\omega_c t + \frac{a_c^2}{2} + \frac{a_c^2}{2}\cos 2\omega_c t \tag{9-8}$$

由式(9-8)可知，经过低通滤波器输出的信号为 $\frac{a_c^2}{2}m(t) + \frac{a_c^2}{2}$，多了一个不需要的直流分量 $\frac{a_c^2}{2}$，该直流分量将通过低通滤波器对数字信号产生影响，所以在发送端采用了正交载波来作为导频。

对于单边带调制信号，导频插入的原理也与上述方法类似。

【例 9-2】 对 SSB 信号采用插入导频法实现载波同步。

(1) 画出调制系统原理框图。

(2) 画出 SSB 信号及导频信号频谱。

解：(1) 调制系统原理框图与 DSB 信号类似，不同的是带通滤波器改为边带滤波器，如图 9-7(a)所示。

(2) 如图 9-7(b)所示，①是发送前基带信号频谱，②是 SSB 信号频谱，③是导频信号频谱，④是解调后基带信号频谱。

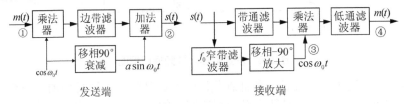

(a) 插入导频的 SSB 系统原理框图

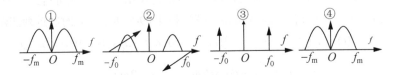

(b) 插入导频的 SSB 系统信号频谱

图 9-7 插入导频的 SSB 系统原理框图与有关信号频谱

2．时域插入导频法

除了在频域插入导频之外，还可以在时域插入导频以传送和提取同步载波。时域插入导频法中对被传输的数据信号和导频信号在时间上加以区别，具体分配情况如图 9-8(a)所示。在每一帧中，除了包含一定数目的数字信息外，在 $t_0 \sim t_1$ 的时隙中传送位同步信号，在 $t_1 \sim t_2$ 的时隙内传送帧同步信号，在 $t_2 \sim t_3$ 的时隙内传送载波同步信号，而在 $t_3 \sim t_4$ 时隙内才传送数字信息。可以发现这种时域插入导频方式，只是在每帧的一小段时间内才作为载频

标准，其余时间是没有载频标准的。

在接收端用相应的控制信号将载频标准取出可以形成解调用的同步载波。但是由于发送端发送的载波标准是不连续的，在一帧内只有很少一部分时间存在，因此不能采用窄带滤波器取出这个间断的载波。对于这种时域插入导频方式的载波提取往往采用锁相环路，其原理框图如图 9-8(b)所示。

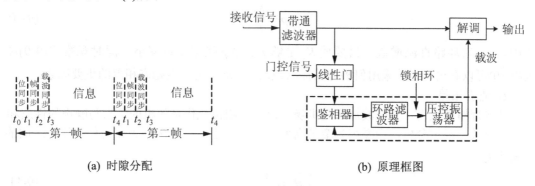

(a) 时隙分配　　　　　　　　　　(b) 原理框图

图 9-8　时域插入导频法

在锁相环中，压控振荡器的自由振荡频率应尽量和载波标准频率相等，而且要有足够的频率稳定度，鉴相器每隔一帧时间与由门控信号取出的载波标准比较一次，并通过该相位误差去控制压控振荡器。当载频标准消失后，压控振荡器具有足够的同步保持时间，直到下一帧载波标准出现时再进行比较和调整。适当地设计锁相环路，就可以使恢复的同步载波的频率和相位的变化控制在允许范围以内。

9.1.3　载波同步系统的性能

衡量载波同步系统的性能的指标主要有效率、精度、同步建立时间和保持时间等。

1. 效率

效率是指为了获得载波信号消耗的发送功率的量，要想高效则要尽可能少地消耗发送功率。用直接法提取载波时，发送端不专门发送导频，因而效率高。而采用插入导频法时，由于插入导频要消耗一部分功率，因而系统的效率低，所以由所使用的方法可以直接判断该同步系统的效率高低。

2. 精度

精度是指提取的同步载波与载波标准比较，它们之间相位误差的大小。高精度也就是提取出的载波相位与发送的载波相比，相位误差应该尽量小。相位误差分为稳态相差和随机相差。稳态相差是指载波信号通过同步信号提取电路以后，在稳态下所引起的相差；随机相差是指由于随机噪声的影响而引起同步信号的相位误差。

1) 稳态相差

当利用窄带滤波器提取载波时，假设所用的窄带滤波器是一个简单的单调谐回路，其 Q 值一定。那么，当回路的中心频率 ω_0 与载波频率 ω_c 不相等时，就会使输出的载波同步信号引起一稳态相差 $\Delta\varphi$。若 ω_0 与 ω_c 之差为 $\Delta\omega$，且 $\Delta\omega$ 较小时，可得：

$$\Delta\varphi = 2Q\frac{\Delta\omega}{\omega_0} \tag{9-9}$$

可见，Q 值越高，所引起的稳态相差越大。当利用锁相环构成同步系统时，当锁相环压控振荡器输出与输入载波信号之间存在频差 $\Delta\omega$，则此时也会引起稳态相差。该稳态相差可以表示为

$$\Delta\varphi = \frac{\Delta\omega}{K_v} \tag{9-10}$$

式中，K_v 为环路直流增益。只要使 K_v 足够大，$\Delta\varphi$ 就可以足够小。同时观察式(9-9)和式(9-10)可以看出，无论采用何种方法提取载波，$\Delta\omega$ 都是产生稳态相差的重要因素。

2) 随机相差

从物理概念上讲，正弦波加上随机噪声以后，相位变化是随机的，它与噪声的性质和信噪比有关。经过分析，当噪声为窄带高斯噪声时，随机相位 θ_n 的方差与信噪比 r 之间的关系式为

$$\overline{\theta_n^2} = \frac{1}{2r} \tag{9-11}$$

3. 同步建立时间 t_s 和保持时间 t_c

当窄带滤波器采用单谐振电路时，假设信号在 $t=0$ 时刻加到单谐振电路上，则回路两端输出电压为

$$u(t) = U\left[1 - \exp\left(-\frac{\omega_0 t}{2Q}\right)\right]\cos\omega_0 t \tag{9-12}$$

在实际应用中，通常把同步建立时间 t_s 确定为 $u(t)$ 的幅度达到 U 的一定百分比 k 即可，如图 9-9 所示。这样，$u(t)$ 达到 kU 的时间被定义为同步建立时间 t_s，可以求得：

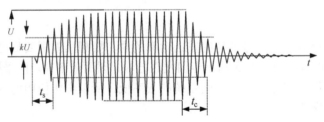

图 9-9 载波同步的建立时间与保持时间

$$t_s = \frac{2Q}{\omega_0}\ln\left(\frac{1}{1-k}\right) \tag{9-13}$$

在同步建立以后，如果信号突然消失(例如时域插入导频法，或者信号出现短时间的衰落)，同步载波应能保持一定时间，保持时间 t_c 可以按振幅下降到 kU 来计算。信号消失，回路两端电压为

$$u(t) = U\exp\left(-\frac{\omega_0 t}{2Q}\right)\cos\omega_0 t \tag{9-14}$$

利用式(9-14)，可以求出：

$$t_c = \frac{2Q}{\omega_0} \ln\left(\frac{1}{k}\right)$$

通常令 $k = 1/e$，此时可求出：

$$t_s = 0.46 \frac{2Q}{\omega_0}, \quad t_c = \frac{2Q}{\omega_0} \tag{9-15}$$

从式(9-15)可以看到，要使同步建立时间变短，Q 值需要减小；要延长保持时间，Q 值需要增大，因此这两个参数对 Q 值的要求是矛盾的。

9.2 位同步

位同步又称为码元同步。在数字通信系统中，发送端按照确定的时间顺序，逐个传输数字脉冲序列中的每个码元，而在接收端必须有准确的抽样判决时刻才能正确判决所发送的码元，因此，接收端必须提供一个确定抽样判决时刻的定时脉冲序列。这个定时脉冲序列的重复频率必须与发送的数字脉冲序列一致，同时在最佳判决时刻(或称为最佳相位时刻)对接收码元进行抽样判决。

实现位同步的方法和载波同步类似，有外同步法(插入导频法)和自同步法(直接法)两种，而在直接法中又分为滤波法和锁相法。

9.2.1 插入导频法

插入导频法即外同步法，它与载波同步中的插入导频法类似，也是在基带信号频谱的零点处插入导频，以便于提取。

有些数字基带信号本身不包含位同步信号，为了在接收端获得位同步信息，则需要在发送端插入一个同步信号。插入导频一般位于基带信号频谱的第一个零点处。对于码元周期为 T_s 的二进制不归零码，其频谱的第一个零点位于 $f = 1/T_s$ 处，则可在此处插入一个导频信号，如图 9-10(a)所示。若信号经过相关编码后，其第一个零点位于 $f = \frac{1}{2T_s}$ 处(见图 9-10(b)，导频应插入 $f = \frac{1}{2T_s}$ 处。

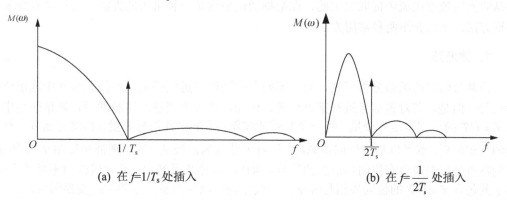

(a) 在 $f=1/T_s$ 处插入　　　　　(b) 在 $f=\frac{1}{2T_s}$ 处插入

图 9-10　插入导频的信号频谱

在接收端，对图 9-10(a)所示的情况，经中心频率为 $f=1/T_s$ 的窄带滤波器，就可从解调后的基带信号中提取出位同步信号。这时，位同步脉冲的周期与插入导频的周期是一致的；对如图 9-10(b)所示的情况，窄带滤波器的中心频率应为 $f=1/2T_s$，因为这时位同步脉冲的周期为插入导频周期的 1/2，故需将插入导频 2 倍频，才能获得所需的位同步脉冲。

图 9-11(a)给出了位同步插入导频法原理框图。基带信号经相关编码器处理，使其信号频谱在 $f=1/2T_s$ 位置为零，这样就可以在 $f=1/2T_s$ 处插入位定时导频。接收端的结构如图 9-11(b)所示，从图中可以看到，由窄带滤波器取出的导频($f=1/2T_s$)经过移相和倒相后，再经过加法器把基带数字信号中的导频成分抵消。由窄带滤波器取出导频的另一路经过移相和放大限幅、微分全波整流、整形等电路，产生位定时脉冲，微分全波整流电路起到倍频器的作用，因此虽然导频是 $f=1/2T_s$，但定时脉冲的重复频率变为与码元速率相同的 $f=1/T_s$。图中两个移相器都是用来消除由窄带滤波器等引起的相移，因此可以合用。

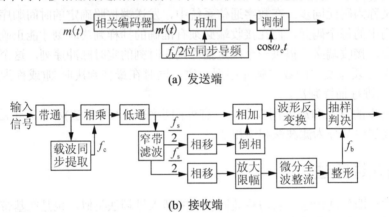

图 9-11 外同步法原理框图

除了上述介绍的频域导频插入法，也可以采用时域导频插入法，其原理与载波同步中介绍的时域插入导频法类似。

9.2.2 直接法

直接法也称自同步法，发送端不专门发送位同步信号，接收端所需的位同步信号是直接从收到的数据码流中提取出来的，在数据通信中这是一种常用的方法。直接法有很多种实现方法，下面介绍两种常用方法。

1．滤波法

由基带信号的频谱分析可知，对于不归零的随机二进制序列，不能直接从中滤出位同步信号。但是，若对该信号进行某种变换，例如，变成单极性归零脉冲后，则该序列中就含有 $f=1/T_s$ 的位同步信号分量，经一个窄带滤波器，可滤出此信号分量，再将它通过一移相器调整相位后，就可以形成位同步脉冲。这种方法称为滤波法，其原理框图如图 9-12 所示。它的特点是先形成含有位同步信息的信号，再用滤波器将其滤出。而单极性归零脉冲序列，由于其包含 $f=1/T_s$ 的位同步信号分量，一般作为提取位同步信号的中间变换码型。

第9章 同步原理

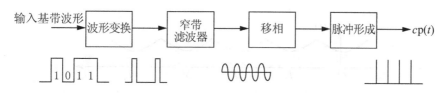

图 9-12 滤波法原理框图

图 9-12 中的波形变换，在实际应用中由微分、整流电路构成，变换过程如图 9-13 所示。所得到的单极性归零信号包含有位同步信号分量，便于通过滤波器进行提取。

2. 锁相法

与载波同步的提取类似，把采用锁相环来提取位同步信号的方法称为锁相法。在数字通信中，这种锁相电路常采用数字锁相环来实现。

采用数字锁相法提取位同步原理框图如图 9-14 所示，它由高稳定度晶振、分频器、相位比较器和控制电路组成。其中，控制电路包括图中的扣除门、附加门和"或门"。高稳定度晶振产生的信号经整形电路变成周期性脉冲，然后经控制器再送入分频器，经 N 次分频后与输入相位基准进行相位比较，由两者相位的超前或滞后，来确定扣除或附加一个脉冲，以调整位同步脉冲的相位。

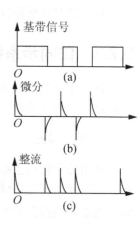

图 9-13 波形变换过程

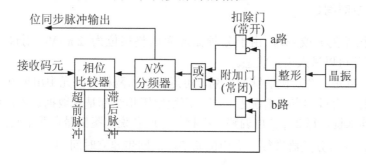

图 9-14 锁相法原理框图

【**例 9-3**】(1) 如果接收到数字基带信号的"1"码是宽度为 T_s 的三角脉冲，"0"码无脉冲，应如何实现位同步？

(2) 如果接收到数字基带信号的"1"码基本波形 $g_1(t)$ 是宽度为 $1.5T_s$ 的正极性三角脉冲，"0"码基本波形 $g_2(t)=-g_1(t)$，应如何实现位同步？

解：(1) 此基带信号中含有 f_s 的独立频率成分(即离散谱)，故可直接利用窄带滤波器提取频率为 f_s 的时钟信号。

(2) 此基带信号中没有频率为 f_s 的离散谱，不能直接使用 NBPF 提取时钟信号。但如果将它进行全波整流，所得波形 $f(t)$ 就是周期为 f_s 的周期性信号，如图 9-15 所示。$f(t)$ 含有频率为 f_s 的离散谱，可以用 NBPF 提取频率为 f_s 的时钟信号。

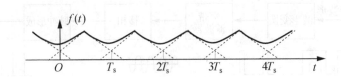

图 9-15 例 9-3 用图

也可以对此基带信号进行平方变换,然后用 NBPF 提取频率为 f_s 的时钟信号。

9.2.3 位同步系统的性能

位同步系统的性能指标除了效率以外,主要有相位误差(精度)、同步建立时间、同步保持时间和同步带宽等。

1. 相位误差

利用数字锁相法提取位同步信号时,相位比较器比较出相位误差以后,立即加以调整,在一个码元周期 T_s 内(相当于 360°相位内)加一个或扣除一个脉冲。而由图 9-14 可见一个码元周期内由晶振及整形电路来的脉冲数为 N 个,因此,最大调整相位为

$$\theta_e = \frac{2\pi}{N} \tag{9-16}$$

可见,N 越大,最大相位误差越小。

2. 同步建立时间 t_s

最大起始相差为 π 或 $-\pi$,由于分频器最大调整相位为 $2\pi/N$,则最多需调整次数 $n=N/2$,锁相环就可以进入锁定状态。

由于数字信息是一个随机的脉冲序列,可近似认为两相邻码元中出现 01、10、11、00 的概率相等,其中有过零点的情况占一半。而数字锁相法都是从数据过零点中提取标准脉冲的,因此平均来说,每 $2T_s$ 秒可调整一次相位。或者说,鉴相器在两个码元内工作一次,且工作 m 次后,才对分频器进行一次相位调整,故同步建立时间为

$$t_s = \frac{N}{2} \times 2mT_s = mNT_s \tag{9-17}$$

3. 同步保持时间 t_c

设发射机和接收机的时钟稳定度相同且均为 η,则分频器输出信号频率与环路输入信号信息速率之间的最大误差为 $2\eta f_s$。若允许位同步信号的最大相位误差为 $2\pi\varepsilon$,则有 $4\eta f_s \pi t_c = 2\pi\varepsilon$,由此得同步保持时间为

$$t_c = \frac{\varepsilon}{2\eta f_s} \tag{9-18}$$

式(9-18)说明,要想延长同步保持时间 t_c,需要提高收发两端振荡器的频率稳定度。

4. 同步带宽 Δf_s

环路输入信号信息速率与环路开环时输出位同步信号频率之间有一定差值,此差值必

须小于某一最大值环路才能锁定,此最大值就是环路的同步带宽,即

$$|\Delta f_s| = \frac{f_s}{2Nm} \tag{9-19}$$

可见,要增加同步带宽$|\Delta f|$,需要减小 N。

以上介绍了通信系统中两种最重要的同步:载波同步和位同步,现将它们做一对比,如表 9-1 所示。

表 9-1 载波同步和位同步之间的对比

载波同步	位同步
提取的相干载波是相干解调的基础	提取的位同步定时脉冲是正确抽样判决的基础
不管是模拟通信系统还是数字通信系统,只要采用相干解调,都需要载波同步	只有数字通信系统才需要位同步
载波同步提取的是载频 f_c 信息	位同步提取的是码率 f_s 信息
载波同步提取的信号波形是正弦波	位同步信号是定时脉冲
载波同步必须使相干载波与发射载波同频同相	位同步定时脉冲频率为 f_s,所在位置根据判决时信号波形,可能在码元中间,也可能在码元终止时刻
实现方法有外同步、自同步	实现方法有外同步、自同步

9.3 群 同 步

群同步也称为帧同步,在数字通信系统中,一般总是以一定数目的码元组成一个个的"字"或"句",即组成一个个的"群"(也可以称为帧)进行传输的。9.2 节介绍了位同步信号的提取,而由位同步信号进行分频即可得到群同步信号的频率,但如何知道一个群从何时开始,到何时结束,就需要进行群同步。群同步的任务就是在位同步信息的基础上,识别出数字信息群("字"或"句")的起止时刻,或者说给出每个群的"开头"和"末尾"时刻。

实现群同步通常有两类方法:外同步法和自同步法。外同步法是在发送的数据序列中插入一些特殊的码组作为帧的起止标志;接收端根据这些特殊码组的位置就可以实现群同步。自同步法不需外加特殊码组,类似于载波同步和位同步的直接法,利用数据码组自身的特性来实现同步。本节主要介绍数据传输中应用较多的插入同步码组的方法,即外同步法。

插入特殊码组实现群同步的方法有两种,即连贯式插入法和间隔式插入法。

9.3.1 连贯式插入法

1. 起止式群同步法

在介绍连贯式插入法前,先介绍一种在电传机内广泛使用的起止式群同步法。

电传报文的一个字由 7.5 个码元组成,假设电传报文传送的数字序列为 10010,则其码元结构如图 9-16 所示。从图中可以看到,在每个字开头,先发一个码元的起脉冲(负值),

中间 5 个码元是信息,字的末尾是 1.5 个码元宽度的止脉冲(正值),接收端根据正电平第一次转到负电平这一特殊规律,确定一个字的起始位置,因而就实现了群同步。

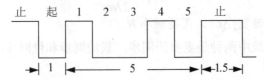

图 9-16 起止式群同步法

由于这种同步方式中的止脉冲宽度与码元宽度不一致,所以会给同步数字传输带来不便。另外,在这种同步方式中,7.5 个码元中只有 5 个码元用于传递信息,因此编码效率较低。但起止同步的优点是结构简单,易于实现,特别适合于异步低速数字传输方式。

2. 连贯式插入法

连贯式插入法也称集中式插入法,即在每群的开头集中插入群同步码组的方法。用来插入到群中的特殊码字首先应该具有尖锐单峰特性的局部自相关特性,其次这个特殊码字在信息码元序列中不易出现以便识别,最后群同步识别器需要尽量简单。目前,使用得比较多的是巴克码。

巴克码是一种具有特殊规律的二进制序列。它的规律是:一个长度为 n 的巴克码序列 $\{x_1, x_2, \cdots, x_n\}$,每个码元 x_i 只可能取值+1 或-1,则它必须满足条件

$$R(j) = \sum_{i=1}^{n-j} x_i x_{i+j} = \begin{cases} n, & j=0 \\ 0, +1, -1, & 0 < j < n \\ 0, & j > n \end{cases} \quad (9\text{-}20)$$

式(9-20)中,$R(j)$ 称为局部自相关函数,它满足作为群同步码组的第一条特性,也就是说巴克码的局部自相关函数具有尖锐单峰特性,从后面的分析可以看出,它的识别器结构非常简单。目前,人们已找到了多个巴克码组,如表 9-2 所示。

表 9-2 巴克码组

位 数 n	巴克码组
2	+ +; -+
3	+ +-
4	+ + +-; + +-+
5	+ + +-+
7	+ + +--+-
11	+ + + ---+--+-
13	+ + + + +--++-+-+

以 $n = 7$ 的巴克码为例,它的局部自相关函数的计算结果如下:

$j=0$: $R(j) = \sum_{i=1}^{7} x_i^2 = 1+1+1+1+1+1+1 = 7$

$j=1$: $R(j) = \sum_{i=1}^{6} x_i x_{i+1} = 1+1-1+1-1-1 = 0$

$$j=2: R(j) = \sum_{i=1}^{5} x_i x_{i+2} = 1-1-1-1+1 = -1$$

同理可求得 j 分别为 3,4,5,6,7 及 j 分别为 -1,-2,…,-7 时的 $R(j)$ 值，如表 9-3 所示。

表 9-3 局部自相关函数取值表

j	-7	-6	-5	-4	-3	-2	-1	0	1	2	3	4	5	6	7
$R(j)$	0	-1	0	-1	0	-1	0	7	0	-1	0	-1	0	-1	0

根据表 9-3 画出 7 位巴克码组的自相关函数曲线，如图 9-17 所示。可见，巴克码的自相关函数在 $j=0$ 时具有尖锐的单峰曲线。这种尖锐的单峰曲线正是连贯式插入群同步码组所要求的。

假设在发送端每一群的开始插入了一个 7 位巴克码作为群同步信号，那么在接收端如何进行识别呢？

7 位巴克码的识别很容易实现，可由 7 级移位寄存器、加法器、判决器构成，如图 9-18 所示。

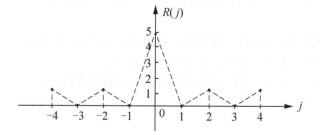

图 9-17 巴克码自相关函数图　　图 9-18 7 位巴克码识别器原理框图

7 级移位寄存器的 1、0 端输出按照 1110010 的顺序连接到加法器输入，接法与巴克码的规律一致。当输入数据的"1"存入移位寄存器时，"1"端的输出电平为+1，而"0"端的输出电平为-1；反之，存入数据"0"时，"0"端的输出电平为+1，"1"端的输出电平为-1。若各移位寄存器的输出端接法与巴克码规律一致时，则该识别器实际上是对输入的巴克码进行相关运算。

当 7 位巴克码在图 9-19(a)中的 t_1 时刻刚好全部进入 7 级移位寄存器时，每级移位寄存器输出均为+1，加法器有最大输出+7，其他情况下加法器输出均小于+6。因此可将判决门限设为+6，当最后一位巴克码 0 进入识别器的 t_1 时刻，在判决器输出端就得到一个标志帧开始的帧同步脉冲，如图 9-20(b)所示。

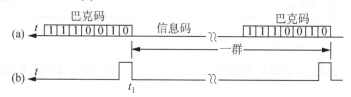

图 9-19 巴克码产生帧同步码示意图

【例 9-4】 已知 5 位巴克码组为 11101，其中"1"用+1 表示，"0"用-1 表示。

(1) 试确定该巴克码的局部自相关函数。

(2) 试用该巴克码作为帧同步码,画出接收端识别器的原理框图。

解: (1) 根据式(9-20)可以算出

$j=0$ 时, $R(j) = \sum_{i=1}^{5} x_i^2 = 5$; 　　　　$j=1$ 时, $R(j) = \sum_{i=1}^{4} x_i x_{i+1} = 1+1-1-1=0$

$j=2$ 时, $R(j) = \sum_{i=1}^{3} x_i x_{i+2} = 1-1+1=+1$; 　$j=3$ 时, $R(j) = \sum_{i=1}^{2} x_i x_{i+3} = -1+1=0$

$j=4$ 时, $R(j) = \sum_{i=1}^{1} x_i x_{i+4} = +1$

(2) 5 位巴克码识别器原理框图如图 9-20 所示。

【例 9-5】 设数字传输系统中帧同步码采用连贯式插入法,插入的同步码为 7 位巴克码。若输入的二进制序列为 010111100100(设移位寄存器初始状态均为0),画出帧同步码识别器各点的波形(设判决器的判决门限电平为 6)。

解: 7 位巴克码识别原理如图 9-18 所示。因为移位寄存器初始状态为 0,所以在输入第一个码元 0 后(进入第 1 个寄存器),各移位寄存器从左到右的输出结果分别为 -1-1-1+1+1-1+1,所以相加后结果为-1。

同理,输入码元 01 后,01 分别进入第 2、1 个移位寄存器,其余移位寄存器仍为初始状态,则此时各移位寄存器输出结果为-1-1-1+1+1-1-1,相加后结果为-3。

依次类推,可得到各个时刻码元进入后加法器及识别器输出的结果,如图 9-21 所示。图中 a,b,c 对应图 9-18 中的 a,b,c 三点的波形。

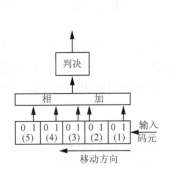

图 9-20　5 位巴克码识别器原理框图

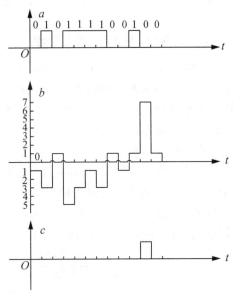

图 9-21　识别器各点波形输出图

9.3.2　间歇式插入法

间歇式插入法也可称为分散式插入法,这种群同步方法是将同步码分散地插入到信息码流中，即隔一定数量的信息码元插入一个帧同步码，帧同步码可以是1、0交替码或其他码型。

如第6章介绍过的PCM基群，在PCM30/32系统中，实际上只有30路通电话，另外两路中的一路专门作为群同步码传输，而另一路作为其他标志信号用，这就是连贯式插入法的一个应用实例。而在PCM24系统中，群同步则采用间歇式插入法。在PCM24系统中，一个抽样值用8位码表示，此时24路电话都抽样一次共有24个抽样值，共192(24×8=192)bit信息码元。192bit信息码元作为一帧，每一帧插入一个群同步码元，这样一帧共193bit码元。

由于间歇式插入法是将群同步码元分散地插入到信息流中，因此，群同步码码型的选择有一定的要求。其主要原则是：首先要便于接收端识别，即要求群同步码具有特定的规律性，如全"1"码、"1""0"交替码等；其次要使群同步码的码型尽量和信息码相区别。例如在某些PCM多路数字电话系统中，用全"0"码代表"振铃"，用全"1"码代表"不振铃"，这时，为了使群同步码字与振铃相区别，群同步码就不能使用全"1"或全"0"。

间歇式插入方式的最大优点是同步码不占用时隙，同步系统电路简单，缺点是同步引入时间长。

接收端要确定群同步码的位置，就必须对接收的码进行搜索检测。一种常用的检测方法为逐码移位法，它是一种串行的检测方法；另一种检测方法是RAM帧码检测法，它是利用RAM构成帧码提取电路的一种并行检测方法。下面介绍逐码移位法的基本原理和实现同步的过程。

逐码移位法群同步原理框图如图9-22所示，由位同步码经过n次分频以后的本地群码(频率是确定的，但相位不确定)与接收码元中间歇式插入的群同步码进行逐码移位比较，使本地群码与发送来的群同步码同步。图中异或门、延迟一位电路和禁门是专门用来扣除位同步码元以调整本地群码相位的，具体过程如图9-23所示。

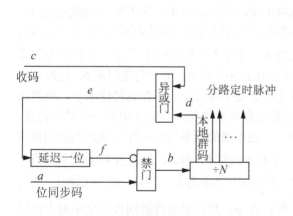

图9-22 逐码移位法群同步原理框图

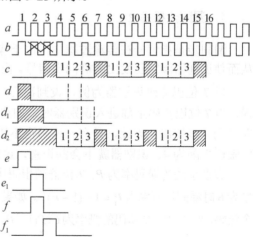

图9-23 逐次移位法群同步各点的波形输出

在图9-23中，设接收信号(波形c)中的群同步码位于画斜线码元的位置，后面依次安排各路信息码1、2、3(为简单起见，只包含三路信息码)。如果系统已经实现了群同步，则位同步码(波形a)经4次分频后，就可以使得本地群码的相位与接收信号中的群同步码的相位一致。现在假设开始时如波形 d 的图所示，本地群码的位置与波形 c 接收信码中的群码位置相差两个码元位。

为了易于看出逐码移位法的工作过程，假设群码为全"1"码，其余的信息码均与群码不同，为"0"。在第一码元时间，波形 c 与 d 不一致，图9-22中的异或门有输出(波形 e)，经延迟一码元后，得波形 f 加于禁门，扣掉位同步码的第2个码元(波形 b 的第2个码元位置加一叉号)，这样分频器的状态在第2码元期间没有变化，因而分频器本地群码的输出仍保持和第1码元时相同。这时，它的位置只与接收信码中的群码位置相差一位(见波形 d_1)。

类似地，在第2码元时间，c 又和 d_1 进行比较，产生码形 e_1 和 f_1，又在第3码元位置上扣掉一个位同步码，使本地群码的位置又往后移一位(波形 d_2)。至此，接收信码中的群码与本地群码的位置就完全一致了，从而实现了群同步。同时，也提供了各路定时信号。

从图9-23表示的群同步建立原理来看，如果信息码中所有的码都与群码不同，那么最多只要连续经过 N 次调整，经过 NT_s 的时间就可以建立同步了。但实际上在信息码中，"1" "0" 码均会出现，当出现 "1" 码时，在上面群同步过程的例子中，第1个位同步码对应的时间内信息码为 "1"，图9-22中异或门输出 $c \oplus d = 0$，$e=0$，$f=0$，禁门不起作用，不扣除第2位同步码，因此本地群码不会向右移展宽，这一帧调整不起作用，一直要到下一帧才有可能调整。假如下一帧本地群码 d 还是与信码中的 "1" 码相对应，则调整又不起作用。当信息码中的1、0码等概率出现，即 $P(1)=P(0)=0.5$ 时，经过计算，群同步平均建立的时间近似为

$$t_s \approx N^2 T_s \tag{9-21}$$

9.3.3 群同步的性能分析

衡量群同步性能的主要指标有漏同步概率 P_1、假同步概率 P_2 和群同步平均建立时间 t_s。

1. 漏同步概率 P_1

漏同步是指信号在传输过程中，由于噪声干扰，导致群同步码字中的一些码元出错，从而使识别器漏掉已发出的群同步信号。出现这种漏识别的概率称为漏同步概率，记为 P_1。

以7位巴克码识别器为例，设判决门限为6，此时7位巴克码中只要有1位码发生错误，当7位巴克码全部进入识别器时，加法器输出就由7变5，小于判决门限6，这时就出现了漏同步情况，因此，只有一位码也不错才不会发生漏同步。若在这种情况下，将判决门限电平降为4，识别器就不会漏识别，这时判决器容许7位同步码字中有一个错误码元。

假设系统的误码率为 P，7位群同步码中一个也不错的概率为 $(1-P)^7$，因此判决门限电平为6时漏同步概率为 $P_1 = 1-(1-P)^7$。如果为了减少漏同步，判决门限改为4，此时容许有一个错码，则出现一个错码的概率为 $C_7^1 P(1-P)^6$。故漏同步概率为 $P_1 = 1-(1-P)^7 - C_7^1 P(1-P)^6$。

推广至一般情况，设群同步码字的码元数目为 n，判决器容许群同步码字中最大错码数为 m，这时漏同步概率的通式为

$$P_1 = 1 - \sum_{r=0}^{m} C_n^r P^r (1-P)^{n-r} \tag{9-22}$$

2. 假同步概率 P_2

在接收的数字信号序列中，也可能会在信息码元中接收到与同步码组相同的码组，它被识别器识别出来误认为是同步码组而形成假同步信号，出现这种情况的概率称为假同步概率，记为 P_2。

计算假同步概率 P_2 就是计算信息码元中能被判为同步码字的组合数与所有可能的码字数之比。设二进制信息码中 1 和 0 码等概率出现，即 $P(1)=P(0)=0.5$，则由该二进制码元组成 n 位码字所有可能的码字数为 $2n$ 个，而其中能被判为同步码字的组合数也与 m 有关。这里 m 表示判决器允许群同步码字中最大的错码数，若 $m=0$，只有 C_n^0 个码字能识别；若 $m=1$，则有 $C_n^0 + C_n^1$ 个码字能识别。依此类推，就可求出信息码元中可以被判为同步码字的组合数，这个数可以表示为 $\sum_{r=0}^{m} C_n^r$，由此可得假同步概率的表达式为

$$P_2 = 2^{-n} \cdot \sum_{r=0}^{m} C_n^r \tag{9-23}$$

由式(9-22)和式(9-23)可以看出，当 m 增大时，也就是随着判决门限电平降低，P_1 减小，但 P_2 将增大，所以这两项指标是相互矛盾的。判决门限的选取要兼顾漏同步概率和假同步概率。

3. 平均同步建立时间 t_s

对于连贯式插入的群同步而言，设漏同步和假同步都不发生，也就是 $P_1=0$ 和 $P_2=0$。在最不利的情况下，实现群同步最多需要一群的时间。设每群的码元数为 N（其中 m 位为群同步码），每码元时间为 T_s，则一群码的时间为 NT_s。考虑到出现一次漏同步或一次假同步大致要多花费 NT_s 的时间才能建立起群同步，故群同步的平均建立时间大致为

$$t_s = (1 + P_1 + P_1)NT_s \tag{9-24}$$

对于间歇式插入法，其平均建立时间经分析为

$$t_s \approx N^2 T_s \tag{9-25}$$

平均同步建立时间越短，通信的效率越高，性能也越好。两者相比，连贯式插入法平均同步建立时间要远小于间歇式插入法，因而其在数字传输系统中得到了广泛应用。

【例 9-6】 帧同步采用集中插入一个 7 位巴克码组的数字传输系统，若传输速率为 1kbit/s，误码率为 $P_e=10^{-4}$。

(1) 试计算允许估错 $m=0$ 和 $m=1$ 位码时的漏同步概率 P_1 和假同步概率 P_2 各为多少？

(2) 若每帧中的信号位为 143bit，估算帧同步的平均建立时间。

解：(1) 根据式(9-22)，漏同步概率为

$$P_1 = 1 - \sum_{r=0}^{m} C_n^r P^r (1-P)^{n-r}$$

根据式(9-23)，假同步的概率为

$$P_2 = 2^{-n} \cdot \sum_{r=0}^{m} C_n^r$$

其中 $n=7$，m 为错码数。

当 $m=0$ 时，有：
$$P_1 = 1-(1-P)^n = 1-(1-10^{-4})^7 = 7\times 10^{-4}, \quad P_2 = 2^{-n}C_7^0 = 7.8\times 10^{-3}$$

当 $m=1$ 时，有：
$$P_1 = 1-\sum_{r=0}^{1}C_n^r P^r(1-P)^{n-r} = 1-(1-10^{-4})^7 - C_7^1 P(1-P)^6 = 4.2\times 10^{-7}$$
$$P_2 = 2^{-n}\cdot \sum_{r=0}^{m}C_n^r = 2^{-7}(C_7^0 + C_7^1) = 6.24\times 10^{-2}$$

(2) 由式(9-24)，帧同步的平均建立时间为
$$t_s = (1+P_1+P_2)NT_s$$

根据题意得 $N=143+7=150$，$T_s=1/f=1/10^3=10^{-3}$(s)

则当 $m=0$ 时，有：
$$t_s = (1+P_1+P_2)NT_s = 150\times 10^{-3}(1+7\times 10^{-4}+7.8\times 10^{-3}) = 151.28(\text{ms})$$

当 $m=1$ 时，有：
$$t_s = (1+P_1+P_2)NT_s = 150\times 10^{-3}(1+4.2\times 10^{-7}+6.24\times 10^{-2}) = 159.36(\text{ms})$$

9.4 网 同 步

网同步是指在整个数字通信网内有一个统一的时间节拍标准。在数字通信网中，如果在数字交换设备之间的时钟频率不一致，就会使数字交换系统的缓冲存储器中产生的码元丢失和重复，即导致在传输节点中出现滑码。在语音通信中，滑码现象的出现会导致"喀喇"声；而在视频通信中，滑码则会导致画面定格的现象。为降低滑码率，必须使网络中各个单元使用共同的基准时钟频率，实现各网元之间的时钟同步。

9.4.1 网同步原理

实现网同步的方法主要有两大类：一类是建立同步网，也就是使网内各站的时钟彼此同步，各站时钟的频率和相位都相同，而建立这种同步网的主要方法有主同步和相互同步2种；另一类是异步复接，也称为独立时钟法，这时各支路参与复接的数字流是非同步的，它们有各自独立的时钟，但各支路数字流的速率偏差在一定允许的范围之内，在复接设备里对支路数字流进行调整和处理之后，可以使它们变成相互同步的数字流，因而就起到了变异步为同步的作用。

1. 主从同步法

主从同步法是在通信网中某一网元(主站)设置一个高稳定的主时钟，其他各网元(从站)的时钟频率和相位同步于主时钟的频率和相位，并设置时延调整电路，以调整因传输时延造成的相位偏差。主从同步法具有简单、易于实现的优点，被广泛应用于电话通信系统中。在实际引用中，为提高可靠性还可以采用双备份时钟源的设置。各站时钟的频率和相位也可以同步于其他能够提供标准时钟信号的系统，例如 CDMA 2000 系统的空中接口即是采用 GPS 信号进行同步。

2. 相互同步法

相互同步法在通信网内各网元设有独立时钟，它们的固有频率存在一定偏差，各站所使用的时钟频率锁定在网内各站固有频率的平均值上(此平均值将称为网频)。相互同步法的优点是单一网元的故障不会影响其他网元的正常工作。

3. 码速调整法

码速调整法有正码速调整、负码速调整、正负码速调整和正/零/负码速调整 4 大类。在 PDH 系统中最常用的是正码速调整。

所谓正码速调整，是指将被复接的低次群的码速都提高，使其同步到某一规定的较高码速上。例如基群的数码率标称值是 2048kbit/s，但由于各个独立的时钟源可能存在偏差，因此，通过插入脉冲的数目，使每个基群的数码率由 2048kbit/s 调整到 2112kbit/s。

4. 水库法

水库法是指依靠通信系统中各站的高稳定度时钟和大容量的缓冲器进行同步。虽然写入脉冲和读出脉冲频率不相等，但缓冲器在很长时间内不会发生"取空"或"溢出"现象，无须进行码速调整。但每隔一个相当长的时间总会发生"取空"或"溢出"现象，因此水库法也需要定期对系统时钟进行校准。

9.4.2 数字同步网中的时钟及其应用

数字同步网是一个由节点时钟设备和定时链路组成的实体网，它通过网同步技术为各种业务网的所有网元分配定时信号(频率或者时间信号)，以实现各种业务网的同步。

对于任何通信设备，都需要时钟为其提供工作频率，所以时钟性能是影响设备性能的一个重要方面。时钟常被称为设备的心脏。时钟工作时的性能主要由两个方面决定：自身性能和外同步信号的质量。而外同步信号的质量就是由数字同步网来保证的。当设备组成系统和网络后，数字同步网必须为系统和网络提供精确的定时，以保障其正常运行。网内各节点时钟的精度会影响一个数字通信网工作是否正常。

数字同步网的结构主要取决于同步网的规模、网络中的定时分配方式和时钟的同步方法，而这些又取决于业务网的规模、结构和对同步的要求。同步网一般可分为准同步方式和同步方式两大类。准同步方式常用于国际链路，各节点独立设置基准时钟(如铯原子钟)，其时钟基准一般都优于或满足 G.811 规定的基准钟，频率准确度保持在 10^{-11} 极窄的频率容差之内。各国国内的数字通信网则普遍采用同步方式，节点时钟之间一般采用主从同步方法：将网内节点时钟分级，各级时钟具有不同的频率准确度和稳定度。设置高稳定度和高准确度时钟，如铯原子钟或 GPS 时钟为基准主时钟(最高级时钟或一级时钟)，网内其他节点时钟则称为从时钟，采用锁相环技术使与基准主时钟(或上一级时钟)频率同步，可以使全网时钟工作在同一频率上。

我国的数字通信网规模庞大，分布范围广，所以数字同步网一般要接受几个基准主时钟共同控制。如果采取定时链路来传输定时信号，那么随着数字传输距离的增长，传输损伤会逐渐增大、可靠性会逐渐降低。而利用装配在基准钟上的 GPS 接收机跟踪 UTC(世界协调时)来实现对基准钟的不断调整，使之与 UTC 保持一致的长期频率准确度，可以达到各个基准钟同步使用。并且，在数字同步网中采用 GPS 配置基准钟，实现方法简单，同步时间精度高，提高了全网性能，成本却相对低廉，并且便于维护管理，所以 GPS 时钟在基准钟中得到广泛使用。

本章小结

同步分为载波同步、位同步、群同步和网同步。

载波同步主要用于模拟通信系统中，对接收信号进行相干解调时需要提取出一个与发送端同频同相的载波，主要方法有直接法和插入导频法。衡量其同步性能好坏的指标有效率、精度、同步保持时间和建立时间等。

位同步主要用于数字通信系统中，要求在接收端收到一个与发送端码元速率相同的脉冲序列，而且能使接收端在最佳判决时刻对接收码元进行抽样判决。主要方法同样有直接法和插入导频法。直接法又分为滤波法和锁相法。性能指标有相位误差、同步建立时间和保持时间、同步带宽等。

通常用若干个码元表示一个字、一个句或者说一个帧，群同步的任务是要把这些字、句或者帧识别出来。通常所说的插入式群同步法又分为连贯式插入法和间歇式插入法。性能指标有漏同步概率、假同步概率、同步建立时间等。

网同步是指如何在全网建立一个统一的时钟标准，主要方法有主从同步法、互相同步法、码速调整法、水库法等。

数字同步网同步技术为各种业务网的所有网元分配定时信号(频率或者时间信号)，以实现各种业务网的同步。我国数字同步网是一个"多基准钟分区等级主从同步"的网络。

思考练习题

9-1 什么是同步技术？它有哪些基本同步方式？

9-2 什么是载波同步？载波同步有哪些基本方法？

9-3 载波同步中，直接法和插入导频法各有何优缺点？

9-4 什么是位同步？位同步有哪些基本方法？

9-5 若传输的数字基带信号为不归零的随机码序列，且 0、1 码出现的概率相等，试拟定一接收端提取码元同步的方案，并简述所设计的方案的正确性。

9-6 什么是帧同步？帧同步有哪些基本方法？

9-7 帧同步中，连贯式插入法和间歇式插入法有哪些差别？各有什么特点？

9-8 长度为 7 的巴克码，其局部自相关函数 $R(3)=$？

9-9 PCM30/32 基群共包括几个时隙？每时隙的时长为多少？含有多少位二进制码元？每个码元持续时间为多少？帧率等于多少帧/秒？帧周期为多少？帧长为多少位？基群总比特率为多少？

9-10 集中插入的帧同步码应具有什么特性？

9-11 采用巴克码集中插入帧同步信号时，若增大判决门限，则识别器的漏同步概率会怎样变化？假同步概率会怎么变化？若增大帧同步码的位数，则识别器的漏同步概率会怎么变化？假同步概率会怎样变化？

9-12 PCM24 路数字基群传输系属于哪种帧同步插入方法？其数码率为多少？

9-13 什么是漏同步？什么是假同步？

9-14 帧同步采用集中插入一个 7 位巴克码组的数字传输系统，若传输速率为 1kbit/s，误码率为 $P_e=10^{-4}$，当每帧中的信号位为 153，$m=0$ 和 $m=1$ 时，估算帧同步的平均建立时间。

9-15 采用 7 位巴克码的数字传输系统，若输入的二进制序列为 1011110111100100，试画出识别器各点的输出波形。

9-16 试述连贯式插入法的群同步保护的基本原理。

9-17 试述间歇式插入法的群同步保护的基本原理。

9-18 什么是相位模糊？如何克服相位模糊？DSB、ASK、FSK 信号是否存在相位模糊问题？

9-19 利用计算机的串口传输数据时是否提取了时钟信号？

9-20 为什么 PCM30 信号要采用复帧结构？

9-21 什么是网同步？网同步有哪些基本方法？

9-22 什么是数字同步网？我国的数字同步网有哪些特点？

第 10 章　现代通信系统简介

教学目标

通过本章的学习，以移动通信系统为例，全面而系统地理解和掌握现代典型数字通信系统的结构组成、工作原理、关键技术以及发展概况。

现代通信系统是现代多种通信技术的综合与集成，目前使用最广泛的有光纤通信系统、数字微波中继通信系统、卫星通信系统及移动通信系统等。其中，移动通信的发展非常迅速，所采用的技术代表了当前通信技术发展的最高水平，在现代通信中占有非常重要的地位。限于篇幅，本章主要从原理的角度简要介绍移动通信系统，以期对前述各章所学内容有一个连贯而系统的认识。

10.1　移动通信概述

10.1.1　移动通信的定义和特点

移动通信系指通信双方或至少一方是处于运动中所进行的信息传输与交换方式，也是现代通信中应用最广泛、发展最迅速、技术最先进的一种通信方式。移动通信于 20 世纪 20 年代开始应用于军事及某些特殊领域，20 世纪 40 年代逐步向民用扩展，从 20 世纪 80 年代开始，移动通信的发展非常迅猛，应用前景十分广阔。

移动通信的主要应用系统有无绳电话、无线寻呼、陆地蜂窝移动通信、卫星移动通信、海事卫星移动通信等。陆地蜂窝移动通信是当今移动通信发展的主流和热点，本章只介绍该种类型。与固定通信比较，移动通信的主要特点如下。

(1) 多径传播会导致信号衰落。移动通信的电波传播条件十分恶劣，由于沿途地形地貌及建筑物密度、高度不一产生绕射损耗的变化，会导致移动台接收信号承受一缓慢、持续的衰落即慢衰落，在陆地移动通信中，慢衰落服从对数正态分布，标准偏差为 6~8dB，严重时可达 20dB；移动台的天线位置一般低于附近树木、建筑物等障碍物，这些地面物体的反射和绕射使得接收的信号是不同路径反射波、绕射波和直射波的合成。这种由多径传播造成的瑞利衰落，电平幅度起伏深度可达 20~30dB。

(2) 多普勒频移效应会导致附加调频噪声。当发射机和接收机的一方或双方均处于运动中时，接收信号的频率发生偏移的现象称为多普勒频移效应。移动产生的多普勒频移值 f_d 与移动台运动速度 v、工作波长 λ 及电波到达角 θ (即电波入射角)的关系为

$$f_d = v\cos\theta / \lambda \tag{10-1}$$

可见，移动速度越快，水平方向入射角越小，多普勒效应的影响就越严重。

(3) 存在远近效应。远近效应是指在同一基站覆盖范围(小区)内，移动台接收场强在基

站附近最大，至小区边缘最小，其差异可达几十分贝。由于远近效应的存在，要求移动台设计必须具有较大的动态范围。

（4）存在外部干扰和自身干扰等多种干扰，系统抗干扰措施十分重要。其中自身干扰主要包括：①互调干扰——两个或多个信号作用在通信设备的非线性器件上，产生同有用信号频率相近的组合频率，从而构成干扰；②邻道干扰——相邻或邻近的信道之间，由于一个强信号串扰弱信号而造成的干扰；③同频干扰（蜂窝系统特有）——相同载频电台之间的干扰。外部干扰主要有车辆噪声、城市工业噪声等。

（5）系统复杂，综合了多种技术。以三级网陆地移动通信系统为例，主要由移动交换中心(MSC)、基站(BS)、移动台(MS)组成，系统设计涉及交换技术、计算机技术、传输技术等，此外还需要采用位置登记、过境切换等移动管理技术。

（6）对移动台设备要求苛刻。如由移动性带来的体积、处理能力、电池续航等要求，抗震动、冲击要求，耐高、低温要求，操作维护要求。

10.1.2 移动通信的发展历程

从技术水平上看，陆地蜂窝移动通信的发展大致经历了以下几个阶段。

第一代(1G)移动通信主要是指蜂窝式模拟移动通信，其代表是美国的 AMPS 系统和欧洲的 TACS 系统。1G 的技术特征是蜂窝网络结构克服了大区制容量低、活动范围受限的问题，主要采用的是模拟技术和 FDMA 技术。1G 起源于 20 世纪 80 年代初，当年俗称"大哥大"时代，因使用模拟技术，目前已被淘汰。

第二代(2G)移动通信是蜂窝数字移动通信，起源于 20 世纪 80 年代末，主要采用数字的 TDMA 技术和 CDMA 技术，可以提供数字化的语音业务及低速数据业务。国际上 2G 主要有 GSM 和窄带 CDMA 两种制式。GSM 技术标准是由欧洲提出的，目前全球绝大多数国家都使用这一标准；CDMA 是美国高通公司提出的标准，目前在美国、韩国等国家使用。我国使用 GSM 和 IS95 CDMA 两种制式。

2G 移动通信系统时代，受用户数据业务需求驱动，在原有网络上增加了数据业务功能，出现了介于第二代数字通信和第三代分组型移动业务之间的一种中间过渡技术，通常称之为 2.5G，如中国移动的 GPRS 技术和中国联通的 CDMA1X 技术。2.5G 技术的传输速率理论上可达 100kb/s 以上，实际应用基本可以达到拨号上网的速度，可以发送图片、收发电子邮件等。GPRS 是一种在 GSM 基础上发展起来的无线分组交换技术和高速数据处理技术，可提供端到端的、广域的无线 IP 连接，其方法是以"分组"的形式传送数据，网络容量只在需要时分配，不需要时就释放，这种发送方式称为统计复用。目前，GPRS 移动通信网的传输速率可达 115kb/s。再后来，受部分高端用户更高数据业务需求驱动，又出现了 EDGE 技术，并称之为 2.75G，它的数据业务速率比之 GPRS 又有了明显提升，主要应用于数据卡业务。EDGE 以目前的 GSM 标准为架构，不但能够将 GPRS 的功能发挥到极限，还可以通过目前的无线网络提供宽频多媒体服务，传输速率达到 384kb/s，可以应用在诸如无线多媒体、电子邮件、网络信息娱乐以及电视会议上。

2G 替代 1G 完成了模拟技术向数字技术的转变，但由于 2G 移动通信制式标准不统一，用户只能在同一制式覆盖的范围内进行漫游，无法进行全球漫游。此外，2G 系统带宽有限，无法实现更高速率的业务,如移动多媒体业务。与 2G 系统相比,3G 移动通信带宽可达 5MHz 以上,能够处理图像、音乐、视频流等多种媒体形式,提供了包括网页浏览、电话会议、电子商务等多种信息服务,并能实现全球漫游。3G 网络能够支持不同的数据传输速度,在室内、室外和行车环境中分别支持至少 2Mb/s、384kb/s 以及 144kb/s 的传输速率。CDMA 是 3G 技术的首选,目前在全球有 3 种制式,分别是欧洲提出的 WCDMA、美国提出的 CDMA2000 和我国提出的 TD-SCDMA。3 种 3G 制式都有其各自的发展演进,好比软件版本一样,会一直升级,功能会越来越强,速率会越来越快。比如 WCDMA,分为 R99、R4、R5、R6、R7 等版本,到了 R8 版本时 WCDMA 就会演进到 LTE(俗称 3.9G 或者 4G);CDMA2000 也类似地分为 CDMA20001X、CDMA2000 EV-DO RA、CDMA2000 EV-DO RB,接着往下就是演进到 4G。

移动通信技术的高速发展可谓是人类文明史上的一个奇迹。人类无穷尽的智慧使得移动通信在经历了第一代、第二代后,仍在向第三代乃至第四代不断地迈进。在 3G 大规模商用以后,多媒体服务与应用将会得到广泛推广,而 3G 在速率、服务质量、无缝传输等方面的局限性也凸显出来,这势必会产生对带宽更宽的无线系统的需要。所以,移动通信的下一步必定是走向容量更大、速率更高、功能更强的 4G,以在移动环境中支持高清晰度视像和其他宽带多媒体业务与应用。

在 4G 之后,个人通信系统将成为未来移动通信系统的大趋势。"个人通信系统"的概念在 20 世纪 80 年代后期就已出现,当时便引起了世界范围内的巨大反应。个人通信系统是一个要求任何人能在任何时间、任何地点与任何人进行各种业务通信的通信系统,是一种既能提供终端移动性又能提供个人移动性的通信方式。终端移动性是指用户携带终端连续移动时也能进行通信,个人移动性是指用户能在网中任何地理位置上根据通信要求选择或配置任一移动的或固定的终端进行通信。可见,个人通信的实现将使人类彻底摆脱现有通信网的束缚,达到无约束自由通信的最高境界。

10.1.3 移动通信的工作频段

2G 主要工作在 900MHz 和 1800MHz 频段,如 GSM900 系统:890~915MHz(上行),935~960MHz(下行)。其中上行是指移动台发/基站收,下行是指基站发/移动台收。IS-95 CDMA 系统:824~849MHz(上行),869~894MHz(下行)。DCS1800 系统:1710~1785MHz(上行),1805~1880MHz(下行)。

3G 主要工作在 2000MHz 频段,世界各国频率分配各不相同,世界无线电通信大会 WRC-92 规定了 3G 系统频段,如图 10-1 所示。WRC2000 在 WRC-92 基础上又批准了新的附加频段:806~960MHz,1710~1885MHz,2500~2690MHz。

我国的 3G 频率规划如图 10-2 所示。其中 MSS 是移动卫星通信系统,频分双工(FDD) 和时分双工(TDD) 则是陆地蜂窝移动通信中两种不同的双工方式。

FDD 是指每个用户的接收和发送是在不同的频道上进行的,即利用不同的频率范围来区分发送和接收信道。在 FDD 方式下,要求每个用户的收发信机工作在不同的频率上,且发送和接收的无线信号功率要相差 100dB 以上,这样才能有效地避免两者之间的相互影响和干扰,因此,收发信机频道之间必须保留足够的间隔,以简化射频设备的复杂性。也就是说，FDD 是在分离的两个对称频率信道上进行接收和发送，利用保护频段来分离接收和发送信道。FDD 必须采用成对的频率，依靠频率来区分上下行链路。TDD 是指利用不同时间区间来区分发送和接收信道的双工方式。在 TDD 方式下，收发信机一般工作在相同的频道上，但它们是分时工作的，为使发送和接收互不影响，发送和接收应保留一定的时间间隔。

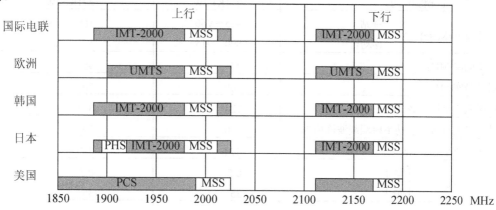

图 10-1　WRC-92 规定的 3G 频谱分配

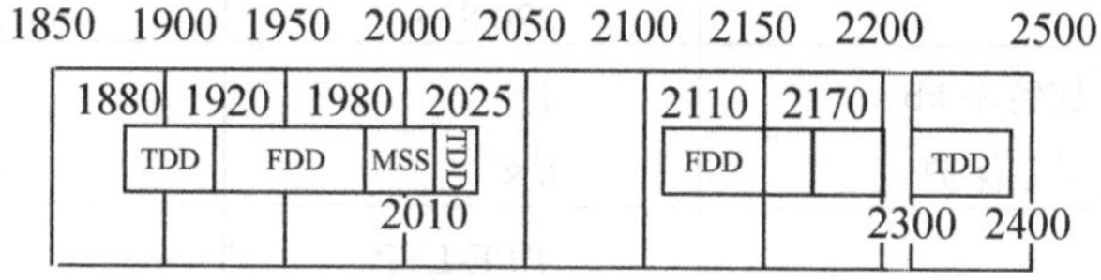

图 10-2　我国的 3G 频谱划分方案

10.2　GSM 移动通信系统

GSM 数字蜂窝移动通信系统是 1992 年欧洲通信标准化委员会统一推出的标准，它采用数字通信技术和统一的网络标准，通信质量可靠，可开发出更多的新业务供用户使用。

GSM 作为一种开放式结构和面向未来设计的系统，具有下列主要特点。

(1) 开放的接口，可利用现有标准与各种公用通信网(公共交换电话网 PSTN、综合业务数字网 ISDN、公用数据网 PDN 等)互联互通。

(2) 自动漫游功能，使得用户可以从一个网络自动进入另一个网络。

(3) 业务种类多，可以开放电信业务、承载业务、补充业务和与 ISDN 相关的业务。

(4) 安全性好，具有加密和鉴权功能，能确保为用户保密和网络安全。

(5) 频谱效率高，通信容量大。

(6) GSM 系统抗干扰能力强，覆盖区域内的通信质量高。

10.2.1　GSM 系统的主要性能参数

GSM 系统包括 GSM900 和 GSM1800，其主要参数如表 10-1 所示。

表 10-1 GSM 系统的主要技术参数

特 性		GSM900	DCS1800
发射类别	业务信道	271KF7W	271KF7W
	控制信道	271KF7W	271KF7W
发射频带/(MHz)	基站	935～960	1805～1880
	移动台	890～915	1710～1785
双工间隔/MHz		45	95
射频带宽/kHz		200	200
射频双工信道总数		124	374
基站最大有效发射功率射频载波峰值/W		300	20
业务信道平均值/W		37.5	2.5
小区半径/km	最小	0.5	0.5
	最大	35	35
接续方式		TDMA	TDMA
调制类型		GMSK	GMSK
传输速率/(kb/s)		270.833	270.833
全速率语音编译码	比特率 kb/s	13	13
	误差保护	9.8	9.8
语音编码算法		RPE-LTP	RPE-LTP
信道编码		具有交织脉冲检错和 1/2 编码率卷积码	具有交织脉冲检错和 1/2 编码率卷积码
控制信道结构	公共控制信道	有	有
	随路控制信道	快速和慢速	快速和慢速
	广播控制信道	有	有
时延均衡能力/μs		20	20
国际漫游能力		有	有
每载频信道数	全速率	8	8
	半速率	16	16

10.2.2 GSM 系统的结构与功能

GSM 系统的典型结构如图 10-3 所示。由图可见，GSM 系统主要由移动台(MS)、基站子系统(BSS)、网络子系统(NSS)和操作维护子系统(OSS)4 大部分组成。BSS 在 MS 和 NSS 之间提供传输通路，特别提供 MS 与 GSM 系统的功能实体之间的空中无线接口管理；NSS 管理通信业务，保证 MS 与相关的公用通信网或与其他 MS 之间建立通信；OSS 则为运营部门提供一种控制和维护这些实际运行部分的手段。

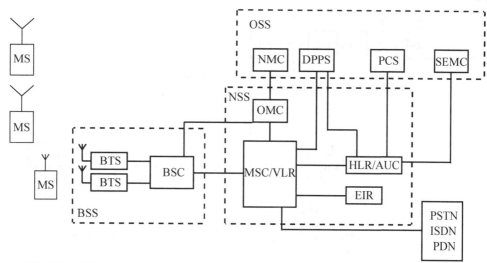

图 10-3 GSM 系统组成结构

1. 移动台

移动台(MS)是用户使用的设备，俗称手机。它一般由机和卡两部分组成，即移动终端(MS)和用户识别卡(SIM)。MS 主要完成语音编码、信道编码、信息加密、信息的调制和解调、信息发射和接收等功能。SIM 是一张符合 ISO 标准的智能卡，存有认证客户身份所需的所有信息，也包括某些无线接口信息、鉴权和加密信息。使用 GSM 标准的移动台都需要插入 SIM 卡，只有当处理异常的紧急呼叫时，可以在不用 SIM 卡的情况下操作移动台。SIM 卡的应用使移动台并非固定地受缚于一个用户。因此，GSM 系统是通过 SIM 卡来识别移动电话用户的，这种"机卡分离"设计为将来发展个人通信打下了基础。

2. 基站子系统

基站子系统(BSS)是在一定的无线覆盖区中由移动业务交换中心(MSC)控制并与 MS 进行通信的系统设备，它主要负责完成无线发送接收和无线资源管理等功能。功能实体构成包括基站控制器(BSC)和基站收发信台(BTS)。

一个 BSC 根据话务量需要可以控制多个 BTS。一种具有本地和远端配置 BTS 的典型 BSS 组成方式如图 10-4 所示。由图可见，BTS 可以直接与 BSC 相连接，也可以通过基站接口设备(BIE)采用远端控制的连接方式与 BSC 相连接。一般来说，BSS 还应包括码变换器(TC)和相应的子复用设备(SM)。TC 在更多的实际情况下是置于 BSC 和 MSC 之间，在组网灵活性和减少传输设备配置数量方面具有许多优点。

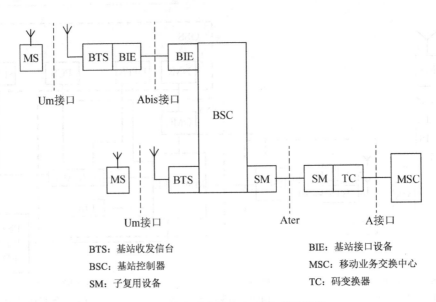

图 10-4　一种典型的 BSS 组成方式及其接口

BTS 是 BSS 的无线接口设备，在网络的固定部分和无线部分提供中继，MS 通过空中接口 Um 与 BTS 相连。BTS 包括基带单元、载频单元、控制单元和天馈单元 4 大部分。基带单元用于必要的语音和数据速率适配以及信道编码等；载频单元用于调制/解调与发射机/接收机之间的耦合等；控制单元则用于 BTS 的操作与维护；天馈单元包括天线及馈线，实现高频电流与电磁波之间的转换。

BSC 是 BSS 的控制部分，可以对一个或多个 BTS 进行控制，主要负责无线网络资源的管理、小区配置数据管理、功率控制、定位和切换等，如无线信道的分配与释放、越区信道的切换，它起着 BSS 系统中交换设备的作用。BSC 主要由以下部分构成：①朝向与 MSC 相接的 A 接口或与码变换器相接的 Ater 接口的数字中继控制部分；②朝向与 BTS 相接的 Abis 接口或 BS 接口的 BTS 控制部分；③公共处理部分，包括与操作维护中心相接的接口控制；④交换部分。

3．网络与交换子系统

网络与交换子系统(NSS)简称网络子系统，也称交换子系统，主要完成交换功能及客户数据与移动性管理、安全性管理所需的数据库功能，管理 GSM 用户和其他网络用户之间的通信，包括信道的管理和分配、呼叫的处理和控制、用户位置信息的登记与管理、越区切换和漫游的控制、用户号码和移动设备号码的登记和管理、服务类型的控制、对用户进行鉴权等。

NSS 包括移动业务交换中心(MSC)、拜访位置寄存器(VLR)、归属位置寄存器(HLR)、鉴权中心(AUC)和移动设备识别寄存器(EIR)。

MSC 是 NSS 的核心，主要负责无线网络资源的管理、小区配置数据管理、功率控制、定位和切换等，是一个功能很强的业务控制点，MSC 从归属位置寄存器(HLR)、拜访位置寄存器(VLR)、鉴权中心(AUC)3 种数据库中取得处理用户呼叫请求所需的全部数据，同时这 3 个数据库也会根据 MSC 最新信息进行自我更新。拜访位置寄存器(VLR)存储进入其覆盖区的所有用户的全部有关信息，为已登记用户提供建立呼叫接续的必要条件。归属位置寄存器(HLR)是 GSM 系统的中央数据库,存放与用户有关的所有信息(静态数据和相关动态信息数据),包括移动用户识别号码、用户漫游权限或访问能力、用户类别、基本业务、补充业务及当前位置信息等数据,从而为 MSC 提供建立呼叫所需的路由信息等相关数据。鉴权中心(AUC)存储着用户的加密信息(鉴权信息和加密密钥),保护用户在系统中的合法地位不受侵犯,防止无权用户接入系统,保证通过无线接口的移动用户通信的安全。移动设备识别寄存器(EIR)存储着移动设备的国际移动设备识别码(IMEI),通过检查白色清单、黑色清单或灰色清单 3 种表格,在表格中分别列出了准许使用的、出现故障需监视的、失窃不准使用的移动设备的 IMEI 识别码,使得运营部门对于不管是失窃还是由于技术故障或误操作而危及网络正常运行的 MS 设备,都能采取及时的防范措施,以确保网络内所使用的移动设备的唯一性和安全性。

4. 操作维护子系统

操作维护子系统(OSS)又称操作支持子系统,主要是对整个 GSM 网络进行管理和监控,通过它实现对 GSM 网内各种部件功能的监视、状态报告、故障诊断等功能。OSS 是一个相对独立的管理和服务中心,主要包括网络管理中心(NMC)、安全性管理中心(SEMC)、用于用户识别卡管理的个人化中心(PCS)、用于集中计费管理的数据后处理系统(DPPS)等功能实体,完成包括移动用户管理、移动设备管理以及网络操作和维护等多种任务。

10.2.3 GSM 系统的接口与协议

接口是两个相邻功能实体之间的连接点,而协议则用于说明连接点上交换信息需要遵守的规则。协议是各功能实体之间共同的语言,通过各个接口互相传递有关消息,为完成 GSM 系统的全部通信和管理功能建立起有效的信息传送通道。不同的接口可能采用不同形式的物理链路,完成各自特定的功能,传递各自特定的消息,这些都由相应的信令协议来实现。

1. GSM 系统主要接口

在 GSM 系统中,各功能实体之间定义了一系列重要接口。通过这些接口,各实体之间交换信息,实现网络功能。GSM 系统的主要接口有 A 接口、Abis 接口和 Um 接口,如图 10-5 所示。这 3 种主要接口的定义和标准化能保证不同供应商生产的移动台、基站子系统和网络子系统设备纳入同一个 GSM 数字移动通信网运行和使用。

1) Um接口

Um 接口(空中接口)是 MS 与 BTS 之间的无线通信接口,用于移动台与基站之间的互通,其物理链接通过无线链路实现。Um 接口可用信道结构和接入能力、MS-BTS 通信协议、维护和操作特性、性能特性、业务特征等特征来规定,传递包括无线资源管理、移动性管理和接续管理等信息。Um 接口在物理层上采用特殊的逻辑信道到物理信道的映射方法,分别以不同的时隙和不同的信道组合方式实现无线信令信道和业务信道在无线资源上的共享,并完成对不同逻辑信道的编码、交织、成帧等功能。

2) Abis接口

Abis 接口是 BSS 的两个功能实体 BSC 和 BTS 之间的通信接口,用于 BTS(不与 BSC

并置)与 BSC 之间的远端互联方式,物理链接通过采用标准的 2.048 Mb/s 或 64 kb/s PCM 数字传输链路来实现。图 10-5 所示的 BS 接口作为 Abis 接口的一种特例,用于 BTS(与 BSC 并置)与 BSC 之间的直接互联方式,此时 BSC 与 BTS 之间的距离小于 10m。Abis 接口支持所有向用户提供的服务,并支持对 BTS 无线设备的控制和无线频率的分配。

3) A 接口

A 接口是 NSS 与 BSS 之间的通信接口,从系统的功能实体来说,就是 MSC 与 BSC 之间的互联接口,其物理链接通过采用标准的 2.048Mb/s PCM 数字传输链路来实现,传递包括移动台管理、基站管理、移动性管理、接续管理等信息。A 接口的信令结构如图 10-8 所示,采用 7 号信令作为消息传送协议。

4) 其他接口

除了以上 3 种主要接口之外,还有 BSC 与 OMC 之间的 Q3 接口、BSC 与 TC 之间的 Ater 接口。Q3 接口目前还未开放,因为 CCITT 对电信网络管理的接口标准化工作尚未完成;TC 主要完成 13kb/s RPE-LTP 编码和 64kb/s A 律 PCM 编码之间的语音变换,在典型实施方案中,TC 位于 MSC 与 BSC 之间;Ater 接口为 BSS 的系统内部自定义接口,传输内容与 A 接口类似,不同的是传输速率。

2. NSS 内部接口

NSS 由 MSC、VLR、HLR 等功能实体组成,GSM 技术规范定义了不同的接口以保证各功能实体之间的接口标准化,如图 10-6 所示,包括 D 接口、B 接口、C 接口、E 接口、F 接口和 G 接口。

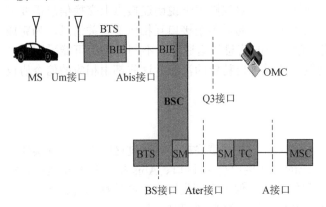

图 10-5 GSM 系统的主要接口

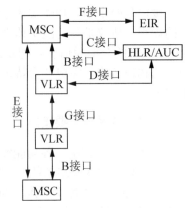

图 10-6 NSS 的内部接口

3. GSM 系统与其他公用电信网的接口

其他公用电信网主要是指 PSTN、ISDN、PSPDN 和 CSPDN。GSM 系统通过 MSC 与这些公用电信网互联,其接口必须满足 CCITT 的有关接口和信令标准及各个国家邮电运营部门制定的与这些电信网有关的接口和信令标准。

4. 各接口协议

GSM 系统各接口采用的分层协议结构符合 OSI 参考模型。分层的目的是允许隔离各组信令协议功能，按连续的独立层描述协议，每层协议在明确的服务接入点对上层协议提供自己特定的通信服务。图 10-7 给出了 GSM 系统主要接口所采用的协议分层示意图。

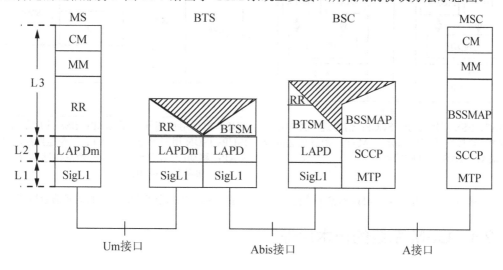

图 10-7 系统主要接口的协议分层示意图

1) 协议分层结构

按照 OSI 参考模型，Um 接口可分为 3 层。第一层 L1 是物理传输层；第二层 L2 是数据链路层；第三层 L3 为协议层，需要实现呼叫管理(CM)、移动特性管理(MM)、无线资源管理(RR)3 个子层的功能。

2) L3 的互通

A 接口信令协议的参考模型如图 10-8 所示。由于基站需完成蜂窝控制这一无线特殊功能，这是在基站自行控制或在 MSC 的控制下完成的，所以子层 RR 在 BSS 中终止，RR 消息在 BSS 中进行处理和转译，映射成 BSS 移动应用部分(BSSMAP)的消息在 A 接口中传递。

子层 MM 和 CM 都至 MSC 终止，MM 和 CM 消息在 A 接口中采用直接转移应用部分(DTAP)传递，BSS 则透明传递 MM 和 CM 消息，这样就保证了 L3 子层协议在各接口之间的互通。

3) NSS 内部及 GSM 系统与 PSTN 之间的协议

GSM 系统与 PSTN 之间的通信优先采用 7 号信令系统，NSS 内部各功能实体之间 B、C、D、E、F 和 G 接口的通信包括 MSC 与 BSS 之间的通信也由 7 号信令系统支持。支持 GSM 系统的 7 号信令系统协议层简单地用图 10-9 表示。与非呼叫相关的信令是采用移动应用部分(MAP)，用于 NSS 内部接口之间的通信；与呼叫相关的信令则采用电话用户部分(TUP)和 ISDN 用户部分(ISUP)，分别用于 MSC 之间和 MSC 与 PSTN、ISDN 之间的通信。

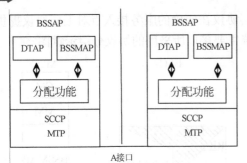

BSSAP：BSS 应用部分　　SCCP：信令连接控制部分
DTAP：直接转移应用部分　MTP：消息传递部分
BSSMAP：BSS 移动应用部分

TUP：电话用户部分　　BSSAP：BSS 应用部分
ISUP：ISDN 用户部分　SCCP：信令连接控制部分
MAP：移动应用部分　　MTP：消息传递部分
TCAP：事务处理应用部分

图 10-8　A 接口信令协议的参考模型　　图 10-9　应用于 GSM 系统的 7 号信令协议层

10.2.4　GSM 系统的技术原理

1．蜂窝技术与频率复用

从移动通信的使用频段可以看出，分配给移动通信的使用频带是十分有限的，这必然就限制了系统的容量，为了满足越来越多的用户需求，必须在有限的频率范围内尽可能扩大频谱的利用率，为此，移动通信系统中采用了蜂窝技术与多址技术等多种措施。

1) 大区、小区、区群与蜂窝的概念

早期的移动通信系统采用大区制的强覆盖区。大区制是指把一个通信服务区域仅规划为一个或少数几个无线覆盖区，简称无线区。每个无线区的半径在 25～45km，用户容量为几十个至数百个。每个无线区仅为一个基站所覆盖，基站相互独立。大区制需架设很高的天线塔(一般高于 30m)，使用很大的发射功率(50～200W)，利用单个基站覆盖整个服务区。大区制结构简单，不需要交换，但频道数量较少，覆盖范围有限。为了提高系统容量，充分利用频率资源，需要采用多个基站来覆盖给定的服务区域，这就是小区制的概念。

小区制是指将给定的服务区域划分成多个小区(Cell)，每个小区中设立一个基站，负责本小区内移动台的联络和控制，各基站通过 MSC 相互联系，并与市话局连接。由于小区覆盖的半径较小，一般为 1～20km，因此可以用较小的发射功率实现双向通信。每个小区只需提供较少的几个无线电信道(一个信道组)就可满足通信的要求，邻近的小区使用不同的信道组，相距足够远的小区则可以重复使用这些信道组。这样，由多个小区构成的通信系统的总容量将大大提高。

假设基站天线为全向天线，则其覆盖区域的形状一般为圆形区域。为使多个基站无缝覆盖整个服务区域，一个圆形的覆盖区域之间一定包含许多交叠的部分，如图 10-10 所示。在考虑消除交叠部分后，每个小区实际上为一个正多边形。要用相同的正多边形既无空隙又无交叠地覆盖一个平面区域，可取的形状只有 3 种：正三角形、正四边形和正六边形，其中以正六边形的形状最接近圆形，在半径相同的情况下，其交叠部分最小，面积最大，因而所需的小区数目最少，即需要架设的基站数目最少，系统投资也就最小。

为了减小干扰，相邻小区一般应工作在不同的频率上。但由于移动信道的传输损耗随着距离的增加而不断增加，因此，如果两个小区相距足够远，那么它们完全可以工作在相同的频率上,且相互之间的干扰可以忽略不计,这就是频率复用,并将相邻的采用不同工作频率的若干小区构成的覆盖区称为区群(即单位无线区群)。为了防止同频干扰,要求每个区群中的小区,不得使用相同频率,只有在不同的无线区群中,才可使用相同的频率。

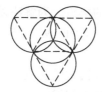 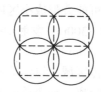 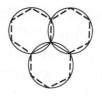

图 10-10 小区的形状

单位无线区群的构成应满足两个基本条件:若干个单位无线区群彼此邻接组成蜂窝式服务区域;邻接单位无线区群中的同频无线小区的中心间距相等。可以证明,如果所有的区群具有相同的形态,则区群中包含的小区数目 K 应满足式(10-2)为

$$K = i^2 + ij + j^2 \tag{10-2}$$

式中,i、j 为非负整数,代表两个同频小区所夹 120° 角两条边上的小区数,且不同时为零。不同 K 值对应的区群形状如图 10-11 所示。由于区群的结构酷似蜂窝,因此人们将小区制移动通信系统称为蜂窝移动通信系统。蜂窝移动通信系统通常是先由若干邻接的无线小区组成一个无线区群,一个区群构成一个复用簇,利用频率复用再将若干无线区群进行延伸,构成整个服务区。图 10-12 给出了 K 分别为 4、7 情况下的蜂窝网络结构。

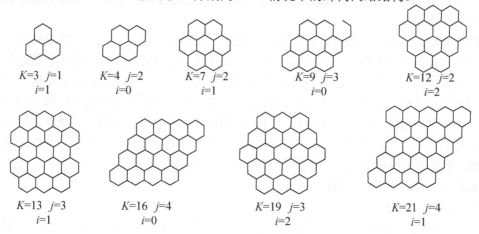

图 10-11 区群的形状

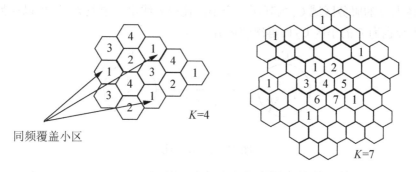

图 10-12 K 分别为 4、7 时的小区复用模式

小区制的小区覆盖半径大多为1~20km，还是较大的，所以基站的发射功率较大，一般在10W以上，天线也做得较高。由于网络漏覆盖或电波在传播过程中遇到障碍物而造成阴影区域等原因，小区内可能会出现信号强度极弱的盲点，而在商业中心或交通要道等业务繁忙区域，区域空间业务负荷超重可能会形成小区内的热点。为解决以上问题，出现了微蜂窝小区技术，它的覆盖半径为30~300m；发射功率一般在1W以下；基站天线比宏蜂窝小区天线低很多，一般高于地面5~10m即可。

微蜂窝最初被用来增大无线电覆盖区域，以消除宏蜂窝中的盲点。同时由于低发射功率的微蜂窝基站允许较小的频率复用距离，每个单元区域的信道数量较多，因此业务密度得到了巨大的增长，且射频干扰很小。在宏蜂窝的热点上设置微蜂窝小区，可满足该微小区域内通信质量与容量两方面的要求。微蜂窝小区作为宏蜂窝小区的补充，一般用于宏蜂窝覆盖不到的盲点区域(如地下室、娱乐室、地铁、隧道等)和话务量比较集中的热点区域。

在话务量很高的商业街道等区域，也可采用多层网形式进行连续覆盖，即将蜂窝结构分级，使得整个通信网络呈现出多层次的结构。相邻微蜂窝的切换回到所在的宏蜂窝上，宏蜂窝的广域大功率覆盖网络可看成是宏蜂窝上层网络，并作为移动用户在两个微蜂窝区间移动时的"安全网"，而大量的微蜂窝则构成微蜂窝下层网络。随着容量需求的进一步增长，可按同一规则设置第3或第4层网络，即微微蜂窝小区。微微蜂窝实质上是微蜂窝的一种，用来解决商业中心、会议中心等室内"热点"通信问题。只是它的覆盖半径更小，一般只有10~30m；基站的发射功率也更小，大约为几十毫瓦；天线一般装于建筑物内业务集中的地点。

随着移动通信的不断发展，近年来还出现了一种新型的蜂窝形式——智能蜂窝。所谓智能蜂窝，是指基站采用具有高分辨阵列信号处理能力的自适应天线系统，智能地监测移动台所处的位置，并以一定的方式将监测到的信号功率传递给移动台的蜂窝小区。智能天线利用数字信号处理技术，产生空间定向波束，使天线主波束对准移动用户信号的到达方向，旁瓣或零点对准干扰信号的到达方向，达到充分高效利用移动用户信号并消除或抑制干扰信号的目的。智能蜂窝将在以下几方面提高未来移动通信的系统性能：①扩大系统覆盖区域；②提高频谱利用率，增大系统容量；③降低基站发射功率，减少信号间干扰；④减少电磁环境污染；⑤节省系统成本等。

2) 频率复用技术

在全双工工作方式中，一个无线电信道包含一对信道频率，每个方向都用一个频率进行发射，因此，处在不同小区上的用户可以同时使用相同频率的频道，如图10-13所示，在覆盖半径为R的服务区域C_1内呼叫一个小区使用无线电信道发f_1，也可以在另一个相距D、覆盖半径也为R的小区C_2内再次使用f_1。

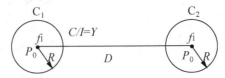

图10-13 D/R比

允许同频率重复使用的最小距离称为频率复用距离D，由式(10-3)确定

$$D = \sqrt{3K}R \tag{10-3}$$

式中，K 是频率复用模式或区群中小区的数目。当 $K=4$ 时，$D=3.46R$；当 $K=7$ 时，$D=4.6R$。如果所有小区基站发射相同的功率，则 K 增加，频率复用距离 D 也增加。增加了的频率复用距离将减小同频道干扰发生的可能。

频分复用方式实际上就是将可用的有限频率分成 K 组，构成一个复用簇，其他的区群再重复使用这一簇频率。从理论上来说，K 应该大些，然而，分配的频道总数是固定的，如果 K 太大，则一个区群中分配给每个小区的频道数将减少，如果随着 K 的增加而划分 K 个小区中的信道总数，则中继效率就会降低。同样道理，如果在同一地区将一组信道分配给两个不同的工作网络，系统频率效率也将降低。因此，现在面临的问题是在满足系统性能的条件下如何得到一个最小的 K 值。要解决这个问题必须估算同频道干扰，并选择最小的频率复用距离 D 以减小同频道干扰。在满足条件的情况下，构成单位无线区群的小区个数 K 根据式(10-2)取 $i=j=1$，可得到最小的 K 值为 3，如图 10-11 所示。

GSM 系统中常采用 120°或 60°的定向天线，形成三叶草小区，即把基站分成三个扇形小区，从而构成 4×3、3×3 的频率复用方式，如图 10-14 所示。一般的，对于 $n×m$ 频率复用方式，n 表示复用簇中有 n 个基站（即区群中正六边形蜂窝的个数，即 K 值），m 表示每个基站有 m 个小区。那么频率复用度为

$$F(\text{reuse}) = n×m = N(\text{ARFCN})/N(\text{TRX}) \tag{10-4}$$

式中，$N(\text{ARFCN})$ 为总的可用频点数；$N(\text{TRX})$ 是小区配置的 TRX。

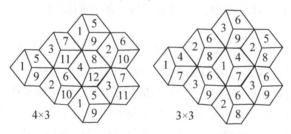

图 10-14 GSM 系统的 4×3、3×3 的频率复用方式

4×3 频率复用方式是 GSM 系统中最基本的频率复用方式，"4"表示 4 个基站，"3"表示每个基站由 3 个小区组成。这 12 个扇形小区为一个频率复用簇，同一簇中频率不能被复用。这种频率复用方式由于同频复用距离大，能够比较可靠地满足 GSM 体制对同频干扰保护比和邻频干扰保护比的指标要求，因此使得 GSM 网络的运行质量较好，安全性较好。4×3 频率复用方式下，它的频率复用度为 12。

如果采用 120°的定向天线，则一个基站区有 3 个扇区。若 3 个扇区每扇分别配置 a、b、c 个频点，则该基站区的频点配置结构可记为 S$a/b/c$，而该基站的收、发信机总套数为 $(a+b+c)$。

频率规划就是在频率利用率和网络容量之间寻找平衡点，做到在保证一定网络质量的前提下，使网络容量最大。但通常实际规划时所分配的频点数会大于 $n×m$，因此实际 $F(\text{Reuse})$ 往往大于上述值。显而易见，频率复用度越小，频率复用越紧密，频率利用率就越高，随着频率复用紧密程度的增加，使网上的干扰增大，需要相关技术的支持，如 DTX、功率控制等；频率复用度越大，其频谱利用率越小，但容易获得较高的网络语音质量。

频率复用是蜂窝移动系统的核心概念。通过频率复用，可以极大地提高频谱效率。但是，如果系统设计得不好，将产生严重的干扰，这种干扰称为同信道干扰。这种干扰是由于相同信道公共使用造成的，是频率复用中必须考虑的重要问题。

2. 多址技术

在蜂窝系统中，多个移动用户要同时通过一个基站和其他移动用户进行通信，就必须对基站和不同的移动用户发出的信号赋予不同的特征，使基站能从众多移动用户的信号中区分出是哪一个移动用户发来的信号，同时各个移动用户又能够识别出基站发出的信号中哪个是发给自己的。这种多个用户同时与一个基站进行通信的方式就是多址通信。多址技术是为了解决网中用户从接收的信号中识别出本地用户地址的多址接入问题，用于解决多址接入的方法称为多址接入技术，它可以使众多的用户共用公共的通信线路或信道。

多址接入方法主要有 3 种：FDMA、TDMA 和 CDMA，分别采用频率、时间或代码分隔的多址连接方式。

FDMA 是指多个用户各自在互不相同的频带上同时与系统进行通信，此种通信方式多用于模拟通信系统；TDMA 是指多个用户在同一个频带上按时间顺序轮流与系统进行通信，在某一时刻只有一个用户与系统进行通信，此种方式主要用于数字通信系统；CDMA 是指多个用户在同一时间、同一频带内与系统进行通信，但各自发出的信号编码不同，由系统识别各用户的通信内容，此种通信方式也用于数字系统。显然，时分多址从频域和时域两维利用频谱，而码分多址则从码型、频域和时域三维利用频谱。

1) 频分多址

频分实际上就是可用频谱的信道化，即把整个可分配的频谱划分成许多单个无线电信道(发射和接收载频对，收发间隔 45MHz)，每个信道可以传输一路语音或控制信息，如图 10-15 所示。通过 FDMA，任何一个用户都可以接入一个相对窄带信道(25kHz)里，信号功率被集中起来传输，不同信号被分配到不同频率的信道里，来自邻近信道的干扰则用带通滤波器限制，这样在规定的窄带里只能通过有用信号的能量，而任何其他频率的信号都被排斥在外。系统中某一小区中的某一用户呼叫占用一个频点，即一个信道(实际上是占用两个，因为是双向连接，即双工通信)，则其他呼叫就不能再占用信道。

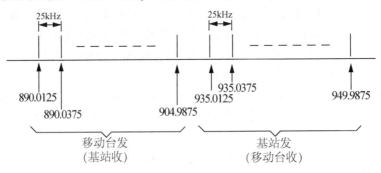

图 10-15 GSM 中 FDMA 的信道化原理

2) 时分多址

时分多址是在一个宽带的无线载波上按时隙(Time Slot)划分为若干时分信道，每一用户占用一个时隙,只在这一指定的时隙内收(或发)信号。即一个信道由若干周期性的时隙构成,不同用户信号的能量被分配到不同的时隙里,利用定时选通就可以限制邻近信道的干扰,从而只让在规定时隙中有用的信号通过。GSM 数字蜂窝系统实际上是 FDMA 和 TDMA 的结合,先使用间隔为 200kHz 的频分信道,再把它划分成 8 个时隙(全速)或 16 个时隙(半速)进行 TDMA 传输,如图 10-16 所示。

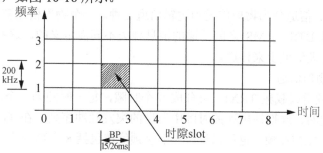

图 10-16　GSM 系统中的多址方式(FDMA+TDMA)及对应信道

由于 GSM 空中接口采用 TDMA 和 FDMA 的混合方式,故其通信容量比单纯的频分制或时分制更大。从频域角度来看,在系统频段内每 200kHz 设置一个频点,对应某一时隙的中心频率,即 GSM 规范中的射频信道。从时域角度来看,时隙在频域上循环,每时隙占 15/26ms(约 577μs),称之为突发脉冲序列周期 BP。

GSM 系统中,每个时隙都由固定的比特组成,包含了同步信息、信令信息和数据信息,共 156.25bit。为防止不同时隙的信号因为时延不同而在相邻时隙发生交叠,通常在时隙末尾或开头设置一定的保护时间;在无线信道上传输数据时,如果传输速率较高,则因为多径传播引起的码间串扰会明显导致误码率增加,为此,接收机通常采用自适应均衡技术,所以通常在每个时隙内包含自适应均衡用的训练序列。图 10-17 为 TDMA 系统时隙结构的典型形式,它综合考虑了业务信息传输、控制和信令传输、信道多径的影响、系统的同步以及不同移动台由于与基站之间的不同距离而导致的不同传输时延等因素,其中保留一定的功率上升时间和功率下降时间是由于收发信机在每个时隙的收发时需要进行转换。

| 功率上升 | 同步信息 | 信息同步 | 随路信令 | 训练序列 | 业务信息 | 保护段 |

图 10-17　TDMA 系统典型的时隙结构

在不同的通信系统中,帧结构中包含的时隙结构也各不相同,没有统一的格式。GSM 系统中,每 8 个时隙(4.6ms)构成一帧,即每个载波有 8 个物理信道。

TDMA 系统必须在严格的帧同步、时隙同步和比特(位)同步条件下工作,若接收机采用相干解调,还必须获得载波同步。系统定时(或称网同步)是 TDMA 系统中的关键问题,必须统一全网时间基准。

3) 码分多址

CDMA 技术是建立在正交编码、相关接收的理论基础上的一种扩频通信(直接序列扩频)。它用一个带宽远大于信号本身带宽的高速伪随机编码序列去调制所需传输的信号,使原信息数据的带宽大大扩展,再经载波调制后发射出去;接收端经解调后,使用与发送端完全相同的伪随机码,与接收的宽带信号作相关处理,把宽带信号解扩为原始的数据信息。

由于 CDMA 是一种利用扩频码序列实现的多址方式，它不像 FDMA、TDMA 那样把用户的信息从频率和时间上进行分离，故可在一个信道上同时传输多个用户的信息，也就是说，允许用户之间的相互干扰，只要这种干扰不超过允许的容限。

3. TDMA 信道与帧

在 GSM 中，信道分为物理信道和逻辑信道 2 种。一个物理信道就是一个时隙(TS)，而逻辑信道是根据 BTS 与 MS 之间传递的消息种类不同而定义的。这些逻辑信道通过 BTS 映射到不同的物理信道上来传送。

1) TDMA 物理信道

每一频点(频道或载频 TRX)上可分成 8 个时隙，每一时隙为一个信道，因此，一条物理信道是在特定的、周期性出现的时隙中发送的突发脉冲序列。在 GSM 系统中这个周期是 8，即是一个 TDMA 帧。也可以说，一个射频信道包括 8 个物理信道，如图 10-18 所示。

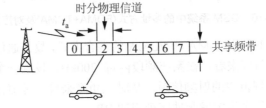

图 10-18 无线路径上 TDMA 的时分物理信道示意图

物理信道是频分和时分的组合，它由 BTS 和 MS 之间的时隙流组成。故一个物理信道必须从频域和时域两个维度进行描述，频域中的描述参数有 ARFCN(绝对载频号)、跳频，时域中的描述参数有 FN(帧号)、TN(时隙号)。

2) TDMA 逻辑信道

TDMA 逻辑信道分为业务信道(TCH)和控制信道(CCH)两类。

业务信道用于传送编码后的语音或用户数据，可分为语音业务信道和数据业务信道。无论是上行还是下行链路都有同样的功能和格式，以点对点方式传播。GSM 业务信道携带用户数字化语音或数据信息，分为全速率或半速率两种类型。全速率传送时用户数据在一个时隙(TS)中传送；半速率传送时用户数据映射到同一时隙上，采用隔帧传送的方式，因此两个半速率的用户可以共享同一个时隙，但是每隔一帧交替发送。

图 10-19 所示为 TDMA 帧和业务信道的复帧结构。在 GSM 标准中，TCH 数据不会在作为广播信道的频点的 TDMA 帧的 TS0 上传播。此外，TCH 复帧(包含 26 帧)在第 13 和第 26 帧中会插入慢速辅助控制信道(SACCH)数据或空闲帧(IDLE)。如果第 26 帧中包含 IDLE 数据位，则为全速率 TCH；如果包含 SACCH 数据，则为半速率 TCH。

控制信道在移动站和基站之间传输信令和同步信息，在上下行链路之间有着不同的信道。根据所需完成的功能，控制信道又分为广播信道(BCH)、公共控制信道(CCCH)和专用控制信道(DCCH)3 种类型。控制信道复帧结构如图 10-20 所示。

控制信道的配置依据每小区 BTS 的载频数而定，如表 10-2 所示。在使用 6MHz 带宽的情况下，每小区最多两个控制信道，当某小区配置一个载频时，仅需一个控制信道。

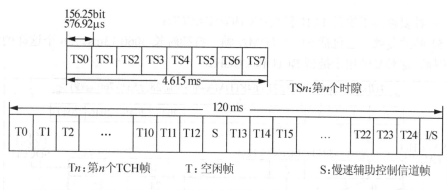

图 10-19　TDMA 帧和业务信道的复帧结构(标准语音复帧=26 个 TDMA 帧)

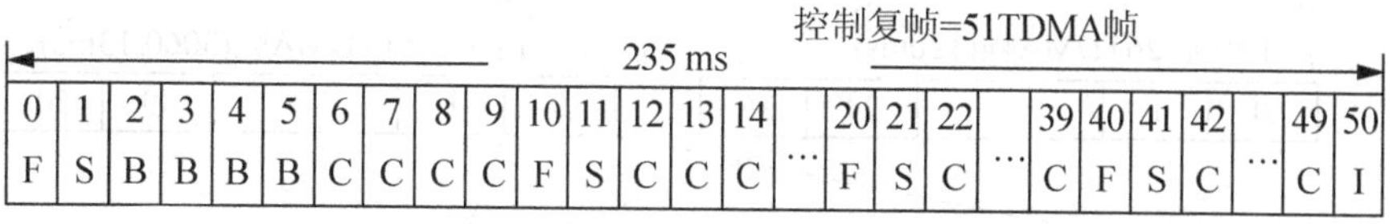

(a) F、S、B 分别表示 BCH 中 FCCH、SCH、BCCH 突发脉冲序列，C 表示 CCCH 中 PCH/AGCH 突发脉冲序列

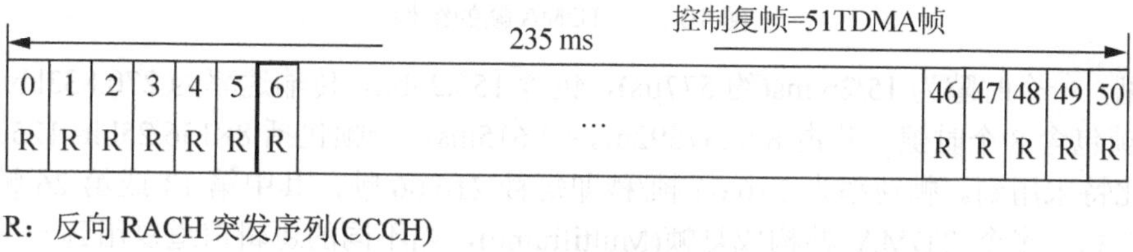

R：反向 RACH 突发序列(CCCH)

(b) R 表示 CCCH 的反向 RACH 突发脉冲序列

图 10-20　控制信道复帧结构

表 10-2　小区信令信道配置

频点数	信令信道配置数	频点数	信令信道配置数
1	1X　BCCH+CCCH+4SDCCH/4(TS0)	6～8	1X　BCCH+CCCH(TS0) 2X　8SDCCH/8
2～5	1X　BCCH+CCCH(TS0) 1X　8SDCCH/8	≥9	2X　BCCH+CCCH(TS0,2,4,6) 4X　8SDCCH/8

3) TDMA 帧结构

在 TDMA 中，每个载频被定义为一个 TDMA 帧，每帧包括 8 个时隙(TS0～TS7)。计算加密序列的算法是以 TDMA 帧号为一个输入参数，因此每一帧都必须有一个帧号。有了 TDMA 帧号，移动台就可判断控制信道 TS0 上传送的是哪一类逻辑信道。

TDMA 帧号是以 2715648 个 TDMA 帧为周期循环编号的。每 2715648 个 TDMA 帧为一个超高帧，每一个超高帧又可分为 2048 个超帧，一个超帧持续时间为 6.12s，每个超帧又由复帧组成。GSM 的复帧分为两种类型，如图 10-21 所示。

(1) 26 帧的复帧。它包括 26 个 TDMA 帧，持续时长 120ms，51 个这样的复帧组成一个超帧。这种复帧用于携带 TCH 和 SACCH(加 FACCH)。

(2) 51 帧的复帧。它包括 51 个 TDMA 帧,持续时长 3060/13ms。26 个这样的复帧组成一个超帧。这种复帧用于携带 BCH 和 CCCH。

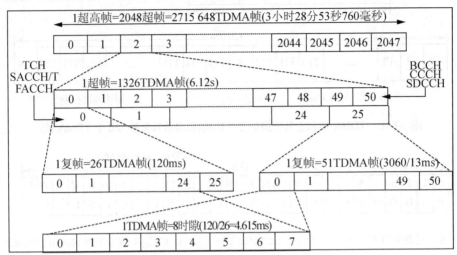

图 10-21　TDMA 帧的结构

可见,一个时隙为 15/26 ms(约 577μs),包含 156.25bit,传输速率为 270.833kb/s。每个 TDMA 帧包含 8 个时隙,共占 8×0.57692ms≈4.615ms,一帧包括 8×156.25bit=1250bit,其中一些比特未用到。帧速率为 216.66 帧/秒即每秒 216.66 帧,其中第 13 或第 26 帧用于传送控制信息。多个 TDMA 帧构成复帧(Multiframe),当不同的逻辑信道复用到一个物理信道时,需要使用这些复帧。GSM 中有两种复帧:第一种是 26 帧的复帧,包含 26 个 TDMA 帧,时间间隔为 120ms,用于业务信道、快速辅助控制信道(FACCH)和慢速辅助控制信道(SACCH);第二种是 51 帧的复帧,包含 51 个 TDMA 帧,时间间隔为 235 ms,用于广播控制信道(BCCH)、公共控制信道(CCCH)和独立专用控制信道(SDCCH)。多个复帧构成超帧(Superframe),它由 51 个 26 帧的复帧或 26 个 51 帧的复帧组成,一个超帧包含 1326 个 TDMA 帧,共占 6.12s。2048 个超帧构成超高帧(Hyperframe),一个超高帧包含 2715648 个 TDMA 帧,共占 12533.76s(3 小时 28 分 53 秒 760 毫秒),这些 TDMA 帧按序编号,依次为 0～2715647,帧号在同步信道中传送。帧号在跳频算法中也是必需的。

4) 突发脉冲序列

TDMA 信道上一个时隙的消息格式称为突发脉冲序列(Burst),每个突发脉冲被发送在 TDMA 帧的其中一个时隙上。在特定突发脉冲上发送的消息内容不同,决定了它们的格式也不同。

突发脉冲序列共有 5 种类型。在每种突发脉冲的格式中,都包括以下内容:尾比特(Tail Bits,TB)、消息比特(Information Bits,IB)、训练序列(Training Sequence,TS)、保护间隔(Guard Period,GP)。尾比特总是 0,以帮助均衡器判断起始位和终止位以避免失步。消息比特用于描述业务消息和信令消息,空闲突发脉冲序列和频率校正突发脉冲序列除外。训练序列是一串已知序列,用于供均衡器产生信道模型,消除色散。保护间隔是一个空白空间,保证各自的时隙发射时不相互重叠。5 种突发脉冲序列的数据突发格式如图 10-22 所示。

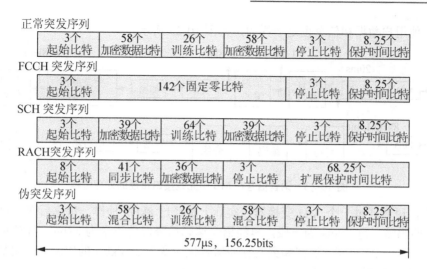

图 10-22 突发脉冲序列数据格式

5) GSM 呼叫建立过程

为了进一步理解业务信道和各种控制信道是如何工作的，下面简要说明 GSM 系统中移动台发出呼叫建立通信的过程。首先，移动用户不断监测广播信道(BCH)，与相近的基站取得同步。通过接收频率校正信道(FCCH)、同步信道(SCH)、广播控制信道(BCCH)的信息，将移动用户锁定到基站及适当的广播信道上。

为了发出呼叫，用户首先要拨号，并按压 GSM 手机上的发射按钮。移动台用它锁定基站的绝对无线频率信道(ARFCN)来发射随机接入信道(RACH)数据突发序列。然后，基站以公共控制信道(CCCH)上的接入认可信道(AGCH)信息来对移动台作出响应，公共控制信道为移动台指定一个新的信道进行独立专用控制信道(SDCCH)连接。正在监测广播信道中 TS0 的移动用户，将从接入认可信道接收到它的绝对无线频率信道和 TS 安排，并立即转到新的绝对无线频率信道和 TS 上，这一新的绝对无线频率信道和 TS 分配就是独立专用控制信道。一旦转接到独立专用控制信道，移动用户首先等待传给它的慢速辅助控制信道帧(等待最大持续 26 帧或 120 ms)，该帧告知移动台要求的定时提前量和发射机功率。

基站根据移动台以前的随机接入信道传输的数据能够决定出合适的定时提前量和功率级，并且通过慢速辅助控制信道发送适当的数据供移动台处理。在接收和处理完慢速辅助控制信道中的定时提前量信息后，移动用户能够发送正常语音业务所要求的突发序列信息。当 PSTN 从拨号端连接到 MSC，且 MSC 将语音路径接入服务基站时，独立专用控制信道检查用户的合法性及有效性，随后在移动台和基站之间发送信息。基站经由独立专用控制信道告知移动台重新转向一个为业务信道安排的绝对无线频率信道和 TS。一旦再次接到业务信道，语音信号就在前向和反向链路上传送，呼叫建立成功，独立专用控制信道被清空。

4. 语音信号处理技术

在 GSM 系统中，由于无线信道的带宽只有 200kHz，且无线信道为变参信道，传输数字信号的误码率高，因此，语音信号在无线信道上传送之前应进行处理，使语音数字信号能够适合无线信道的高误码、窄带宽要求。GSM 系统对语音的处理包括语音编码技术以及信道编码、交织、突发脉冲形成、均衡、分集接收等抗衰落技术，还包括调制技术。这个过程对其他用户数据和信令也是一样的,如图 10-23 所示。

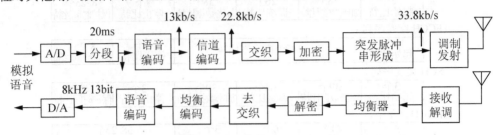

图 10-23 语音信号在 MS 中无线接口路径的处理过程

首先,语音通过一个 A/D 变换器,实际上是经过 8kHz 抽样、量化后变为每 125μs 含有 13bit 的码流;每 20ms 为一段,再经语音编码后降低传码率为 13b/s;经信道编码变为 22.8kb/s;再经码字交织、加密和突发脉冲格式化后变为 33.8kb/s 的码流,经调制后发送出去。接收端的处理过程相反。

1) 语音编码

在 GSM 系统中,无线信道也采用数字信号,但每个载频的带宽只有 200kHz,如果采用传统的 PCM 编码方式,则每个移动台的数字语音速率为 64kb/s,8 个用户至少为 512kb/s,调制后的频带远远大于 200kHz,因此,这样高的速率不适应在 GSM 系统的无线信道上传输,必须采用其他的编码方式来降低每个话路信息编码所需的比特率。

GSM 中语音编码采用混合编码器,其编码过程分为两个阶段:①语音分段,将 64kb/s 的语音分成 20ms 一段进行编码;②混合编码,每 20ms 语音编成 260bit 的数码,即比特速率为 260/20kb/s=13kb/s。这样,每路语音的比特速率就从 64kb/s 降至 13kb/s,如图 10-24 所示。

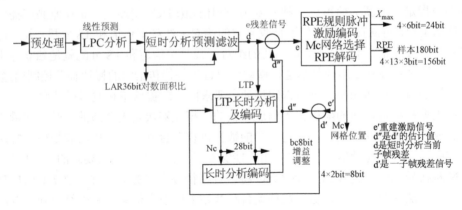

图 10-24 RPE-LTP 语音编码原理框图

GSM 采用的编码方案是 13 kb/s 的 RPE-LTP(规则脉冲激励长期预测),目的是在不增加误码的情况下,以较小的速率优化频谱占用,同时达到与固话接近的语音质量。

2) 信道编码

由于冗余码元的引入,信道编码势必会提高信息传输速率,对 GSM 系统来说,每 20ms 的一帧内 260bit 数据经过信道编码后输出 456bit 数据,传输速率由 13kb/s 增加至 22.8kb/s,如图 10-25 所示。

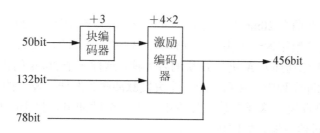

图 10-25　信道编码过程

GSM 系统信道编码的过程是：由语音编码器中输出的码流为 13kb/s，被分为 20ms 的连续段，每段中含有 260 bit，其中再细分为 50 个非常重要的比特、132 个重要比特、78 个一般比特，对它们分别进行不同的冗余处理。50 个最重要的比特先加入 3 个奇偶检验比特进行分组编码，即块编码器引入 3 位冗余码，再与 132 个重要比特一起加入 4 个尾比特进行第二次分组编码，然后再按 1∶2 的比率进行卷积编码，形成 (53+136)×2=378 个已编码比特，78 个不重要比特不进行编码(不予以保护)。这样，260 个比特的数字语音信号经信道编码后成为 456 个比特。

用于 GSM 系统的信道编码方法有 3 种：卷积码、分组码和奇偶码。在 CME 20 系统中，信道编码采用了卷积编码和分组编码两种编码方式。卷积编码具有纠错的功能；分组编码具有检错的功能。同时由于编码时要添加比特，而使语音信号的比特速率升高，所以不能对全部的语音比特进行编码，而是只对部分重要的比特进行编码。

3) 交织

交织的基本思想是把码字的 b 个比特分散到 n 个突发脉冲序列中，以改变比特间的邻近关系。n 值越大，传输特性越好，但传输时延也越大，因此必须作折中考虑，这样，交织就与信道的用途有关，所以在 GSM 系统中采用了两次交织方法。第一次交织在 20ms 语音内进行，称为内部交织；第二次交织在相邻的两个 20ms 语音间进行，称为块间交织。

在 GSM 系统中，信道编码器为每一段 20ms 的语音提供 456 个比特，根据上述的交织原理，把 456 个比特分成 8 组，每组 57 个比特，在 4 个 TDMA 帧发送。发送时按非连续的方式发码，即对它们作交织处理，其发码规律如图 10-26 所示，这个比特的处理过程称为第一次交织。第一次交织是在 20ms 的语音中进行的，如图 10-26 所示。

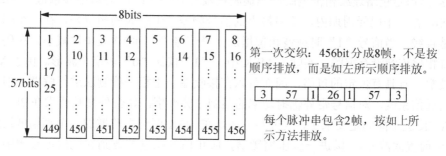

图 10-26　GSM 系统第一次交织及脉冲串形成

如果将同一 20ms 语音的两组 57 个比特插入到同一普通突发脉冲序列(见图 10-27)中，那么该突发脉冲串丢失则会导致该 20ms 的语音损失 25%的比特，显然信道编码难以恢复这么多丢失的比特。因此必须在两个语音帧间再进行一次交织，即块间交织。

第二次交织是在两个 20ms 的语音之间进行的，其原理如图 10-27 所示。把每 20ms 语音 456 比特分成的 8 帧作为一个块，假设有 A、B、C、D 4 块，在第一个普通突发脉冲串中，两个 57 比特组分别插入 A 块和 D 块的各 1 帧，这样一个 20ms 的语音 8 帧分别插入 8 个不同普通突发脉冲序列中，然后一个一个突发脉冲序列发送，发送的突发脉冲序列首尾相接处不是同一语音块，这样即使在传输中丢失一个脉冲串，只影响每一语音比特数的 12.5%，而这能通过信道编码加以校正。

3	A	1	26	1		3	3		C	1	26	1	B	3
3	A	1	26	1		3	3		C	1	26	1	B	3
3	A	1	26	1		3	3		C	1	26	1	B	3
3	A	1	26	1		3	3		C	1	26	1	B	3
3	B	1	26	1	A	3	3		D	1	26	1	C	3
3	B	1	26	1	A	3	3		D	1	26	1	C	3
3	B	1	26	1	A	3	3		D	1	26	1	C	3
3	B	1	26	1	A	3	3		D	1	26	1	C	3

图 10-27　GSM 系统第二次交织原理示意

第二次交织后，每串突发脉冲串发送相邻两个 20ms 各 57 个比特的信息，每 20ms 的语音要分成 8 个 TDMA 帧才能送完。

4) 突发脉冲串形成

为了有助于接收信号的同步和均衡，往加密的信息块中增加了一些额外的信息，如训练序列、保护间隔和尾比特等。在 GSM 系统中，一个 TDMA 帧每时隙只能送出 2557 个比特，并以不连续的脉冲串形式在无线信道上传送，因此除了 2557 个比特的语音数据外，还必须加入其他的一些比特，包括前后各 3 个尾比特(TB)，用于帮助均衡器知道突发脉冲串的起始位和停止位；26 个训练比特，用于均衡器计算信道模型；两个 1 比特的借用标志，用于表示此突发脉冲序列是否被 FACCH 信令借用。插入这些比特后，信号的数码率从 22.8kb/s 升至 33.8kb/s。

5) 调制技术

GSM 系统采用了 GMSK 调制。GMSK 是 MSK(最小频移键控)的改进型调制方法。

MSK 是恒定包络连续相位调制，称调制指数为 0.5 的 FSK 为最小移频键控 MSK，意味着 MSK 在一个码元周期内，能用最小的信号频差产生最大的相位差，在一个码元内相位变化是直线。当信号"1"时载波相位增加，当信号"0"时载波相位减小，在码元交替时刻保持相位连续没有突跳。实际上 MSK 中，"1"仅比"0"多半个波形。由于 MSK 调频带宽较窄，且具有恒定的包络，因而可以在接收端采用相干检测法进行解调。但是对于数字移动通信系统，对信号带外辐射功率的限制十分严格，如带外衰减要求在 70~80dB，再采用 MSK 就不能满足要求了，改进的方法是在 MSK 调制之前增加一个高斯低通滤波器(亦称高斯前置滤波器)，以进一步压缩频谱，防止信号能量扩散到邻近信道频谱中去，如图 10-28 所示。

以高斯低通滤波器的归一化 3dB 带宽 B_b 与码元宽度 T_s 的乘积 $B_b T_s$ 为参变量($T_s=1/f_b$)，以归一化频差 $(f-f_c)T_s$ 为横坐标(f_c 为载波频率)的 GMSK 信号功率谱特性曲线如图 10-29 所示。由图可知，$B_b T_s$ 越小，功率谱越集中，当 $B_b T_s=0.2$ 时，GMSK 的频谱与平滑调频(TFM)

的频谱几乎相同；当 $B_bT_s=\infty$ 时，GMSK 就蜕变为 MSK。GSM 的信道传输速率选取 $1/T_s=270.833$kb/s，$B_bT_s=0.3$，此时 GMSK 信号的功率谱完全满足 GSM 标准的要求。

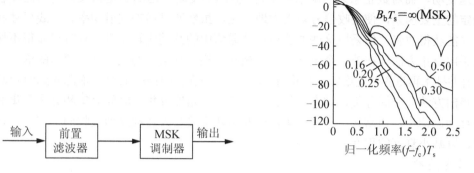

图 10-28 GMSK 调制原理框图　　　图 10-29 GMSK 信号的功率谱

6) 跳频技术

语音信号经调制后发射时，通过采用跳频技术，使不同时隙发射的载频在不断地改变。引入跳频技术，主要是出于以下两点考虑：①由于过程中的衰落具有一定的频带性，引入跳频可减少瑞利衰落的相关性。②由于干扰源分集特性。在业务密集区，蜂窝的容量受频率复用产生的干扰限制，因为系统的目标是满足尽可能多用户的需要，系统的最大容量是在一给定部分呼叫由于干扰使质量受到明显降低的基础上计算的，当在给定的 C/I 值附近统计分散尽可能小时，系统容量较好。考虑一个系统，其中一个呼叫感觉到的干扰是由许多其他呼叫引起的干扰电平的平均值。那么，对于一给定总和，干扰源的数量越多，系统性能越好。

GSM 系统的无线接口采用了慢速跳频(SFH)技术。慢速跳频与快速跳频(FFH)之间的区别在于后者的频率变化快于调制频率。GSM 系统在整个突发序列传输期，传送频率保持不变，因此是属于慢跳频情况。

7) 时序调整

由于 GSM 采用 TDMA，且它的小区半径可以达到 35km，从手机发出来的信号需要经过一定时间才能到达基站，因此需要进行时序调整，来保证信号在恰当的时候到达基站。

如果没有时序调整，那么从小区边缘发射过来的信号，就将因为传输的时延和从基站附近发射的信号相冲突(除非两者之间存在一个大于信号传输时延的保护时间)。通过时序调整，手机发出的信号就可以在正确的时间到达基站。当 MS 接近小区中心时，BTS 就会通知它减少发射前置的时间；而当 MS 远离小区中心时，就会要求它加大发射前置时间。

当手机处于空闲模式时，可以接收和解调基站来的 BCH 信号。在 BCH 信号中有一个 SCH 的同步信号，可以用来调整手机内部的时序，当手机接收到一个 SCH 信号后，手机并不知道离基站有多远。如果手机和基站相距 30km 的话，那么手机的时序将比基站慢 100μs。当手机发出第一个 RACH 信号时，就已经晚了 100μs，再经过 100μs 的传播时延，到达基站时就有了 200μs 的总时延，很可能和基站附近的相邻时隙的脉冲发生冲突。因此，RACH 和其他的一些信道接入脉冲将比其他脉冲短。只有在收到基站的时序调整信号后，手机才能发送正常长度的脉冲。在上面这个例子中，手机就需要提前 200μs 发送信号。

8) 分集接收

多径衰落和阴影衰落产生的原因是不相同的。随着移动台的移动，瑞利衰落随信号瞬时值快速变动，而对数正态衰落随信号平均值(中值)变动。这两者是构成移动通信接收信号不稳定的主要因素，使接收信号被大大地恶化，虽然通过增加发射功率、天线尺寸和高度等方法能获得改善，但采用这些方法在移动通信中的开销比较昂贵，有时也显得不切实际。而采用分集方法即在若干个支路上接收相互间相关性很小的载有同一消息的信号，然后通过合并技术再将各个支路信号合并输出，那么便可在接收终端上大大降低深衰落的概率。

分集的方法有空间分集、频率分集、极化分集、角度分集、时间分集和分量分集等多种。在移动通信中，通常采用空间分集，即利用两副接收天线独立地接收同一信号，再合并输出，以减小衰落的程度。

9) 均衡技术

在 GSM 系统中，空中接口已调信号的比特速率为 270kb/s，则每 1bit 持续时间为 3.7μs，这大致相当于电磁波传输 1.1km 所需的时间，即 1bit 对应 1.1km。假如反射点在移动台之后 1km，那么反射信号的传输路径将比直射信号长 2km，这样就会在有用信号中混叠上比它迟到 2bit 时间的另一个信号，从而出现码间串扰，这就是时间色散。

码间串扰是无线信道中传输高速数据的主要障碍，均衡是克服码间串扰的一种有效措施。GSM 规范要求均衡器能处理时延高达 15μs 的反射信号，大约相当于 4bit 时间。只要反射信号的时延不超过 15μs 就可以得到很好的信号质量。

均衡有两种基本途径：一为频域均衡，二为时域均衡。时域均衡是直接从时间响应考虑，使包括均衡器在内的整个系统的冲激响应满足无码间串扰的条件。在无线信道中，可以使用各种格式的均衡器来消除干扰，并同时提供分集。由于移动衰落信道具有随机性和时变性，这就要求均衡器是时域的，且能实时跟踪移动信道的时变特性，因此这种均衡器又称为自适应均衡器。

时域均衡系统的主体是横向滤波器，它由多级抽头延迟线、加权系数乘法器(或可变增益电路)及加法器组成。自适应均衡器所追求的目标就是要达到最佳抽头增益系数，是直接从传输的实际数字信号中根据某种算法不断调整增益，因而能适应信道的随机变化，使均衡器总是保持最佳的工作状态，有更好的失真补偿性能。自适应均衡器需有 3 个特点：快速初始收敛特性、好的跟踪信道时变特性和低的运算量。因此，实际使用的自适应均衡器系统要求在正式工作前先发一定长度的测试脉冲序列，又称训练序列，以调整均衡器的抽头系数，使均衡器基本上趋于收敛，再自动改变为自适应工作方式，使均衡器维持最佳状态。训练序列应具有很强的自相关性，以使均衡器具有良好的收敛性。TDMA 系统在长度固定的时间段中传送数据，并且训练序列通常在一个分组的开始被传送。每次收到一个新的数据分组时，均衡器将用同样的训练序列进行修正。

由于自适应均衡器是对未知的时变信道作出补偿，因而它需要有特殊的算法来更新均衡器的系数，以跟踪信道的变化。比较常用的算法有很多，其中最经典的 3 种均衡器算法为迫零算法(ZF)、最小均方算法(LMS)和递归最小二乘法算法(RLS)，其中最小均方算法采用维特比(Viterbi)算法。

10) 功率控制技术

当手机在小区内移动时，它的发射功率需要进行调整。当手机离基站较近时，需要降低发射功率，减少对其他用户的干扰；当手机离基站较远时，就应该增加功率，克服增加了的路径衰耗。所有的 GSM 手机都可以以 2dB 为一等级来调整它们的发送功率，GSM900 移动台的最大输出功率是 8W(规范中最大允许功率是 20W，但现在还没有 20W 的移动台存在)。DCS1800 移动台的最大输出功率是 1W，相应地，它应用的小区也要小一些。

10.3 第三代移动通信系统简介

第三代移动通信系统 IMT2000 是 ITU 在 1985 年提出的，当时称为陆地移动系统，1996 年正式更名为 IMT2000。与现有的 2G 系统相比，其主要特点可以概括如下。

(1) 全球性标准和系统，全球普及和全球无缝漫游。

(2) 业务多样性(语音、数据、图像、多媒体、Internet 接入等)和可变性(按需分配带宽)，具有支持多媒体业务特别是支持 Internet 的能力。

(3) 能与各种移动通信系统融合，互联互通，便于过渡和演进。

(4) 高频谱利用率。

(5) 高比特率分组数据传输，能够传送带宽高达 2Mbit/s 的高质量图像。

IMT-2000 无线传输使用 2000MHz 频段，两个工作频段为 1885～2025MHz 和 2110～2200MHz，两段带宽总共 230MHz，其中 1980～2010MHz 和 2170～2200MHz 用于卫星通信。IMT-2000 数据传输速率要求在室内环境达到 2Mb/s，室外步行环境达到 384kb/s，室外车辆中达到 144kb/s，卫星移动环境中达到 96kb/s，能提供目前 PSTN/ISDN 和其他公网的大多数业务和移动通信附加业务以及通用个人电信(UPT)业务。

3G 标准组织主要由欧洲 GSM MAP 的 3GPP 和美国 ANSI-41 的 3GPP2 组成，以 CDMA 码分多址技术为核心。CDMA 技术使用单一的频率，并在整个系统区域内可重复使用，各个用户采用一组正交码来区分，频率规划简单，频谱利用率高，容量大。使用功率控制、智能天线、干扰消除等技术后可进一步提高系统容量。因此，IMT-2000 技术方案基本上统一以宽带码分多址技术为核心。

10.3.1 IMT-2000 无线接口和无线传输技术方案

围绕 IMT-2000 的竞争十分激烈。截至 1998 年 6 月底，提交 ITU 的第三代地面候选无线接口技术多达上 10 种。最后，IMT-2000 无线接口规范(IMT.RSPC)接纳了 5 个无线接口，即 W-CDMA、CDMA2000、TD-SCDMA、UWC136 和 EP-DECT。W-CDMA 是欧洲和日本支持的方案，CDMA2000 是由美国提出的方案，UWC-136 是基于 IS-136(D-AMPS)的 TDMA 方案，EP-DECT 是在欧洲 DECT 基础上稍加改进而来的，我国提出的 TD-SCDMA 采用 TDMA 和 CDMA 混合接入方案。

5 个无线接口标准的名称是：①IMT-2000 CDMA-DS(IMT-DS)：UTRA FDD/WCDMA；②IMT-2000 CDMA-TTD(IMT-TD)：TDCDMA/TD-SCDMA/UTRATDD；③IMT-2000 CDMA-MC(IMT-MC)：CDMA2000MC/WCDMAone；④IMT-2000 TDMA SC(IMT-SC)：UWC(Universal Wireless Communication)-136；⑤IMT-2000 FDMA/TDMA(IMT-FT)：DECT。其中，DS(Direct Spread)是直接扩频；MC(Multi-Carrier)是多载波；SC(Single Carrier)是单载波。与这些接口相应的无线传输技术方案如表 10-3 所示。

表 10-3　IMT-2000 无线传输技术方案

方　　案	双工方式	空中接口	网络平台	技术基础	提交者
WCDMA(Wideband CDMA)	FDD/TDD	WCDMA	ATM/BISDN	全新，越过 2G	日本：ARIB
UTRA	FDD/TDD				欧洲：ETSI
TD-CDMA(Time Division CDMA)	TDD	GSM 过滤	GSM 过滤	2G/3G 平滑过滤	西门子
TD-SCDMA(TD Syn.CDMA)	TDD	GSM 过滤	GSM 过滤	2G/3G 平滑过滤	中国：CATT
WCDMAone	FDD	IS-95 过滤	IS-95 过滤		

表中 UTRA 是欧洲电信标准化协会(ETSI)针对 IMT-2000 提出的解决方案和欧洲的 3G 无线多媒体标准，与 TD-CDMA 和 WCDMA 接近。因此，三者被融合为 W-CDMA(也写成 WCDMA)。于是 5 种无线接口标准的竞争实际上变成 3GPP 的 WCDMA、TD-CDMA 和 3GPP2 的 CDMA2000 两大阵营、三大标准的竞争，特别是 WCDMA 和 CDMA2000 之间的竞争。

10.3.2　IMT-2000 标准

在所有提交的候选方案中，影响最大的有 3 种：IMT-2000CDMA-DS 即 WCDMA，它可以在一个宽达 5MHz 的频带内直接对信号进行扩频；IMT-2000CDMA-MC，即 CDMA2000，它是由 1 个或多个 1.25MHz 的窄带直接扩频系统组成的一个宽带系统；TD-SCDMA(时分同步码分多址)标准是由中国第一次提出并在此无线传输技术(RTT)的基础上与国际合作，完成了 TD-SCDMA 标准，成为 CDMA TDD 标准的一员，这是中国移动通信界的一次创举，也是中国对第三代移动通信发展的贡献。在与欧洲、美国各自提出的第三代移动通信标准的竞争中，中国提出的 TD-SCDMA 已正式成为全球第三代移动通信标准之一，这标志着中国在移动通信领域已经进入世界领先行列。

1. WCDMA

WCDMA(Wideband CDMA)标准是 3GPP 融合欧洲 UMTS 标准和日本 ARIB 提出的 WCDMA 标准之后提出的，核心部分为电路域和分组域，分别支持语音业务和数据业务，并提出了开放业务接入(OSA)的概念。它是目前技术最成熟、商用最广泛的一种标准。WCDMA 的技术优势主要如下所述。

(1) 业务灵活。WCDMA 允许每个 5MHz 载波处理从 8kb/s 到 2Mbit/s 的混合业务。另外在同一信道上既可进行电路交换业务也可以进行分组交换业务，利用在单一终端上进行多个电路和分组交换连接，实现真正的多媒体业务。可以支持不同质量要求的业务(例如语音和分组数据)并保证高质量和完美的覆盖。

(2) 频谱效率高。WCDMA 能够高效利用无线电频谱。由于它采用单小区复用，因此不需要频率规划。利用分层小区结构、自适应天线阵列和相干解调等技术，网络容量可以得到大幅提高。

(3) 容量和覆盖范围大。WCDMA 射频收发信机能够处理的语音用户是典型窄带收发信机的 8 倍。每个射频载波可处理 80 个同时语音呼叫或者 50 个同时的 Internet 数据用户。

CDMA 的容量差不多是窄带 CDMA 的 2 倍。更大的带宽能在上/下行链路中使用相干解调和快速功率控制允许更低的接收门限。

(4) 每个连接可提供多种业务。WCDMA 符合真正的 UMTS/IMT-2000 要求。分组和电路交换业务可在不同的带宽内自由地混合，并可同时向同一用户提供。每个 WCDMA 终端能够同时接入多达 6 种不同业务，这些业务可以是语音或传真、电子邮件和视频等数据业务的组合。

(5) 无缝的 GSM/UMTS 接入。双模终端将在 GSM 网络和 UMTS/IMT-2000 网络之间提供无缝的切换和漫游，在两个接入系统之间有尽可能大的业务映像。

(6) 终端的经济性和简单性。WCDMA 手机所要求的信号处理大约是复合 TD/CDMA 技术的 1/10。更简单、更经济的终端易于进行大量生产，从而也就带来了更高的规模经济、更多的竞争，网络运营公司和用户也将获得更大的选择余地。

2. CDMA2000

CDMA2000 是 ITU 确定的第三代移动通信无线传输技术之一，是从窄频 CDMAone 数字标准衍生出来的，可从原有的 CDMAone 结构直接升级到 3G，建设成本低廉。按照使用的带宽来区分，CDMA2000 可以分为 1x 系统和 3x 系统。其中 1x 系统使用 1.25MHz 的带宽，提供的数据业务速率最高只能达到 307kb/s。在 1x 系统以后，国际上公认的发展方向是 1x EV-DO 和 1x EV-DV 系统。其中 1x EV-DO 系统重点提高了数据业务的性能，将用户的最大数据业务传送速率提高到 2.4Mb/s。而 1x EV-DV 系统在将数据业务最大速率提高到 3.1Mb/s 的同时，又进一步提高了语音业务的容量。

CDMA2000 的技术特点是具有多种信道带宽。前向链路支持多载波(MC)和直扩(DS)两种方式；反向链路仅支持直扩方式。当采用多载波方式时，能支持多种射频带宽，即射频带宽可为 $N\times 1.25$MHz(N=1、3、5、9 或 12)。目前技术仅支持前两种，即 1.25MHz(CDMA2000-1x)和 3.75MHz(CDMA2000-3x)。其他的技术特点还包括：可以更加有效地使用无线资源；可实现 CDMAone 向 CDMA2000 系统平滑过渡；核心网协议可使用 IS-41、GSM-MAP 以及 IP 骨干网标准；前向发送分集；快速前向功率控制；使用 Turbo 码；辅助导频信道；灵活帧长；反向链路相干解调。

3. TD-SCDMA

TD-SCDMA(Time Division-Synchronous Code Division Multiple Access)是 ITU 正式发布的第三代移动通信空间接口技术标准之一。实际上包括了码片速率较低的 TD-SCDMA(中国)和码片速率较高的 UTRA TDD(TD-CDMA，欧洲)两种技术。目前，这两种技术已完成了融合，统一命名为 TD-SCDMA。它得到了 CWTS 及 3GPP 的全面支持，是中国电信行业近百年来第一个完整的通信技术标准，是集 CDMA、TDMA、FDMA 技术优势于一体、系统容量大、频谱利用率高、抗干扰能力强的移动通信技术，采用了智能天线、联合检测、接力切换、动态信道分配、同步 CDMA、软件无线电、低码片速率、多时隙、可变扩频系数、自适应功率调整等技术。TD-SCDMA 的技术特点主要表现在以下几个方面。

(1) 频谱灵活性和支持蜂窝网的能力高。TD-SCDMA 仅需要 1.6MHz 的最小带宽。若带宽为 5MHz 则支持 3 个载波，在一个地区可组成蜂窝网，支持移动业务，并可通过动态信道分配(DCA)技术提供不对称数据业务。

(2) 高频谱利用率。TD-SCDMA 为对称语音业务和不对称数据业务提供的频谱利用率高。也就是说，在使用相同频带宽度时，TD-SCDMA 可支持多一倍的用户。

(3) 设备成本低。在天线基站方面，TD-SCDMA 的设备成本低，主要因为由多天线阵、相干收发信机和 DSP 算法组成的智能天线具有降低多址干扰、提高容量和接收灵敏度以及降低发射功率和天线基站成本等优点；各终端上行链路信号在基站解调器完全同步，即上行同步，它的优点是 CDMA 码道正交，降低码道间干扰，提高 CDMA 容量，可以简化基站硬件，降低天线基站成本；通过 DSP 软件实现软件无线电功能，可实现智能天线和多用户检测等基带数字信号处理，使系统可灵活地使用新技术，并可降低产品开发周期和成本。

(4) 系统兼容。由于 TD-SCDMA 同时满足 Iub、A、Gb、Iu、IuR 多种接口的要求，所以 TD-SCDMA 的基站子系统既可作为 2G 和 2.5G GSM 基站的扩容，又可作为 3G 网中的基站子系统，能同时兼顾现在的需求和未来的发展。

4．三种技术标准的比较

在 3 种技术标准中，WCDMA 的扩频码速率为 3.84Mc/s，载波带宽为 5MHz；CDMA2000 的扩频码速率为 1.2288Mc/s，载波带宽为 1.25MHz。另外，WCDMA 的基站间同步是可选的，而 CDMA2000 的基站间同步是必需的，因此需要全球定位系统(GPS)。以上两点是 WCDMA 和 CDMA2000 最主要的区别。TD-SCDMA 的扩频码速率为 1.28Mc/s，载波带宽为 1.6MHz，基站间必须同步，与其他两种技术相比采用了智能天线、联合检测、上行同步及动态信道分配、接力切换等技术，具有频谱使用灵活、频谱利用率高等特点，适合非对称数据业务。

此外，WCDMA 和 CDMA2000 都采用 FDD 模式，只有 TD-SCDMA 采用 TDD 模式。FDD 模式的特点是在分离的两个对称频率信道上，系统进行接收和发送，用频段来分离接收和传送信道；采用包交换等技术，可突破第二代发展的瓶颈，实现高速数据业务，并可提高频谱利用率，增加系统容量。但 FDD 必须采用成对的频率，即在每 2×5MHz 的带宽内提供第三代业务。该方式在支持对称业务时，能充分利用上下行的频谱，但在非对称的分组交换工作时，频谱利用率则大大降低，在这点上，TDD 模式有着 FDD 无法比拟的优势。WCDMA、CDMA2000 和 TD-SCDMA 技术参数对照如表 10-4 所示。

表 10-4 WCDMA、CDMA2000 和 TD-SCDMA 技术比较

技术参数	WCDMA	CDMA2000	TD-SCDMA
信道带宽	5/10/20MHz	1.25/5/10/15/20MHz	1.6MHz
Chip 速率	$N\times 3.84$Mc/s	$N\times 1.2288$Mc/s	1.28Mc/s
帧长	10ms	20ms	10ms
FEC 编码	卷积码($r=1/2,1/3$, $m=9$) RS 码(数据)	卷积码($r=1/2,1/3,3/4$, $m=9$) Turbo 码(数据)	卷积码($r=1/4\sim 1$, $m=9$) RS 码(数据)
交织	卷积码：帧内交织 RS 码： 帧间交织	块交织	卷积码：帧内交织 RS 码： 帧间交织

续表

技术参数	WCDMA	CDMA2000	TD-SCDMA
扩频	前向：Walsh+Gold 序列 2^{18} 后向：Walsh+Gold 序列 2^{41}	前向：Walsh+M 序列 2^{15} 后向：Walsh+M 序列 $2^{41}-1$	前向：Walsh +PN 序列 后向：Walsh +PN 序列
调制	数据调制：QPSK/BPSK 扩频调制：QPSK	数据调制：QPSK/BPSK 扩频调制：QPSK/OQPSK	QPSK/16QAM
相干解调	专用导频信道(TDM)	前向：公共导频信道 反向：专用导频信道	专用导频信道
双工方式	FDD-TDD	FDD	TDD
多址方式	DS-CDMA	MC-CDMA DS-CDMA	DS-CDMA
功率控制	FDD：开环+快速闭环 1.5kHz TDD：开环+慢速闭环	开环+快速闭环 800Hz	开环+快速闭环(200Hz)
基站间同步	异步 　同步(可选)	同步(GPS)	同步(GPS 或其他)

10.3.3 IMT-2000 系统的基本结构

IMT-2000 的功能模型及接口如图 10-30 所示。IMT-2000 系统主要由 4 个功能子系统构成，图中 UIM(User Identify Module)是用户识别模块，MT(Mobile Terminal)是移动终端，RAN(Radio Access Network)为无线接入网，CN(Core Network)表示核心网。ITU 定义了 4 个标准接口用于各模块间的连接，它们是 UIM 和 MT 之间的 UIM 接口、UNI 无线接口、无线接入网与核心网之间的 RAN-CN 接口、NNI 网间接口。

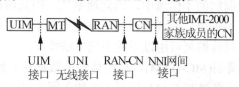

图 10-30　IMT-2000 的功能模型及接口

从实体看，IMT-2000 系统由移动台(MS)、一系列基站收发信台(BTS-A、BTS-B 等)和基站控制与移动交换综合仿真设备(MCC-SIM)构成，如图 10-31 所示。

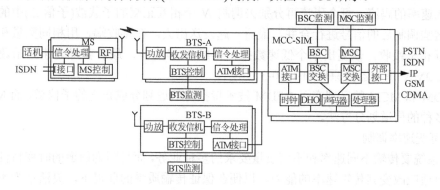

图 10-31　IMT-2000 系统的基本结构

MS 提供语音业务和外部高速数据接口；BTS 实现 IMT-2000 的无线接口功能；综合 BSC 和 MSC 功能的仿真设备 MCC-SIM 提供无线链路控制、交换控制、呼叫控制和外部接口等功能，以及 HLR、VLR、AUC 的功能。

随着移动通信技术的发展，国际电信联盟在此基础上制定了公众移动通信系统的国际标准。目前，IMT-2000 标准已经确定，设备生产商和运营商正致力于 3G 产品和市场的开发。第三代移动通信系统以全球通用、系统综合作为基本出发点，以利于建立一个全球范围内的移动通信综合业务数字网，提供与固定电话网业务兼容、质量相当的多种语音和非语音业务。

10.3.4 3G 的关键技术

图 1-7 是一般意义上的数字通信系统，从原理的角度看，3G 系统的收发信过程也是建立在这个基本的框图上。其中信道编译码采用卷积码或者 Turbo 码；调制解调包括了采用码分多址的直接扩频通信技术及多载波调制、可变速率调制等新型调制技术；信源编码部分根据应用数据的不同，对语音采用了 AMR 自适应多速率编码，对图像和多媒体业务采用了 ITU Rec. H.324 系列协议。

1. 新型调制技术

1) 多载波调制

多载波调制是指将一个信道带宽分成 N 个载波作自适应多进制调制，载波数随信道速率增减，进制数随信道衰落和忙闲调节。多载波调制的原理是把要传输的数据流分解成若干个子数据流，每个子数据流具有低得多的码元速率，然后用这些子数据流去并行调制若干子载波。由于在多载波调制的子信道中，码元速率低，码元周期长，因而对传输信道中的时延扩展和选择性衰落不敏感，或者说在满足一定条件下，多载波调制具有抗多径扩展和选择性衰落的能力。多载波调制可用以下的不同方法实现。

(1) 多载波正交振幅调制(MC-QAM)。把待传输的数据流分解成多路低速率的子数据流，每一路数据流被编码成多进制 QAM 码元，再插入同步/引导码元，分别去调制各个子信道的载波，这些子载波综合在一起就形成了 MC-QAM 信号。

(2) 正交频分复用和码分多址结合(OFDM-CDMA)。OFDM 技术属于多载波调制(Multi Carrier Modulation，MCM)技术。其基本思想是将待传输的高速率信息流经串/并变换，变成多个低速率的码流，每个码流再分别去调制 N 个相互正交的子载波(子信道)中的一个，然后把这些调制后的信号进行合并，最后一起发送出去。在接收端，用相同数量和频率的载波进行相干接收，恢复出单个低速数据，再经并/串变换，最后获得高速原始数据流。OFDM-CDMA 调制器的原理如图 10-32 所示。

OFDM 和 MCM 的区别在于 OFDM 技术特指将信道划分成正交的子信道，而 MCM 可以是更多种的信道划分方法。

2) 可变速率调制

3G 系统要传输不同速率和不同质量要求的多种业务，而且因为信道的时变特性要求系统具有自适应改变其传输速率的能力，以便在保证传输质量的前提下，灵活地为不同业务提供不同的速率或根据传播条件实时地调整传输速率。实现可变速率调制有如下几种方法。

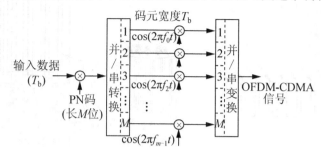

图 10-32　OFDM-CDMA 调制器原理图

(1) 可变速率正交振幅调制(VR-QAM)。QAM 是一种振幅和相位联合键控技术。电平数越多，每码元携带的信息比特数就越多。QAM 是根据信道质量的好坏，自适应地增加或减少 QAM 的电平数，从而在保持一定传输质量的情况下，尽量提高通信系统的信息传输速率。实现 VR-QAM 的关键是如何实时判断信道条件的好坏，以改变 QAM 的电平数。

(2) 可变扩频增益码分多址(VSG-CDMA)。这种技术依靠动态改变扩展增益和发射功率以实现不同业务速率的传输。在传输高速业务时降低扩频增益，为保证传输质量，可相应提高其发射功率；在传输低速业务时增大扩频增益，在保证业务质量的条件下，可适当降低其发射功率，以减少多址干扰。

(3) 多码码分多址(MC-CDMA)。待传输的业务数据流经串/并变换后，分成多个$(1,2,\cdots,M)$支路，支路的数目随业务数据流的速率而变，当业务数据速率小于或等于基本速率时，串/并变换器只输出一个支路；当业务数据速率大于基本速率而小于 2 倍基本速率时，串/并变换输出两个支路；依此类推，最多可达 M 个支路，即最大业务速率可达基本速率的 M 倍。MC-CDMA 通信系统中的每个用户都用到 2 种码序列，一是区分不同用户身份的标志码 PN_i，二是区分不同支路的正交码集$\{PN_1,PN_2,\cdots,PN_M\}$，这样，第 i 个用户的第 j 个支流所用扩频码为 $C_i=PN_i\times PN_j$。

2．智能天线技术

智能天线技术是应用赋形天线波束技术跟踪用户，以降低发射功率，减小干扰，提高频谱利用率。智能天线已经经历了 40 多年的发展历史，并在雷达中首先应用，直到 20 世纪 80 年代后期，随着移动通信的迅猛发展和频谱资源的日益紧张，人们才开始重视把自适应波束形成技术应用到移动通信领域。

智能天线是一种自适应阵列天线，其基本原理是通过各阵元信号的加权幅度和相位来改变阵列的方向图形状，使天线的方向图可以在任意方向上具有尖峰或者凹陷，即具有测向和调零功能，能够把主波束对准入射信号并自适应实时跟踪信号，同时将零点对准干扰信号，从而抑制干扰信号，提高信号的信噪比，改善整个通信系统的性能及能够识别不同的入射方向的直射波和反射波。

智能天线的阵元通常是按直线等距、圆周或平面等距方式排列，每个阵元为全向天线，如图 10-33 所示。当移动台距天线足够远，实际信号入射角的均值和方差满足一定条件时，可以近似地认为信号来自一个方向。

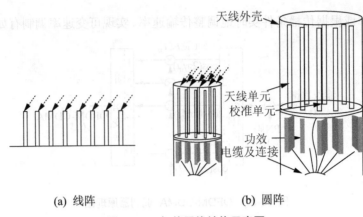

(a) 线阵　　　　　　　(b) 圆阵

图10-33　智能天线结构示意图

自适应智能天线原名为自适应天线阵列(Adaptive Antenna Array，AAA)，是一种安装在基站现场的双向(既可接收又可发送)天线。从空分多址(SDMA)技术角度来说，它是利用信号在传输方向上的差别，将同频率或同时隙、同码道的信号区分开来，从而最大限度地利用有限的信道资源，增加系统的容量和提高频谱效率。与多波束智能天线相比，自适应智能天线具有无限个可随时间调整的方向图，可以有效地跟踪、锁定各种类型的信号，可得到最大的信噪比，实现信号的最佳接收。

基站智能天线包括两个重要组成部分，一是对来自移动台发射的多径电波方向进行到达角估计，并进行空间滤波，抑制其他移动台的干扰；二是对基站发送信号进行波束形成，使基站发送信号能够沿着移动台电波的到达方向发送回移动台，从而降低发射功率，减少对其他移动台的干扰。智能天线技术用于 TDD 方式的 CDMA 系统是比较合适的，能够起到在较大程度上抑制多用户干扰，从而提高系统容量的作用。其困难在于由于存在多径效应，每个天线均需一个 Rake 接收机，从而使基带处理单元的复杂度明显提高。

3．多用户信号检测技术

多用户检测(Multi-user Detection，MD)技术又称干扰消除。CDMA 系统中多个用户的信号在时域和频域上是混叠的，接收时需要在数字域上用一定的信号分离方法把各个用户信号分离开来。信号分离的方法大致分为单用户检测技术和多用户检测技术两种。

CDMA 系统中的主要干扰是同频干扰，它分为两部分，一种是小区内部干扰(Intracell Interference)，指的是同小区内部其他用户信号造成的干扰，又称多址干扰(Multiple Access Interference，MAI)；另一种是小区间干扰(Intercell Interference)，指的是其他同频小区信号造成的干扰，这部分干扰可以通过合理的小区配置来减小其影响。

传统的 CDMA 系统信号分离方法是把 MAI 看做热噪声一样的干扰，导致信噪比严重恶化，系统容量也随之下降。这种将单个用户的信号分离看做是各自独立的过程的信号分离技术称为单用户检测(Single-user Detection)技术。IS-95 CDMA 系统实际容量远小于设计码道数，就是因为使用了单用户检测技术。实际上，由于 MAI 中包含许多先验的信息，如确知的用户信道码、各用户的信道估计等，因此 MAI 不应该被当作噪声处理，它可以被利用起来以提高信号分离方法的准确性。这样充分利用 MAI 中的先验信息而将所有用户信号的分离看做一个统一过程的信号分离方法称为多用户检测技术。

多用户检测的基本思想是把所有用户的信号都当作有用信号，而不是当作干扰信号来对待。要充分利用多址干扰信号的结构特征和其中包含的用户间的互相关信息，通过各种算法来估计干扰，最终达到降低或消除干扰的目的。多用户信号检测技术中的最佳方法是最大似然序列(MLSE)检测，这已经在理论上被证实。但是，由于 MLSE 算法过于复杂，实现起来非常困难，因而实际应用的可能性不大。近年来，人们研究出了各种次优化方法，力求在保证一定性能的条件下将实现的复杂度降低到工程上可以接受的程度。这些优化方法大体可以分为两类：去相关多用户检测、连续干扰抵消多用户检测。

1) 去相关多用户检测

去相关又称解相关，它是通过对各匹配滤波器输出的矢量(包括信号、噪声和多址干扰)进行去相关线性变换，以消除各扩频序列之间存在的相关性，最终降低多址干扰。具体来讲，首先用一组匹配滤波器分别对应于多个用户的输入信号进行检测。由于多个扩频序列之间存在相关性，各匹配滤波器的输出除所需信号和信道噪声外，还包含由互相关性引起的其他用户信号的干扰即多址干扰。这种方法不用估计接收信号的幅度，计算量小，但是经线性变换后的噪声要增大，同样影响信号的接收质量。

2) 连续干扰抵消多用户检测

连续干扰抵消多用户检测方法的基本思想是把输入信号按功率的强弱进行排序，强者在前，弱者在后。首先，对最强的信号进行解调，接着利用其判决结果产生最强信号的估计值，并从总信号中减去此估计值(对其余信号而言，相当于消除了最强的多址干扰)；其次，再对次强的信号进行解调，并按同样方法处理。依此类推，直至把最弱的信号解调出来。因为相对而言，最强的信号对其他用户造成的多址干扰最强，所以从接收信号中首先把最强的多址干扰消除，对后续其他信号的解调最有利。同样的道理，先对最强信号的判决和估计也最可靠。这种按顺序消除多址干扰的方法称为连续干扰抵消法。

4．无线 ATM

1G 和 2G 的主要业务是语音通信，3G 系统的发展目标是提供多媒体综合业务。众所周知，异步传输模式(ATM)是宽带综合业务数字网(B-ISDN)的目标模式，它把不同类型的业务数据组成固定长度的信元进行传输和交换，使同一通信网络可以灵活地处理多种业务，不论其速率高低、实时性要求和质量要求如何，都能提供满意的服务，并能按需分配信道资源，有效地利用网络资源。无线 ATM 技术主要集中于如下几个方面。

(1) 现有的 ATM 协议不支持用户的移动性，在移动通信中，要求 ATM 必须具有移动性管理功能，能实时选择和调整通信路由，支持用户的快速移动和越区切换、漫游，保证传输不中断，而且误码率和呼损率符合要求。

(2) 在常规的 ATM 网络中，从用户发起呼叫到双方通信结束，所有的 ATM 信元都是按顺序沿同一路径传送到被呼用户。但在移动环境的无线 ATM 网络中，被呼用户收到的信元顺序和主呼用户发出的信元次序不同，接收用户必须对 ATM 信元重新排序。为此必须给所用 ATM 信元加上顺序编号，这必然增大信元长度和传输时延。

(3) 常规的 ATM 网络中，信元是沿着误码率很低的信道传输的，因而不需逐段链路进行差错控制，只对信元头部信息采取差错校验即可。但是，在移动信道中的误码率比较高，为降低误码率，必须对所用信息码元进行前向纠错，并在信元尾部加 CRC 校验。

无线 ATM 系统示意如图 10-34 所示。该系统大致由无线接入部分和移动 ATM 网络部分组成,前者的主要功能是无线传输、媒质接入控制和数据链路控制;后者是在 ATM 网络基础上增加移动控制功能,如越区切换、位置管理、路由选择、业务质量控制以及网络管理等。与常规的 ATM 类似,无线 ATM 信元的净荷可选为 48 字节(或 24 字节或 16 字节)。

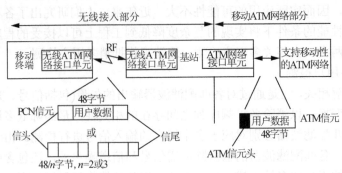

图 10-34　无线 ATM 系统示意图

5. 软件无线电技术

软件无线电技术是随着计算机技术的发展、大规模集成电路技术的进步和芯片处理速度的提高,特别是数字信号处理器(DSP)、现场可编程门阵列(FPGA)等可编程数字器件的快速发展而出现的一种新无线通信技术。传统的基于专用集成电路(ASIC)的无线通信系统的全部功能由硬件实现,只能工作于单一频段、单一调制方式,不同体系结构的通信系统难以相互沟通。而软件无线电是在一个通用、开放的硬件平台上采用软件技术通过可编程的 DSP、FPGA 实现无线通信系统的各种功能。在移动通信系统采用软件无线电技术,有益于实现与不同频带、带宽和调制方式通信系统的互联互通;系统的升级和嵌入新技术更方便;便于开发新的增值业务;能更充分地利用有限的频谱资源。因此,软件无线电技术必将成为未来移动通信中的主流技术,它在第三代移动通信系统中也得到了一定的应用。

软件无线电的基本思想是高速 A/D 与 D/A 尽可能靠天线,所有基带信号处理都用软件方式替代硬件实施,建立一个"A/D-DSP-D/A"的公共硬件平台,用 DSP 进行软件处理,以实现尽可能多的无线通信功能。图 10-35 为软件无线电系统结构图。

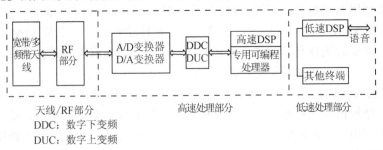

图 10-35　软件无线电系统结构

软件无线电系统的关键部分为宽带/多频段天线、高速 A/D 和 D/A 变换器以及高速信号处理部分。宽带/多频段天线采用多频段天线阵列,覆盖不同频程的几个窗口;高速 A/D

变换器的关键是采样速率和量化位数；高速信号处理部分完成基带处理、调制解调、比特流处理和编译码等工作。

软件无线电技术的最大优点是基于同样的硬件环境，针对不同的功能采用不同的软件来实施，其系统升级、多种模式的运行可以自适应地完成。如可任意改变信道接入方式、调制方式、信号频带宽度、编译码运算、保密算法、网络协议和终端控制功能等。在实际应用中，要求发射机能判明可用的传输信道，探测可行的传播路径，选择合适的多址方式和调制方式，自适应控制天线波束使之指向正确方向和使用合适的功率电平等。接收机应能判明所需信道和邻近信道的能量分布，识别接收信号的模式，自适应抵消干扰，能估计所需信号的多径特性，采用自适应均衡，最佳合并与利用所需信号的多径能量，对信道调制进行最佳译码和判决，并通过前向纠错以降低误码率等。

6. 高效信道编译码技术

在第三代移动通信系统主要提案中，除采用与 IS-95 系统相类似的卷积编码技术和交织技术之外，还采用了 Turbo 编码技术及 RS-卷积级联码技术。

Turbo 编码器采用两个并行相连的系统递归卷积编码器，并辅之以一个交织器。两个卷积编码器的输出经并/串变换以及凿孔(Puncture)操作后输出。Turbo 译码器由首尾相接、中间由交织器和解交织器隔离的两个以迭代方式工作的软判输出卷积译码器构成。

目前从计算机仿真结果来看，在交织器长度大于 1000、软判输出卷积译码采用标准的最大后验概率(MAP)算法的条件下，其性能比约束长度为 9 的卷积码提高 1～2.5dB。

10.4 第四代移动通信展望

10.4.1 4G 技术的特点

第四代移动通信系统是多功能集成的宽带移动通信系统，比第三代移动通信更接近于个人通信。目前对 4G 主要有以下几方面的描述。

(1) 更高的工作频率及通信速率。4G 是建立在新的频段(比如 5～8GHz 乃至更高)上的无线通信系统，可以实现基于分组数据的高速数据传输：对高速移动用户(250km/h)数据速率为 2Mb/s；对中速移动用户(60km/h)数据速率为 20Mb/s；对低速移动用户(室内或步行者)数据速率为 100Mb/s。

(2) 更宽的网络频谱。4G 网络在通信带宽上比 3G 网络的带宽高出许多，每个 4G 信道将占有约 100MHz 的频谱，相当于 WCDMA 网络的 20 倍。

(3) 较强的灵活性。4G 系统拟采用智能技术使其能自适应地进行资源分配，能够调整系统对通信过程中变化的业务流大小进行相应处理而满足通信要求。采用智能信号处理技术对信道条件不同的各种复杂环境都能进行信号的正常发送与接收，有很强的智能性、适应性和灵活性。

(4) 业务的多样性。在未来的全球通信中，个人通信、信息系统、广播和娱乐等各行业将会结合成一个整体。提供给用户比以往更广泛的服务与应用；系统的使用会更加的安全、方便与更加照顾用户的个性，4G技术能提供各种标准的通信业务。

(5) 高度自组织、自适应网络。基于全新网络体制的系统，其无线部分将是对新网络(智能的、支持多业务的、可进行移动管理)的"无线接入"。或者说，4G系统的网络将是一个完全自治、自适应的网络，它可以自动管理、动态改变自己的结构，以满足系统变化和发展的要求。

4G系统为宽带接入和分布网络，未来的4G网络系统将是一种全IP的网络结构(包括各种接入网和核心网)，是一个融合广播电视网络(DAB和DVB)、无线蜂窝网络、卫星网络、无线局域网(WLAN)、蓝牙等系统和固定有线网络为一体的结构，各种类型的接入网通过多媒体接入系统都能够无缝地接入基于IP的核心网，形成一个公共的、灵活的、可扩展的平台。

10.4.2 4G中的关键技术

1. TDD技术与传输预处理技术

利用传输预处理技术，可以有效地降低移动终端的复杂性。4G中的传输预处理技术主要有预RAKE(Pre-RAKE)技术和联合传输(JT)技术两种。在CDMA系统中，为了减少多径衰落的不利影响，一般会在接收端采用多径分集功能的RAKE接收机。首先，RAKE接收机利用多个相关器(匹配滤波器组)分别检测多径信号中最强的一组支路信号；然后，对每个相关器的输出加权合并，以提供优于单路相关器的信号检测；最后，在此基础上进行解调判决。要提高RAKE机的性能，必须在接收端尽可能地收集多径的能量，但是，这会增加系统硬件的复杂性和功率消耗。由于TDD模式具有上下行信道互惠性，从而可以利用基站估计的上行信道参数进行发送端的RAKE多径合并。在发送端进行RAKE多径合并后，会在移动终端形成可友好接收的信号，移动终端可以用一个简单的匹配器接收(单径接收机)而没有牺牲接收性能，这样就大幅度地降低了移动终端的复杂性和成本，其结果就像在发送端即基站预先做了一次RAKE接收，这种技术被称为预RAKE技术。预RAKE的原理如图10-36所示。

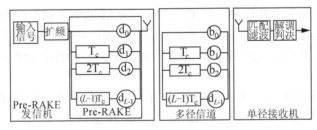

图10-36 预-RAKE系统原理

目前，在3G系统中使用联合检测(JD)技术，由于受手机处理能力的限制，会严重影响下行链路性能和系统容量，于是，提出了一种新的联合传输技术。联合传输(JT)的基本思想是将下行链路中复杂的联合检测转移到基站中去，只在上行链路对信道进行估计，下行链路利用估计得到的信道冲激响应值把在移动台判决传输信号的任务交给基站来完成。这种方式使得移动台的数据只需一个简单的线性时变滤波器就可获得。联合传输可以提高系统性能,特别是系统容量,并且大大降低了接收机的计算量,进一步简化了手机处理,同时,JT 技术的实现不需对现在通信标准做大的修改,商用前景很好。

2. OFDM 技术

依据多径信道在频域中表现出来的频率选择性衰落特性,研制出了正交频分复用(OFDM)调制技术,这是一种用于无线环境下的高速传输技术。OFDM 技术的主要原理就是把高速的数据流通过串/并变换,分配到传输速率较低的若干子信道中进行传输。无线信道的频率响应曲线大多是非平坦的,因而频域内将给定信道分成许多正交的子信道。在每个子信道上使用一个子载波进行调制,并且各子载波独立地并行传输,这样,尽管总的信道是非平坦的,即具有频率选择性,但是每个子信道的频谱特性是相对平坦的,并且在每个子信道上进行的是窄带传输,信号带宽小于信道的相应带宽,因此,就可以消除符号间的干扰(ISI),这样接收端可以不用信道均衡技术就能对接收信号进行解调。OFDM 技术的最大优点是能对抗频率选择性衰落或窄带干扰,在 OFDM 系统中各个子信道的载波相互正交,于是它们的频谱是相互重叠的。这样不但减小了子载波间的相互干扰,而且提高了频谱利用率。基于以上优点,OFDM 技术被认为是第四代移动通信中的核心技术。

3. MIMO 技术

MIMO 技术是现代通信技术的一个重大突破。MIMO 技术是指无线网络信号通过多重天线进行同步收发,在发射端和接收端均采用多天线(或阵列天线)和多通道,以提高传输率,增加系统容量,即信号通过多重切割之后,经过多重天线进行同步传送。MIMO 系统的模型如图 10-37 所示。

由于无线信号在传送的过程当中为了避免发生干扰,会走不同的反射或穿透路径,因此,到达接收端的时间会不一致。为了避免被切割的信号不一致而无法重新组合,接收端需同时具备多重天线接收,然后利用 DSP 重新计算方式,根据时间差因素,将分开的各信号重新组合,快速正确地还原出原来信号。由于信号经过分割传送,不仅单一流量降低,可拉大传送距离,而且扩大了天线接收范围,因此,MIMO 技术不仅可以提高既有无线网络频谱的传输速率,成倍地提高系统容量,而且不用额外占用频谱范围,更重要的是,还能扩大信号传送距离。MIMO 技术是无线移动通信领域智能天线技术的重大突破,成为新一代移动通信系统必须采用的关键技术。

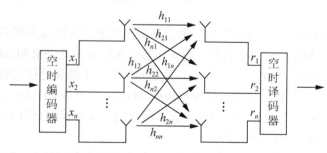

图 10-37 MIMO 系统框图

4. 自适应编码调制技术

自适应编码调制(AMC)技术的本质就是根据信道情况确定当前信道的容量，根据容量确定合适的编码调制方式等，以便最大限度地发送信息，实现较高的速率；而且，针对每个用户的信道质量变化，AMC 都能提供可相应变化的调制编码方案，从而可提高速率传输和频谱利用率。信道状态信息可以根据系统的信道信噪比测量或其他相似的测量报告确定，然后，AMC 根据 CSI 确定相应的编码和调制格式。当信道质量好时，可以采用效率较高的高阶调制方案，并结合较弱的信道进行编码或不编码，以提高传输速率和频谱利用率；当信道质量差时，可以采用性能较好的低阶调制方案，并结合较强的信道编码，以对付信道变差带来的性能恶化。AMC 的调整算法如图 10-38 所示。在 4G 通信系统中采用 AMC 的好处主要有：处于有利位置的用户可以具有更高的数据速率，蜂窝平均吞吐量由此得到提高；在链路自适应过程中，通过调整调制编码方案而不是调整发射功率的方法可以降低干扰水平。

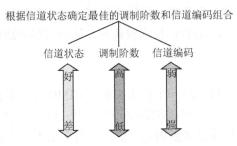

图 10-38　AMC 的调整算法

4G 移动通信系统目前还只是一个概念，处于实验室研究开发阶段。要把 4G 投入到实际应用，还需要对现有的移动通信基础设施进行更新改造。这将会引发一系列的资金观念等问题，从而在一定程度上减缓 4G 正式进入市场的速度。然而，可以肯定的是，随着互联网高速发展，4G 也会继续高速发展，4G 将会是多功能集成的宽带移动通信系统，是满足未来市场需求的新一代移动通信系统。

本 章 小 结

随着世界范围通信技术的迅猛发展，移动通信已逐渐成为通信领域的主流。到目前为止，商用移动通信系统已经发展了两代。第一代移动通信系统是采用 FDMA 方式的模拟移动蜂窝系统，如 AMPS、TACS 等，由于其系统容量小，不能满足移动通信业务的迅速发展，目前已被淘汰。第二代移动通信系统是采用 TDMA 或窄带 CDMA 方式的数字移动蜂窝系统，如 GSM、IS-95 等，目前被世界各国广泛采用。本章详细介绍了它们的系统结构、工作原理、物理层构成以及工作过程。

学习数字移动通信应着眼于实际的系统，结合关键技术理解掌握。GSM 系统的技术特点有：①频谱效率高。由于采用了高效调制器、信道编码、交织、均衡和语音编码技术，使系统具有高频谱效率。②系统容量大。由于每个信道传输带宽增加，使同频复用载干比要求降低至 9dB，故 GSM 系统的同频复用模式可以缩小到 4/12 或 3/9 甚至更小(模拟系统为 7/21)；加上半速率语音编码的引入和自动话务分配以减少越区切换的次数，使 GSM 系统的容量效率(每兆赫每小区的信道数)比 TACS 系统高 3～5 倍。③语音质量好。均衡、编码、交织和跳频技术的应用，能保证在恶劣的电波传播条件下为用户提供增强的语音质量。④开放式接口。GSM 标准所提供的开放性接口不仅限于空中接口，而且包括网络之间以及网络中各设备实体之间。GSM 规范的原则与 ISDN 的原则相一致，可以保证 ISDN 与 GSM 网络之间互通。⑤安全性好。数字系统固有的保密性，加上加密和鉴权技术，可确保用户保密和网络安全。

随着移动通信终端的普及和移动用户数量的快速增长，2G 系统的缺陷也逐渐显现，如全球漫游问题、系统容量问题、频谱资源问题、支持宽带业务问题等。3G 技术的主要优点是能极大地增加系统容量、提高通信质量和数据传输速率，此外，利用在不同网络间的无缝漫游技术，可将无线通信系统和 Internet 连接起来，从而可对移动终端用户提供更多更高级的服务。目前，世界上主要有 3 种 3G 标准：WCDMA、CDMA2000 和 D-SCDMA。3G 系统的主要特点为全球普及和全球无缝漫游；具有支持多媒体业务的能力，特别是支持 Internet 的能力；便于过渡和演进；高频谱利用率；能够传送高达 2Mb/s 的高质量图像。3G 系统的关键技术主要有同步技术、分集接收、高效信道编译码、智能天线、多用户检测、功率控制等。

4G 是未来的第四代移动通信技术的统称，4G 中应用的关键技术有 TDD 技术、传输预处理技术、OFDM 技术、MIMO 技术、AMC 技术等。与 3G 比较，4G 有更高的传输速率、更宽的网络频谱、更强的灵活性、更广泛的业务多样性和高度自组织、自适应网络，它更接近于个人通信。

思考练习题

10-1 什么是移动通信？与固定通信比较，移动通信有哪些特点？

10-2 试简述移动通信的工作频段。

10-3 什么是 FDD？什么是 TDD？

10-4 数字蜂窝移动通信中蜂窝小区的结构怎样？为什么说最佳的小区形状是正六边形？

10-5 移动通信的信道和频道有什么区别？移动信道的基本特征主要有哪些？

10-6 移动通信中对调制解调技术有什么基本要求？

10-7 试说明数字蜂窝系统比模拟蜂窝系统能获得更大容量的原因。

10-8 GSM 系统主要包含哪些功能实体？各有何功能？

10-9 GSM 系统的时隙结构中，尾比特和保护比特的作用是什么？训练比特的作用是什么？

10-10 GSM 系统采用了哪些抗干扰措施和安全性措施？

10-11 什么是接口？什么是协议？GSM 系统主要有哪些接口？各接口协议的分层结构如何？

10-12 什么是宏蜂窝？什么是微蜂窝？什么是微微蜂窝？什么是智能蜂窝？

10-13 什么是扩频技术？它有什么优点？扩频技术主要有哪些类型？跳频系统(FH-SS)与直扩系统(DS-SS)相比有哪些优点？

10-14 简述 3G 系统的技术特征。

10-15 什么是功率控制？功率控制有哪几种分类？各类型的用途是什么？

10-16 什么是多用户检测？3G 系统中采用多用户检测的目的是什么？

10-17 什么是 OFDM？什么是 MCM？它们之间有何区别？

10-18 什么是智能天线？

10-19 3G 系统中采用多载波调制技术的最根本目的是什么？为什么？

10-20 分别解释硬切换、软切换和接力切换的含义及各自的优缺点。

10-21 什么是软件无线电？与传统的无线电相比它有哪些改进之处？

10-22 什么是语音激活？3G 系统中应用语音激活的目的是什么？

第 11 章 应用 SystemView 仿真通信系统

教学目标

通过本章的学习，了解通信系统动态仿真软件 SystemView 的功能与特点，熟悉其操作使用方法，通过实例学会应用该软件进行通信系统设计与仿真的基本步骤、方法，从而加深理解本课程的基本概念和基本理论，提高对本课程的学习积极性与学习效率，培养良好的专业素质和相应的工程实践能力。

电子设计自动化(Electronic Design Automatic，EDA)技术已经成为当前电子设计的潮流，能使用 EDA 进行通信系统设计和仿真是电子和通信工程师的必备素质之一。为了使繁杂的电子设计过程更加便捷、高效，出现了许多针对不同层次应用的 EDA 软件。美国 Elanix 公司推出的 SystemView 动态系统仿真软件，是一个已开始流行的、优秀的 EDA 软件。它通过方便、直观、形象的过程构建系统，提供丰富的部件资源、强大的分析功能和可视化开放的体系结构，已逐渐被电子工程师、系统开发和设计人员所认可，并作为各种通信、控制及其他系统的分析、设计和仿真平台以及通信系统综合实验平台。

SystemView 是一个完整的动态系统设计、分析和仿真的可视化开发环境。它可以构造各种复杂的模拟、数字、数/模混合及多速率系统，可用于各种线性、非线性控制系统的设计和仿真。系统备有通信、逻辑、数字信号处理(DSP)、射频/模拟、码分多址个人通信系统(CDMA/PCS)、数字视频广播(DVB)系统、自适应滤波器、第三代无线移动通信系统等专业库可供选择，因此特别适合通信领域的各种专业设计人员使用。本章主要从应用的角度通过若干具有代表性的实例介绍其在通信系统中的仿真。

11.1 SystemView 简介

11.1.1 SystemView 的功能与特点

SystemView 的突出特点是使用各种称为图符块或图标(Token)的功能模块去描述程序，而无须与复杂的程序语言打交道，不用写一句代码即可完成各种系统的设计与仿真，从而快速地建立和修改系统、访问与调整参数，并方便地加入注释。SystemView 配置了大量的图符块库，用户很容易构造出所需要的仿真系统，只要调出有关图符块并设置好参数，完成图符块间的连线后运行仿真操作，即可以时域波形、眼图、功率谱、星座图和各类曲线形式给出系统的仿真分析结果。使用 SystemView 只需要关心项目的设计思想和过程，而不必花费大量的时间去编程建立系统仿真模型。在使用上，SystemView 的主要特点如下。

(1) 丰富的图符块库，能模仿大量的应用系统。在 DSP、通信和控制系统应用中，利用 SystemView 可以构造出复杂的模拟、数字、数/模混合系统和各种多速率系统。通过丰富的库资源选择不同的库，有选择地增加通信、逻辑、DSP 和射频/模拟功能模块，使得 SystemView 特别适合于通信系统的设计与仿真，如无线电话(GSM、CDMA、FDMA、TDMA)、无绳电话、调制解调器以及卫星通信系统(GPS、DVBS、LEOS)等的设计与仿真。SystemView 还提供基于组织结构图方式的设计，通过利用图符和 MetaSystem(子系统)对象的无限制分层结构功能，可以很方便地实现系统嵌套，很容易地建立各种复杂系统。

(2) 快速方便的动态系统设计与仿真。利用 SystemView 可以快速修改系统，只需简单地用鼠标点击图符即可在对话框内快速访问和调整参数，实时修改，实时显示。而 SystemView 图符库中包含几百种信号源、接收端、操作符和功能模块，提供了从 DSP、通信、信号处理、自动控制到构造通用数学模型的各类应用模块。

(3) 先进的信号分析、数据块处理和自我诊断。SystemView 提供了一个真实而灵活的分析窗口用以检查、分析系统波形。SystemView 的分析窗口是一个能够对系统波形进行详细检查的交互式可视环境。在分析窗内，可以通过鼠标方便地控制内部数据的图形放大、缩小、滚动等。此外，分析窗中还提供了一个能对仿真生成的数据进行先进的块处理操作的接收计算器，可以完成对仿真运行结果的各种运算、谱分析及滤波。SystemView 能自动执行系统连接检查，给出连接错误信息或尚悬空的待连接端信息，通知用户连接出错并通过显示指出出错的图符。这个特点对用户系统的诊断是十分有效的。

(4) 完备的滤波器和线性系统设计、多速率系统和并行系统设计。SystemView 包含一个功能强大的、很容易使用的图形模板设计模拟和数字以及离散和连续时间系统的环境，并提供了易于用 DSP 实现滤波器或线性系统的参数。它可以从各种不同角度、以不同方式，按要求设计多种滤波器，并可自动完成滤波器各指标如幅频特性(波特图)、传递函数、根轨迹图等之间的变换。SystemView 允许合并多种数据采样率输入的系统，以简化 FIR 滤波器的执行。这种特性尤其适合于同时具有低频和高频部分的通信系统设计与仿真，有利于提高整个系统的仿真速度，而在局部又不会降低仿真的精度。

(5) 开放的体系结构，强大的可扩展性。SystemView 具有多种外部文件接口，可直接获得并处理输入/输出数据，支持用户代码库。用户可用任一种 C 语言生成的动态链接库(.dll)建立自己的图标，扩充系统部件。SystemView 允许用户插入自己用 C/C++语言编写的用户代码库，插入的用户库自动集成到 SystemView 中，如同系统内建的库一样使用。可用到的部分 C/C++编译器有 Borland C++、MetaWare Hight C/C++、Microsoft Visual C++、Symantec C++。

(6) 支持用户处理外部真实世界的数据信号。①它使输入的信号源和输出的接收端都可以与外部文件相连。一个非 SystemView 的外部文件可在 SystemView 的仿真环境中作为信号源；同样，在 SystemView 环境下运行系统所得到的结果可存入到一个非 SystemView 的外部文件中，便于用户再作进一步的处理。②它还为用户在信号源库、函数库、操作库和信号处理库中提供了自定义功能(Custom)，根据需求，设计实现一些特定功能。

(7) 具备与硬件设计的接口。SystemView 与 Xilinx 公司的软件 Core Generator 配套，可以将 SystemView 系统中的部分器件生成下载 FPGA 芯片所需的数据文件；SystemView 还有与 DSP 芯片设计的接口，可以将其 DSP 库中的部分器件生成 DSP 芯片编程的 C 语言源代码。

(8) 具备与仿真工具 Matlab 的接口，可以很方便地调用 Matlab()函数，创建自定义图标；具备与 Word 的接口。

11.1.2 基本库和专业库

SystemView 的应用库资源十分丰富，包括基本库(Main Library)、专业库(Optional Library)和扩展库3大类，用户也可加入自定义库。基本库和专业库之间由"库选择"按钮进行切换，而扩展库则要由自定义库通过动态链接库(*.dll)加载进来。

基本库共8个，分别为信号源库(Source)、子系统库(Meta System)、加法器(Adder)、乘法器(Multiplier)、算子库(Operater)、函数库(Function)、子系统输入/输出端口(Meta I/O)及观察窗库(Sink)。专业库包括4个直接调用的库，即通信库(Communication Library)、逻辑库(Logic Library)、数字信号处理库(DSP Library)和射频/模拟库(RF/Analog Library)。扩展库包括其他需要从用户代码库中以动态链接库方式加载进来的第二通信库、CDMA 库、DVB 库、自适应滤波器库及 3G、蓝牙、802.11、HDL 库等。可见，SystemView 特别适合于现代通信系统的设计、仿真和方案论证，尤其适合于无线电话、无绳电话、寻呼机、调制解调器、卫星等通信系统，并可进行各种系统时域和频域分析、谱分析，以及对各种逻辑电路、射频/模拟电路(混合器、放大器、RLC 电路、运放电路等)进行理论分析和失真分析，也可以实时地模仿各种 DSP 结构。

图符是 SystemView 仿真运算处理的基本单元。图符栏位于 SystemView 操作界面的左侧，共分为3大类：①信号源库(只有输出端，没有输入端)；②观察窗库(只有输入端，没有输出端)；③其他各种图标。

SystemView 软件功能还在不断扩展，并不断有新版本推出。本章采用 SystemView 5.0 进行介绍。

11.1.3 仿真步骤

使用 SystemView 进行通信系统仿真的步骤如下。

(1) 建立系统的数学模型，根据系统的基本工作原理，确定总的系统功能，并将各部分功能模块化，找出各部分的关系，画出系统框图。

(2) 从各种功能库中选取、拖动可视化图符，组建系统，如在信号源图符库、算子图符库、函数图符库、信号接收图符库中选取满足需要的功能模块，将图符拖到设计窗口，按设计的系统框图组建系统。

(3) 设置、调整参数，实现系统仿真参数设置，包括系统运行参数设置和功能模块运行参数。

(4) 设置观察窗口，分析仿真数据和波形。在系统的关键点处设置观察窗口，用于检查、检测仿真系统的运行情况，以便及时调整参数、分析结果。

11.2 SystemView 的基本操作与使用

11.2.1 库选择操作

1. 选择设置信源

创建系统的首要工作就是按照系统设计方案从图符库中调用图符块,作为仿真系统的基本单元模块。可用鼠标左键双击图符库选择区内的选择按钮来调用图符块。现以创建一个 PN 码信源为例,该图符块的参数为两电平双极性、1V 幅度、100Hz 码时钟频率,操作步骤如下。

(1) 双击"信源库"按钮,并再次双击移出的"信源库图符块",出现源库(Source Library)选择设置对话框,如图 11-1 所示。SystemView 将信源库内的各个图符块进行了分类,通过 Sinusoid/Periodic(正弦/周期)、Noise/PN(噪声/PN 码)、Aperiodic/Ext(非周期/扩展)和 Impoet 4 个开关按钮可以进行分类选择和调用。其他库的选择对话框与之类似。

(2) 单击开关按钮下边框内的 PN Seq 图符块表示选中,再次单击对话框中的参数按钮 Parameters,在出现的参数设置对话框中分别设置:幅度 Amplitude=1、直流偏置 Offset=0、电平数 Level=2。

(3) 分别单击参数设置和源库对话框的 OK 按钮,即可完成该图符块的设置。

2. 选择设置信宿库

当需要对系统中的各测试点或某一图符块输出进行观察时,通常应放置一个信宿图符块,一般将其设置为 Analysis 属性。Analysis 块相当于示波器或频谱仪等仪器的作用,它是最常使用的分析型图符块之一。Analysis 块的创建操作如下。

(1) 双击系统窗左边图符库选择按钮区内的"信宿"图符按钮,并再次双击移出的"信宿"块,出现信宿定义(Sink Definition)对话框,如图 11-2 所示。

(2) 选中 Analysis 图符块。

(3) 单击信宿定义对话框内的 OK 按钮完成信宿选择。

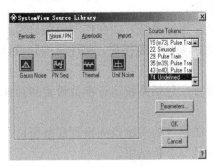

图 11-1 信号源选择对话框

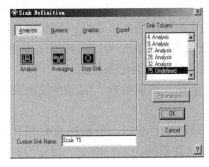

图 11-2 信宿定义对话框

3. 选择设置操作库

双击图符库选择区内的"操作库"图符块按钮,并再次双击移出的"操作库"图符块,出现操作库选择对话框,操作库中的各类图符块可通过 6 个分类选择开关选用,如图 11-3 所示,库内常用图符块主要包括滤波器线性系统 Filter/Systems 块、取样保持 Sample/Hold 块、逻辑 Logic 块(Xor、And、Nand、Or、Not、Compare 等)、积分微分 Integral/Diff 块、延迟 Delay 块、放大 Gain/Scale 块等。设置参数的方法同上。

4. 选择设置函数库

双击图符库选择区内的"函数库"图符块按钮,并再次双击移出的"函数库"图符块,出现函数库选择设置对话框,如图 11-4 所示。

对于上述各库的对话框,如果希望知道库内某个图符块的功能,可以将鼠标指针放在该图符块上,这时会出现一个小文本框,框内以英文提示用户该图符块的功能参数和性质。

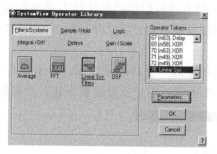

图 11-3 操作库选择对话框

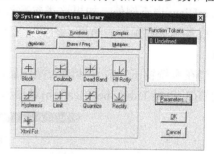

图 11-4 函数库选择设置对话框

5. 选择设置通信库

在系统窗下,单击图符库选择区内上端的开关按钮 Main,图符库选择区内的图符内容将改变,双击其中的图符按钮 Comm,再次双击移出的 Comm 图符块,会出现通信库选择设置对话框,如图 11-5 所示。通信库中包括通信系统中经常涉及的 BCH、RS、Golay、Vitebi 纠错码编码/译码器、不同种类的信道模型、调制解调器、分频器、锁相环、Costas 环、误比特率 BER 分析等可调用功能图符块。

6. 选择设置逻辑库

在系统窗下,双击图符库选择区内的 Logic 图符按钮,然后再次双击移出的 Logic 图符块,将出现逻辑库选择设置对话框,如图 11-6 所示。通过 6 个选择开关按钮可分门别类地选择库内各种逻辑门、触发器和其他逻辑部件。

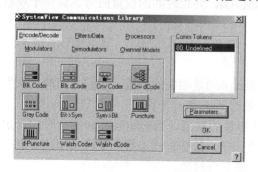

图 11-5 通信库选择设置对话框

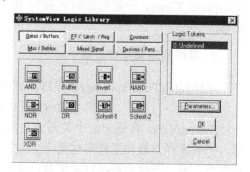

图 11-6 逻辑库选择设置对话框

除已经介绍的图符库外，SystemView 还提供了其他种类的丰富库资源，由于篇幅的限制，这里不做详细介绍，对此有兴趣的读者可参阅有关资料。

11.2.2 系统定时

在 SystemView 系统窗中完成系统创建输入操作(包括调出图符块、设置参数、连线等)后，首先应对输入系统的仿真运行参数进行设置，因为计算机只能采用数值计算方式，起始点和终止点究竟为何值？究竟需要计算多少个离散样值？这些信息必须告知计算机。假如被分析的信号是时间的函数，则从起始时间到终止时间的样值数目就与系统的采样率或者采样时间间隔有关。实际上，各类系统或电路仿真工具几乎都有这一关键的操作步骤，SystemView 也不例外。如果这类参数设置不合理，仿真运行后的结果往往不能令人满意，甚至根本得不到预期的结果。有时，在创建仿真系统前就需要设置系统定时(System Time)参数。

当在系统窗下完成设计输入操作后，单击"系统定时"快捷功能按钮，将出现系统定时配置(System Time Specification)对话框，如图 11-7 所示。用户需要设置下述几个参数。

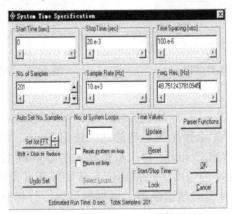

图 11-7 系统定时设置对话框

1. 起始时间和终止时间

SystemView 基本上对仿真运行时间没有限制，只是要求起始时间(Start Time)小于终止时间(Stop Time)。一般起始时间设为 0，单位是秒(s)。终止时间的设置应考虑到便于观察波形。

2. 采样间隔和采样点数

采样间隔(Time Spacing)和采样点数(No. of Samples)是相关的参数，它们之间的关系为

$$采样点数=(终止时间-起始时间)\times(采样率)+1$$

SystemView 将根据这个关系式自动调整各参数的取值，当起始时间和终止时间给定后，一般采样点数和采样率这两个参数只需设置一个，改变采样点数和采样率中的任意一个参数，另一个将由系统自动调整，采样点数只能是自然数。

3. 频率分辨率

当利用 SystemView 进行 FFT 分析时,需根据时间序列得到频率分辨率(Freq.Res.),系统将根据下列关系式计算频率分辨率:

$$频率分辨率=采样率/采样点数$$

4. 更新数值

当用户要更新数值(Update Values),需单击一次 Time Values 栏内的 Update 按钮,系统将自动更新设置参数,然后单击 OK 按钮即可。

5. 自动标尺

自动标尺(Auto Scale)的作用是,当系统进行 FFT 运算时,若用户给出的数据点数不是 2 的整次幂,单击此按钮后系统将自动进行速度优化。

6. 系统循环次数

在文本框中输入系统循环次数(No. of System Loops),若不选中 Reset system on loop 复选框,则每次运行的参数都将被保存;若选中,则每次运行的参数不被保存,经多次循环运算即可得到统计平均结果。应当注意的是,无论是设置或修改参数,结束操作前必须单击一次 OK 按钮,确认后关闭系统定时对话框。

11.2.3 在分析窗中观察分析结果

设置好系统定时参数后,单击"系统运行"快捷功能按钮,计算机开始运算各个数学模型之间的函数,生成曲线待显示调用。此后,单击"分析窗口"按钮,就进入分析视窗(SystemView Analysis),可在其中进行操作。分析窗口如图 11-8 所示。

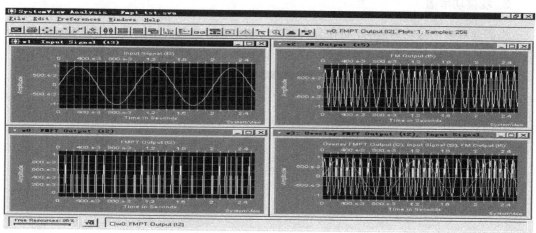

图 11-8 分析窗口

分析窗口用来观察系统仿真结果及对该结果进行各种分析,其主要功能是显示系统窗中信宿(主要是 Analysis 块)处的各类分析波形、功率谱、眼图、信号星座图等信息,每个信宿对应一个活动波形窗口，并以多种排列方式同时或单独显示，也可将若干个波形合成在同一个窗口中显示，以便进行结果对比。

1. 观察时域波形

时域波形是最为常用的系统仿真分析结果表达形式。进入分析窗后，单击"工具栏"内的绘制新图按钮，可直接顺序显示出放置信宿图符块的时域波形，并可任意单击分析窗工具栏中的"窗口竖排列"、"窗口横排列"按钮。

2. 观察眼图

对于码间干扰和噪声同时存在的数字传输系统，给出系统传输性能的定量分析是非常繁杂的事情，而利用"眼图"这种实验手段可以直观方便地估计系统传输性能。实际观察眼图的具体方法是：将示波器 Y 轴接在系统接收滤波器输出端，调整示波器水平扫描周期 T_s，使扫描周期与码元周期 T_c 同步(即 $T_s=nT_c$，n 为正整数)，此时示波器显示的波形就是眼图。由于传输码序列的随机性和示波器荧光屏的余晖作用，使若干个码元波形相互重叠，波形酷似一个个"眼睛"，故称为"眼图"。"眼睛"睁得越大，表明判决的误码率越低，反之，误码率上升。SystemView 具有"眼图"这种重要的分析功能，图 11-9 给出了 SystemView 分析所得眼图波形。

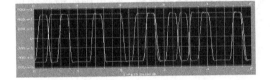
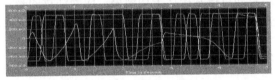

(a) 误码率较低的系统传输眼图　　　　　　(b) 误码率较高的系统传输眼图

图 11-9　不同眼图的对比

3. 观察功率谱

当需要观察信号功率谱时，可在分析窗下单击信宿计算器图标按钮，出现"SystemView 信宿计算器"对话框，单击分类设置开关按钮 Spectrum，出现如图 11-10 所示对话框。

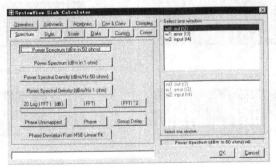

图 11-10　信宿计算器下的 Spectrum 选项卡

4. 观察信号星座图或相位路径变移图

在对数字调制系统或数字调制信号进行分析时，常借助二维平面的信号星座图(Signal

Constellation)来形象地说明某种数字调制信号的"幅度—相位"关系,从而可以定性地表明与抗干扰能力有关的"最小信号距离"。以16QAM系统为例,发送端理想的信号星座图如图11-11所示。

在接收系统中,由于信道特性不理想和干扰噪声的影响,信号点产生发散现象,信号点的发散程度与信道特性的不理想程度和噪声强度有关。图11-12(a)为接收滤波器输出在噪声极弱时的信号星座图,图11-12(b)为接收滤波器输出在噪声较强时的信号星座图,这两张图是SystemView经过大量统计分析得到的,每组4电平基带码正交矢量合成为一个信号点。

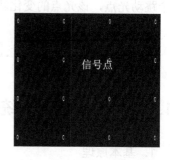

图 11-11 理想的 16QAM 信号星座图

(a) 噪声极弱时接收输出的16QAM信号星座图　　(b) 噪声较强时接收输出的16QAM信号星座图

图 11-12 16QAM 信号星座图对比

除可以观察信号星座图外,利用SystemView还可观察信号的相位变换图。在出现信号星座图显示活动窗口后,单击分析窗中第二行"工具栏"的按钮4(点绘)可观察星座图,单击按钮5(连点)可观察信号的相位路径变换图,两种操作可相互切换。点的大小可利用Preference>>Smaller Points in …>>Normal/small/pixel命令修改。理想的16QAM信号相位路径变换图如图11-13所示(图形被拉宽显示)。

利用SystemView观察信号眼图或相位变换图,仍然是利用信宿计算器的对话框。仍以观察16QAM发送信号为例,其信号星座图和相位变换图与同相支路码信号(I信号)和正交支路码信号(Q信号)有关。在分析窗下单击"信宿计算器"按钮,在出现的对话框中,首先单击Style按钮,在Select one window from each list:栏内选中系统输入的I信号(w0:)后,单击Scatter Plot按钮,再在Versus栏内选中系统输入的Q信号(w1:),如图11-14所示,最后单击OK按钮结束设置操作,出现信号星座图显示活动窗口。

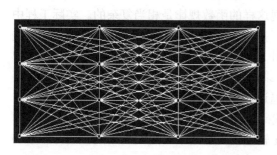 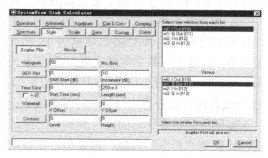

图 11-13 理想的 16QAM 信号相位路径变换图　　图 11-14 观察星座图或相位路径的对话框设置

在出现信号星座图后,单击"工具栏"内的按钮14(动画模拟),此时活动窗口内出现一个跳动光点，该光点的变化轨迹正是随所传数字序列改变信号点运动的轨迹。

11.3 通信系统仿真实例

11.3.1 PCM通信系统仿真

1. 基本原理

PCM 即脉冲编码调制，在通信系统中完成将语音信号数字化的功能。PCM 的实现主要包括 3 个步骤：抽样、量化和编码。通过抽样，将语音信号在时间上离散化；通过量化，再在幅度上离散化；通过编码，将已经在时间和幅度上离散的语音信号的样值进行二进制 8 位编码。根据 CCITT 的建议，为改善小信号的信噪比，采用了压扩非均匀量化，有 A 律和 μ 律两种压扩方式，我国采用 A 律方式。采用非均匀量化的 PCM 编码通信系统原理框图如图 11-15 所示。

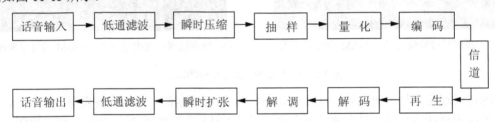

图 11-15 PCM 编码系统原理框图

考虑到一路模拟语音信号的带宽是 300～3400Hz，抽样速率设为 4kHz。为改善小信号的信噪比，采用的非均匀量化使得小信号量化间隔也小，大信号量化间隔也大。A 律压扩特性的数学表达式为

$$\left.\begin{aligned} y &= \frac{Ax}{1+\ln A}, & 0 < x \leqslant \frac{1}{A} \\ y &= \frac{1+\ln Ax}{1+\ln A}, & \frac{1}{A} \leqslant x < 1 \end{aligned}\right\} \tag{11-1}$$

式中，$A=87.6$，x、y 分别是量化器的归一化输入、输出。

A 律压扩特性是连续曲线，在电路上实现这样的函数规律是相当复杂的。实际工程中往往都采用近似于 A 律函数规律的 13 折线压扩特性。它基本上保持了连续压扩特性曲线的优点，又便于用数字电路实现。表 11-1 列出了 13 折线时的 y 值与计算 y 值的比较。表中第二行的 y 值是根据 $A=87.6$ 计算得到的，第三行的 y 值是 13 折线分段时的值。可见，13 折线各段落的分界点与 $A=87.6$ 曲线十分逼近，同时 x 按 2 的幂次分割有利于数字化。

编码就是把量化后的信号变换成二进制代码。编码器的种类大体上可以归结为 3 类：逐次比较型、折叠级联型、混合型。在逐次比较型编码方式中，无论采用几位码，一般均按极性码、段落码、段内码的顺序排列。

表 11-1　13 折线特性

段号 i	1	2	3	4	5	6	7	8
x_{max}(输入)	1/128	1/64	1/32	1/16	1/8	1/4	1/2	1
y_{max}(13 折线)	1/8	2/8	3/8	4/8	5/8	6/8	7/8	8/8
y_{max}(A=87.6 对数)	1/8	210/876	321/876	432/876	543/876	654/876	765/876	1
斜率	16	16	8	4	2	1	1/2	1/4

在 13 折线法中，无论输入信号是正是负，均按 8 段折线(8 个段落)进行编码。若用 8 位折叠二进制码来表示输入信号的抽样量化值，则其中用第 1 位表示量化值的极性，其余 7 位(2~8 位)表示抽样量化值的绝对大小。具体做法是：用 2~4 位表示段落码，它的 8 种可能状态来分别代表 8 个段落的起点电平。第 5~8 位表示段内码，它的 16 种可能状态来分别代表每一段落的 16 个均匀划分的量化级。这样处理的结果，8 个段落被划分成 2^7=128 个量化级。

2．仿真过程

1) 信号源子系统

由 3 个幅度相同、频率不同的正弦信号(图符 7、8、9)组成，如图 11-16 所示。

2) PCM 编码器模块

由信号源(图符 7)、低通滤波器(图符 15)、瞬时压缩器(图符 16)、A/D 变换器(图符 8)、并/串变换器(图符 10)、输出端子(图符 9)构成，实现模型如图 11-17 所示。

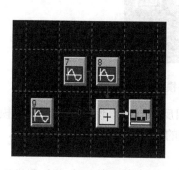

图 11-16　信号源子系统

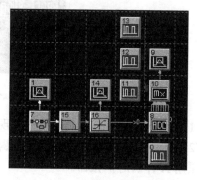

图 11-17　PCM 编码器模块

信源信号经过 PCM 编码器低通滤波器(图符 15)完成信号频带过滤，由于 PCM 量化采用非均匀量化，还要使用瞬时压缩器实现 A 律压缩后再进行均匀量化，A/D 变换器(图符 8)完成采样及量化，由于 A/D 变换器的输出是并行数据，必须通过数据选择器(图符 10)完成并/串变换成串行数据，最后通过图符 9 输出 PCM 编码信号。

(1) 低通滤波器：为使信号位于 300~3400Hz 的语音频带内，在这里采用了一个阶数为 3 阶的切比雪夫滤波器，其具有在通带内等波纹、阻带内单调的特性。

(2) 瞬时压缩器：瞬时压缩器(图符 16)使用 A 律压缩，在译码时扩张器也采用 A 律解压。对比压缩前后的时域信号(见图 11-18)，明显看到对数压缩时小信号被放大，而大信号被压缩，从而提高了小信号的信噪比，这样可以使用较少位数的量化满足语音传输的需要。

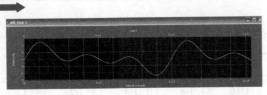
(a) 压缩前

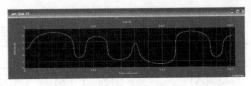
(b) 压缩后

图 11-18 A 律压缩前后信号对比

(3) A/D 变换器：完成经过瞬时压缩后信号时间及幅度的离散。语音的频带在 300~3400Hz，采样频率应大于信号最高频率 2 倍以上，这里 A/D 变换器的采样频率为 8kHz 即可满足，均匀量化电平数为 256 级量化，编码用 8bit 表示，从而产生 64kbit/s 的语音压缩编码数据。

(4) 数据选择器：图符 10 为带使能端的 8 路数据选择器，与 74151 功能相同，在这里完成 A/D 变换后的数据的并/串变换，图符 11、12、13 为选择控制端，在这里控制轮流输出并行数据为串行数据。通过数据选择器还可以实现码速变换功能。

3) PCM 译码器模块

PCM 译码是 PCM 编码的逆过程。PCM 译码器模块主要由 ADC 出来的 PCM 数据输出端、D/A 变换器、瞬时扩张器、低通滤波器构成，实现模型如图 11-19 所示。

图 11-19 PCM 译码器模块

(1) D/A 变换器(图符 1)：用来实现与 A/D 变换相反的过程，使数字量变化为模拟量。

(2) 瞬时扩张器(图符 8)：实现与瞬时压缩器相反的功能，由于采用 A 律压缩，扩张也必须采用 A 律瞬时扩张器。

(3) 低通滤波器(图符 3)：由于采样脉冲不可能是理想冲激函数，会引入孔径失真，量化时也会带来量化噪声，加上信号再生时引入的定时抖动失真，需要对再生信号进行幅度及相位的补偿，同时滤除高频分量，在这里使用与编码模块中相同的低通滤波器。

(4) 系统仿真模型：系统仿真模型如图 11-20 所示。其中子系统 12 的构成如图 11-21 所示。图 11-20、图 11-21 中各图符块的有关参数如表 11-2 所示。

3. 仿真结果

信号源的波形如图 11-18(a)所示，信号源经压缩后的波形如图 11-18(b)所示。PCM 编码信号的波形如图 11-22 所示，PCM 译码时经过 D/A 变换并用 A 律扩张后的输出波形如图 11-23 所示，译码后恢复源信号的输出波形如图 11-24 所示。

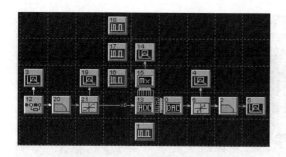

图 11-20 PCM 系统仿真模型

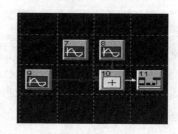

图 11-21 子系统 12

表 11-2 PCM 系统仿真模型中各图符块参数的设置

符 号	名 称	参数设置
12	子系统	
7	Sinusoid	Amp = 1v, Freq = 1e+3Hz, Phase = 0deg, Output 0 = Sine t4, Output 1 = Cosine
8	Sinusoid	Amp = 1v, Freq = 1.5e+3Hz, Phase = 0deg, Output 0 = Sine t4, Output 1 = Cosine
9	Sinusoid	Amp = 1v, Freq = 500Hz, Phase = 0deg, Output 0 = Sine t4, Output 1 = Cosine
10	Adder	Inputs from 7 8 9, Outputs to 11
11	Meta Out	Input from 10 Output to 20
3 4 5 14 19	Analysis	
13	Logic: ADC	Two's Complement, Gate Delay = 0sec, Threshold = 500e-3v, True Output = 1v, False Output = 0v, No. Bits = 8, Min Input = -2.5v, Max Input = 2.5v, Rise Time = 0sec, Analog = t21 Output 0, Clock = t1 Output 0
0	Logic: DAC	Two's Complement, Gate Delay = 0sec, Threshold = 500e-3 No. Bits = 8, Min Output = -2.5v, Max Output = 2.5v, D-0 = t13 Output 0, D-1 = t13 Output 1, D-2 = t13 Output 2, D-3 = t13 Output 3, D-4 = t13 Output 4
2 20	Operator:Linear Sys Butterworth Lowpass IIR	3 Poles, Fc = 1.8e+3Hz, Quant Bits = None Init Cndtn = Transient, DSP Mode Disabled
1 18	Source: Pulse Train	Amp = 1v, Freq = 10e+3Hz PulseW = 20.e-6sec, Offset = 0v, Phase = 0deg
21	Comm: DeCompand	A-Law, Max Input = ±2.5
6	Comm: Compander	A-Law, Max Input = ±2.5
16	Source: Pulse Train	Amp = 1v, Freq = 30e+3Hz, PulseW = 20.e-6sec Offset = 0v, Phase = 0deg
17	Source: Pulse Train	Amp = 1v, Freq = 20e+3Hz, PulseW = 20.e-6sec Offset = 0v, Phase = 0deg
15	Logic: Mux-D-8	Gate Delay = 0sec, Threshold = 500.e-3v True Output = 1v, False Output = 0

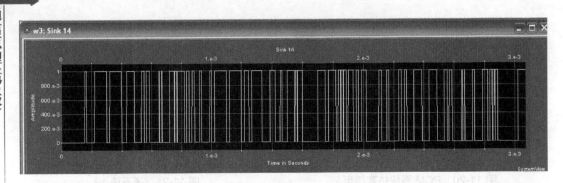

图 11-22 PCM 编码信号波形

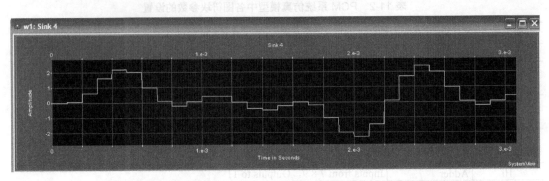

图 11-23 PCM 译码时经过 D/A 变换并用 A 律扩张后的输出波形

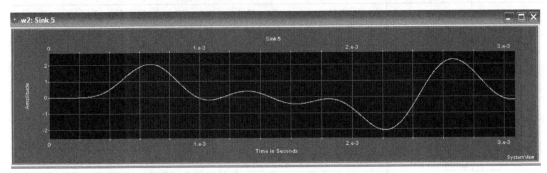

图 11-24 PCM 译码后恢复的源信号输出波形

由以上数据波形可以看出,在 PCM 编译码过程中,译码输出波形具有一定的延迟现象,其波形基本上不失真地在接收端得到恢复,PCM 的编译码过程实现了模拟信号的数字化传输。

11.3.2 QPSK 调制解调系统仿真

1. 基本原理

QPSK 属于四进制相移键控信号,QPSK 的调制有两种产生方法:相乘电路法和相位选择法。相乘电路法产生 QPSK 信号的调制系统组成如图 11-25 所示。

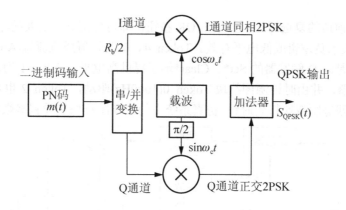

图 11-25 QPSK 正交调制系统

图 11-25 中，输入的二进制 PN 码序列为

$$m(t) = \sum_{n=-\infty}^{\infty} a_n g(t - nT_s) \tag{11-2}$$

I 通道同相信号和 Q 通道正交信号分别为

$$I(t) = \sum_{k=-\infty}^{\infty} a_{2k+1} g(t - kT_s), \quad Q(t) = \sum_{k=-\infty}^{\infty} a_{2k} g(t - kT_s) \tag{11-3}$$

QPSK 输出信号为

$$S_{QPSK}(t) = I(t)\cos \omega_c t - Q(t)\sin \omega_c t \tag{11-4}$$

此处应注意，经串/并变换处理后，二进制码序列 $\{a_n\}$ 变成四进制码序列 $\{a_{2k}, a_{2k+1}\}$，I 通道和 Q 通道信号的码元速率比二进制码序列(即 PN 码)的速率降低了 1 倍，即四进制码周期 T_s 是二进制码元周期 T_b 的 2 倍。"正交调制"方式体现在 I 通道使用同相载波 $\cos \omega_c t$ 进行 2PSK 调制，Q 通道使用正交载波 $\sin \omega_c t$ 进行 2PSK 调制。

QPSK 信号的解调原理如图 11-26 所示。用两路正交的相干载波去解调，可以很容易地分离这两路正交的 2PSK 信号。相干解调后的两路并行码元 a 和 b，经过并/串变换后，成为串行数据输出。

2．调制过程仿真

1) 仿真参数设置

(1) 信号源参数设置：基带信号码元速率设为 $R_B = 1/T = 100$ Bd，QPSK 信号载频设 $f_s = 10$ Hz。(说明：载频较低主要目的是为了降低仿真时系统的抽样率，加快仿真时间。)

(2) 系统抽样率设置：为得到准确的仿真结果，通常仿真系统的抽样率应大于等于 10 倍的载频。本次仿真取 Sample Rate=30000Hz。

(3) 系统时间设置：通常设系统 Start time=0。为能够清晰观察 QPSK 信号每个码元的波形，在仿真时一般取系统 Stop time=8T～10T。本次仿真取 Stop time=0.02s。

2) 调用图符块绘制 QPSK 调制解调系统仿真电路图

在仿真系统图 11-27 中，Token 2、3、4、5、6、7 和 Token 15 组成"串/并变换器"，Token 3、5 和 Token 15 为来自逻辑库的单 D 触发器，并有 4 个输入端子和 2 个输出端子，当对 D 触发器加输入或输出连线时，会自动出现输入/输出端子选择对话框，如图 11-28 所示,单击各端子前边的复选标记,并单击 OK 按钮,即可分别选择需要的输入或输出端子。带有*号的端子表示负逻辑或低电平有效。Token 4、6 为设置成直流源(Amp=1V,Freq=0)的正弦源,作用是向 D 触发器的 Set*、Clear*端子提供高电平。Token 1 为来自通信库的二进制 PN 码产生器,并由时钟源图符块 Token 0(1000Hz)驱动,Token 2 也是时钟源图符块(500Hz),它提供四进制双比特码时钟。仿真系统中的主要图符块的设置参数如表 11-3 所示。

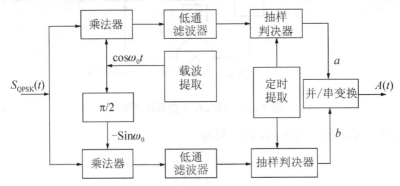

图 11-26　QPSK 信号解调

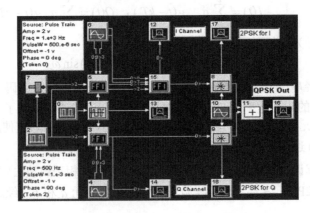

图 11-27　QPSK 正交调制仿真系统

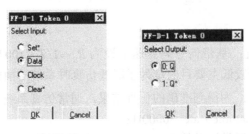

(a) 输入端子选择　　(b) 输出端子选择

图 11-28　单 D 触发器(FF-D-1)输入/输出端子选择对话框

3) 仿真结果

(1) 单击运行按钮,分别由 Sink13、Sink12 和 Sink14 显示 PN 码、同相分量和正交分量的时域波形,如图 11-29 所示。

(2) 分别由 Sink17、Sink18 和 Sink16 观察同相 2PSK 信号、正交 2PSK 信号和相加后

的 QPSK 信号波形。为了观察波形更清楚，需调整"系统定时"，将停止时间调成 0.01s，最后可得到 3 个信号波形，如图 11-30 所示。

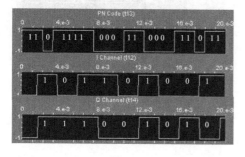
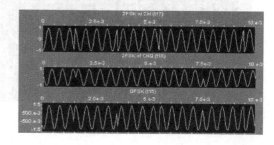

图 11-29 PN 码、同相分量和正交分量的时域波形　　图 11-30 同相 2PSK、正交 2PSK 和 QPSK 信号

表 11-3 QPSK 调制解调系统仿真模型中各图符块参数的设置

编号	图符块属性 (Attribute)	类型(Type)	参数设置(Parameters)
0	Source	PN Train	Amp=2v, Freq=1000Hz, PulseW=5.e-4sec, Offset=-1v, Phase=0 deg
1	Comm	Pulse Gen	Reg Len=10, Taps=[3-10], Seed=123, Threshold=0, True=1, False=-1
2	Source	PN Train	Amp=2v, Freq=500Hz, PulseW=1.e-3sec, Offset=-1v, Phase=90 deg
3	Logic	FF-D-1	Gate Delay=0sec, Threshold=0v, True Output =1v, False Output =-1v, Set*=t4 Output0, Data =t1 Output0, Clock=t2 Output0, Clear*=t4 Output0
4	Source	Sinusoid	Amp=1v, Freq=0Hz
5	Logic	FF-D-1	Gate Delay=0sec, Threshold=0v, True Output =1v, False Output =-1v, Set*=t6 Output0, Data=t1 Output0, Clock=t7 Output0, Clear*=t6 Output0
6	Source	Sinusoid	Amp=1v, Freq=0Hz
7	Operator	NOT	Threshold=0v, True=1, False=-1
10	Source	Sinusoid	Amp=1v, Freq=2000Hz, Phase=0 deg
15	Logic	FF-D-1	Gate Delay=0sec, Threshold=0v, True Output =1v, False Output =-1v, Set*=t6 Output0, Data =t5 Output0, Clock=t2 Output0, Clear*=t6 Output0

(3) 观察 QPSK 信号的功率谱，如图 11-31 所示。

(4) 观察 Sink12 和 Sink14 组成的理想 QPSK 信号相位变换图，如图 11-32 所示。图中，4 个圆点为四相(45°、135°、225°和 315°)信号点，图中的连线表示 4 个相位点之间的相位变换路径，在码元变换时刻，QPSK 信号产生的相位跳变量最小为 90°，最大为 180°，而 MSK 信号在码元变换时刻的相位跳变量仅为 90°。相位变换过程也可利用"动画模拟"功能形象观察。

3．解调过程仿真

调用图符块绘制 QPSK 解调器仿真电路，如图 11-33 所示。

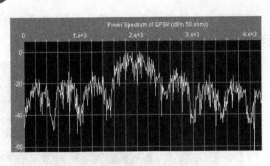
图 11-31 QPSK 功率谱

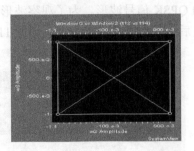
图 11-32 QPSK 相位变换图

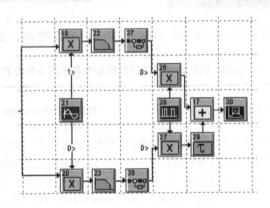
图 11-33 QPSK 信号解调仿真系统

4. 观察仿真结果

仿真得到的输入信号波形、QPSK 信号波形及解调输出信号波形如图 11-34 所示。由图可见，在仿真过程中会产生两个周期的技术延迟。在解调过程中将这两个技术延迟定义为 0101。接收端检测到 0101 信号即表示传输的数据开始，接收端准备接收数据。

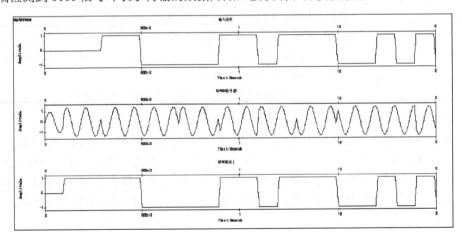
图 11-34 QPSK 解调系统输入信号波形、QPSK 信号波形及解调输出信号波形

11.3.3 (7,4)汉明码编译码器仿真

1. 基本原理

汉明码是一种能够纠正 1 位错码且编码效率较高的线性分组码,分组码一般用符号(n,k)表示,其中 k 是信息码元的数目,n 是编码组的总位数又称为码组长度,$r=n-k$ 为监督码元数目。

1) 编译码原理

对(7,4)汉明码有 $n=7$,$k=4$,$r=3$。设发送码组为$\{a_6a_5a_4a_3a_2a_1a_0\}$,译码实际上就是计算校正子,即 S_1、S_2、S_3。

$$\left.\begin{aligned} S_1 &= a_6 \oplus a_5 \oplus a_4 \oplus a_2 \\ S_2 &= a_6 \oplus a_5 \oplus a_3 \oplus a_1 \\ S_3 &= a_6 \oplus a_4 \oplus a_3 \oplus a_0 \end{aligned}\right\} \tag{11-5}$$

上式称为监督关系式。r 个监督关系式能指示 1 位错码的 2^r-1 个可能位置。监督关系必须满足 $2^r-1 \geqslant n$ 或 $2^r \geqslant k+r+1$。

3 个校正子 S_1、S_2、S_3 与错码位置的对应关系如表 7-4 所示。

在发送端,编码时信息位 a_6、a_5、a_4 和 a_3 的值取决于输入信号,因此它们是随机的。监督位 a_2、a_1 和 a_0 则根据信息位的取值按监督关系来确定,即监督位应使式(11-5)中 S_1、S_2、S_3 的值为零,表示编成的码组中无错。由此解出监督位为

$$\left.\begin{aligned} a_2 &= a_6 \oplus a_5 \oplus a_4 \\ a_1 &= a_6 \oplus a_5 \oplus a_3 \\ a_0 &= a_6 \oplus a_4 \oplus a_3 \end{aligned}\right\} \tag{11-6}$$

给定信息位后,可直接按式(11-6)算出监督位。由此可得(7,4)汉明码编码器原理图如图 11-35 所示。

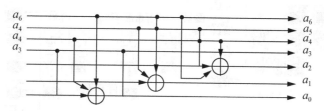

图 11-35 (7,4)汉明码编码器原理图

2) 编译码电路

根据式(11-6)得(7,4)汉明码编码电路,如图 11-35 所示。

接收端收到每个码组后,根据监督码 a_2、a_1、a_0 的值及错码判断收到的码组是否有错及错误码元的位置。译码时在接收端对收到的信息位进行再编码产生的新监督码 a_2'、a_1'、a_0' 与接收到的监督码 $a_2a_1a_0$ 异或,当 a_6、a_5、a_4、a_3 分别为错码时,根据监督关系式异或的结果分别为 111、110、101、011;将其送入 3-8 译码输入线,则其对应 3-8 译码输出端分别为 y_7、y_6、y_5、y_3。译码器的输出端 y_7、y_6、y_5、y_3 分别与信息码元 a_6、a_5、a_4、a_3 异或进

行纠错。若信息位 a_6、a_5、a_4、a_3 无错，则 $a_2a_1a_0$ 与 $a_2'a_1'a_0'$ 应相同，异或结果为 000，则 3-8 译码器的输出位 y_0 为 0；若 $a_2a_1a_0$ 与 $a_2'a_1'a_0'$ 不同，异或结果必不为 0，译码器的输出位 y_1 到 y_7 必有一位输出为 0，再根据错码位置便可确定误码的位置并纠错。译码器的原理图如图 11-36 所示。

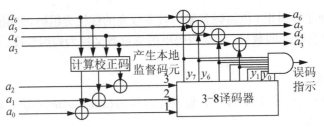

图 11-36 (7,4)汉明码译码器原理图

2. 仿真过程

图 11-37 所示为(7，4)汉明码编译码器仿真电路原理图。该原理图包含两个子系统，分别是(7,4)汉明码的编码器和译码器。仿真时的信号源采用了一个 PROM，并由用户自定义数据内容，数据的输出由一个计数器来定时驱动，每隔 1 秒输出一个 4 位数据(PROM 的 8 位仅用了其中 4 位)，由编码器子系统编码变换后成为 7 位汉明码，经过并/串变换后传输，其中的并/串、串/并变换电路使用了扩展通信库 2 中的时分复用合路器和分路器图符，该合路器和分路器最大为 16 位长度的时隙变换，这里定义为 7 位时隙。此时由于输入输出数据的系统数据率不同，因此必须在子系统的输入端重新设置系统采样率，将系统设置为多速率系统。因为原始 4 位数据的刷新率为 1Hz，因此编码器的输入采样率设为 10Hz，时分复用合路器和分路器的数据帧周期设为 1s，时隙数为 7，则输出采样率为输入采样率的 7 倍即 70Hz。如果要加入噪声，则噪声信号源的采样率也应设为 70Hz。

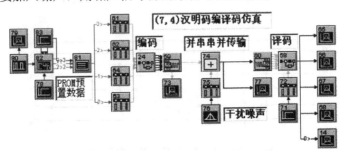

图 11-37 (7,4)汉明码编译码器仿真电路原理图

图 11-38 是(7,4)汉明码编码器(图符块 24)的仿真子系统原理图,它根据(7,4)汉明码的编码原理构建。图标 0～3 是子系统的输入端，输入信源所产生的信息位；4～10 是子系统的输出端，输出编码后所产生的信息位和监督位；11～13 是异或模块，用于模 2 加运算。

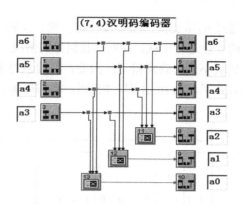

图 11-38　(7,4)汉明码编码器仿真子系统

图 11-39 是其对应的译码器(图符块 58)的仿真子系统原理图。从图符 25、26、27、28 输入的信息位在译码子系统中进行再编码，产生新的监督位。新的监督位与从图符 46、47、48 输出的监督位在模块 34、35、36 中进行异或，当 a_6、a_5、a_4、a_3 错码时根据监督关系模块 34、35、36 异或的结果分别为 111、110、101、011 送入 3-8 译码器(图符块 49)的译码输入线，所对应 3-8 译码器的输出端分别为 y_7、y_6、y_5 和 y_3。3-8 译码器的译码输出是低电平有效，所以在 y_7、y_6、y_5、y_3 的输出端加入非门模块 54、55、56、57，把输出变为高电平。因此，当信息位 a_6、a_5、a_4 或 a_3 中有错时对应的 y_7、y_6、y_5 或 y_3 的输出为 1，和信息位在模块 50、51、52、53 中异或便可纠错。译码后的信息位通过模块 29、30、31、32 接入分析窗口，分析译码后的波形。因为模块 33 接的是 3-8 译码器的 Y_0，故在仿真过程中没有错误时 Y_0 输出为 0，误码分析窗的波形就是 0；若有错误产生，Y_0 的输出为 1，此时在错误的地方误码分析窗就显示波形为 1 的脉冲。由于并/串变换和串/并变换各延迟了 1s，所以信宿的波形较信源的波形延迟了 2s。

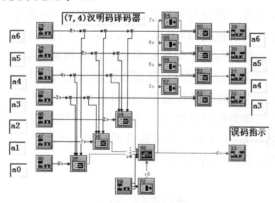

图 11-39　(7,4)汉明码译码器仿真子系统

3．仿真结果

图 11-40 为经过并/串变换后的(7,4)汉明码输出波形图，这里仅设置了 4s 时间长度的仿真，输入的 4 个数据为 0、1、3、4，对应的(7,4)汉明码码字为 0000000、0001011、0011110、0100110，注意串/行传输的次序是先低后高的次序(LSB)。

当然，我们也可以不通过并/串变换，而直接并行传输、译码。这样可以在 7 位汉明码并行传输时人为地对其中的一位进行干扰，并观察其纠错的情况。通过仿真实验可以发现，出现两位以上错误时汉明码就不能正确纠错了。因此，在要求对多位错误进行纠正的应用场合，就要使用其他编码方式了，如 BCH 码、RS 码、卷积码等。

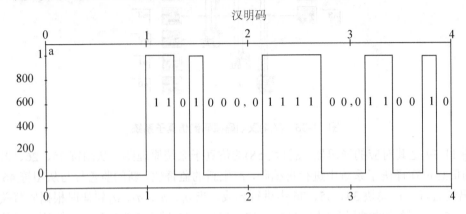

图 11-40　输入为 0、1、3、4 时 (7,4) 汉明码的输出波形图

以上通过几个设计实例说明了应用 SystemView 软件进行通信系统设计和仿真的过程。在此过程中，首先必须明确系统设计目的和设计构思的重要性，其次，必须正确对待系统定时设置、各图符块参数设置以及系统指标的分解等因素。原理是根本，仿真是手段。通过仿真，加深对基本理论的理解和把握，才是我们学习的目的。

本 章 小 结

现代通信技术日新月异，理论发展很快，知识结构也更加综合，这对教师的教学和学生的学习来说都是一个巨大的挑战。利用 SystemView 动态仿真软件在通信原理课程教学中进行辅助设计和仿真，一方面解决了学生对理论知识的理解与验证，另一方面降低了对实际仪器的需求。教师在掌握软件的同时，还可以把握通信发展的动向，这对于教学来说是十分重要的。并且在软件的辅助教学帮助下，使得原来枯燥无味的理论知识变得生动起来，对提高学生的学习效率与学习积极性以及培养学生的科研能力都有很大的帮助。

本章概要介绍了 SystemView 动态仿真软件的功能、特点和使用方法，并结合 3 个典型实例介绍了进行通信系统设计和仿真的过程。

思考练习题

11-1　SystemView 通信仿真在应用上有什么特点？
11-2　使用 SystemView 进行通信系统仿真的一般步骤是什么？
11-3　使用 SystemView 仿真通信系统时如何设置系统定时？
11-4　分析窗口的主要功能是什么？
11-5　在 SystemView 中如何建立子系统图标？

11-6 在 SystemView 中如何激活 M-Link 功能建立与 Matlab 的链接？

11-7 在 SystemView 中如何建立自定义图符库？

11-8 使用 SystemView 仿真 SSB 调制器。要求采用移相法来产生 SSB 信号，其中采样频率为 1kHz，采样点数为 256。调制信号是幅度为 1V、频率为 10Hz 的正弦波，载波是幅度为 1V、频率为 100Hz 的正弦波。

11-9 分别采用模拟乘法器和通断键控法产生 2ASK 信号，观察其信号波形和频谱。设采样频率为 1kHz，采样点数为 2048。数字基带(PN Seq)设置：Amp=1V，Offset=0V，Rate=10Hz，Levels=2，Phase=0deg。载波(Sinusoid)设置：Amp=1V，Freq=50Hz，Phase=0deg。

11-10 使用 SystemView 仿真 2FSK 数字调制系统。具体要求：①要求有调制、信道、解调三部分；②信道为高斯信道；③系统参数可自行设置；④仿真结果要求给出已调信号时域波形和功率谱，解调后信号的时域波形与功率谱。⑤观察并比较信道无干扰和有干扰两种情况下的眼图。

11-11 使用 SystemView 仿真 2DPSK 数字调制系统。设信号源输出 PN 序列 Rate=1kHz，载波频率 Freq=8kHz，高斯噪声发生器输出 Pwr Density=0.001W/Hz，其他参数自行设置。①观察载波相位模糊现象。②建立不同信噪比条件下的误码率曲线。

11-12 使用 SystemView 仿真 64QAM 调制解调系统，观察 64QAM 调制星座图。设采样频率为 50Hz，采样点数为 1024。数字基带(PN Seq)设置：Amp=1V，Offset=0V，Rate=8Hz，Levels=4，Phase=0deg。载波(Sinusoid)设置：Amp=1V，Freq=10Hz，Phase=0deg。

11-13 使用 SystemView 仿真(2,1,7)卷积码编译码系统。其他参数自行设定。

11-14 使用 SystemView 仿真 GSM 数字蜂窝系统。信号源设置为 270kHz 的 PN 码发生器，加入热噪声和带通滤波器模拟一个频带受限的有耗衰减信道，对信号的衰减量是 130dB。设置采样频率为 4.096GHz，采样点数为 262144。

附录 A 通信工程常用函数

1. 误差函数 erf(x)与互补误差函数 erfc(x)

误差函数 erf(x)又称高斯误差函数,它是一个非基本函数(即非初等函数),其在概率论、统计学和偏微分方程中都有着广泛的应用。通信工程上,常常应用误差函数分析系统的误码性能。误差函数的定义为

$$\text{erf}(x) = \frac{2}{\sqrt{\pi}} \int_0^x e^{-z^2} dz \tag{A-1}$$

erf(x)是自变量 x 的递增函数,满足 erf(0)=0,erf(∞)=1,且 erf(-x)=-erf(x)。

由误差函数定义的这个积分是无法由闭合形式直接计算的,通常将这个积分式的积分值制作成特殊函数表,工程上就可以在数学手册上直接查表得出。附表 A-1 即为误差函数值表。

工程上有时采用互补误差函数分析更方便,互补误差函数 erfc(x)定义为

$$\text{erfc}(x) = 1 - \text{erf}(x) = \frac{2}{\sqrt{\pi}} \int_x^\infty e^{-z^2} dz \tag{A-2}$$

可见,在积分形式上,与误差函数相比,仅是积分限不同。互补误差函数是自变量的递减函数,满足 erfc(0)=1,erfc(∞)=0,且 erfc(-x)=2-erfc(x)。当 x 取值较大时(实际应用中只要 $x>2$ 即可)近似有

$$\text{erfc}(x) \approx \frac{1}{\sqrt{\pi}x} e^{-x^2} \tag{A-3}$$

附表 A-1 给出了 $x \leq 5$ 时的 erf(x)、erfc(x)值,供查阅。

2. 概率积分函数 $\Phi(x)$ 与 Q 函数 Q(x)

概率积分函数 $\Phi(x)$ 定义为

$$\Phi(x) = \frac{1}{\sqrt{2\pi}} \int_0^x e^{-t^2/2} dt, x \geq 0 \tag{A-4}$$

$\Phi(x)$ 同样是一个在数学手册上有数值和曲线可查的特殊函数,且有 $\Phi(\infty)=1$。

Q 函数与 Φ 函数互补,经常用于表示高斯尾部曲线下的面积,其定义为

$$Q(x) = 1 - \Phi(x) = \frac{1}{\sqrt{2\pi}} \int_x^\infty e^{-t^2/2} dt, x \geq 0 \tag{A-5}$$

误差函数、互补误差函数、概率积分函数、Q 函数这 4 个特殊函数在积分形式上都很相似,根据应用需要或使用习惯,无论采用哪一个,都是一样的。通过比较,它们之间满足如下关系:

$$\left. \begin{array}{l} Q(x) = \dfrac{1}{2}\text{erfc}\left(\dfrac{x}{\sqrt{2}}\right) \\ \text{erfc}(x) = 2Q(\sqrt{2}x) = 2[1-\Phi(\sqrt{2}x)] \end{array} \right\} \tag{A-6}$$

例如，高斯分布函数(又称正态分布函数)采用上述4个特殊函数可表示为

$$F(x) = \Phi\left(\frac{x-a}{\sigma}\right) = 1 - Q\left(\frac{x-a}{\sigma}\right) = \frac{1}{2} + \frac{1}{2}\text{erf}\left(\frac{x-a}{\sqrt{2}\sigma}\right) = \frac{1}{2} - \frac{1}{2}\text{erfc}\left(\frac{x-a}{\sqrt{2}\sigma}\right) \quad \text{(A-7)}$$

附表 A-1　误差函数值表

x	erf(x)	erfc(x)	x	erf(x)	erfc(x)
0.05	0.05637	0.94363	1.65	0.98037	0.01963
0.10	0.11246	0.88745	1.70	0.98379	0.01621
0.15	0.16799	0.83201	1.75	0.98667	0.01333
0.20	0.22270	0.77730	1.80	0.98909	0.01091
0.25	0.27632	0.72368	1.85	0.99111	0.0889
0.30	0.32862	0.67138	1.90	0.99279	0.00721
0.35	0.37938	0.62062	1.95	0.99418	0.00582
0.40	0.42839	0.57163	2.00	0.99532	0.00468
0.45	0.47548	0.52452	2.05	0.99626	0.00374
0.50	0.52050	0.47950	2.10	0.99702	0.00298
0.55	0.56332	0.43668	2.15	0.99763	0.00237
0.60	0.60385	0.39615	2.20	0.99814	0.00186
0.65	0.64203	0.35797	2.25	0.99854	0.00146
0.70	0.67780	0.32220	2.30	0.99886	0.00114
0.75	0.71115	0.28885	2.35	0.99911	8.9×10^{-4}
0.80	0.74210	0.25790	2.40	0.99931	6.9×10^{-4}
0.85	0.77066	0.22934	2.45	0.99947	5.3×10^{-4}
0.90	0.79691	0.20309	2.50	0.99959	4.1×10^{-4}
0.95	0.82089	0.17911	2.55	0.99969	3.1×10^{-4}
1.00	0.84270	0.15730	2.60	0.99976	2.4×10^{-4}
1.05	0.86244	0.13756	2.65	0.99982	1.8×10^{-4}
1.10	0.88020	0.11980	2.70	0.99987	1.3×10^{-4}
1.15	0.89912	0.10388	2.75	0.99990	1×10^{-4}
1.20	0.91031	0.08969	2.80	0.999925	7.5×10^{-5}
1.25	0.92290	0.07710	2.85	0.999944	5.6×10^{-5}
1.30	0.93401	0.06599	2.90	0.999959	4.1×10^{-5}
1.35	0.94376	0.05624	2.95	0.999970	3×10^{-5}
1.40	0.95228	0.04772	3.50	0.999978	2.2×10^{-5}
1.45	0.95969	0.04031	3.50	0.999993	7×10^{-7}
1.50	0.96610	0.03390	4.00	0.999999984	1.6×10^{-8}
1.55	0.97162	0.02838	4.50	0.9999999998	2×10^{-10}
1.60	0.97635	0.02365	5.00	0.9999999999985	1.5×10^{-12}

3. 第一类 n 阶贝塞尔函数 $\text{J}_n(x)$ 与第一类 0 阶修正贝塞尔函数 $\text{I}_0(x)$

在采用柱坐标求解拉普拉斯方程时，利用分离变量法可以得到以下贝塞尔方程：

$$x^2 \frac{\text{d}^2 y}{\text{d}x^2} + x \frac{\text{d}y}{\text{d}x} + (x^2 - n^2)y = 0 \quad \text{(A-8)}$$

式中，n 是方程的阶数，可以是任意实数。由于贝塞尔方程是一个变系数的二阶线性常微分方程，其解无法用初等函数表示，工程上常常采用称之为贝塞尔函数的一类特殊函数来表征，它的通解为

$$y(x) = AJ_n(x) + BN_n(x) \quad \text{(A-9)}$$

式中，A、B 为两个任意常数，$J_n(x)$ 是第一类 n 阶的贝塞尔函数，$N_n(x)$ 是第二类 n 阶的贝塞尔函数(又称纽曼函数)。$J_n(x)$ 可表示为

$$J_n(x) = \frac{1}{2\pi}\int_{-\pi}^{\pi} \exp(jx\sin\theta - jn\theta)d\theta \tag{A-10}$$

第一类 0 阶修正贝塞尔函数 $I_0(x)$ 可表示为

$$I_0(x) = \frac{1}{2\pi}\int_{-\pi}^{\pi} \exp(x\cos\theta)d\theta \tag{A-11}$$

工程上，贝塞尔函数的值可根据 n、x 的值通过查表或曲线图得到，如附表 A-2 和附图 A-1 所示。查曲线是指直接在贝塞尔函数曲线上查值，特点是数值不精确。查表是指根据阶数 n 和 x 直接查表，特点是方便，且数值精确。当然也可以通过公式计算，但计算过程繁杂。

附表 A-2 贝塞尔函数表

n \ x	0.5	1	2	3	4	6	8	10	12
0	0.9385	0.7652	0.2239	0.2601	−0.3971	0.1506	0.1717	−0.2459	0.0477
1	0.2423	0.4401	0.5767	0.3391	−0.0660	−0.2767	0.2346	0.0435	−0.2234
2	0.0306	0.1149	0.3528	0.4861	0.3641	−0.2767	−0.1130	0.2546	−0.0819
3	0.0026	0.0196	0.1289	0.3091	0.4302	0.1148	−0.2911	0.0584	0.1951
4	0.0002	0.0025	0.0340	0.1320	0.2811	0.3576	−0.1054	−0.2196	0.1825
5		0.0002	0.0070	0.0430	0.1321	0.3621	0.1858	−0.2341	−0.0735
6			0.0012	0.0114	0.0491	0.2458	0.3376	−0.0145	−0.2437
7			0.0002	0.0025	0.0152	0.1296	0.3206	0.2167	−0.1703
8				0.0005	0.0040	0.0565	0.2235	0.3179	0.0451
9				0.0001	0.0009	0.0212	0.1263	0.2919	0.2301
10					0.0002	0.0070	0.0608	0.2075	0.3005
11						0.0020	0.0256	0.1231	0.2701
12						0.0005	0.0096	0.0634	0.1953
13						0.0001	0.0033	0.0290	0.1201
14							0.0010	0.0120	0.0650

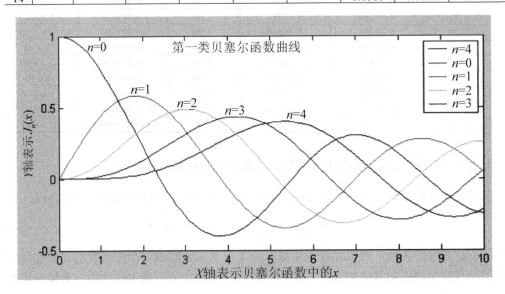

附图 A-1 贝塞尔函数曲线

4．其他常用函数

1) 抽样函数 $Sa(t)$

$$Sa(t) = \frac{\sin t}{t} \tag{A-12}$$

抽样函数具有周期性的零点，位于 $t = n\pi$ 处（n 是不为 0 的整数）。

2) 归一化抽样函数 $\sin c(t)$

$$\sin c(t) = \frac{\sin(\pi t)}{\pi t} \tag{A-13}$$

归一化抽样函数也具有周期性的零点，但位于 $t = n$ 处（n 是不为 0 的整数）。

通信工程上使抽样点位于 $t = n\pi$ 处，可以保证只有当前抽样（$n = 0$）不为零，而对其他时刻的抽样值总是零，从而消除码间串扰。

3) 矩形函数 $\text{rect}(t/T_s)$

$$\text{rect}\left(\frac{t}{T_s}\right) = \begin{cases} 1, & |t| \leq T_s/2 \\ 0, & \text{其他} \end{cases} \tag{A-14}$$

4) 三角形函数 $\text{tri}(2t/T_s)$

$$tri\left(\frac{2t}{T_s}\right) = \begin{cases} \dfrac{2}{T_s}x + 1, & -T_s/2 < x \leq 0 \\ -\dfrac{2}{T_s}x + 1, & 0 < x \leq T_s/2 \\ 0, & \text{其他} \end{cases} \tag{A-15}$$

矩形函数、三角形函数、抽样函数、归一化抽样函数曲线如附图 A-2 所示。

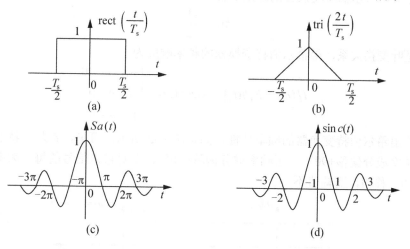

附图 A-2　矩形函数、三角形函数、抽样函数、归一化抽样函数曲线

附录 B 希尔伯特变换

1. 定义

在数学与信号处理领域中,一个实值函数或信号 $f(t)$ 的希尔伯特变换(Hilbert Transform)是指将其与 $1/(\pi t)$ 做卷积,即

$$\hat{f}(t) = H[f(t)] \triangleq f(t) * \frac{1}{\pi t} = \frac{1}{\pi}\int_{-\infty}^{\infty}\frac{f(\tau)}{t-\tau}d\tau \tag{B-1}$$

此即希尔伯特变换的定义式。实现上述信号处理的部件就称为希尔伯特变换器或希尔伯特滤波器,如附图 B-1 所示。

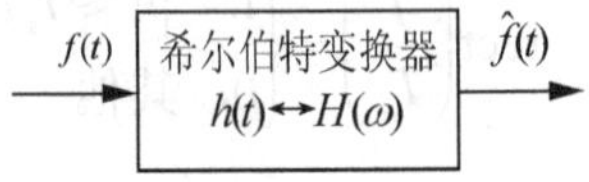

$$f(t) \rightarrow \boxed{\begin{array}{c}\text{希尔伯特变换器}\\ h(t) \leftrightarrow H(\omega)\end{array}} \rightarrow \hat{f}(t)$$

附图 B-1 希尔伯特变换器

希尔伯特逆变换则为

$$f(t) = H^{-1}\left[\hat{f}(t)\right] \triangleq -\frac{1}{\pi}\int_{-\infty}^{\infty}\frac{\hat{f}(\tau)}{t-\tau}d\tau \tag{B-2}$$

2. 冲激响应与频率响应

根据定义,希尔伯特变换器的冲激响应为

$$h(t) = \frac{1}{\pi t}$$

由傅里叶变换关系,得希尔伯特变换器的频率响应为

$$H(\omega) = F[h(t)] = -j\operatorname{sgn}(\omega) = \begin{cases} -j, & \omega > 0 \\ 0, & \omega = 0 \\ j, & \omega < 0 \end{cases} \tag{B-3}$$

由此绘出希尔伯特变换器的频率特性,如附图 B-2 所示。可见,希尔伯特变换就是将信号的负频率成分偏移+90°、正频率成分偏移-90°,即对输入信号的每一频率分量进行 +90°或-90°移相,而幅值不变。

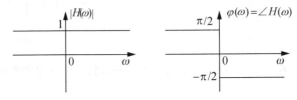

附图 B-2 希尔伯特变换器频率特性

3. 主要性质

(1) 线性。若 $f(t) = f_1(t) \pm f_2(t)$，则
$$\hat{f}(t) = \hat{f}_1(t) \pm \hat{f}_2(t) \tag{B-4}$$

(2) 正交性。
$$\int_{-\infty}^{\infty} \left[f(t)\hat{f}(t) \right] dt = 0 \tag{B-5}$$

(3) 能量性。
$$\int_{-\infty}^{\infty} f^2(t) dt = \int_{-\infty}^{\infty} \hat{f}^2(t) dt = \frac{1}{2\pi} \int_{-\infty}^{\infty} |F^2(\omega)| d\omega = \int_{-\infty}^{\infty} |F^2(2\pi f)| df \tag{B-6}$$

其中，$F(\omega)$ 是 $f(t)$ 的傅里叶变换。

(4) 设 $f_1(t)$ 是低通信号，$f_2(t)$ 是高通信号，且频谱不重叠。当 $f(t) = f_1(t)f_2(t)$ 时，有
$$\hat{f}(t) = f_1(t)\hat{f}_2(t) \tag{B-7}$$

例如，DSB 信号可表示为 $s(t) = m(t)\cos\omega_c t$，则有 $\hat{s}(t) = m(t)\sin\omega_c t$。设 $m(t) \leftrightarrow M(\omega)$，得
$$s(t) \leftrightarrow \frac{1}{2}X(\omega+\omega_c) + \frac{1}{2}X(\omega-\omega_c), \quad \hat{s}(t) \leftrightarrow \frac{j}{2}X(\omega+\omega_c) - \frac{j}{2}X(\omega-\omega_c)$$

4. 常用希尔伯特变换对

常用希尔伯特变换对如附表 B-1 所示。

附表 B-1 常用希尔伯特变换对

$f(t)$	$\hat{f}(t)$	$f(t)$	$\hat{f}(t)$
$\cos\omega_c t$	$\sin\omega_c t$	$\delta(t)$	$\dfrac{1}{\pi t}$
$\sin\omega_c t$	$-\cos\omega_c t$	$e^{j\omega_c t}$	$-je^{j\omega_c t}$
$f(t)\cos\omega_c t$	$f(t)\sin\omega_c t$	$\dfrac{\sin t}{t}$	$\dfrac{1-\cos t}{t}$
$f(t)\sin\omega_c t$	$-f(t)\cos\omega_c t$	$\dfrac{1}{t}$	$-\pi\delta(t)$
$\text{rect}(t)$	$-\dfrac{1}{\pi}\ln\left|\dfrac{t-0.5}{t+0.5}\right|$	$\dfrac{1}{1+t^2}$	$\dfrac{t}{1+t^2}$

参 考 文 献

[1] 樊昌信，曹丽娜. 通信原理[M]. 6 版. 北京：国防工业出版社，2007.

[2] 达新宇，陈树新，等. 通信原理教程[M]. 2 版. 北京：北京邮电大学出版社，2005.

[3] 周炯槃，庞沁华，等. 通信原理教程[M]. 3 版. 北京：北京邮电大学出版社，2005.

[4] 沈其聪，李有根，等. 通信系统教程[M]. 北京：机械工业出版社，2007.

[5] 宋祖顺，陈谨，等. 现代通信原理[M]. 北京：电子工业出版社，2001.

[6] [法] Michel Mouly，等. GSM 数字移动通信系统[M]. 北京：电子工业出版社，2000.

[7] 袁超伟，陈德容，等. CDMA 蜂窝移动通信[M]. 北京：北京邮电大学出版社，2003.

[8] 青松，程岱松，等. 数字通信系统的 SystemView 仿真与分析[M]. 北京：北京航空航天大学出版社，2001.

[9] 孙屹，戴妍峰，等. SystemView 通信仿真开发手册[M]. 北京：国防工业出版社，2004.